ABITUR-TRAINING PHYSIK

Horst Lautenschlager

Physik 1

Elektromagnetisches Feld und Relativitätstheorie

STARK

Bildnachweis:
Umschlagbild: © Zackzack/Dreamstime.com
S. 1, 89, 113, 129, 167: Foto: Siemens-Pressebild
S. 30: Herbert Campbell, NOAA, gemeinfrei
S. 31: Maxwell Technologies, http://de.wikipedia.org/w/index.php?title=Datei:Maxwell_MC_and_BC_ultracapacitor_cells_and_modules.jpg&filetimestamp=20070322202246, lizensiert unter CC SA 3.0 Unported
S. 33: Norbert Kaiser, http://commons.wikimedia.org/wiki/File:Magnetit_%2801tm%29.JPG, lizensiert unter CC SA 2.5 generic
S. 55: © CERN, Genf
S. 73: United States Ferderal Government; http://www.lbl.gov/Publications/Currents/Archive/view-assets/Jan-20-2006/thm_1_XBD200104-00557-01.jpg; gemeinfrei
S. 75: U.S. Airforce, gemeinfrei
S. 88: NASA, nssdc.gsfc.nasa.gov, gemeinfrei
S. 127: Priwo, http://upload.wikimedia.org/wikipedia/commons/6/6b/Lok-INDUSI-01.jpg, lizensiert unter CC SA 3.0
S. 127: Whell, http://upload.wikimedia.org/wikipedia/commons/5/56/Indusi-Gleismagnet.jpg, lizensiert unter CC SA 3.0
S. 149: Ulfbastel, http://en.wikipedia.org/wiki/File:Newton_rings.jpg; gemeinfrei
S. 166: Bilboq, http://upload.wikimedia.org/wikipedia/commons/9/93/Tropical_butterfly.jpg, gemeinfrei

ISBN 978-3-86668-520-8

Inhalt

Autor:
Horst Lautenschlager

Vorwort

Liebe Schülerin, lieber Schüler,

das elektromagnetische Feld und die Grundlagen der speziellen Relativitätstheorie bilden im Physikunterricht der gymnasialen Oberstufe einen thematischen Schwerpunkt. Mit dem vorliegenden Trainingsband halten Sie ein Buch in Händen, das Sie bei der Vorbereitung auf Unterricht, Klausuren und die schriftliche Abiturprüfung im Fach Physik unterstützt.

Bei der Aufbereitung des Unterrichtsstoffs wurde berücksichtigt, dass in den Prüfungsaufgaben neben dem „physikalischen Rechnen" das „physikalische Denken" an Bedeutung gewonnen hat – Sie sollen also in der Lage sein, physikalische Zusammenhänge zu erkennen, zu bewerten und fachsprachlich zu beschreiben.

Ihre Arbeit mit dem Buch wird durch folgende strukturelle Maßnahmen erleichtert:

- Die wichtigen **Begriffe** und **Definitionen** eines Lernabschnitts sind in farbig getönten, **Regeln, Lehr-** und **Merksätze** in farbig umrandeten Kästen abgelegt.
- An jeden Theorieteil schließen passgenaue und kommentierte **Beispielaufgaben** an, die Ihnen den gerade behandelten Stoff unmittelbar anhand einer konkreten Problemstellung veranschaulichen.
- Jeder Lernabschnitt schließt mit **Übungsaufgaben**. Zur Selbstkontrolle finden Sie die zugehörigen **Lösungen** am Ende des Buchs vollständig ausgearbeitet und kommentiert.
- Den Abschluss eines jeden Hauptkapitels bildet ein Kapitel mit **Anwendungsaufgaben**, die den behandelten Stoff in Bezug zu physikalischen Fragestellungen aus der Praxis setzen. Sie lernen dadurch, Naturphänomene und technische Anwendungen zu verstehen und zu erklären, indem Sie auf das theoretische Wissen zurückgreifen, das Sie im Hauptkapitel erarbeitet haben.

Viel Erfolg wünscht Ihnen

Horst Lautenschlager

Statisches elektrisches Feld

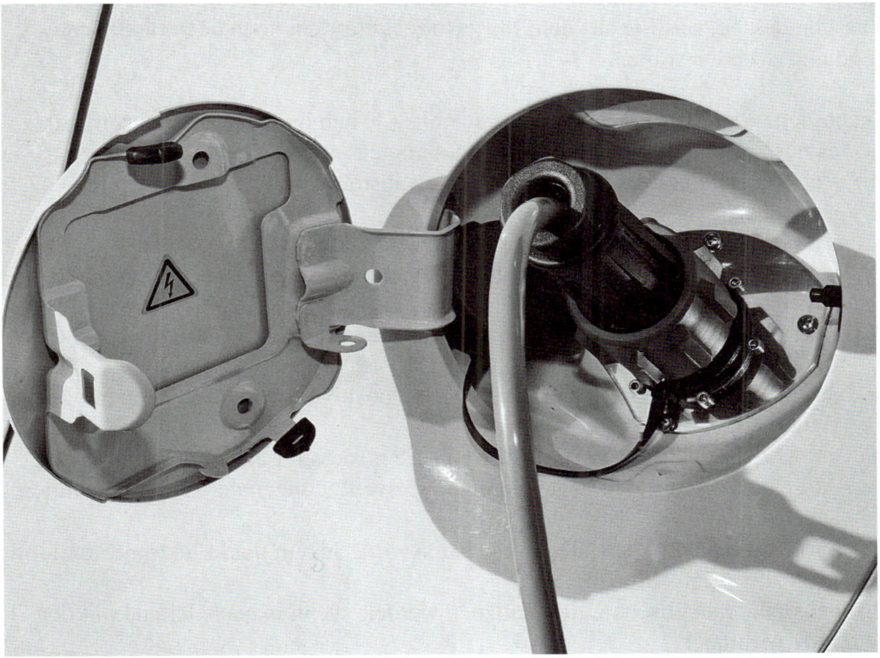

Elektroautos sind auf dem Vormarsch. Im Bestreben, dem zwar bewährten, aber auf den fossilen Energieträger Erdöl angewiesenen Verbrennungsmotor eine praktikable Alternative beiseite zu stellen, werden dem Elektromotor gute Chancen eingeräumt: Er ist zuverlässig, kräftig und weist – eine fortschriftliche Kraftwerkstechnologie vorausgesetzt – eine vernünftige Umweltbilanz auf.
Entscheidend für den Erfolg des Antriebskonzepts wird aber sein, das Problem der Energiespeicherung zu lösen: Die heute verwendeten Batterien besitzen zu geringe Ladekapazitäten, benötigen lange Ladezeiten (Foto) und sind zu schwer und zu groß – erstaunlich, wenn man bedenkt, dass bereits im Jahr 1800 Alessandro Volta mit der Volta'schen Säule die erste funktionierende Batterie entwickelt und damit den Siegeszug der Elektrizität und ihrer Anwendungen ausgelöst hat.

1 Elektrische Ladung

Alle Phänomene der Elektrizitätslehre lassen sich auf ruhende oder bewegte elektrische Ladungen zurückführen. Ihr Training beginnt daher mit einer Zusammenfassung dessen, was Sie aus dem Mittelstufenunterricht noch über elektrische Ladungen wissen sollten.

Zahlreiche Experimente in der Vergangenheit haben immer wieder gezeigt, dass
a) es nur zwei Arten von elektrischen Ladungen gibt: negative und positive;
b) sich gleichnamige elektrische Ladungen abstoßen und ungleichnamige anziehen;
c) jede in der Natur vorkommende elektrische Ladungsmenge stets nur als ganzzahliges Vielfaches einer kleinsten, Elementarladung genannten Ladung e auftritt;
d) das kleinste langlebige Teilchen, das eine negative Elementarladung trägt, das Elektron ist;
e) das kleinste langlebige Teilchen, das eine positive Elementarladung trägt, das Proton ist;
f) ein Körper elektrisch neutral ist, wenn die positiven Ladungen seiner in den Atomkernen sitzenden Protonen die negative Ladungen der Elektronenhüllen ausgleichen;
g) ein Körper positiv bzw. negativ geladen wird, indem man Elektronen entfernt bzw. zusätzlich aufbringt;
h) geladene, metallische Leiter entladen werden, wenn man sie leitend mit der Erde verbindet;
i) bei metallischen Leitern ruhende, elektrische Ladungen nur auf der äußeren Oberfläche sitzen, und zwar umso dichter, je stärker deren Krümmung ist.

Nach der Aussage c dieser Zusammenfassung läge es nahe, als Maßeinheit für die elektrische Ladung die Elementarladung e zu verwenden. Weil diese aber für alltägliche Zwecke zu klein ist, hat man vereinbart:

Definition

Elektrische Ladung

- Die Ladungsmenge, die aus $6{,}242 \cdot 10^{18}$ Elementarladungen besteht, soll **1 Coulomb** (Einheitenzeichen C) heißen.
- Als Formelzeichen für Ladungsmengen verwendet man Q.
- Ein Elektron (Proton) trägt die negative (positive) Ladung $e = \frac{1\,\text{C}}{6{,}242 \cdot 10^{18}} = 1{,}602 \cdot 10^{-19}\,\text{C}$.

Vorrichtungen, in denen die beiden Ladungsarten getrennt werden, nennt man Ladungsquellen. Die Stelle einer Ladungsquelle, die einen Überschuss an negativer Ladung aufweist, heißt **Minuspol** und wird in Schaltbildern durch einen dicken kurzen Strich symbolisiert; die Stelle mit einem Überschuss an positiver Ladung heißt **Pluspol** und wird in Schaltbildern durch einen langen dünnen Strich symbolisiert.

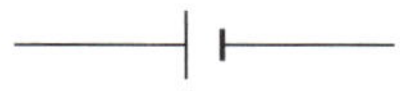

Beispiele

1. Wenn bei einer Autobatterie in jeder Sekunde 0,5 C von einem zum anderen Pol fließen, dauert es 144 h, bis sie leer ist. Bestimmen Sie den Elektronenüberschuss, der sich anfangs auf dem Minuspol befand.

   Lösung:
   Da 0,5 C einer Elektronenzahl von $0{,}5 \cdot 6{,}242 \cdot 10^{18} = 3{,}121 \cdot 10^{18}$ entspricht und $144\ \text{h} = 144 \cdot 3\,600\ \text{s} = 518\,400\ \text{s}$ sind, befanden sich anfangs $3{,}121 \cdot 10^{18} \cdot 518\,400 = \mathbf{1{,}6 \cdot 10^{24}}$ Elektronen auf dem Minuspol.

2. Einer neutralen, isoliert aufgestellten Metallkugel K_1 wird eine zweite, positiv geladene Metallkugel K_2 genähert, ohne dass sich die Kugeln berühren. Dann, wenn der Abstand der beiden Kugeln am geringsten ist, wird die von K_2 abgewandte Seite von K_1 kurzfristig geerdet und anschließend K_2 wieder entfernt. Warum trägt dann K_1 eine negative Ladung?

   Lösung:

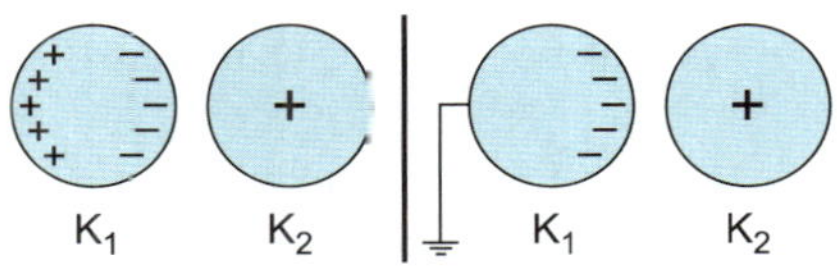

vor dem Erden nach dem Erden

   Die frei beweglichen Elektronen auf der Oberfläche von K_1 werden von der positiven Ladung der Kugel K_2 zu der Seite von K_1 gezogen, die K_2 zugewandt ist (Influenz). Dadurch lädt sich die von K_2 abgewandte Seite von K_1 positiv auf. Während sie kurzfristig mit der Erde verbunden ist, ziehen die unbeweglichen positiven Ladungen Elektronen von der Erde auf K_1, sodass insgesamt ein Überschuss an negativer Ladung auf K_1 entsteht.

Aufgaben

1. Ein Gramm des radioaktiven Isotops Radium 226 emittiert in einer Sekunde $3{,}7 \cdot 10^{10}$ Alphateilchen. Jedes Alphateilchen trägt zwei positive Elementarladungen. 3,6 g dieses Isotops sind in eine isoliert aufgehängte Aluminiumfolie eingewickelt.
Berechnen Sie, wie lange es dauert, bis sich die Folie auf 1,0 µC aufgeladen hat.

2. Auf zwei gleich großen Metallkugeln K_1 bzw. K_2 befinden sich die negative Ladung $Q_1 = -6{,}0 \cdot 10^{-9}$ C bzw. die positive Ladung $Q_2 = +3{,}0 \cdot 10^{-9}$ C. Die Kugeln sind gegeneinander und gegen die Umgebung isoliert und werden kurzzeitig mit einem Metalldraht verbunden.

a) Bestimmen Sie Betrag und Vorzeichen der Ladung, die jede Kugel danach trägt.

Hinweis: Auf gleich große Kugeln verteilt sich die Gesamtladung gleichmäßig.

b) Berechnen Sie die Zahl der Elektronen, die beim Ladungsausgleich durch den Verbindungsdraht geflossen sind.

3. Im Mittelstufenunterricht haben Sie das Elektroskop als einfaches Gerät zur Bestimmung des Ladungsbetrags kennen gelernt.

a) Beschreiben Sie den Aufbau und die Funktionsweise dieses Geräts und fertigen Sie hierfür eine beschriftete Skizze an.

b) Nennen Sie wesentliche Nachteile dieses Geräts.

4. Eine Metallkugel ist dem Zeigersystem eines Elektroskops aufgesetzt. Ein negativ geladener Kunststoffstab wird der Kugel genähert, ohne dass er sie berührt. Begründen Sie, dass man eine Zunahme des Ausschlags des Zeigersystems beobachtet, wenn das Elektroskop ursprünglich negativ geladen war.

5. Beschreiben Sie, wie man mit einer Glimmlampe die Ladungsart einer größeren Ladungsmenge bestimmen kann.

6. Zwei an Isolierstielen befestigte, gleich große, ungeladene, dünne Metallplatten, die genau aufeinander liegen, werden parallel zu den Kondensatorplatten in den Zwischenraum eines Plattenkondensators eingeführt, dort getrennt und getrennt wieder herausgezogen. Der Kondensator ist dabei stets an eine Ladungsquelle angeschlossen. Begründen Sie, dass sich auf beiden Platten Ladungen befinden, die den gleichen Betrag, aber unterschiedliches Vorzeichen haben.

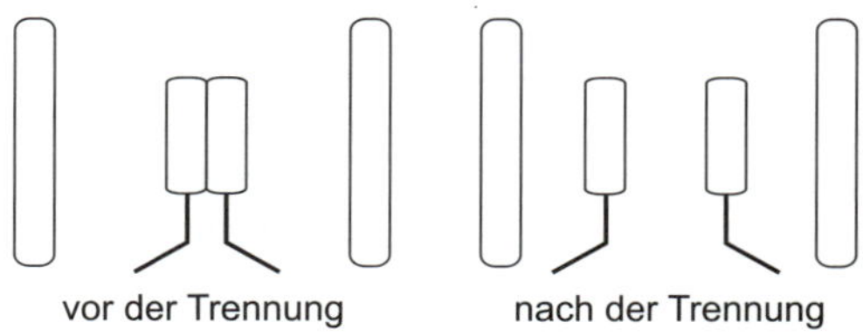

7. Warum laden sich manche stofflich verschiedene, ursprünglich elektrisch neutrale Körper bei Reibung unterschiedlich auf?

2 Elektrisches Feld und elektrische Feldstärke

In der Umgebung einer elektrischen Ladung wirken auf andere Ladungen Kräfte. Obwohl sich Körper nur mit endlicher Geschwindigkeit fortbewegen oder Energien nur mit endlicher Geschwindigkeit ausbreiten, dachte man zunächst, dass sich die Kraftwirkung zwischen Ladungen unabhängig von deren Entfernungen sofort einstellt.
Faraday (1791–1867) erkannte als erster diesen Widerspruch und führte zu seiner Überwindung den Begriff des elektrischen Felds ein.

Definition

Elektrisches Feld
Unter einem elektrischen Feld versteht man einen besonderen Zustand des Raums um eine elektrische Ladung: Er breitet sich mit endlicher Geschwindigkeit von der Ladung aus und vermittelt die Kraftwirkung auf andere Ladungen.

Die Eigenschaften eines elektrischen Felds untersucht man mithilfe von **Probeladungen**. Das sind idealisierte, räumlich unendlich kleine Ladungen, die keinen Einfluss auf die das Feld erzeugenden Ladungen haben und nur elektrische Kräfte, aber keine anderen wie z. B. Gravitationskräfte „spüren". Probeladungen werden in diesem Buch konsequent mit kleinem q bezeichnet, Feld erzeugende Ladungen mit großen Q.
Zur Definition einer Größe, welche die Stärke eines elektrischen Felds in einem Punkt P beschreibt, verwendet man die Kraft $\vec{F}$, die das Feld auf eine in P befindliche Probeladung q ausübt. $\vec{F}$ hängt aber nicht nur vom Feld ab, sondern ist auch, wie die Erfahrung zeigt, proportional zur Ladung q. Daher hängt der Quotient aus dem Betrag der Kraft F und Ladung q nicht mehr von q, sondern nur mehr von der Stärke des in P herrschenden elektrischen Felds ab.

Definition

Elektrische Feldstärke
Die Feldstärke $\vec{E}$ eines elektrischen Felds in einem Punkt P beschreibt man mithilfe eines Vektors:

- Sein **Betrag** soll der Quotient aus den Beträgen der Kraft $\vec{F}$ auf eine in P befindliche Probeladung q und der Probeladung q sein.
- Seine **Richtung** soll mit der Richtung der Kraft auf eine positive Ladung übereinstimmen.

Unter Verwendung der Regeln für die S-Multiplikation bei Vektoren kann man schreiben:

$$\vec{E} = \frac{\vec{F}}{q}$$

$\vec{E}$ erhält die Benennung $\frac{\text{Newton}}{\text{Coulomb}} = \frac{\text{N}}{\text{C}}$.

Beispiele

1. Ein Elektron erfährt im Abstand von 10^{-10} m von einem Proton eine anziehende Kraft vom Betrag $2{,}3 \cdot 10^{-8}$ N. Berechnen Sie den Betrag des vom Proton am Ort des Elektrons erzeugten elektrischen Feldes.

   Lösung:

   $E = \frac{F_{el}}{e}$ — Definition der elektrischen Feldstärke

   $= \frac{2{,}3 \cdot 10^{-8}\,\mathrm{N}}{1{,}6 \cdot 10^{-19}\,\mathrm{C}} = \mathbf{1{,}4 \cdot 10^{11}\,\frac{N}{C}}$ — Einsetzen der numerischen Werte

2. Die Erde ist von einem elektrischen Feld umgeben, dessen Richtung senkrecht von oben nach unten verläuft. Bei wolkenlosem Himmel stellt man in einem knapp über dem Erdboden liegenden Punkt P eine Feldstärke von $260\,\frac{\mathrm{N}}{\mathrm{C}}$ fest.

   Berechnen Sie die Ladung (Vorzeichnen und Betrag), die ein kugelförmiges Wassertröpfchen vom Radius $r = 0{,}004$ mm tragen müsste, damit es im Punkt P schwebt. (Dichte $\rho_{Wasser} = 1{,}0 \cdot 10^3\,\frac{\mathrm{kg}}{\mathrm{m}^3}$; Ortsfaktor $g = 9{,}81\,\frac{\mathrm{m}}{\mathrm{s}^2}$)

   Lösung:

   Das Tröpfchen schwebt, wenn seine von oben nach unten gerichtete Gewichtskraft F_G durch eine betragsgleiche von unten nach oben gerichtete elektrische Kraft F_{el} kompensiert wird. Das Tröpfchen muss daher negativ geladen sein.

   Berechnung der Gewichtskraft:

   $F_G = m \cdot g$ — Formel für die Gewichtskraft

   $= \rho_{Wasser} \cdot V \cdot g$ — Masse = Dichte mal Volumen

   $= \rho_{Wasser} \cdot \frac{4}{3} r^3 \cdot \pi \cdot g$ — Formel fürs Kugelvolumen

   $= 1{,}0 \cdot 10^3\,\frac{\mathrm{kg}}{\mathrm{m}^3} \cdot \frac{4}{3} \cdot (0{,}004 \cdot 10^{-3}\,\mathrm{m})^3 \cdot \pi \cdot 9{,}81\,\frac{\mathrm{m}}{\mathrm{s}^2}$ — Einsetzen der numerischen Werte

   $= 2{,}63 \cdot 10^{-12}\,\mathrm{N}$ — Taschenrechner

   Berechnung der Ladung q:

   $F_{el} = F_G$ — Schwebebedingung

   $q \cdot E = F_G$ — Definition der elektrischen Feldstärke

   $q = \frac{F_G}{E}$ — auf beiden Seiten mit E dividieren

   $= \frac{2{,}63 \cdot 10^{-12}\,\mathrm{N}}{260\,\frac{\mathrm{N}}{\mathrm{C}}}$ — Einsetzen der numerischen Werte

   $= 1{,}0 \cdot 10^{-14}\,\mathrm{C}$ — Taschenrechner

   Das Tröpfchen müsste eine negative Ladung vom Betrag $\mathbf{1{,}0 \cdot 10^{-14}\,C}$ tragen.

Die Struktur eines elektrischen Felds lässt sich mithilfe von **Feldlinien** veranschaulichen. Das sind Linien, die durch jeden Feldpunkt P so verlaufen,

- dass sie der Feldstärkevektor in P berührt (d. h., die Richtungsgerade längs des Vektors bildet die Tangente an die Feldlinie im Punkt P);
- dass die Liniendichte in einer kleinen Umgebung von P proportional zum Betrag der Feldstärke ist.

Regel

Elektrische Feldlinien unterliegen den folgenden Bedingungen:

1. Sie sind keine in sich geschlossenen Linien. Sie beginnen stets in positiven und enden stets in negativen Ladungen oder im Unendlichen.
2. Sie kreuzen oder berühren sich nicht.
3. Sie stehen auf metallischen Oberflächen senkrecht.
4. Sie kommen im Inneren von Leitern nicht vor.
5. Sie treten aus einem Oberflächenstück umso dichter aus, je größer die dort herrschende Ladungsdichte ist.

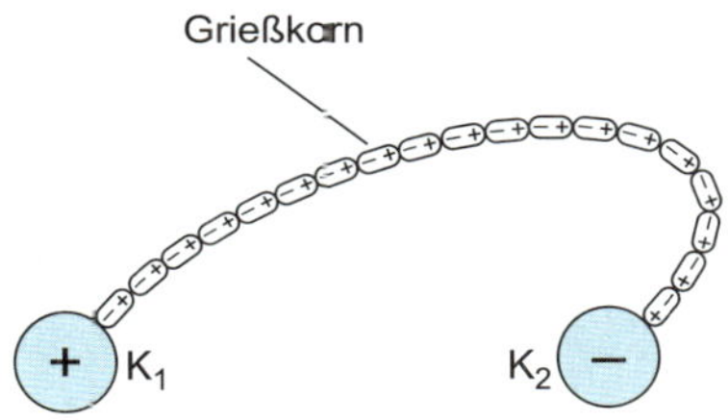

In ebenen Schnitten durch das elektrische Feld lassen sich elektrische Feldlinien sichtbar machen. Man gießt dazu auf den ebenen Boden einer Glasschale Rizinusöl und streut feinkörnigen Grieß darüber. Dann senkt man Schnittmodelle der Körper K_1 und K_2 in das Öl, auf denen die Feld erzeugenden Ladungen sitzen, und lädt sie auf: Die Grießkörner werden zu kleinen Dipolen und reihen sich kettenförmig längs der Feldlinien auf.
Solche Feldlinienbilder erhält man auch, wenn man Schnitte der darzustellenden geladenen Körper aus Stanniol ausstanzt, auf Glasplatten klebt und mit einer Hochspannungsquelle auflädt. Streut man dann auf die Glasplatte sehr kleine Gipsteilchen oder feine Kunststofffasern, so ordnen sich diese aus den gleichen Gründen wie die Grießkörner längs der Feldlinien an.

Beispiel

Das Bild zeigt Feldlinien eines elektrischen Feldes, das von zwei gleich großen, geladenen Metallkugeln K_1 und K_2 erzeugt wird.

a) Geben Sie das Vorzeichen der Ladungen auf den Kugeln an.

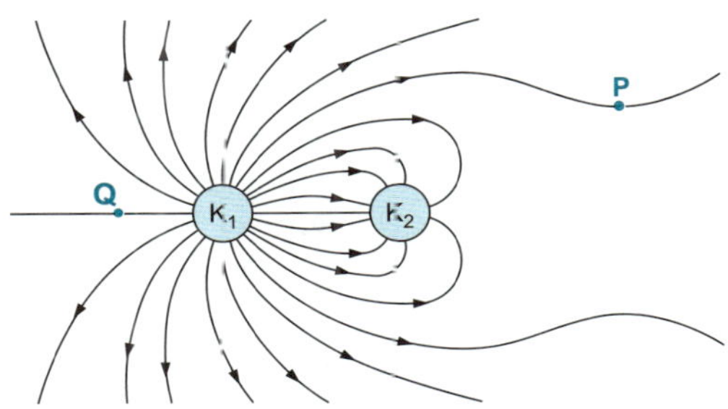

b) Begründen Sie, welche Kugel den größeren Ladungsbetrag trägt.

c) Zeichnen Sie ungefähr die Feldstärkevektoren in den Punkten P und Q ein.

d) Skizzieren Sie die Bahn, auf der sich eine negative Probeladung q vom Punkt Q aus nur unter dem Einfluss des elektrischen Feldes bewegt.

Lösung:

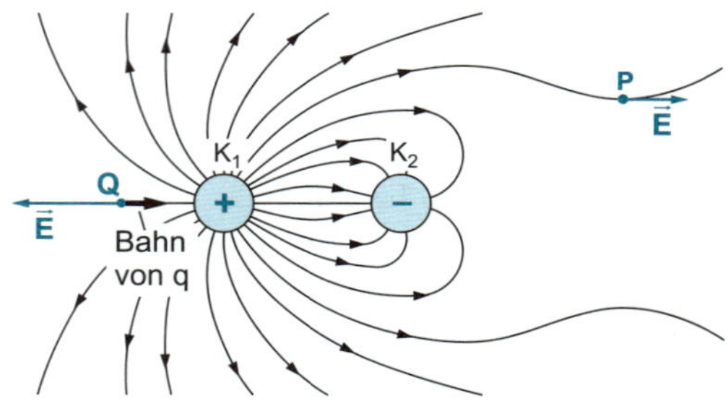

a) Da elektrische Feldlinien in positiven Ladungen beginnen und in negativen enden, ist K_1 positiv und K_2 negativ geladen.

b) Auf K_2 enden weniger Feldlinien als in K_1 beginnen. K_1 trägt daher den größeren Ladungsbetrag.

c) Feldstärkevektoren tangieren in den Punkten P und Q die Feldlinien. Weil die Feldliniendichte in P kleiner als in Q ist, ist der $\vec{E}$-Vektor in P kürzer als in Q.

d) Eine negative Ladung bewegt sich entgegengesetzt zu den Pfeilen auf der Feldlinie durch Q.

Aufgaben

8. Ein Elektron und ein Alphateilchen (trägt 2 positive Elementarladungen) üben in einem bestimmten Abstand wechselseitig jeweils eine anziehende Kraft von $4{,}6 \cdot 10^{-8}$ N aufeinander aus.
Berechnen Sie den Betrag der Stärke des elektrischen Felds, welches ein Teilchen jeweils am Ort des anderen erzeugt.

9. Berechnen Sie die Ladung, die ein kleines Blattgoldstück der Masse $m = 50\,\mu g$ trägt, das in einem elektrischen Feld mit senkrecht verlaufenden Feldlinien bei der Feldstärke $E = 5{,}0 \cdot 10^5 \frac{N}{C}$ schwebt.

10. In einem elektrischen Feld mit horizontal verlaufenden Feldlinien hängt eine kleine ungeladene Metallkugel K der Masse $m = 1{,}25$ g an einem hochisolierenden Faden der Länge $\ell = 1\,500$ mm. Bringt man auf K die Ladung $q = 5$ nC auf, so wird sie um $d = 7$ mm in horizontaler Richtung aus der Ruhelage ausgelenkt.

a) Skizzieren Sie die Anordnung und tragen Sie alle an der Kugel angreifenden Kräfte ein.

b) Berechnen Sie den Winkel zwischen dem ausgelenkten Faden und der Senkrechten.

c) Wie groß ist der Betrag der Feldstärke des elektrischen Felds am Ort der ausgelenkten Kugel?

11. Welche Feldlinienbilder zeigen nicht das elektrische Feld zweier Metallkugeln, die ungleichnamige, dem Betrag nach gleich große Ladungen tragen? Begründen Sie ihre Ablehnung.

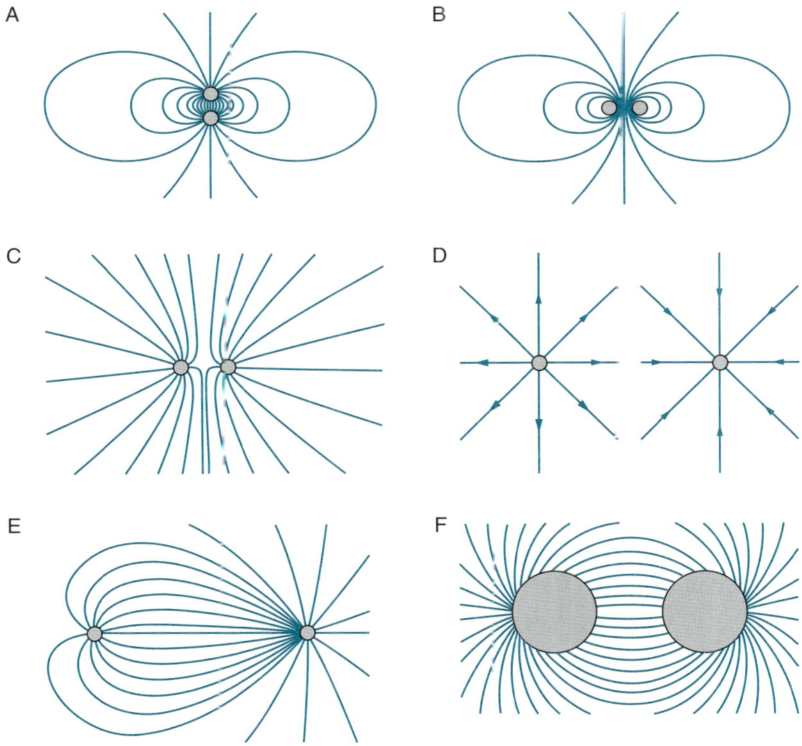

3 Elektrisches Potenzial und elektrische Spannung

Die feldbeschreibende Größe $\vec{E}$ ist eine Vektorgröße, für deren genaue Kenntnis ihr Betrag und ihre Richtung erforderlich sind. Man kann ein elektrisches Feld aber auch durch eine skalare Größe charakterisieren, von der man nur den Betrag wissen muss.

Aus dem Energieerhaltungssatz für Transportarbeiten im elektrischen Feld lässt sich die folgende Regel ableiten:

Regel

Wegunabhängigkeit der elektrischen Arbeit
Die beim Transport einer Ladung von einem Punkt P_0 zu einem anderen Punkt P_1 von den Feldkräften verrichtete Arbeit hängt nicht vom benützten Weg ab:
W_{01} (längs des Weges 1) = W_{01} (längs des Weges 2)

Begründung: Wäre z. B. die Arbeit auf Weg 1 größer als auf Weg 2, könnten die Feldkräfte die Ladung q von P_0 über Weg 1 nach P_1 und dann über Weg 2 zurück nach P_0 zurückbringen, wobei sie insgesamt eine Arbeit größer als null verrichten würden. Beim Durchlaufen des Weges

$$P_0 \xrightarrow{\text{Weg 1}} P_1 \xrightarrow{\text{Weg 2}} P_0$$

würde dem System ohne Änderungen am System Energie entnommen. Der Energieerhaltungssatz wäre verletzt!

Weiter zeigt die Erfahrung, dass der Betrag der Transportarbeit proportional zur Ladung q ist. Demnach hängt der Quotient $\frac{W_{10}}{q}$ nur von der Lage der Punkte P_1 und P_0 und vom Feld selbst ab, nicht aber vom Transportweg und vom Betrag der transportierten Ladung.

Definition

Elektrisches Potenzial
Der Quotient aus der Transportarbeit W_{10} zwischen den Punkten P_1 und P_0 und der transportierten Ladung q heißt elektrisches Potenzial φ_{01} von P_1 bezüglich P_0:

$$\boldsymbol{\varphi_{01} = \frac{W_{10}}{q}}$$

Die Einheit des elektrischen Potenzials ist das **Volt (V)**.

Beispiel

Für den Transport der Ladung $q = 4{,}0$ nC vom Punkt B zum Punkt A verrichten die Feldkräfte die Arbeit $W_{BA} = 24$ nJ.

a) Berechnen Sie das Potenzial des Punkts B bezüglich des Punkts A.

b) Berechnen Sie das Potenzial des Punkts A bezüglich des Punkts B.

c) Welche Arbeit verrichten die Feldkräfte beim Transport der Ladung $q^* = -3{,}0\ \text{nC}$ von A nach B?

Lösung:

a) $\varphi_{AB} = \frac{W_{BA}}{q} = \frac{24\ \text{nJ}}{4{,}0\ \text{nC}} = \mathbf{6{,}0\ V}$

b) $\varphi_{BA} = \frac{W_{AB}}{q} = \frac{-W_{BA}}{q} = -\varphi_{AB} = \mathbf{-6{,}0\ V}$

c) $\varphi_{BA} = \frac{W^*_{AB}}{q^*} \quad \Rightarrow \quad W^*_{AB} = \varphi_{BA} \cdot q^* = -6{,}0\ \text{V} \cdot (-3{,}0\ \text{nC}) = \mathbf{18\ nJ}$

Ähnlich wie man Geländeerhebungen auf einer Landkarte durch Höhenlinien darstellt, kann man die Potenzialstruktur eines elektrischen Felds mit **Äquipotenziallinien** veranschaulichen. Darunter versteht man fiktive Kurven, längs derer elektrische Ladungen ohne Arbeitsaufwand transportiert werden können. Alle Punkte einer Äquipotenziallinie besitzen das gleiche Potenzial.
Aus der Mittelstufe wissen Sie, dass eine senkrecht zum Weg wirkende Kraft keine Arbeit verrichtet. Daher schneiden Äquipotenziallinien die elektrischen Feldlinien stets senkrecht. Zusammenfassend lauten die Eigenschaften:

Regel

Eigenschaften von Äquipotenziallinien

- Äquipotenziallinien schneiden und berühren sich nicht.
- Äquipotenziallinien sind in sich geschlossene Linien.
- In jedem Punkt P eines elektrischen Feldes steht der elektrische Feldstärkevektor in P senkrecht auf der Äquipotenziallinie durch P und weist in Richtung abnehmenden Potenzials.
- Äquipotenziallinien verlaufen in einem Bereich umso dichter, je größer dort der Betrag der elektrischen Feldstärke ist.
- Leiteroberflächen in elektrostatischen Feldern sind Äquipotenzialflächen.

Beispiel

Zeichnen Sie in das Feldlinienbild der beiden geladenen Metallkugeln K_1 und K_2 die Äquipotenziallinie ein, die durch den Punkt P verläuft.

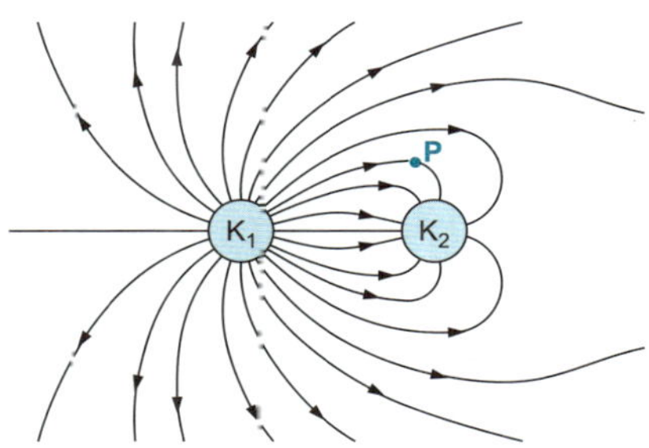

Lösung:
Die gesuchte Äquipotenziallinie ist farbig eingezeichnet. Zur Veranschaulichung sind in der Zeichnung weitere Äquipotenziallinien der Ladungsverteilung angedeutet.

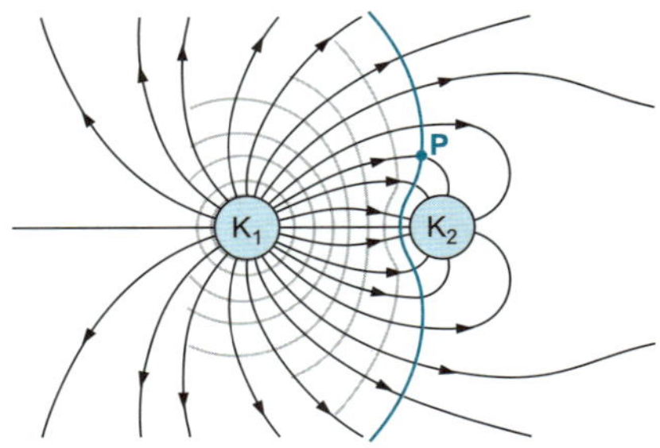

Die Differenz zweier Potenzialwerte mit gleichem Bezugspunkt hängt nicht von der Wahl des Bezugspunkts ab. Sie heißt elektrische Spannung zwischen den beiden Punkten.

Definition

Elektrische Spannung
Unter der elektrischen Spannung U_{12} zwischen zwei Punkten P_1, P_2 eines elektrischen Felds versteht man die Differenz der auf einen beliebigen, aber gleichen Punkt P_0 bezogenen elektrischen Potenziale φ_{01} und φ_{02}:

$$U_{12} = \varphi_{01} - \varphi_{02}$$

Die elektrische Spannung besitzt die Einheit **Volt (V)**.

Mithilfe der elektrischen Spannung können Sie im Weiteren die mit dem Transport einer Ladung verbundenen Arbeiten sehr bequem berechnen, denn aus der Definition oben folgt unter Verwendung der Potenzialdefinition:

Regel

W-q-U-Regel
Besteht zwischen zwei Punkten die Spannung U, so muss die Arbeit $\mathbf{W = q \cdot U}$ aufgewendet werden, um eine Ladung q von einem zum anderen Punkt zu transportieren.

Begründung:

$$q \cdot U_{12} = q \cdot (\varphi_{01} - \varphi_{02})$$ Spannungsdefinition

$$= q \cdot \left(\frac{W_{10}}{q} - \frac{W_{20}}{q}\right)$$ Potenzialdefinition

$$= W_{10} - W_{20}$$ ausmultiplizieren und addieren

$$= W_{12}$$ Die Notationsregel der Indizes bei der Addition der Arbeiten folgt analog dem aus der Vektoraddition bekannten Schema.

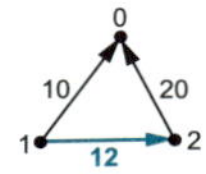

Aufgaben

12. In einem elektrischen Feld werden die Ladung $q_1 = 2{,}0 \cdot 10^{-10}$ C von einem Punkt P_0 aus zum Punkt P_1 und die Ladung $q_2 = -5{,}0 \cdot 10^{-10}$ C von P_0 zum Punkt P_2 transportiert. Dabei verrichten die Feldkräfte die Transportarbeiten $W_1 = 6{,}00 \cdot 10^{-8}$ J bzw. $W_2 = -2{,}25 \cdot 10^{-7}$ J.

a) Berechnen Sie die Potenziale der Punkte P_1 und P_2 bezüglich P_0.

b) Berechnen Sie die elektrische Spannung zwischen den Punkten P_1 und P_2.

c) Berechnen Sie den Betrag der Arbeit, die das Feld beim Transport der Ladung $q_3 = 5{,}0$ nC von P_2 nach P_1 verrichtet.

13. Zeichnen Sie in jedes Feldlinienbild je eine Äquipotenziallinie.

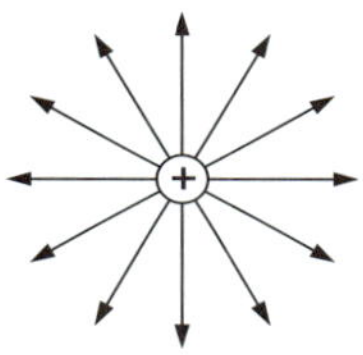

4 Potenzial und Feldstärke im homogenen elektrischen Feld

Für ein homogenes elektrisches Feld kann man mit geringem mathematischen Aufwand den Zusammenhang zwischen den Feldgrößen E und φ explizit herleiten.

Ein elektrisches Feld heißt **homogen**, wenn der Vektor $\vec{E}$ der elektrischen Feldstärke in allen Feldpunkten die gleiche Richtung und den gleichen Betrag besitzt. Die Feldlinien eines homogenen Felds verlaufen parallel und äquidistant. Die Äquipotenzialflächen sind parallele Ebenen senkrecht zu den Feldlinien.

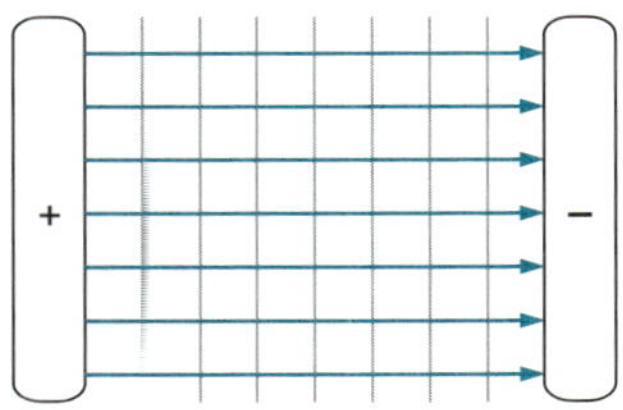

Stellt man zwei gleich große Metallplatten isoliert so auf, dass sie sich parallel genau gegenüberstehen, so stellt diese Anordnung einen **Plattenkondensator** dar. Das Feld im Zwischenraum der Platten kann in guter Näherung als homogen angesehen werden, wenn die Platten ungleichnamige Ladungen vom gleichen Betrag tragen.

Regel

Potenzialformel

In einem homogenen elektrischen Feld der Stärke E gilt für den Betrag des elektrischen Potenzials φ_{AB} eines Punkts B bezüglich des Punkts A:

$$|\varphi_{AB}| = E \cdot s$$

Dabei bezeichnet s den Abstand der Äquipotenzialebenen durch A und B.
Das Vorzeichen des Potenzials ist

- positiv, wenn man beim Transport einer positiven Ladung von A nach B Arbeit gegen die Feldkräfte verrichten muss.
- negativ, wenn die Feldkräfte beim Transport selbst Arbeit verrichten.

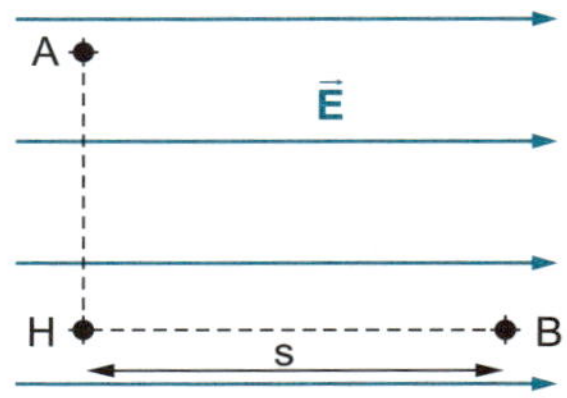

Begründung: Transportiert man in einem homogenen elektrischen Feld der Stärke E eine Probeladung q vom Punkt A zum Punkt B, so spielt der Transportweg für die Größe W der Transportarbeit keine Rolle.
Wählt man den einfachen Weg von A über den Hilfspunkt H zum Zielpunkt B, so wird längs

- AH keine Arbeit verrichtet, weil dort die Kraft auf q senkrecht zum Weg steht.
- HB die Arbeit $F \cdot s$ verrichtet, weil die Kraft auf q parallel zum Weg verläuft.

Für die Gesamtarbeit W gilt demnach:

$$W = W_{AB} = W_{AH} + W_{HB} = 0 + F \cdot s = q \cdot E \cdot s \qquad (*)$$

Nach Definition gilt für den Betrag des elektrischen Potenzials φ_{AB} eines Punkts B bezüglich des Punkts A:

$$|\varphi_{AB}| = \frac{W}{q} \qquad \text{Definition des Potenzials}$$

$$= \frac{q \cdot E \cdot s}{q} \qquad \text{nach } (*)$$

$$= E \cdot s \qquad \text{durch q kürzen}$$

Aus der Potenzialformel ergibt sich alternativ zu $\frac{N}{C}$ die gebräuchlichere Benennung $\frac{V}{m}$ für E: Löst man die Potenzialformel nach E auf, erhält man $E = \frac{\varphi_{AB}}{s}$, woraus für die Benennung von E folgt:

$$[E] = \frac{[\varphi_{AB}]}{[s]} = \frac{V}{m}$$

Beispiel

Das Feld im Inneren eines Plattenkondensators mit horizontalen Platten hat die Stärke $E = 25\,400\ \frac{V}{m}$. Die obere Platte ist positiv, die untere negativ geladen. P befindet sich im Plattenzwischenraum 1 cm von der unteren und 8 cm von der oberen Platte entfernt.
Berechnen Sie das elektrische Potenzial der oberen und der unteren Platte bezüglich P.

Lösung:
Ist A bzw. B ein beliebiger Punkt der oberen bzw. unteren Platte, so gilt für den Betrag seines Potenzials bezüglich P nach der Potenzialformel:

$$|\varphi_{PA}| = E \cdot s_A = 25\,400 \frac{V}{m} \cdot 0{,}08\ m = 2\,032\ V$$

$$|\varphi_{PB}| = E \cdot s_B = 25\,400 \frac{V}{m} \cdot 0{,}01\ m = 254\ V$$

Weil beim Transport einer positiven Ladung von P zur oberen Platte gegen die Feldkräfte Arbeit verrichtet werden muss, ist φ_{PA} positiv. Entsprechend ist φ_{PB} negativ, weil die Feldkräfte selbst Arbeit verrichten. Insgesamt gilt:

$$\varphi_{PA} = \mathbf{2032\ V}$$

$$\varphi_{PB} = \mathbf{-254\ V}$$

Als Spezialfall der Potenzialformel für den Plattenkondensator ergibt sich der Zusammenhang zwischen der Feldstärke im Plattenzwischenraum und der Spannung zwischen den Platten:

Regel

U-E-d-Regel
Zwischen dem Plattenabstand d, der Spannung U zwischen den Platten und der Feldstärke E im Plattenzwischenraum eines Plattenkondensators besteht der Zusammenhang:
$$\mathbf{U = E \cdot d}$$

Begründung: Wählt man die Punkte A und B in der Potenzialformel so, dass sie auf den Kondensatorplatten liegen, so folgt die Formel unmittelbar aus $\varphi_{AB} = U$ und $s = d$.

Beispiel

Ein Plattenkondensator wird mit einer Spannungsquelle ($U = 3\,000$ V) verbunden. Berechnen Sie den Plattenabstand, bei dem das elektrische Feld im Plattenzwischenraum den Wert $E = 40\,000\ \frac{V}{m}$ hat.

Lösung:

$U = E \cdot d$	U-E-d-Regel
$\Rightarrow\ d = \frac{U}{E}$	auf beiden Seiten durch E dividieren, dann Seiten vertauschen
$= \frac{3\,000\ V}{40\,000\ \frac{V}{m}}$	Zahlenwerte einsetzen
$= 0{,}075\ m = \mathbf{7{,}5\ cm}$	

Aufgaben

14. In einem homogenen elektrischen Feld der Stärke $E = 3000\ \frac{N}{C}$ mit senkrecht von oben nach unten verlaufenden Feldlinien werden parallel zu den Feldlinien die Ladungen
- $q_1 = +2{,}0$ nC um 6 cm
- $q_2 = -3{,}0$ nC um 4 cm

von unten nach oben verschoben. Berechnen Sie jeweils die damit verbundenen Transportarbeiten.

15. In einem homogenen elektrischen Feld mit horizontal von links nach rechts verlaufenden Feldlinien wird parallel zu den Feldlinien unter Aufwendung der Arbeit $W = -1{,}8 \cdot 10^{-7}$ J die Ladung $q = -3{,}0$ nC um 3,0 cm von rechts nach links verschoben. Berechnen Sie den Betrag der elektrischen Feldstärke.

16. Berechnen Sie für jeden der abgebildeten Kondensatoren das Potenzial seiner Platten bezüglich der blau gezeichneten Äquipotenzialfläche.

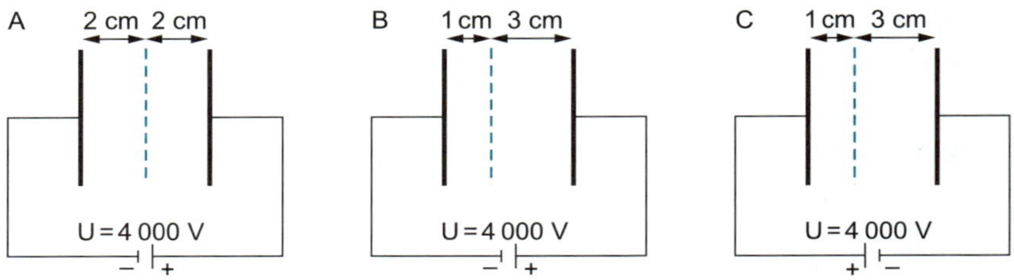

17. Berechnen Sie die Kraft, die auf ein Elektron in einem Plattenkondensator wirkt, wenn die Platten an eine Spannungsquelle von 4,5 kV angeschlossen sind und einen Abstand von 3,0 mm haben.

18. Eine Spannungsquelle wird kurzfristig mit den Platten eines Plattenkondensators verbunden. Bei abgetrennter Spannungsquelle wird anschließend der Plattenabstand variiert, ohne dass sich die Ladung auf den Platten ändert.
Das Diagramm rechts zeigt den Zusammenhang zwischen der Spannung zwischen den Platten und deren Abstand.

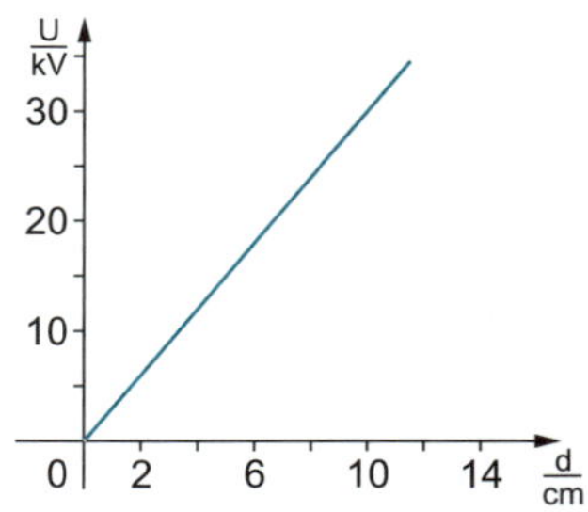

a) Das Diagramm liefert die Information, dass sich die elektrische Feldstärke im Plattenzwischenraum nicht ändert, wenn man den Plattenabstand ändert. Begründen Sie dies.

b) Berechnen Sie den numerischen Wert der Feldstärke.

19. Zwei Kondensatoren sind mit der gleichen Spannungsquelle verbunden, haben aber unterschiedlichen Plattenabstand. Begründen Sie:
Bei welchem Kondensator

a) ist mehr Arbeit erforderlich, um eine positive Ladung von der negativen zur positiven Platte zu bringen?

b) ist der Betrag der Feldstärke im Plattenzwischenraum größer?

5 Der Plattenkondensator als Ladungsspeicher

Unter einem Kondensator versteht man eine Anordnung von zwei leitenden Körpern beliebiger Form, die gegeneinander isoliert aufgestellt sind. Verbindet man einen der beiden Körper mit dem Minus-, den anderen mit dem Pluspol einer Spannungsquelle U, so fließen auf die Körper Ladungen auf, die unterschiedliches Vorzeichen, aber den gleichen Betrag Q haben. Die Anordnung speichert Ladung. Für den speziellen Fall eines Plattenkondensators kann man exemplarisch zeigen, wie die Fähigkeit zur Ladungsspeicherung von der Geometrie des Kondensators abhängt.

Viele Versuche haben gezeigt, dass unabhängig von der geometrischen Form der beiden Körper Q immer proportional zu U ist: $Q \sim U$

Definition

Kapazität
Unter der Kapazität C eines Kondensators versteht man die Proportionalitätskonstante $C = \frac{Q}{U}$.
Die Einheit der Kapazität ist das **Farad (F)**: $[C] = \frac{[Q]}{[U]} = \frac{C}{V} = F$

1 F ist eine recht große Kapazität. Kapazitäten, die in der Schule verwendet werden, liegen im Größenordnungsbereich von 10^{-6} F (µF) bis 10^{-12} F (pF). Löst man die Definitionsgleichung für C nach Q auf, lässt sich der Zusammenhang zwischen den Größen Ladung, Kapazität und Spannung in eine leicht merkbare Regel fassen.

Regel

„Ku = Ku"-Regel
Der Betrag der auf einem Kondensator gespeicherten Ladung ist gleich dem Produkt aus seiner Kapazität und der Spannung zwischen den leitenden Körpern, die jeweils die Ladung dieses Betrags mit unterschiedlichem Vorzeichen enthalten:
$\mathbf{Q = C \cdot U}$

Hinweise und Folgerungen:

- Die Formel „Ku = Ku“-Regel ist auch in den zugelassenen Formelsammlungen verzeichnet.
- Wenn im Weiteren von *der* Ladung des Kondensators gesprochen wird, ist damit immer der Ladungsbetrag auf *einem* der beiden Körper gemeint.
- Die Kapazität C ist ein Maß für das Ladungsfassungsvermögen eines Kondensators. Werden nämlich zwei Kondensatoren unterschiedlicher Kapazitäten $C_1 > C_2$ an die gleiche Spannungsquelle U angeschlossen, so fließt auf den Kondensator mit der größeren Kapazität wegen $Q_1 = C_1 \cdot U > C_2 \cdot U = Q_2$ der größere Ladungsbetrag auf.
- Trägt man die Ladung eines Kondensators in einem U-Q-Diagramm gegen die Spannung U an, so erhält man wegen $Q = C \cdot U$ eine Ursprungsgerade mit der Steigung C.

Beispiel

Welche Ladung fließt auf einen Kondensator der Kapazität C = 89 nF, wenn er an eine Spannungsquelle mit U = 3,8 kV angeschlossen wird.

Lösung:

$Q = C \cdot U$	„Ku = Ku“-Regel
$= 89 \cdot 10^{-9}\,\text{F} \cdot 3{,}8 \cdot 10^{3}\,\text{V}$	Einsetzen der Zahlenwerte
$= \mathbf{3{,}4 \cdot 10^{-4}\,C}$	Achten Sie darauf, dass in der ersten Zeile C das Formelzeichen für die Kapazität ist und in der dritten für die Benennung Coulomb steht.

Die Kapazität eines Plattenkondensators kann man, wie bei einigen wenigen anderen übersichtlichen Leiteranordnungen auch, aus den geometrischen Daten mithilfe einer Formel berechnen. Experimentell findet man nämlich, dass die Kapazität C eines Plattenkondensators proportional zum

- Inhalt A einer Plattenfläche ist: $C \sim A$
- Kehrwert $\frac{1}{d}$ des Plattenabstands d ist: $C \sim \frac{1}{d}$

Hieraus folgt $C \sim \frac{A}{d} \Rightarrow \frac{C}{\frac{A}{d}} = \text{konst.}$ Die Proportionalitätskonstante heißt **elektrische Feldkonstante ε_0**.

Regel

Kapazität eines Plattenkondensators

Bezeichnet A den Inhalt einer Plattenfläche und d den Abstand der Platten, besitzt ein Plattenkondensator die Kapazität

$\mathbf{C = \varepsilon_0 \cdot \frac{A}{d}}$, wobei $\varepsilon_0 = 8{,}85 \cdot 10^{-12}\,\frac{C}{V \cdot m}$.

Dank dieser Formel können Sie die Kapazität mit einem „Meterstab“ ermitteln, indem Sie die Abmessungen der Kondensatorplatten und ihren Abstand bestimmen.

Beispiel

Berechnen Sie die Kapazität eines Plattenkondensators, dessen Platten kreisförmig sind (Radius $r = 12{,}0$ cm) und den Abstand 2,0 mm haben.

Lösung:

$$C = \varepsilon_0 \cdot \frac{A}{d}$$ Kapazität eines Plattenkondensators

$$= \varepsilon_0 \cdot \frac{r^2 \cdot \pi}{d}$$ Formel für die Kreisfläche

$$= 8{,}85 \cdot 10^{-12} \frac{C}{V \cdot m} \cdot \frac{(12{,}0 \cdot 10^{-2}\,m)^2 \cdot \pi}{2{,}0 \cdot 10^{-3}\,m}$$ Einsetzen der Zahlenwerte

$$= \mathbf{2{,}0 \cdot 10^{-10}\,F = 0{,}20\,nF}$$

Aufgaben

20. Die rechteckigen Platten (Länge 7,0 cm; Breite 4,0 cm) eines Plattenkondensators haben den Abstand 3,0 mm. Zwischen ihnen liegt die Spannung 3 800 V an. Berechnen Sie die Ladung auf den Platten.

21. Ein Plattenkondensator hat rechteckige Platten (Länge 7,0 cm; Breite 4,0 cm) und die Kapazität $C = 4{,}0$ pF. Die Feldstärke im Plattenzwischenraum hat den Betrag $E = 3{,}8 \cdot 10^4 \frac{V}{m}$. Berechnen Sie die Spannung zwischen den Platten.

22. Ein Plattenkondensator hat rechteckige Platten (Länge 7,0 cm; Breite 4,0 cm) und trägt die Ladung $Q = 4{,}3$ nC. Berechnen Sie die Feldstärke im Plattenzwischenraum.

23. Ein Plattenkondensator ist mit einer Gleichspannungsquelle verbunden. Bei angeschlossener Spannungsquelle wird der Plattenabstand verdreifacht.
Wie ändern sich dadurch

a) seine Kapazität?

b) der Betrag der Ladung auf einer Platte?

c) der Betrag der Feldstärke im Plattenzwischenraum?

d) der Betrag der Arbeit beim Transport einer Ladung q von der positiven zur negativen Platte?

Begründen Sie jeweils rechnerisch.

24. Ein Plattenkondensator wird kurz mit einer Gleichspannungsquelle verbunden und dann wieder von ihr getrennt. Bei abgetrennter Spannungsquelle wird der Plattenabstand auf die Hälfte verringert. Wie ändern sich dadurch

a) seine Kapazität?

b) der Betrag der Spannung zwischen den Platten?

c) der Betrag der Feldstärke im Plattenzwischenraum?

d) der Betrag der Arbeit beim Transport einer Ladung q von der positiven zur negativen Platte?

Begründen Sie jeweils rechnerisch.

25. Ein Plattenkondensator ist mit einer Gleichspannungsquelle verbunden. Dann wird bei angeschlossener Spannungsquelle durch eine geeignete Vorrichtung bei unverändertem Plattenabstand seine Plattenfläche auf das Vierfache vergrößert. Wie ändern sich dadurch

a) seine Kapazität?

b) der Betrag der Ladung auf einer Platte?

c) der Betrag der Feldstärke im Plattenzwischenraum?

d) der Betrag der Arbeit beim Transport einer Ladung q von der positiven zur negativen Platte?

Begründen Sie jeweils rechnerisch.

26. Ein Plattenkondensator wird kurz mit einer Gleichspannungsquelle verbunden und dann wieder on ihr getrennt. Bei abgetrennter Spannungsquelle und unverändertem Plattenabstand wird seine Plattenfläche durch eine geeignete Vorrichtung auf ein Drittel verringert. Wie ändert sich dadurch

a) seine Kapazität?

b) der Betrag der Spannung zwischen den Platten?

c) der Betrag der Feldstärke im Plattenzwischenraum?

d) der Betrag der Arbeit beim Transport einer Ladung q von der positiven zur negativen Platte?

27. Geben Sie eine Plausibilitätserklärung dafür, dass die Kapazität eine Plattenkondensators

a) proportional zum Flächeninhalt A einer Plattenfläche ist.

b) umgekehrt proportional zum Abstand d der Platten ist.

28. Zwei baugleiche Plattenkondensatoren werden parallel zueinander geschaltet. Fertigen Sie eine Schaltskizze an.
Warum kann die Anordnung als Kondensator aufgefasst werden, dessen Kapazität doppelt so groß ist wie die eines Einzelkondensators?

29. Zwei baugleiche Plattenkondensatoren werden in Reihe geschaltet. Fertigen Sie eine Schaltskizze an.
Warum kann die Anordnung als Kondensator aufgefasst werden, dessen Kapazität halb so groß ist wie die eines Einzelkondensators?

6 Das elektrische Feld als Energiespeicher

Wird ein geladener Kondensator von der Spannungsquelle abgetrennt und werden dann seine Platten mit einem Draht verbunden, so entlädt er sich. Der Entladestrom verrichtet elektrische Arbeit, die im Draht in Wärme umgewandelt wird. Die hierfür benötigte Energie kann nicht von der Spannungsquelle bezogen werden, weil diese ja abgetrennt ist. Als einzig mögliches Energiereservoir kommt nur das elektrische Feld des Plattenkondensators in Betracht.

Im elektrischen Feld eines Kondensators ist elektrische Energie gespeichert. Diese kann man mithilfe von jeweils zwei der drei Größen Q, C, U ausdrücken.

Regel

Kondensatorenergie

Im elektrischen Feld eines Kondensators (Kapazität C, Ladung Q, Spannung U) ist die elektrische Energie

$\mathbf{W_{el} = \frac{1}{2} Q \cdot U}$ bzw. $\mathbf{W_{el} = \frac{1}{2} C \cdot U^2}$ bzw. $\mathbf{W_{el} = \frac{1}{2} \frac{Q^2}{C}}$

gespeichert.

Aus der ersten der drei Formeln lassen sich die beiden anderen mithilfe der „Ku = Ku“-Regel $Q = C \cdot U$ herleiten:

- $\frac{1}{2}\mathbf{Q} \cdot U = \frac{1}{2}\mathbf{C \cdot U} \cdot U = \frac{1}{2} C \cdot U^2$
- $\frac{1}{2} Q \cdot \mathbf{U} = \frac{1}{2} Q \cdot \mathbf{\frac{Q}{C}} = \frac{1}{2} \frac{Q^2}{C}$

Beispiel

Ein Kondensator der Kapazität $C = 4{,}00\ \mu F$ wird an die Spannungsquelle $U = 2\,500\ V$ angeschlossen.

a) Berechnen Sie den Betrag der im Kondensatorfeld gespeicherten elektrischen Energie.

b) Ermitteln Sie, wie hoch man mit dieser Energie einen Tischtennisball der Masse $m = 2{,}7\ g$ heben könnte.

Lösung:

a) $W_{el} = \frac{1}{2} C \cdot U^2$ — 2. Formel Kondensatorenergie

$= \frac{1}{2} \cdot 4{,}00 \cdot 10^{-6}\ F \cdot (2\,500\ V)^2 = \mathbf{12{,}5\ J}$

b) $m \cdot g \cdot h = W_{el} \Rightarrow h = \frac{W_{el}}{m \cdot g}$ — Energiesatz, auf beiden Seiten durch $m \cdot g$ dividieren

$= \frac{12{,}5\ J}{2{,}7 \cdot 10^{-3}\ kg \cdot 9{,}81\ \frac{m}{s^2}} = \mathbf{472\ m}$ — Zahlenwerte einsetzen

In jedem Raum, der von einem elektrischen Feld durchsetzt wird, ist elektrische Energie gespeichert. Ihren Betrag kann man mithilfe des Raumvolumens und der im Raum herrschenden elektrischen Feldstärke ausdrücken.

Regel

Feldenergie eines homogenen elektrischen Feldes

Existiert in einem Volumen V ein homogenes elektrisches Feld der Stärke E, so ist dort die elektrische Energie

$$\mathbf{W_{el} = \frac{1}{2}\varepsilon_0 \cdot E^2 \cdot V}$$

gespeichert.

Begründung: Für das homogene elektrische Feld eines Plattenkondensators lässt sich diese Beziehung direkt aus den bereits bekannten Gesetzen herleiten:

$W_{el} = \frac{1}{2}C \cdot U^2$	Formel Kondensatorenergie
$= \frac{1}{2}\varepsilon_0 \cdot \frac{A}{d} \cdot U^2$	Kapazität im Plattenkondensator: $C = \varepsilon_0 \cdot \frac{A}{d}$
$= \frac{1}{2}\varepsilon_0 \cdot \frac{A}{d} \cdot (E \cdot d)^2$	U-E-d-Formel
$= \frac{1}{2}\varepsilon_0 \cdot \frac{A}{d} \cdot E^2 \cdot d^2$	Termumformung
$= \frac{1}{2}\varepsilon_0 \cdot E^2 \cdot V$	durch d kürzen; Volumen des Plattenzwischenraums: $V = A \cdot d$

Beispiel

Berechnen Sie die elektrische Energie, die an der Erdoberfläche durchschnittlich in einem m^3 gespeichert ist, wenn dort der jährliche Mittelwert der Stärke des elektrischen Felds der Erde $120\,\frac{V}{m}$ beträgt?

Lösung:

$W_{el} = \frac{1}{2}\varepsilon_0 \cdot E^2 \cdot V$	Formel Feldenergie
$= \frac{1}{2} \cdot 8{,}85 \cdot 10^{-12}\,\frac{C}{Vm} \cdot \left(120\,\frac{V}{m}\right)^2 \cdot 1\,m^3 = \mathbf{6{,}4 \cdot 10^{-8}\,J}$	Zahlenwerte einsetzen

Definition

Elektrische Energiedichte

Der Quotient aus der in einem elektrischen Feld gespeicherten Energie und dem Volumen des vom Feld durchsetzten Raums heißt elektrische Energiedichte und wird mit ρ_{el} bezeichnet. Speziell für ein homogenes Feld der Stärke E gilt:

$$\mathbf{\rho_{el} = \frac{1}{2}\varepsilon_0 \cdot E^2}$$

Begründung: Die Beziehung folgt unmittelbar aus der Formel für die Feldenergie (Division durch V auf beiden Seiten).

Beispiel

Ein Plattenkondensator (Plattenabstand d = 3,0 cm) ist an eine Batterie (Spannungsbetrag U = 300 V) angeschlossen. Berechnen Sie die Energiedichte des Felds im Plattenzwischenraum.

Lösung:

$\rho_{el} = \frac{1}{2}\varepsilon_0 \cdot E^2$ — Formel Energiedichte

$= \frac{1}{2}\varepsilon_0 \cdot \left(\frac{U}{d}\right)^2$ — E-U-d-Formel nach E auflösen

$= \frac{1}{2} \cdot 8{,}85 \cdot 10^{-12}\,\frac{C}{Vm} \cdot \left(\frac{300\,V}{3{,}0 \cdot 10^{-2}\,m}\right)^2 = \mathbf{4{,}4 \cdot 10^{-4}\,\frac{J}{m^3}}$ — Zahlenwerte einsetzen

Aufgabe 30. Ein Plattenkondensator (Plattenfläche 400,0 cm^2; Plattenabstand $d_1 = 3{,}0$ cm) ist an eine Spannungsquelle (U = 2 000 V) angeschlossen.

a) Berechnen Sie die auf einer Platte gespeicherte Ladung.

b) Berechnen Sie die im Kondensatorfeld gespeicherte elektrische Energie.

Nun wird bei angeschlossener (Fall 1) bzw. abgetrennter (Fall 2) Spannungsquelle der Plattenabstand auf $d_2 = 7{,}0$ cm vergrößert.

c) Erläutern Sie für jeden der Fälle, wie sich die vom Kondensator gespeicherte elektrische Energie ändert.

7 Das radialsymmetrische Feld

1686 veröffentlichte Newton (1632–1727) das Gravitationsgesetz, mit dessen Hilfe sich die Kräfte, die Körper aufgrund ihrer Masse aufeinander ausüben, berechnen lassen. Rund 100 Jahre später entdeckte Coulomb (1736–1806) ein analoges Gesetz für die elektrischen Kräfte zwischen zwei Punktladungen, mit dessen Hilfe man für radialsymmetrische elektrische Felder die feldbeschreibenden Größen E und φ explizit berechnen kann.

Regel

Coulombgesetz

Zwei punktförmige elektrische Ladungen Q_1 und Q_2 üben Kräfte aufeinander aus, die in Richtung ihrer Verbindungslinie wirken. Gleichartige Ladungen stoßen sich ab, ungleichartige Ladungen ziehen sich an. Haben die beiden Ladungen den Abstand r, so gilt im Vakuum für den Betrag F dieser Kraft:

$\mathbf{F = \frac{1}{4\pi \cdot \varepsilon_0} \cdot \frac{Q_1 \cdot Q_2}{r^2}}$ mit $\varepsilon_0 = 8{,}85 \cdot 10^{-12}\,\frac{C}{V \cdot m}$

Beispiel

Mit welcher elektrischen Kraft F zieht ein Proton ein Elektron an, das $r = 5{,}3 \cdot 10^{-11}$ m entfernt ist?

Lösung:

$$F = \frac{1}{4\pi \cdot \varepsilon_0} \cdot \frac{e \cdot e}{r^2}$$ Coulombgesetz; $Q_{Proton} = Q_{Elektron} = e$

$$= \frac{1}{4\pi \cdot 8{,}85 \cdot 10^{-12} \frac{C}{V \cdot m}} \cdot \frac{(1{,}6 \cdot 10^{-19}\,C)^2}{(5{,}3 \cdot 10^{-11}\,m)^2} = \mathbf{8{,}2 \cdot 10^{-8}\,N}$$ Zahlenwerte einsetzen

Das Coulombgesetz hat denselben formalen Aufbau wie das Newton'sche Gravitationsgesetz:

Regel

Gravitationsgesetz

Zwei Massenpunkte m_1 und m_2 üben anziehende Kräfte aufeinander aus, die in Richtung ihrer Verbindungslinie wirken. Haben sie den Abstand r, so gilt für den Betrag F dieser Kraft:

$\mathbf{F = G \cdot \frac{m_1 \cdot m_2}{r^2}}$ mit $G = 6{,}67 \cdot 10^{-11} \frac{m^3}{kg \cdot s^2}$ (Gravitationskonstante)

Das Coulombgesetz ermöglicht die mathematische Beschreibung von radialsymmetrischen elektrischen Feldern.

Definition

Radialsymmetrisches elektrisches Feld

Ein radialsymmetrisches elektrisches Feld entsteht in der Umgebung einer Punktladung. Ist sie positiv, weisen die Feldlinien radial vom Ladungszentrum nach außen, ist sie negativ, sind sie auf das Ladungszentrum hin gerichtet.
Die Äquipotenzialflächen sind konzentrische Kugelflächen mit dem Ladungszentrum als Mittelpunkt.

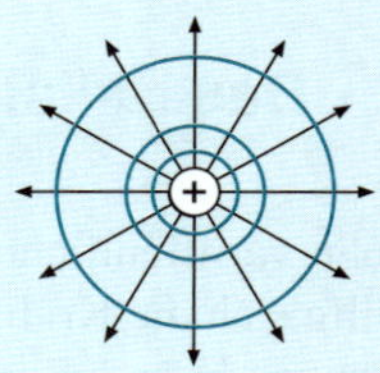

Radialsymmetrische elektrische Felder treten unter anderem in der Umgebung von Atomkernen auf.

Regel

Coulombfeldstärke

Im Abstand r vom Zentrum einer Punktladung Q gilt für den Betrag E(r) der elektrischen Feldstärke:

$$\mathbf{E(r) = \frac{1}{4\pi \cdot \varepsilon_0} \cdot \frac{Q}{r^2}}$$

Der zugehörige r-E-Graph ist eine Hyperbel 2. Ordnung.

Begründung: Nach dem Coulombgesetz erfährt eine Probeladung q im Abstand r vom Ladungszentrum Q die elektrische Kraft $F = \frac{1}{4\pi \cdot \varepsilon_0} \cdot \frac{Q \cdot q}{r^2}$. Nach der Definition gilt daher für die Feldstärke:

$$E = \frac{F}{q} = \frac{1}{q} \cdot \frac{1}{4\pi \cdot \varepsilon_0} \cdot \frac{Q \cdot q}{r^2} = \frac{1}{4\pi \cdot \varepsilon_0} \cdot \frac{Q}{r^2}$$

Beispiel

Berechnen Sie die Feldstärke des von einem Proton erzeugten elektrischen Felds in einem Punkt, der $r = 5{,}3 \cdot 10^{-11}$ m vom Proton entfernt ist.

Lösung:

$$E = \frac{1}{4\pi \cdot \varepsilon_0} \cdot \frac{e}{r^2}$$ Coulombfeldstärke; $Q_{Proton} = e$

$$= \frac{1}{4\pi \cdot 8{,}85 \cdot 10^{-12} \frac{C}{V \cdot m}} \cdot \frac{1{,}6 \cdot 10^{-19}\,C}{(5{,}3 \cdot 10^{-11}\,m)^2} = \mathbf{5{,}1 \cdot 10^{11}\,\frac{V}{m}}$$ Zahlenwerte einsetzen

Unter Verwendung der Integralrechnung findet man das elektrische Potenzial eines Punkts in einem radialsymmetrischen elektrischen Feld.

Regel

Coulombpotenzial

Bezogen auf einen unendlich weit entfernten Punkt gilt für das elektrische Potenzial $\varphi(r)$ eines Punkts P im Abstand r vom Zentrum einer Ladung Q:

$$\boldsymbol{\varphi(r) = \frac{1}{4\pi \cdot \varepsilon_0} \cdot \frac{Q}{r}}$$

Der zugehörige r-φ-Graph ist eine Hyperbel 1. Ordnung.

Beispiel

Berechnen Sie die Arbeit, die erforderlich ist, um ein α-Teilchen (trägt 2 positive Elementarladungen) aus dem Unendlichen bis auf 1 nm an einen Goldatomkern (trägt 79 positive Elementarladungen) heranzuführen.

Lösung:

Ein Punkt P im Abstand r = 1 nm vom Zentrum des Goldatomkerns besitzt bezüglich eines unendlich fernen Punkts das elektrische Potenzial

$$\varphi(r) = \frac{1}{4\pi \cdot \varepsilon_0} \cdot \frac{Q}{r}$$ Coulombpotenzial

$$= \frac{1}{4\pi \cdot 8{,}85 \cdot 10^{-12} \frac{C}{V \cdot m}} \cdot \frac{79 \cdot 1{,}6 \cdot 10^{-19}\,C}{1{,}0 \cdot 10^{-9}\,m} = 113{,}6\,V$$ Zahlenwerte einsetzen

Zwischen P und einem unendlich fernen Punkt besteht daher die Spannung U = 113,6 V. Die gesuchte Arbeit finden Sie mithilfe der W-q-U-Regel:

$$W = q \cdot U$$ W-q-U-Regel

$$= 2e \cdot U$$ q = 2e

$$= 2 \cdot 1{,}6 \cdot 10^{-19}\,C \cdot 113{,}6\,V = \mathbf{3{,}6 \cdot 10^{-17}\,J}$$ Zahlenwerte einsetzen

Radialsymmetrische Felder können nicht nur von Punktladungen erzeugt werden, sondern auch von geladenen Kugeln. Genauer gilt hier:

Regel

Elektrisches Feld einer Metallkugel

Das elektrische Feld einer Metallkugel vom Radius R, die den Ladungsbetrag Q trägt, stimmt für $r \geq R$ mit dem Feld einer Punktladung Q überein. Im Kugelinneren existiert wie in allen Innenräumen von metallischen Körpern kein elektrisches Feld.

Elektrische Feldstärke:

$$E(r) = \begin{cases} \frac{1}{4\pi \cdot \varepsilon_0} \cdot \frac{Q}{r^2} & \text{für } r \geq R \\ 0 & \text{für } r < R \end{cases}$$

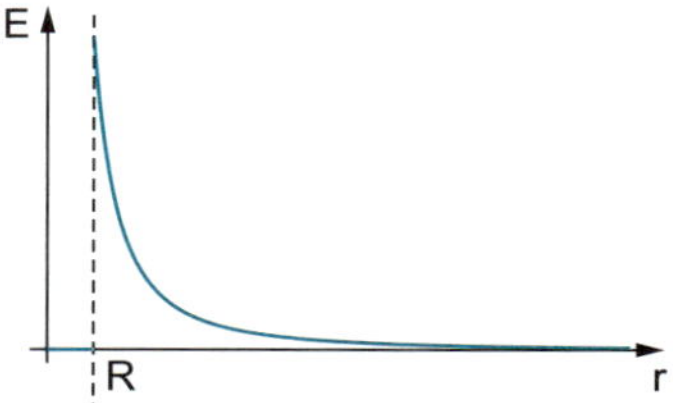

Elektrisches Potenzial (bezogen auf einen unendlich weit entfernten Punkt):

$$\varphi(r) = \begin{cases} \frac{Q}{4\pi \cdot \varepsilon_0} \cdot \frac{1}{r} & \text{für } r \geq R \\ \frac{Q}{4\pi \cdot \varepsilon_0} \cdot \frac{1}{R} & \text{für } r < R \end{cases}$$

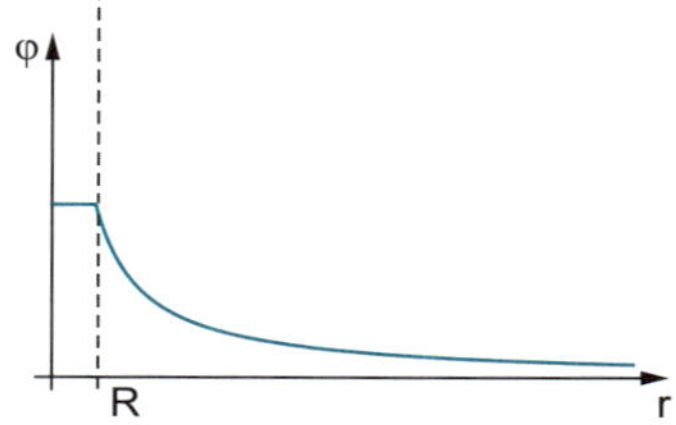

Aufgaben

31. In R befindet sich eine positive Ladung vom Betrag $Q_R = 4{,}0$ nC, in S eine negative vom Betrag $Q_S = 2{,}0$ nC.

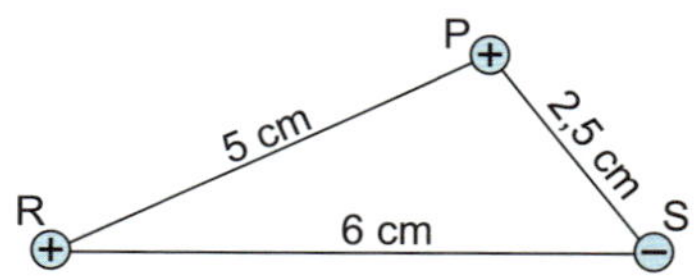

a) Welche Kraft (Betrag) übt jede dieser Ladungen auf eine in P befindliche positive Ladung $Q_P = 6{,}0$ nC aus?

b) Bestimmen Sie grafisch den Vektor $\vec{F}_{ges}$ der Gesamtkraft von Q_R und Q_S und entnehmen Sie der Skizze den Betrag F_{ges}. Verwenden Sie dabei die folgende Entsprechung: $4 \cdot 10^{-5}\,\text{N} \mathrel{\hat{=}} 1\,\text{cm}$

32. Im Ursprung eines Koordinatensystems befindet sich eine positive Punktladung Q. In 1,0 cm Abstand vom Koordinatenursprung O beträgt die Stärke des von Q erzeugten elektrischen Felds: $E(1{,}0\,\text{cm}) = 4 \cdot 10^5\,\frac{\text{V}}{\text{m}}$

a) Zeigen Sie, dass sich die elektrischen Feldstärken in zwei Punkten umgekehrt wie die Quadrate der Abstände dieser Punkte von O verhalten:

$$\frac{E(r_1)}{E(r_2)} = \frac{r_2^2}{r_1^2} \qquad (*)$$

b) Zeichnen Sie unter Verwendung von (*) die zu den Koordinatenachsen parallelen Vektoren $\vec{E}(2\,\text{cm})$ und $\vec{E}(3{,}5\,\text{cm})$. Verwenden Sie für die Zeichnung die Entsprechung $10^5\,\frac{\text{V}}{\text{m}} \triangleq 1\,\text{cm}$.

33. Ein radialsymmetrisches elektrisches Feld wird von einer negativen Punktladung Q erzeugt. Ein 4,0 cm vom Ladungsschwerpunkt entfernter Punkt hat bezüglich eines unendlich fernen Punkts das Potenzial –250 V.

a) Berechnen Sie Q.

b) Welches Potenzial besitzt ein $r_2 = 5{,}0$ cm vom Ladungsschwerpunkt entfernter Punkt bezüglich eines unendlich fernen Punkts?

c) Berechnen Sie die Spannung U zwischen den Punkten S und T, die vom Ladungsschwerpunkt 4 cm und 5 cm entfernt sind.

d) Welche Arbeit verrichten die Feldkräfte beim Transport der positiven Probeladung $q = +2{,}0$ pC von S nach T?

8 Überlagerung elektrischer Felder

Die Überlagerung (Fachausdruck: Superposition) von elektrischen Feldern ist in unserer technisierten Welt allgegenwärtig: Wenn in Bahnhofsgebäuden oder Abflughallen mehrere Personen gleichzeitig mit ihrem Handy telefonieren, wenn mehrere Lampen die gleiche Stelle beleuchten oder wenn an einem Ort mehrere Radio- oder Fernsehstationen empfangen werden, aber auch beim Stromtransport in Hochspannungsleitungen, wenn Sie Staubsaugen oder mit einer Bohrmaschine hantieren. Die Superposition gehorcht dabei zwei erstaunlich einfachen Regeln.

Regel

1. Superpositionsregel
Überlagern sich zwei elektrische Felder, die im Punkt P die Feldstärken $\vec{E}_1(P)$ bzw. $\vec{E}_2(P)$ besitzen, so gilt für die Feldstärke $\vec{E}_{ges}(P)$ des durch Überlagerung entstandenen Feldes in P:

$$\vec{E}_{ges}(P) = \vec{E}_1(P) + \vec{E}_2(P)$$

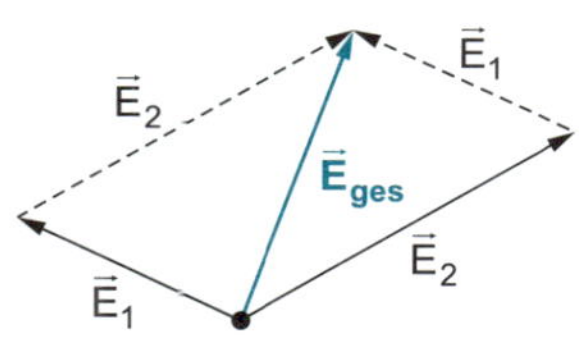

2. Superpositionsregel
Überlagern sich zwei elektrische Felder, die im Punkt P die elektrischen Potenziale $\varphi_1(P)$ bzw. $\varphi_2(P)$ besitzen, so gilt für das Potenzial $\varphi_{ges}(P)$ des durch Überlagerung entstandenen Feldes in P

$$\varphi_{ges}(P) = \varphi_1(P) + \varphi_2(P),$$

wenn alle Potenziale den gleichen Bezugspunkt besitzen.

Beispiel

Ein α-Teilchen und ein Elektron haben den Abstand d = 8,0 nm. Der Mittelpunkt ihrer Verbindungsstrecke wird mit M bezeichnet. Berechnen Sie für das von beiden Teilchen erzeugte elektrische Feld

a) Betrag und Richtung der Feldstärke in M.

b) das auf einen unendlich fernen Punkt bezogene elektrische Potenzial in M.

Hinweis: Ein α-Teilchen trägt zwei positive Elementarladungen, ein Elektron eine negative Elementarladung.

Lösung:

a) Das α-Teilchen erzeugt in M ein Feld der Stärke:

$$E_{\alpha}(M) = \frac{2e}{4\pi \cdot \varepsilon_0} \cdot \frac{1}{(0{,}5d)^2}$$

Coulomb-feldstärke

$$= \frac{2 \cdot 1{,}6 \cdot 10^{-19}\,\mathrm{C}}{4\pi \cdot 8{,}85 \cdot 10^{-12}\,\frac{\mathrm{C}}{\mathrm{V \cdot m}}} \cdot \frac{1}{(0{,}5 \cdot 8{,}0 \cdot 10^{-9}\,\mathrm{m})^2} = 1{,}8 \cdot 10^8\,\frac{\mathrm{V}}{\mathrm{m}}$$

Zahlenwerte einsetzen

Das Elektron besitzt die halbe Ladung des α-Teilchens und erzeugt daher in M ein Feld der halben Stärke:

$$E_e(M) = \frac{1}{2} E_{\alpha}(M) = \frac{1}{2} \cdot 1{,}8 \cdot 10^8\,\frac{\mathrm{V}}{\mathrm{m}} = 9{,}0 \cdot 10^7\,\frac{\mathrm{V}}{\mathrm{m}}$$

Der Feldstärkevektor des α-Teilchens ist doppelt so lang wie der des Elektrons, beide deuten von links nach rechts. Nach der 1. Superpositionsregel ist der Summenvektor dieser beiden Vektoren dreimal so lang wie der des Elektrons und deutet ebenfalls von links nach rechts:

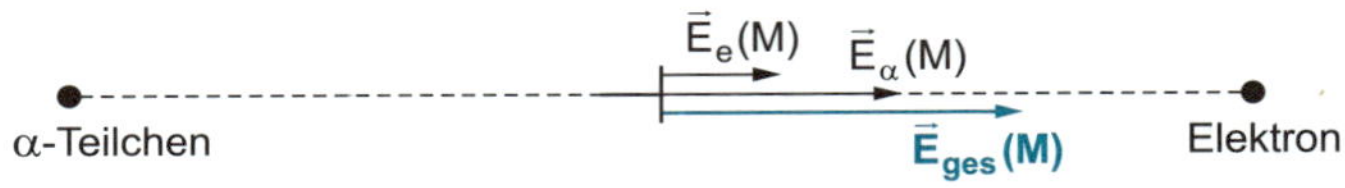

$$E_{ges}(M) = 3E_e(M) = 3 \cdot 9{,}0 \cdot 10^7\,\frac{\mathrm{V}}{\mathrm{m}} = \mathbf{2{,}7 \cdot 10^8\,\frac{V}{m}}$$

b) Für das Potenzial des vom α-Teilchen in M erzeugten Felds gilt:

$$\varphi_{\alpha}(M) = \frac{1}{4\pi \cdot \varepsilon_0} \cdot \frac{2e}{0{,}5d}$$

Coulomb-feldstärke

$$= \frac{1}{4\pi \cdot 8{,}85 \cdot 10^{-12}\,\frac{\mathrm{C}}{\mathrm{V \cdot m}}} \cdot \frac{2 \cdot 1{,}6 \cdot 10^{-19}\,\mathrm{C}}{0{,}5 \cdot (8{,}0 \cdot 10^{-9}\,\mathrm{m})} = 0{,}72\,\mathrm{V}$$

Zahlenwerte einsetzen

Das Elektron besitzt die halbe Ladung des α-Teilchens entgegengesetzten Vorzeichens und verursacht daher in M das Potenzial

$$\varphi_{\alpha}(M) = -\frac{1}{2} \cdot \varphi_e(M) = -\frac{1}{2} \cdot 0{,}72\,\mathrm{V} = -0{,}36\,\mathrm{V}.$$

Das Gesamtpotenzial in M beträgt nach der 2. Superpositionsregel:

$$\varphi_{ges}(M) = \varphi_{\alpha}(M) + \varphi_e(M) = 0{,}72\,\mathrm{V} + (-0{,}36\,\mathrm{V}) = \mathbf{0{,}4\,V}$$

Aufgaben **34.** Zwei Plattenkondensatoren sind um 90° gegeneinander verdreht (vgl. Skizze rechts). Die grünen Platten sind mit dem Minuspol, die schwarzen mit dem Pluspol einer Gleichspannungsquelle verbunden ($U = 1\,250$ V).

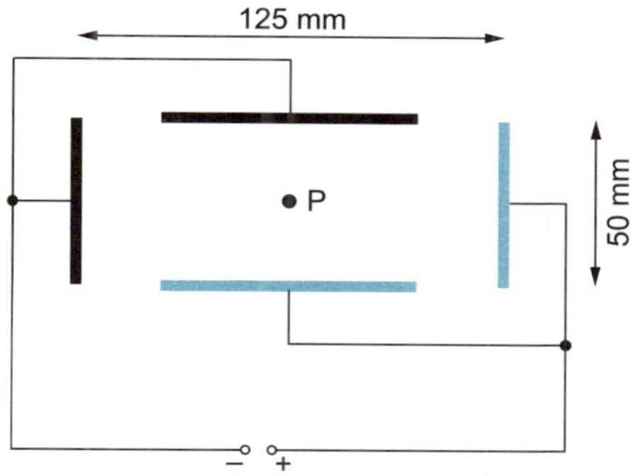

a) Bestimmen Sie den Betrag der elektrischen Feldstärke in jedem Kondensator, wenn der andere nicht da wäre.

b) Zeichnen Sie im Punkt P den Vektor der elektrischen Feldstärke des von beiden Kondensatoren in P erzeugten elektrischen Felds ein. Verwenden Sie dabei folgende Entsprechung: $10\,000\ \frac{V}{m} \mathrel{\hat{=}} 2$ cm

c) Bestimmen Sie mithilfe der Skizze den Betrag der elektrischen Gesamtfeldstärke und überprüfen Sie Ihr Ergebnis mithilfe des Satzes von Pythagoras.

35. Zwei positive Punktladungen $Q_1 = 3{,}5$ nC und $Q_2 = 7{,}0$ nC sind 5 cm von einander entfernt. Der Punkt P liegt auf Kreisen mit den Radien 2 cm und 4 cm.
Berechnen Sie das elektrische Potenzial des von beiden Ladungen in P erzeugten elektrischen Felds bezüglich eines unendlichen fernen Punkts.

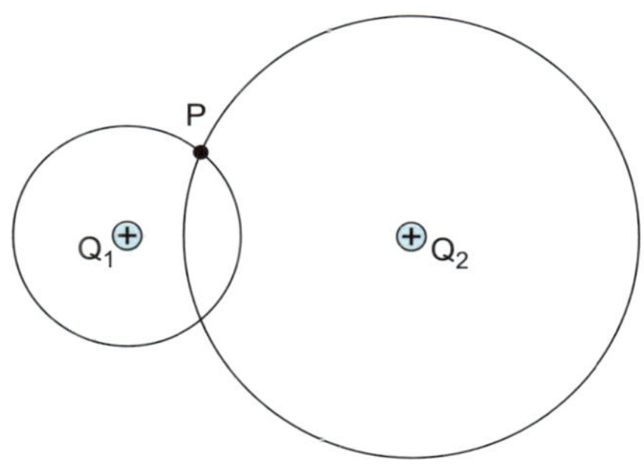

36. In A bzw. B befinden sich positive, punktförmige Ladungen vom Betrag 24 nC und 6 nC.

Ermitteln Sie, in welchem Punkt P zwischen A und B das von diesen beiden Ladungen erzeugte Gesamtfeld die Stärke $0\ \frac{V}{m}$ hat.

9 Anwendungen in Natur und Technik

In diesem Abschnitt erhalten Sie Gelegenheit, Ihre Kenntnisse über statische elektrische Felder bei der Lösung von je zwei speziellen Problemen aus dem Gebiet der Geophysik und der Automobiltechnik zu erproben.

Aufgaben

37. Elektrostatisches Erdfeld

Unsere Erde ist von einem radialsymmetrischen elektrostatischen Feld umgeben, das auf die Erdoberfläche hin gerichtet ist (siehe Skizze rechts). Ursache für dieses Feld ist eine elektrische Überschussladung auf der Erdoberfläche, die letztlich durch ionisierende Strahlung aus dem Weltraum hervorgerufen wird.

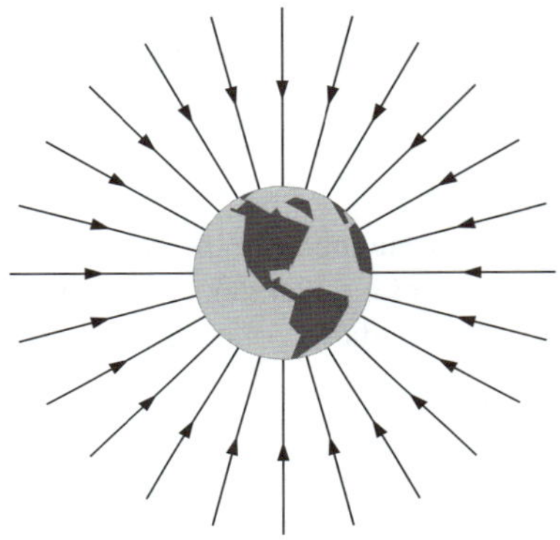

a) Bestimmen Sie das Vorzeichen dieser Überschussladung.

b) Nehmen Sie an, dass die Erdoberfläche ein idealer Leiter ist.
Berechnen Sie den Betrag der Überschussladung, wenn langjährige Messungen für die elektrische Feldstärke unmittelbar auf der Erdoberfläche einen Wert von $130 \frac{\text{V}}{\text{m}}$ ergeben haben (Erdradius: $r = 6370$ km).

38. Gewitterwolke

In einer Cumulonimbus-Gewitterwolke herrschen starke Aufwinde, die durch Reibung von Regentropfen mit Eiskristallen eine Ladungstrennung bewirken. Der obere Teil des Cumulonimbus wird dabei positiv, der untere negativ geladen. Die im Volksmund **„Wetterleuchten"** genannte Erscheinung entsteht, wenn die Spannung zwischen den verschiedenen Ladungen so groß wird, dass es *innerhalb* der Wolke zu einem Blitz zwischen den Ladungsschichten kommt. Beim abgebildeten Cumulonimbus konnte ein solcher Wolke-Wolke-Blitz zwischen den Ladungsschichten beobachtet werden, nachdem die elektrische Feldstärke zwischen den Ladungsschichten einen Wert von ca. $15\,000 \frac{\text{V}}{\text{m}}$ erreicht hatte.

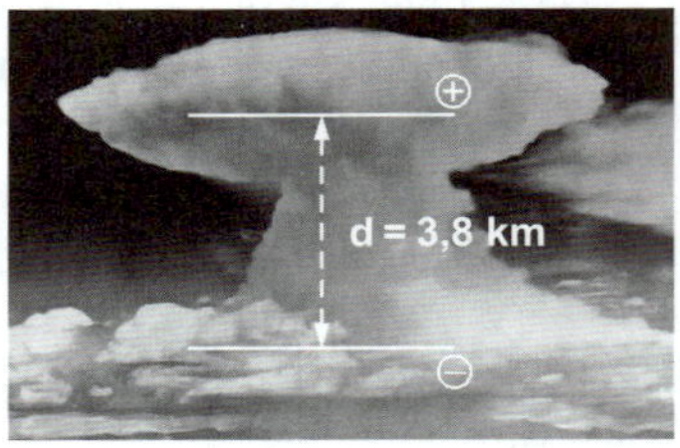

Fassen Sie die Gewitterwolke als Plattenkondensator auf und berechnen Sie die Ladungsdichte in der negativen Ladungsschicht.

Hinweis: Unter der Ladungsdichte eines Plattenkondensators versteht man den Quotienten aus dem Betrag Q der Ladung auf einer Kondensatorplatte und dem Flächeninhalt A der Platte.

39. Batterie als Energiespeicher

Für leistungsfähige Elektroautos mit Marktchancen benötigt man Batterien, die große Ladungsmengen bei möglichst geringem Platzbedarf und möglichst kleinem Gewicht speichern können.

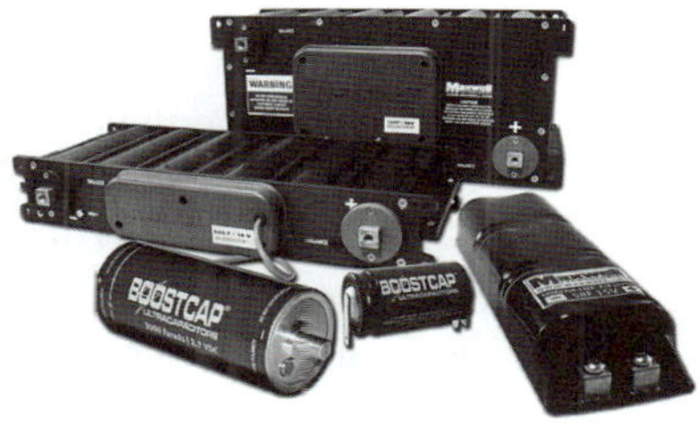

Die Entwicklung von **Doppelschichtkondensatoren** stellt einen Schritt in Richtung Platzreduktion dar. Solche Kondensatoren, auch EDLC (electrochemical double layer capacitor) oder Superkondensatoren genannt, tragen die Markennamen Goldcaps, Supercaps, BoostCaps oder Ultracaps und besitzen die größte Energiedichte aller Kondensatoren.
Ein typischer im Elektronikfachhandel erhältlicher EDLC hat zylindrische Form (Durchmesser: 18 mm, Höhe 40 mm), die Kapazität 50 F und eine Betriebsspannung von 2,5 V.

a) Berechnen Sie die in diesem Kondensator gespeicherte elektrische Energie.

b) Sie möchten in einem mit der Spannungsquelle $U = 2{,}5$ V verbundenen Plattenkondensator mit Platten unveränderlicher Größe möglichst viel elektrische Energie speichern. Wie würden Sie zu diesem Zweck den Plattenabstand wählen? Begründen Sie Ihre Wahl.

c) Lässt sich die Kapazität 50 F auch mit einem ebenen Plattenkondensator realisieren? Begründen Sie Ihre Entscheidung rechnerisch. Nehmen Sie dabei einen Plattenabstand von $d = 0{,}5$ mm an.

d) Vergleichen Sie die Energiedichte dieses Plattenkondensators mit der des EDLC.

40. Geschwindigkeitsmessung

Die Skizze zeigt den prinzipiellen Aufbau eines **Piezoelements**. Zwei Metallplättchen, die als Elektroden fungieren, sind auf ein spezielles, kristallines Plättchen der Dicke x aufgeklebt. Verringert oder vergrößert man durch Krafteinwirkung den Abstand zwischen den beiden Elek-

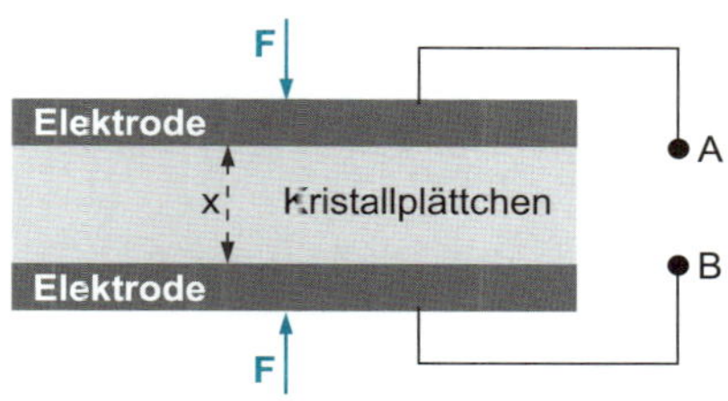

troden um Δx, entstehen zwischen den Kontakten A und B Spannungen gleichen Betrags, aber unterschiedlichen Vorzeichens. Messungen haben ergeben, dass zwischen der elektrischen Feldstärke E(x) im Elektrodenzwischenraum und der relativen Dickeänderung $\frac{\Delta x}{x}$ die Beziehung

$E(x) = 2{,}8 \cdot 10^9 \, \frac{V}{m} \cdot \frac{\Delta x}{x}$

besteht.

a) Fassen Sie die Anordnung als Plattenkondensator auf und berechnen Sie, welche Spannung zwischen A und B entsteht, wenn die Plättchendicke um $\Delta x = 0{,}0001$ mm verringert wird.

b) Das Diagramm rechts zeigt den Spannungsverlauf zwischen A und B, wenn das Piezoelement von einem Rad überrollt wird.
Erklären sie den Spannungsverlauf.

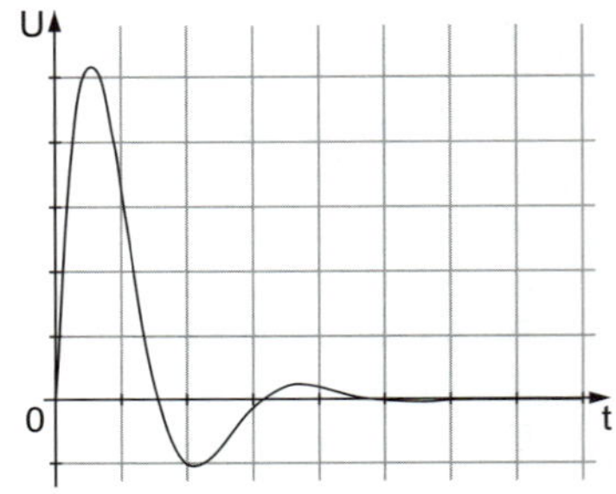

c) Der rechte Vorderreifen eines Autos überrollt zwei Piezoelemente, die in 1,000 m Abstand in Fahrtrichtung des Autos auf eine Straße aufgeklebt sind. Durch eine geeignete Schaltung kann man die Spannungsverläufe an beiden Piezoelementen in *einem* t-U-Diagramm darstellen.
Berechnen Sie die Geschwindigkeit des Autos.

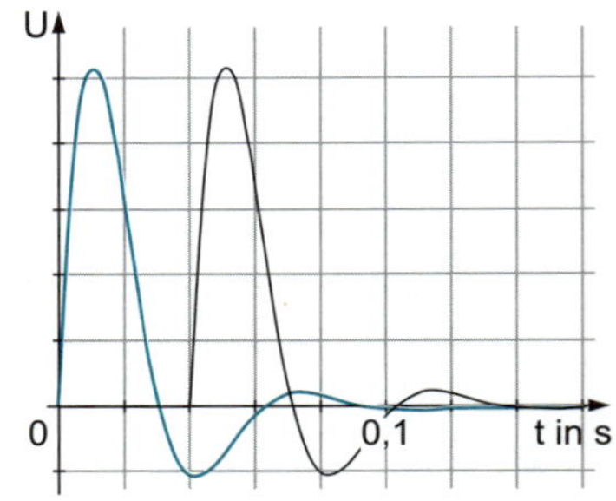

Statisches magnetisches Feld

Aus dem Jahr 624 v. Chr. stammen Aufzeichnungen, in denen sich Thales von Milet mit Eigenschaften von Magnetsteinen auseinandersetzt und feststellt, dass diese Mineralien Eisen anziehen. Die Bezeichnung „Magnet“ bezieht sich dabei wohl auf die Herkunft des Minerals aus der antiken thessalischen Landschaft Magnesia, wo sich Fundstellen des heute Magnetit (Foto) benannten Minerals – eine kristalline Verbindung aus Eisen und Sauerstoff – befinden. Es dauerte bis zum 20. Jahrhundert, bis die Physik das Wesen des Magnetismus durch effektive Modelle deuten und beschreiben konnte.

10 Magnetismus von Dauermagneten

Ob bei Kühlschrankmagneten, den Magnetverschlüssen von Taschen und Möbeltüren oder den Kupplungen von Spielzeugeisenbahnen – im Alltag begegnen uns magnetische Kräfte am unmittelbarsten in Form von Dauermagneten.

Definition

Dauermagnet
Unter einem Dauermagneten versteht man einen Körper, der Eisen, Kobalt, Nickel und einige bestimmte Legierungen aus diesen Metallen anzieht. Stoffe, die von einem Dauermagneten angezogen werden, nennt man ferromagnetisch.

Zahllose Experimente haben immer wieder gezeigt, dass
- die Anziehungskraft auf ferromagnetische Stoffe nicht an allen Stellen eines Dauermagneten gleich groß ist.
- jeder Magnet immer genau zwei Bereiche stärkster Anziehungskraft aufweist, die sogenannten Pole.
- die Anziehungskraft eines Dauermagneten durch nicht ferromagnetische Stoffe hindurchwirkt, durch ferromagnetische Stoffe aber abgeschirmt werden kann.
- sich die Verbindungslinie zwischen den beiden Polen in der geografischen Nord-Süd-Richtung ausrichtet, sobald man den Dauermagneten in geeigneter Weise drehbar lagert.

Definition

Magnetpole
Der Pol eines Dauermagneten, der zum geografischen Norden (Süden) zeigt, heißt magnetischer Nordpol (Südpol).

Dabei ist die Erde selbst ein Magnet, deren magnetischer Nordpol sich (zurzeit) in der Nähe des geografischen Südpols befindet. Entprechend liegt ihr magnetischer Südpol nahe des geografischen Nordpols. Die Lage der Erdmagnetpole ist nicht fest, sondern ändert sich im Lauf der Jahrhunderte.

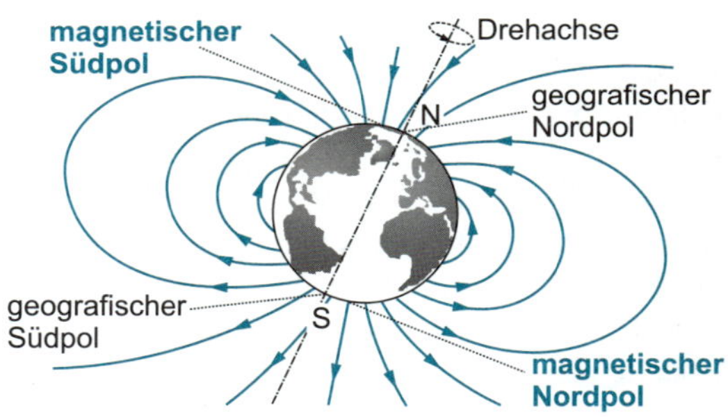

Weiter zeigt die Erfahrung, dass
- es einzelne, isolierte Magnetpole nicht gibt;
- sich gleichnamige magnetische Pole abstoßen;

- sich ungleichnamige magnetische Pole anziehen (Bild links) oder sich gegenseitig neutralisieren (Bild rechts);

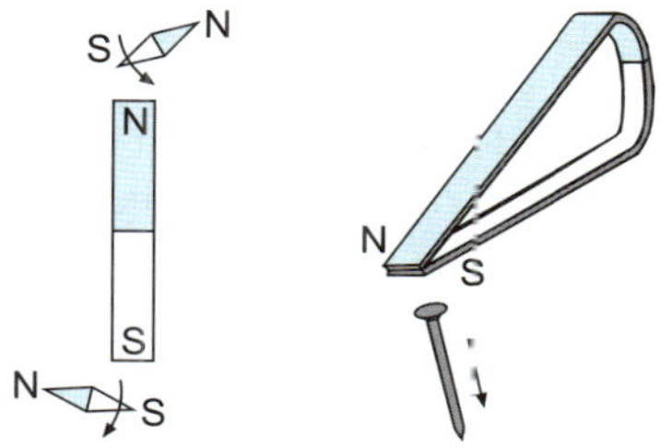

- ursprünglich unmagnetische ferromagnetische Stoffe (Bild links) in der Nähe eines Magneten selbst zu Magneten werden (Bild rechts), wobei in der Nähe eines Nordpols ein Südpol entsteht und umgekehrt (magnetische Influenz);

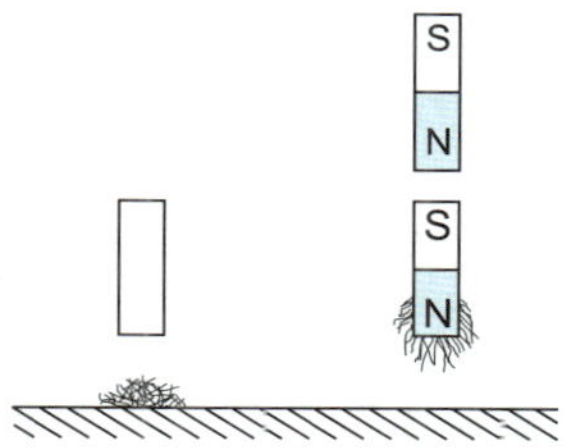

- beim Zerteilen eines Magneten immer wieder vollständige Magnete entstehen;

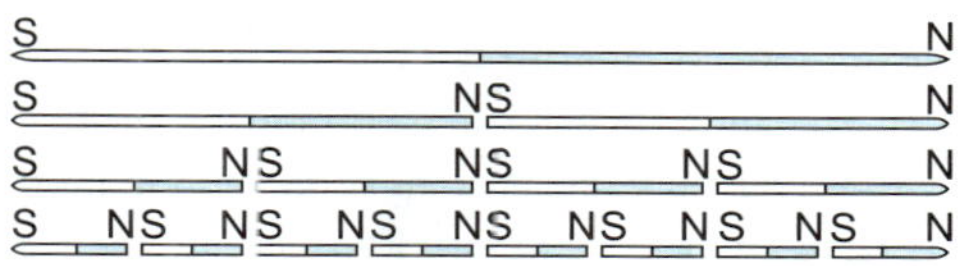

- eine ursprünglich nicht magnetische Probe eines Ferromagneten durch Bestreichen mit einem Magneten selbst magnetisch wird.

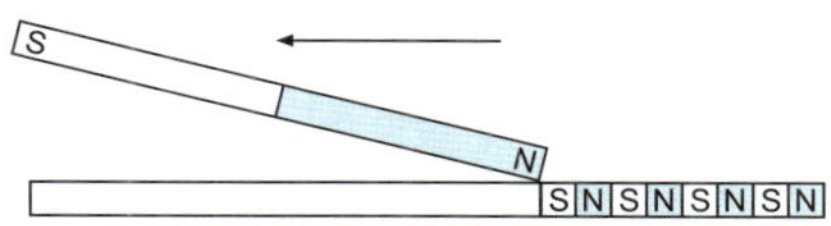

Die drei letzten aufgeführten Phänomene lassen sich mit dem einfachen **Modell der Elementarmagnete** deuten:Jedes Ferromagnetikum besteht hiernach bei nicht zu hohen Temperaturen aus Elementarmagneten. Diese können durch magnetische Kräfte ausgerichtet werden (Bild links) – dann ist der Körper magnetisiert. In einem nichtmagnetischen Ferromagnetikum sind die Elementarmagnete völlig ungeordnet (Bild rechts).

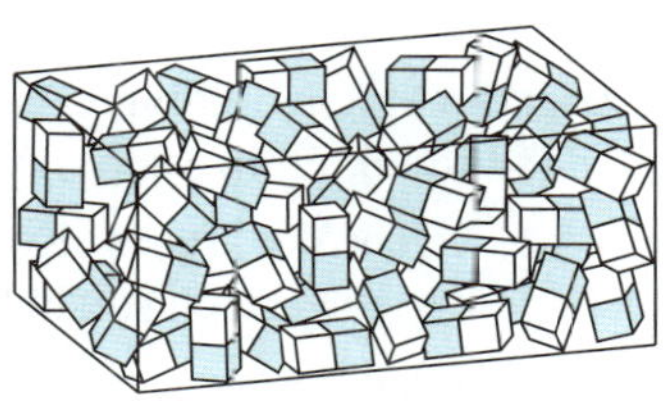

Der Magnetismus eines Körpers entsteht also nicht erst beim Magnetisieren, sondern ist als Magnetisierung der Elementarmagnete bereits im Körper vorhanden.

So wie man die Kraftwirkungen auf eine elektrische Probeladung in der Umgebung einer Ladungsanordnung mithilfe des elektrischen Feldes beschreiben kann, so kann man auch die Kraftwirkungen eines Dauermagneten auf ferromagnetische Körper mithilfe eines magnetischen Felds veranschaulichen.

Definition

Magnetisches Feld
Unter dem magnetischen Feld eines Dauermagneten versteht man den besonderen Zustand des Raums in seiner Umgebung, aufgrund dessen er auf ferromagnetische Körper, stromdurchflossene Leiter oder bewegte Ladungen magnetische Kräfte ausüben kann.

Die Struktur des magnetischen Felds lässt sich, wie bei elektrischen Feldern auch, mithilfe von magnetischen Feldlinien veranschaulichen. Das sind fiktive Kurven im Magnetfeld, welche in jedem ihrer Punkte tangential zum dortigen magnetischen Kraftvektor verlaufen.

Regel

Magnetische Feldlinien unterliegen den folgenden Bedingungen:
1. Sie sind immer in sich geschlossenen.
2. Sie haben keine Anfangs- oder Endpunkte.
3. Sie kreuzen oder berühren sich nicht.
4. Sie sind so orientiert, dass sie in Richtung der Kraft auf einen fiktiven magnetischen Einzel-Nordpol deuten
5. Sie werden in einem Bereich umso dichter gezeichnet, je stärker dort das Magnetfeld ist.
6. Sie verlaufen außerhalb eines Permanentmagneten von dessen Nord- zum Südpol, in seinem Inneren vom Süd- zum Nordpol.

Magnetische Feldlinien lassen sich experimentell darstellen, indem man den Magneten unter eine mit Eisenfeilspänen (kleine, zunächst unmagnetische, ferromagnetische Späne) bestreute Glasplatte legt. Die Späne werden durch magnetische Influenz zu kleinen „Stabmagneten“, die sich längs der Feldlinien ausrichten, wenn man leicht gegen die Glasplatte klopft.

Beispiel

Die Skizze zeigt die Magnetfeldlinien eines Stabmagneten (Nordpol: grün; Südpol: weiß).

a) Erläutern Sie, welche der kleinen Kompassnadeln richtig eingezeichnet sind.

b) Vergleichen Sie den Betrag der magnetischen Kräfte auf die Kompassnadeln in den Punkten A und C.

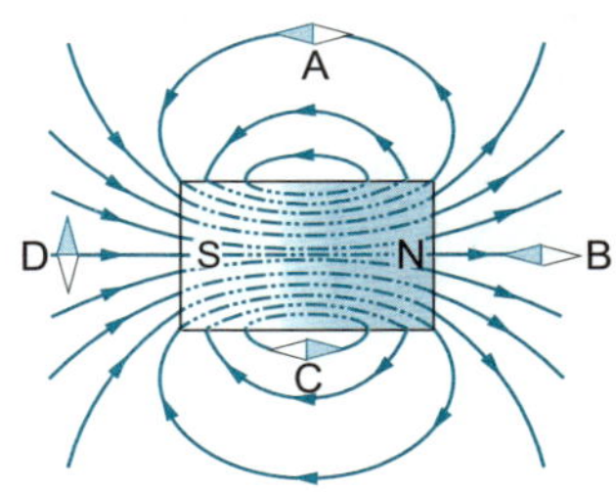

Lösung:

a) Eine Kompassnadel richtet sich im Magnetfeld immer tangential zu den Feldlinien so aus, dass ihr Nordpol in Richtung der Feldlinien weist. Daher ist nur die **Magnetnadel A** richtig eingezeichnet; D ist dagegen senkrecht zu den Feldlinien orientiert, C und B sind entgegengesetzt zur Feldlinienrichtung ausgerichtet.

b) Da die Feldlinien bei C dichter als bei A verlaufen, wirken in C auf den gleichen ferromagnetischen Körper größere magnetische Kräfte als in A.

Aufgaben

41. Zwei lange dünne Eisennägel werden mit den Köpfen nach unten an den Nordpol eines Stabmagneten gehängt. Beschreiben und begründen Sie,

a) wie sich die Nagelköpfe verhalten.

b) was sich ändert, wenn man die Nagelspitzen an den Südpol des Stabmagneten hängt.

42. Begründen Sie, wie sich die Köpfe zweier langer dünner Eisennägel verhalten, wenn man sie mit den Spitzen an je einen Pol eines Hufeisenmagneten hängt.

43. Wie kann man einen Ferromagneten, der durch Bestreichen mit einem Magneten selbst magnetisch wurde, wieder entmagnetisieren?

44. Geben Sie einen Dauermagneten an, der in einem Teil seiner Umgebung ein homogenes Magnetfeld erzeugt. Skizzieren Sie sein Feldlinienbild.

45. Zwei quaderförmige Metallstücke sehen völlig gleichartig aus. Eines der beiden ist ein Dauermagnet, das andere besteht aus unmagnetischem Eisen. Beschreiben Sie, wie man ohne weitere Hilfsmittel feststellen kann, bei welchem Quader es sich um den Dauermagneten handelt.

11 Magnetfelder stromdurchflossener Leiter

1820 entdeckte Ørsted (1777–1851), dass eine Kompassnadel in der Nähe eines geraden stromdurchflossenen Drahts abgelenkt wird. Kurze Zeit später zeigte Ampère (1775–1836), dass sich zwei stromdurchflossene parallele Drähte je nach Stromrichtung anziehen oder abstoßen.

Offenbar entsteht in der Umgebung eines stromdurchflossenen Drahts ein magnetisches Feld. Der Verlauf dieses Magnetfelds lässt sich mithilfe der folgenden Regel ermitteln.

Regel

Rechte-Faust-Regel

Ein konstanter Gleichstrom, der durch einen geraden Draht fließt, erzeugt ein Magnetfeld, dessen Feldlinien konzentrische Kreise in Ebenen senkrecht zum Leiter sind.
Umfasst man mit den gekrümmten Fingern der rechten Hand den Leiter so, dass der ausgestreckte Daumen in die technische Stromrichtung (von + nach –) zeigt, so deuten die Fingerspitzen der anderen Finger in Feldlinienrichtung.

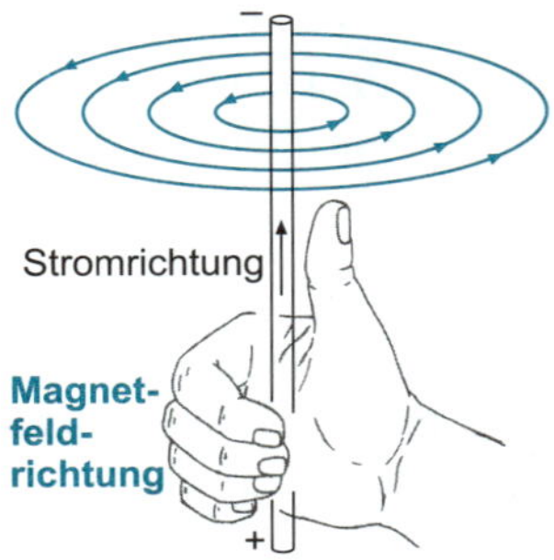

Beispiel

Eine Kompassnadel wird über einen in Nord-Süd-Richtung ausgerichteten geraden Leiter gelegt, durch den ein konstanter Gleichstrom fließt.
Beschreiben Sie, wie die Nadel reagiert.

Lösung:

Die Magnetnadel dreht sich gegen den Uhrzeigersinn, jedoch nicht weiter als 90°, weil die Magnetfeldlinien seitlich in Ost-West-Richtung auf sie treffen.

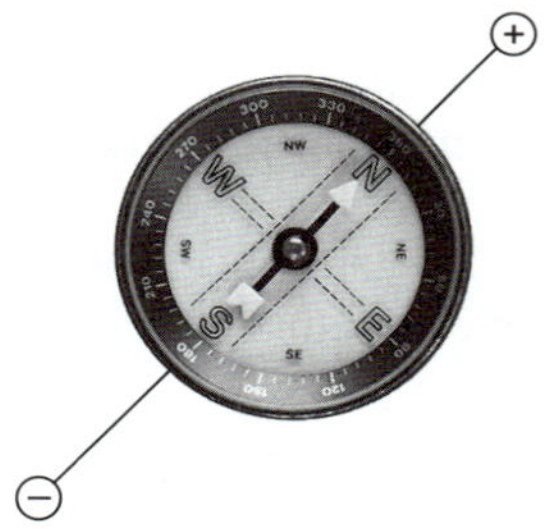

Wickelt man einen Draht so, dass die Drahtwicklungen eng nebeneinander auf einem Zylindermantel liegen, so erhält man eine **Zylinderspule**. Ein konstanter durch die Windungen fließender Gleichstrom erzeugt ein Magnetfeld, das im Außenraum dem eines Stabmagneten ähnelt und im Inneren in der Umgebung der Spulenachse in guter Näherung als homogen angesehen werden kann.

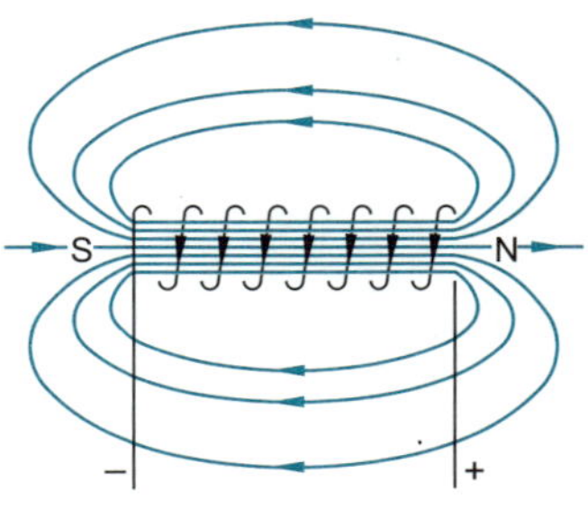

Wegen der Ähnlichkeit mit dem Stabmagnetfeld weist man einer stromdurchflossenen Spule Nord- und Südpol zu. Diese findet man in der folgenden Weise.

Regel

Polung einer stromdurchflossenen Spule
Umfasst man mit den gekrümmten Fingern der rechten Hand die Spule so, dass die Fingerspitzen in die technische Stromrichtung (von + nach –) zeigen, so deutet der ausgestreckte Daumen auf das Spulenende, an dem sich der Nordpol befindet. Im Spuleninneren verlaufen die Feldlinien vom Süd- zum Nordpol, außerhalb vom Nord- zum Südpol.

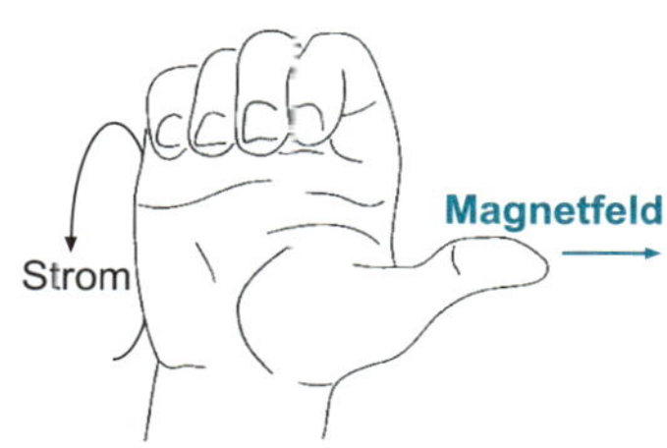

Beispiel

Die Achse der abgebildeten Zylinderspule liegt in West-Ost-Richtung. Geben Sie an, welches Spulenende mit dem Plus- bzw. Minuspol einer Gleichspannungsquelle verbunden werden muss, damit die Magnetnadel die eingezeichnete Richtung einnimmt.

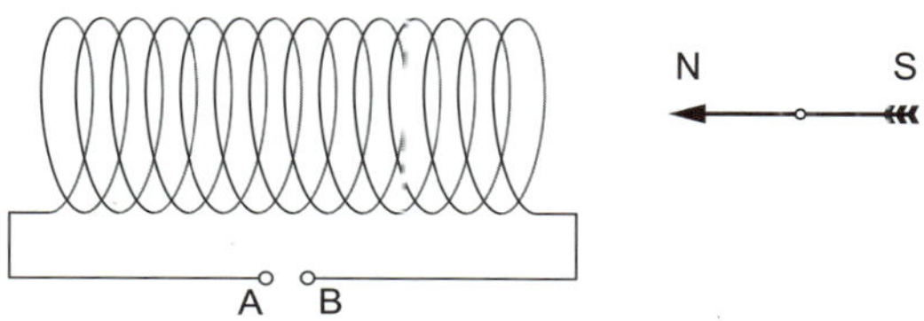

Lösung:
Dem Nordpol der Magnetnadel muss ein Spulensüdpol gegenüber liegen. Daher muss am linken Spulenende ein Nordpol liegen. Nach der Rechte-Hand-Regel ist dies der Fall, wenn **B mit dem Pluspol** und **A mit dem Minuspol** der Gleichspannungsquelle verbunden wird.

Nach allgemeiner Vereinbarung werden homogene Magnetfelder, deren Feldlinien senkrecht zur Zeichenebene verlaufen, durch Punkte symbolisiert, wenn sie aus der Zeichenebene herauslaufen. Kreuze zeigen an, dass die Feldlinien in die Zeichenebene hineinlaufen.

Das Magnetfeld zeigt aus der Zeichenebene heraus.

Magnetfeld zeigt in die Zeichenebene hinein.

Die Erfahrung zeigt, dass ein gerader Leiter, der in einem homogenen Magnetfeld von einem Strom parallel zu den Feldlinien durchflossen wird, keine magnetische Kraft erfährt. Fließt der Strom aber senkrecht zu den Feldlinien durch den Leiter, so erfährt er eine magnetische Kraft, die senkrecht zur Feldrichtung und senkrecht zur Stromrichtung steht.

Regel

Drei-Finger-Regel der rechten Hand

Spreizt man Daumen, Zeige- und Mittelfinger der rechten Hand so ab, dass sie paarweise aufeinander senkrecht stehen, und deutet der Daumen in die technische Stromrichtung, der Zeigefinger in Richtung des Magnetfelds, so deutet der Mittelfinger in Richtung der magnetischen Kraft.

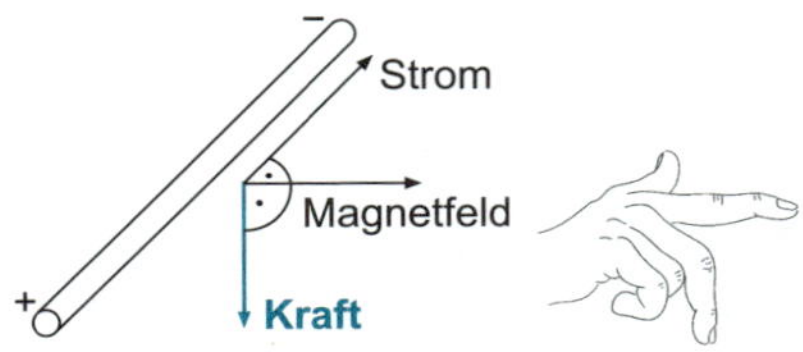

Beispiel

Beschreiben Sie, wie sich der abgebildete Metallstab verhält, wenn seine Enden mit den Polen einer Gleichspannungsquelle verbunden werden.

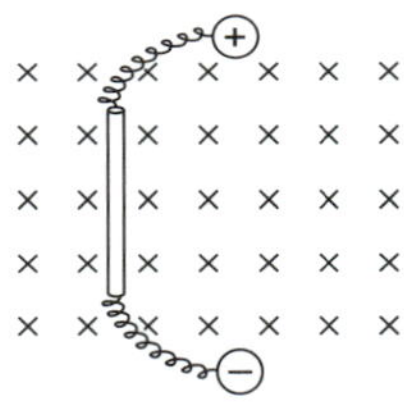

Lösung:

Der Leiter bewegt sich nach rechts in Richtung der Kraft F, deren Richtung man mit der Drei-Finger-Regel der rechten Hand findet.

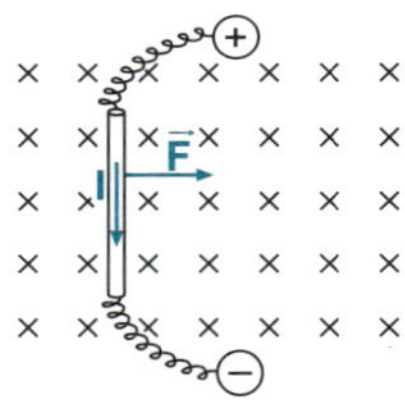

Aufgaben **46.** Eine Kompassnadel wird neben einen in Nord-Süd-Richtung ausgerichteten geraden Leiter gelegt, durch den ein konstanter Gleichstrom fließt.
Beschreiben Sie, wie die Nadel reagiert.

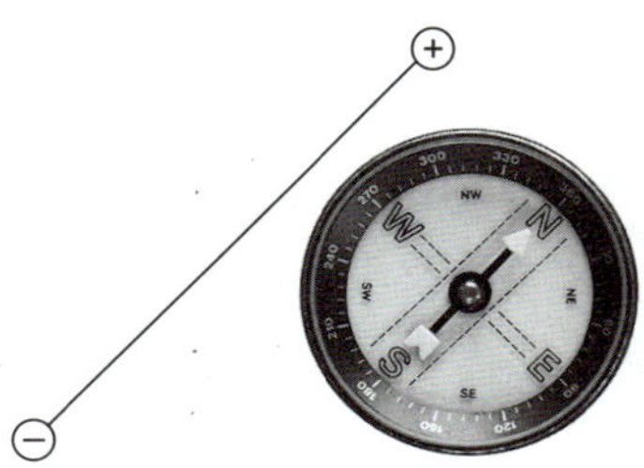

47. Die Achse einer Zylinderspule liegt in West-Ost-Richtung. Begründen Sie, welches Spulenende mit dem Plus- bzw. Minuspol einer Gleichspannungsquelle verbunden werden muss, damit die Magnetnadel die eingezeichnete Richtung einnimmt.

a)

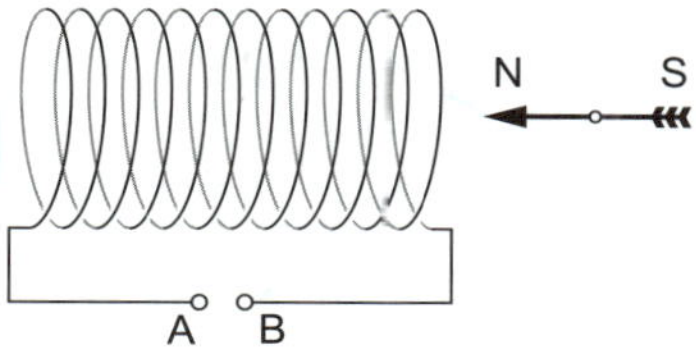

b)

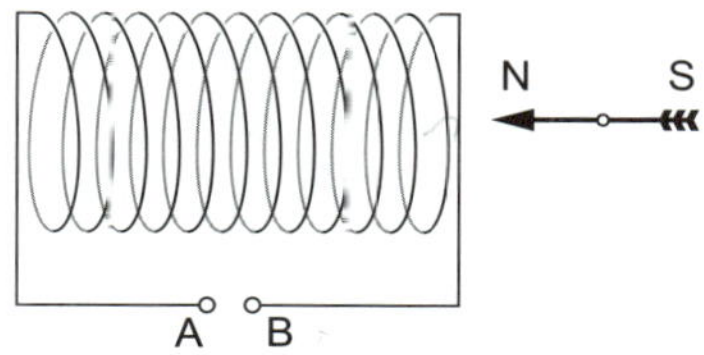

48. Finden Sie mithilfe der Drei-Finger-Regel der rechten Hand jeweils die Richtungen der magnetischen Kräfte auf die skizzierten Leiter und beschreiben Sie kurz das Verhalten der Leiter im Magnetfeld.

a)

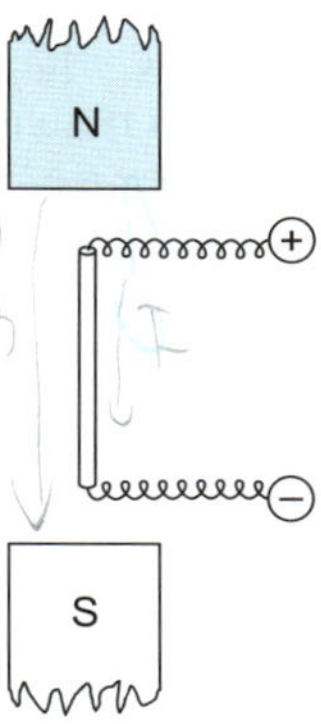

b)

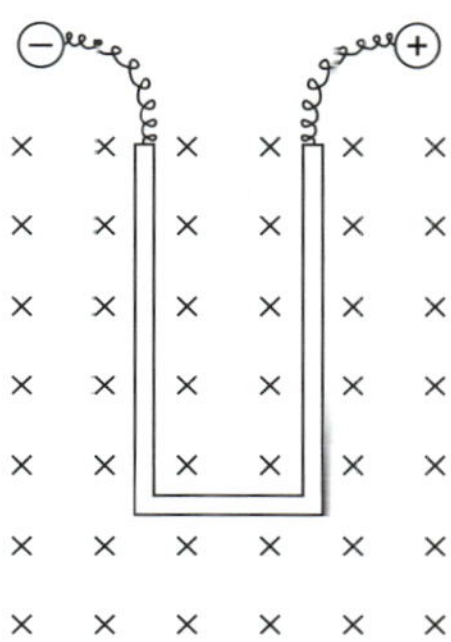

c)

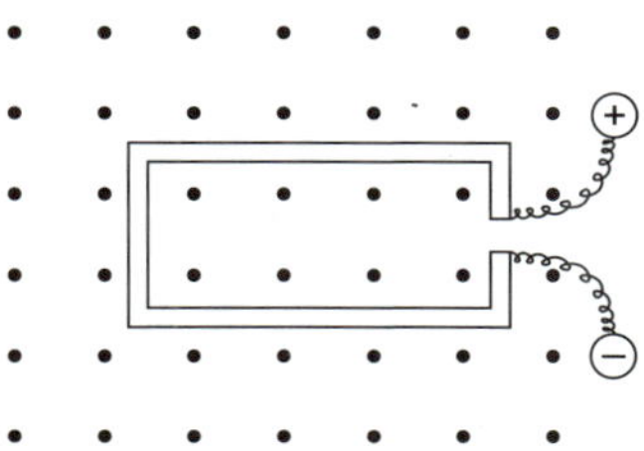

d)

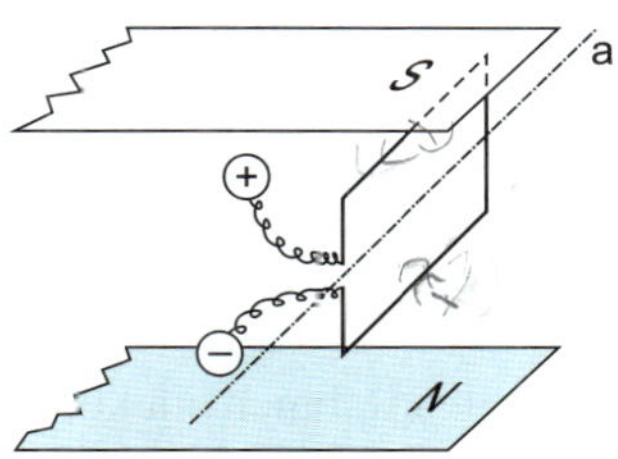

e)

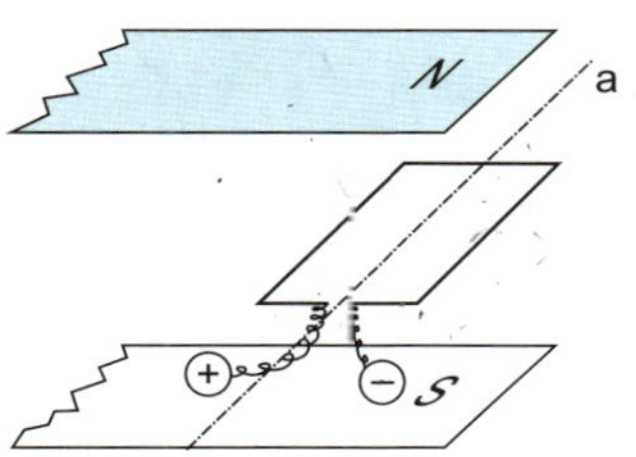

49. Die Abbildung zeigt den Schnitt durch zwei gerade, parallele Leiter L_1, L_2, die senkrecht auf der Zeichenebene stehen und in gleicher (obere Bildhälfte) bzw. in entgegengesetzter (untere Bildhälfte) Richtung von einem zeitlich konstanten Strom durchflossen werden.

Übertragen Sie die Skizzen auf Ihr Blatt und zeichnen Sie jeweils die Feldlinie des von L_1 erzeugten magnetischen Felds, die genau durch L_2 verläuft. Begründen Sie dann mithilfe der Drei-Finger-Regel der rechten Hand, in welcher Konstellation der Leiter L_1 den Leiter L_2 anzieht bzw. abstößt.

12 Magnetische Flussdichte

Mithilfe der Kraft, die eine Probeladung q in einem elektrischen Feld erfährt, wurde die Größe E eingeführt, welche die Stärke des elektrischen Felds beschreibt. Ähnlich kann man mithilfe der Kraft, die ein stromdurchflossener Leiter in einem Magnetfeld erfährt, eine Größe festlegen, welche die „Stärke" des Magnetfelds beschreibt.

Sie wissen bereits, dass ein gerader Leiter, der in einem homogenen Magnetfeld von einem Strom senkrecht zur Feldrichtung durchflossen wird, eine magnetische Kraft erfährt, die senkrecht zur Feldrichtung und senkrecht zur Stromrichtung steht. Der Betrag dieser Kraft lässt sich mit einer **Stromwaage** messen.

Das ist ein Waagebalken, an dem austariert ein rechteckiger Leiterrahmen hängt, der teilweise in das homogene Magnetfeld eintaucht (siehe Skizze). Selbst kleinste Auslenkungen aus dieser Ruhelage können mit einer Lichtzeigervorrichtung nachgewiesen werden.

Fließt durch den Rahmen ein konstanter Gleichstrom in der angegebenen Richtung, so wirken im Magnetfeld auf die Rahmenteile die Kräfte $\vec{F}_1$, $\vec{F}_2$ und $\vec{F}_3$. Weil der Rahmen formstabil ist, heben sich $\vec{F}_1$ und $\vec{F}_3$ in ihrer Wirkung gegenseitig auf, $\vec{F}_2$ zieht den Rahmen ins Magnetfeld hinein.

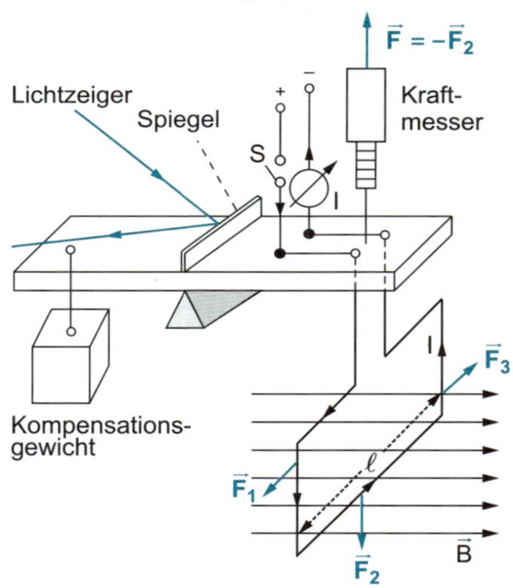

Stellt man mit einem Kraftmesser den Waagebalken in die Ausgangslage zurück (Kontrolle mittels Lichtzeiger), kann man am Kraftmesser den Betrag $|\vec{F}| = |-\vec{F}_2|$ dieser Kraft ablesen. Die Erfahrung zeigt, dass die Kraft proportional zur Stromstärke I und zur Leiterlänge ℓ ist. Aus $F \sim I$ und $F \sim \ell$ folgt:

$$F \sim I \cdot \ell \quad \Leftrightarrow \quad \frac{F}{I \cdot \ell} = \text{konst.}$$

Die Proportionalitätskonstante hängt nur noch von der Stärke des magnetischen Feldes am Ort des Leiters ab. Sie wird jedoch nicht als magnetische Feldstärke, sondern als magnetische Flussdichte oder als magnetische Induktion bezeichnet.

Definition

Magnetische Flussdichte

Unter der magnetischen Flussdichte $\vec{B}$ versteht man einen Vektor vom Betrag

$$\mathbf{B = \frac{F}{I \cdot \ell}},$$

dessen Richtung mit der Richtung der magnetischen Feldlinien übereinstimmt. Die Einheit der magnetischen Flussdichte ist das **Tesla (T)**.

Hinweis: Das Tesla ist eine Benennung, die sich in verschiedener Weise aus den physikalischen Grundeinheiten zusammensetzen lässt:

- Aufgrund ihrer Definition gilt $1\,T = 1\,\frac{N}{A \cdot m}$.
- Wegen $1\,N = 1\,\frac{C \cdot V}{m}$ (gemäß $F = Q \cdot E$) gilt auch:
  $$1\,T = 1\,\frac{N}{A \cdot m} = 1\,\frac{V \cdot C}{A \cdot m \cdot m} = 1\,\frac{V \cdot A \cdot s}{A \cdot m \cdot m} = 1\,\frac{V \cdot s}{m^2}$$
- Ausgedrückt durch die SI-Basiseinheiten besitzt B die Einheit $\frac{kg}{A \cdot s^2}$.

Beispiel

Bei einer Stromwaage wird das waagrechte im Magnetfeld befindliche Leiterstück der Länge 2,0 cm von einem Strom der Stärke 2,8 A durchflossen und erfährt eine nach unten gerichtete Kraft von 4,7 mN.
Berechnen Sie den Betrag der magnetischen Flussdichte B.

Lösung:

$$B = \frac{F}{I \cdot \ell}$$ Definitionsgleichung der Flussdichte

$$= \frac{4{,}7 \cdot 10^{-3}\,N}{2{,}8\,A \cdot 0{,}02\,m} = \mathbf{0{,}084\,T}$$ Zahlenwerte einsetzen

Bisher wurde das Magnetfeld als homogen – also an jedem Ort gleich stark – angenommen. Da man aber jeden hinreichend kleinen Bereich eines inhomogenen Magnetfelds genähert als homogenes Feld auffassen kann, lässt sich die Definition der magnetischen Flussdichte sinngemäß auf inhomogene Felder übertragen. $\vec{B}$ lässt sich dann allerdings nicht mehr mit einer Stromwaage messen; stattdessen eignen sich z. B. Hallsonden (vgl. Kapitel 20, Aufgabe 80, S. 71 f.).

Ähnlich wie man den Betrag der elektrischen Feldstärke E zwischen den Platten eines Plattenkondensators durch elektrische und geometrische Größen ausdrücken kann, ist es möglich, den Betrag B der magnetischen Flussdichte im Inneren einer langen Zylinderspule aus der Stärke I des Stroms durch die Spule, der Spulenlänge ℓ und der Anzahl N der Windungen zu berechnen.

Regel

Magnetische Flussdichte einer langen Spule

Ist die Länge ℓ einer Zylinderspule groß gegenüber dem Durchmesser des Spulenquerschnitts, so gilt für den Betrag der magnetischen Flussdichte B im Spuleninneren (N: Windungszahl):

$$\mathbf{B = \mu_0 \cdot \frac{N}{\ell} \cdot I}$$

$\mu_0 = 4\pi \cdot 10^{-7}\,\frac{\text{Vs}}{\text{Am}}$ heißt **magnetische Feldkonstante**.

Beispiel

Ein 250 m langer Kupferdraht von 1 mm² Querschnitt hat einen ohmschen Widerstand von 4,25 Ω. Man wickelt ihn gleichmäßig 800-mal um einen 1,00 m langen Kreiszylinder aus Pappe.
Berechnen Sie den Betrag der magnetischen Flussdichte B im Spuleninneren, wenn die Drahtenden mit den Polen einer 100 V Gleichspannungsquelle verbunden sind.

Lösung:

$$I = \frac{U}{R} = \frac{100\ \text{V}}{4{,}25\ \Omega} = 23{,}5\ \text{A}$$ Widerstandsformel $R = \frac{U}{I}$ nach I auflösen

$$B = \mu_0 \cdot \frac{I \cdot N}{\ell}$$ B in einer langen Spule

$$= 4\pi \cdot 10^{-7}\,\frac{\text{Vs}}{\text{Am}} \cdot \frac{23{,}5\ \text{A} \cdot 800}{1{,}00\ \text{m}} = \mathbf{2{,}4 \cdot 10^{-2}\ T = 24\ mT}$$ Zahlenwerte einsetzen

Ähnlich wie man den Betrag der elektrischen Feldstärke im Abstand r von einer Punktladung Q durch den Ladungsbetrag und den Abstand ausdrücken kann, ist es möglich, den Betrag B der magnetischen Flussdichte im Abstand r von einem geradlinigen stromdurchflossenen Drahts aus der Stärke I des Stroms durch den Draht und dem Abstand r berechnen.

Regel

Magnetische Flussdichte in der Umgebung eines Drahtes

Ein elektrischer Strom der Stärke I durch einen geraden Draht erzeugt im Abstand r zum Draht ein Magnetfeld der Flussdichte

$$\mathbf{B = \frac{\mu_0}{2\pi} \cdot \frac{I}{r}}.$$

Aufgaben

50. Der Leiterrahmen einer Stromwaage erfährt eine nach unten gerichtete Kraft von 2,1 mN, wenn er in einem Magnetfeld der Flussdichte $B = 3{,}2$ mT von einem Strom der Stärke $I = 1{,}9$ A durchflossen wird.
Berechnen Sie die Länge des waagrechten Leiterstücks, das sich im Magnetfeld befindet.

51. Zwischen den beiden Metallschienen einer Spielzeugeisenbahn der Spurweite 38 mm herrscht ein homogenes Magnetfeld der Flussdichte $B = 4{,}0$ mT, dessen Feldlinien senkrecht aus der Zeichenebene heraustreten. Werden die Schienen mit einer Gleichspannungsquelle verbunden und von einem Metallstab der Masse 10 g überbrückt, fließt ein konstanter Gleichstrom der Stärke 14,8 A.

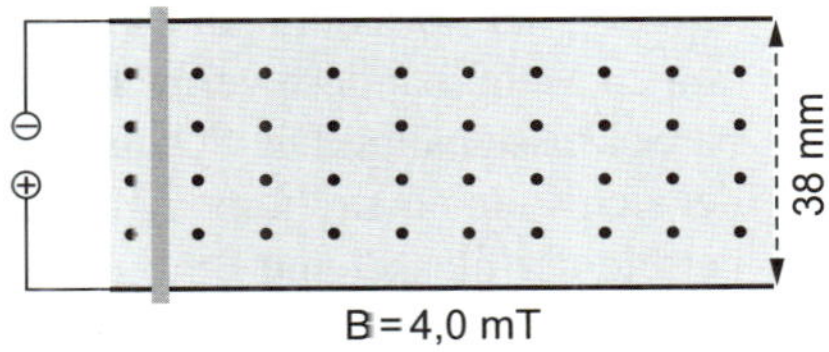

Berechnen Sie

a) den Betrag der Kraft, die auf den Querstab wirkt.
In welche Richtung wirkt diese Kraft?

b) die Beschleunigung, die der Querstab erfährt, wenn er reibungsfrei auf den Schienen gleiten kann.

c) die Geschwindigkeit, die der Querstab auf einer Schienenstrecke von $s = 10{,}0$ cm höchstens erreichen kann.

52. Ein gerader Metallstab der Länge 6,0 cm befindet sich vollständig so in einem homogenen Magnetfeld der Flussdichte B, dass er senkrecht zu den Feldlinien von konstanten Gleichströmen durchflossen wird. Mit einem Kraftsensor wird für unterschiedliche Stromstärken jeweils die magnetische Kraft auf den Leiter gemessen. Die Messwertpaare sind in der Tabelle aufgelistet.

Tragen Sie die Messwertpaare in ein geeignetes Diagramm ein und ermitteln Sie grafisch den numerischen Wert der magnetischen Flussdichte B.

I in A	1,3	2,8	4,6	5,9
F in 10^{-4} N	1,7	4,1	6,3	8,1

53. Eine Zylinderspule der Länge $\ell = 80$ cm wird von einem Strom der Stärke $I = 0{,}5$ A durchflossen. Die Spule wird um 10 cm in Richtung ihrer Längsachse zusammengeschoben.
Berechnen Sie, um wie viel Prozent sich der Betrag B der magnetischen Flussdichte im Spuleninneren ändert.

54. Erläutern Sie an einem geeignet gewählten Spulenkörper, warum die magnetische Flussdichte im Inneren einer Zylinderspule nicht vom Spulenquerschnitt abhängt.

55. Eine Leiterschaukel besteht aus einem $\ell = 10{,}0$ cm langen Metallstab der Masse 6,8 g, der horizontal an zwei gleich langen Metallbändern vernachlässigbarer Masse hängt. Die Schaukel befindet sich so in einem homogenen Magnetfeld der Flussdichte $B = 3{,}4$ mT mit vertikalen Feldlinien, dass Stab- und Feldrichtung auf einander senkrecht stehen.
Ermitteln Sie den Winkel α, um den die Leiterschaukel aus ihrer Ruhelage ausgelenkt wird, wenn ein Strom der Stärke 8,8 A durch sie fließt.

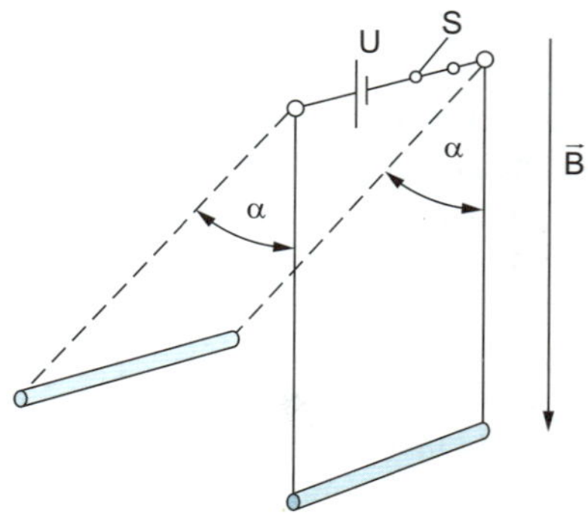

56. Peter will die „Drahtformel" $B = \frac{\mu_0}{2\pi} \cdot \frac{I}{r}$ experimentell bestätigen und führt zwei Messreihen durch.

1. Messreihe: Bei konstanten Abstand $r = 10{,}0$ cm vom Draht bestimmt er die magnetische Flussdichte B in Abhängigkeit von der Stromstärke durch den Draht:

I in A	1,2	2,1	3,7	4,7	5,9	7,2	8,3
B in µT	2,6	4,4	7,4	9,4	11,8	14,4	16,6

2. Messreihe: Bei konstanter Stromstärke $I = 4{,}7$ A bestimmt er die magnetische Flussdichte B in Abhängigkeit vom Abstand r vom Draht:

r in cm	2,0	4,6	5,5	6,7	7,4	8,9	10,0
B in µT	47,0	20,4	17,1	14,0	12,7	10,6	9,4

a) Weisen Sie *rechnerisch* nach, dass B direkt proportional zur Stromstärke und indirekt proportional zum Abstand r ist.

b) Ermitteln Sie in der Beziehung $B = k \cdot \frac{I}{r}$ den numerischen Wert der Proportionalitätskonstanten k. Vergleichen Sie mit der Drahtformel.

13 Überlagerung magnetischer Felder

Die Superpositionsregel für magnetische Felder gleicht den entsprechenden Regeln für elektrische Felder.

Regel

Superpositionsregel für Magnetfelder
Überlagern sich zwei magnetische Felder, die im Punkt P die magnetischen Flussdichten $\vec{B}_1(P)$ bzw. $\vec{B}_2(P)$ besitzen, so gilt für die magnetische Gesamtflussdichte $\vec{B}_{ges}(P)$ des durch Überlagerung entstandenen Feldes in P:
$\vec{B}_{ges}(P) = \vec{B}_1(P) + \vec{B}_2(P)$

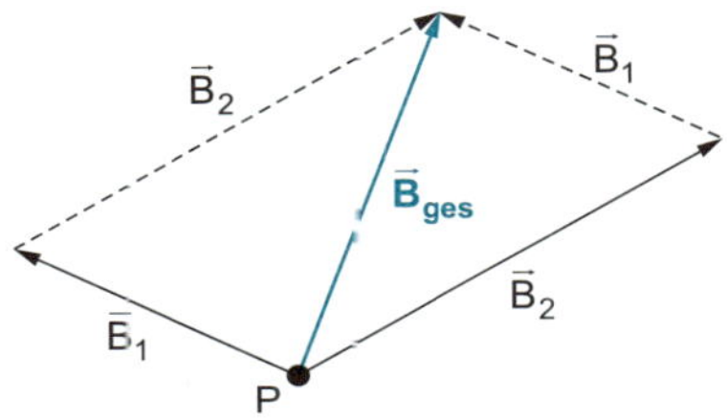

Beispiel

Eine waagrecht stehende Zylinderspule ($N = 800$, $\ell = 0{,}80$ m) ist so ausgerichtet, dass ihre Achse genau in Ost-West-Richtung verläuft. In der Spulenmitte befindet sich eine Magnetnadel, die sich um eine zur Horizontalebene senkrechte Achse frei drehen kann. Fließt ein Strom der Stärke $I = 23{,}9$ mA durch die Spule, so schließt die Magnetnadel mit der Spulenachse den Winkel $\alpha = 34{,}5°$ ein.
Berechnen Sie den Betrag der Horizontalkomponente $\vec{B}_E$ der Flussdichte des Erdmagnetfelds am Experimentierort.

Lösung:
Nach der Superpositionsregel für Magnetfelder ist die magnetische Gesamtflussdichte am Ort der Magnetnadel die Vektorsumme aus $\vec{B}_{Sp}$ und $\vec{B}_E$.

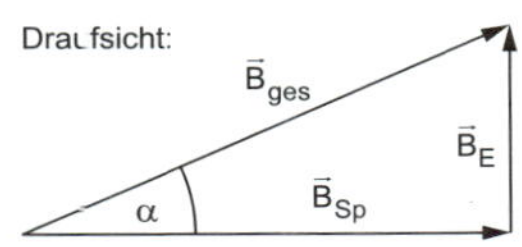

$\tan\alpha = \frac{B_E}{B_{Sp}}$ — Winkelbeziehung im rechtwinkligen Dreieck

$\Rightarrow B_E = B_{Sp} \cdot \tan\alpha$ — auf beiden Seiten mit B_{Sp} multiplizieren

$= \mu_0 \cdot \frac{I \cdot N}{\ell} \cdot \tan\alpha$ — Flussdichte einer langen Spule

$= 4\pi \cdot 10^{-7} \, \frac{\text{Vs}}{\text{Am}} \cdot \frac{23{,}9 \cdot 10^{-3}\,\text{A} \cdot 800}{0{,}80 \cdot \text{m}} \cdot \tan 34{,}5°$ — Zahlenwerte einsetzen

$= \mathbf{2{,}06 \cdot 10^{-5}\,T}$

Aufgabe 57. Von einer waagrecht stehenden, hinreichend langen Zylinderspule, deren Achse genau in Ost-West-Richtung verläuft, möchte man die Windungsdichte, also den Quotienten $\frac{N}{\ell}$ bestimmen. Man platziert dazu in der Spulenmitte eine Magnetnadel so, dass sie sich um eine Achse senkrecht zur Horizontalebene frei drehen kann. Ist die Spule stromlos, weist die Magnetnadel genau in Süd-Nord-Richtung. Je stärker der durch die Spule fließende Strom ist, desto stärker weicht die Magnetnadel davon ab. Bei $I = 20{,}0$ mA schließt sie mit der Spulenachse einen 45° Winkel ein.

Berechnen Sie die Windungsdichte der Spule, wenn die Horizontalkomponente der Flussdichte des Erdmagnetfelds am Versuchsort $2{,}10 \cdot 10^{-5}$ T beträgt.

14 Lorentzkraft

1895 zeigte der niederländische Physiker Lorentz (1853–1928), dass eine bewegte Ladung in einem Magnetfeld unter bestimmten Voraussetzungen eine magnetische Kraft erfährt. Es gelang ihm, einen Zusammenhang zwischen dieser Kraft, der Teilchengeschwindigkeit, der Teilchenladung und der magnetischen Flussdichte herzustellen.

Definition

Lorentzkraft

Auf ein Teilchen, das eine Ladung vom Betrag q trägt und sich mit der Geschwindigkeit $\vec{v}$ durch ein Magnetfeld der Flussdichte $\vec{B}$ bewegt, wirkt eine Kraft $\vec{F}$ vom Betrag

$$F = q \cdot v \cdot B \cdot \sin\alpha.$$

α bezeichnet den Winkel, den die Vektoren $\vec{v}$ und $\vec{B}$ einschließen. Die Kraft heißt Lorentzkraft und steht auf der von $\vec{v}$ und $\vec{B}$ aufgespannten Ebene senkrecht.

Regel

Richtung der Lorentzkraft (Drei-Finger-Regel)

Falls **q positiv** ist, finden Sie die Richtung der Lorentzkraft, indem Sie Daumen, Zeige- und Mittelfinger der **rechten Hand** so abspreizen, dass Ihr Mittelfinger senkrecht auf der von den beiden anderen Fingern aufgespannten Ebene steht. Zeigt der Daumen in Richtung $\vec{v}$ und der Zeigefinger in Richtung $\vec{B}$, so deutet der Mittelfinger in Richtung von $\vec{F}$.

Falls **q negativ** ist, verwenden Sie die **linke Hand** und gehen in ansonsten gleicher Weise vor.

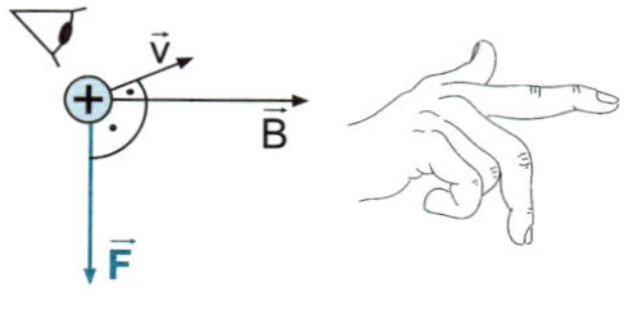

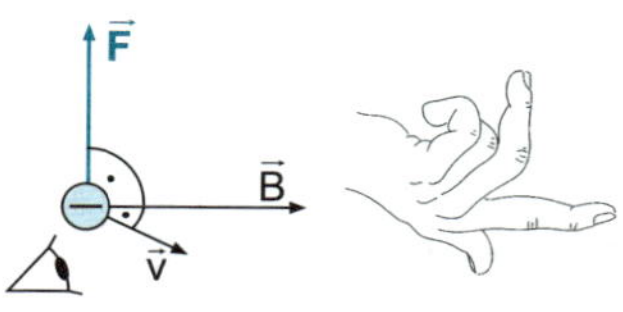

Beachten Sie folgende Spezialfälle:

- **$\alpha = 90°$:** Das Teilchen bewegt sich senkrecht zu den Feldlinien durch das Magnetfeld und erfährt wegen $\sin 90° = 1$ eine Lorentzkraft vom Betrag $F = q \cdot v \cdot B$.
- **$\alpha = 0°$:** Das Teilchen bewegt sich parallel zu den Feldlinien durch das Magnetfeld und erfährt wegen $\sin 0° = 0$ keine Lorentzkraft.

Für den Spezialfall $\alpha = 90°$ lässt sich die Regel mithilfe der Definitionsgleichung für die magnetische Flussdichte begründen. Für die Kraft, die ein gerader, von einem Strom der Stärke I senkrecht zum Magnetfeld durchflossener Leiter der Länge ℓ erfährt, erhält man nämlich

$$B = \frac{F}{I \cdot \ell} \quad \Leftrightarrow \quad F = B \cdot I \cdot \ell \qquad (*)$$

Fließen in der Zeit t durch den Leiter N Ladungsträger, die jeweils die Geschwindigkeit v und den Ladungsbetrag q besitzen, so gilt für die Stromstärke I:

$$I = \frac{Q}{t} = \frac{N \cdot q}{t} = \frac{N \cdot q}{\frac{\ell}{v}} = \frac{N \cdot q \cdot v}{\ell} \overset{(*)}{\Rightarrow} F = B \cdot \frac{N \cdot q \cdot v}{\ell} \cdot \ell = N \cdot B \cdot q \; v$$

Da auf N Ladungsträger eine Kraft vom Betrag $F = N \cdot q \cdot v \cdot B$ wirkt, erfährt ein Ladungsträger die Kraft $F_q = q \cdot v \cdot B$.

Die Lorentzkraft für beliebige Winkel ergibt sich, wenn man $\vec{v}$ in eine Komponente $\vec{v}_p$ parallel zu $\vec{B}$ und eine Komponente $\vec{v}_s$ senkrecht zu $\vec{B}$ zerlegt. Nur $\vec{v}_s$ „erzeugt" eine Lorentzkraft $F = q \cdot v_s \cdot B$. Ersetzt man v_s mittels $\sin\alpha = \frac{v_s}{v} \Rightarrow v_s = v \cdot \sin\alpha$, folgt die allgemeine Formel.

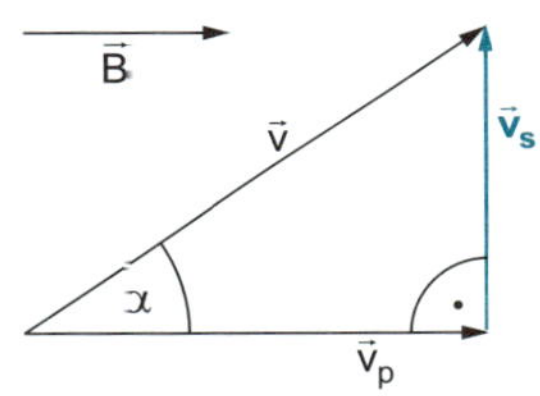

Beispiel

Welche Lorentzkraft (Betrag und Richtung) erfährt ein Proton bzw. ein Elektron, das sich gemäß der Skizze rechts mit der Geschwindigkeit $\vec{v}$ durch ein homogenes Magnetfeld der Flussdichte $\vec{B}$ bewegt ($v = 5{,}0 \cdot 10^6 \,\frac{m}{s}$, $B = 2{,}5$ mT)?

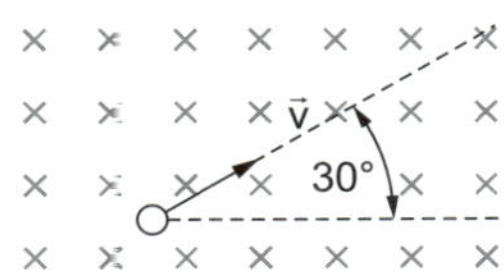

Lösung:

Da die Masse des Ladungsträgers in der Beziehung $F = q \cdot v \cdot B$ nicht auftritt, ist der Betrag der Lorentzkraft auf ein Elektron und ein Proton gleich. Lassen Sie sich nicht bluffen, der Winkel zwischen $\vec{v}$ und $\vec{B}$ ist 90°, also:

$F = q \cdot v \cdot B$ — Formel für Lorentzkraft

$= 1{,}6 \cdot 10^{-19}\,C \cdot 5{,}0 \cdot 10^6 \,\frac{m}{s} \cdot 2{,}5 \cdot 10^{-3}\,T$ — Zahlenwerte einsetzen

$= \mathbf{2{,}0 \cdot 10^{-15}\,N}$

Die Richtung der Lorentzkraft ermitteln Sie mithilfe der Drei-Finger-Regel.

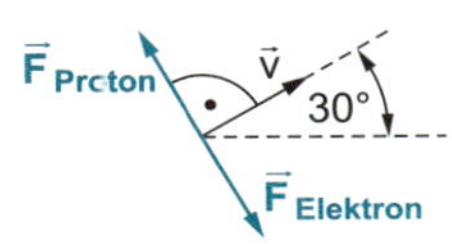

Aufgabe 58. Ermitteln Sie jeweils Betrag und Richtung der Lorentzkraft, die ein Proton bzw. ein Elektron erfährt, das sich gemäß der folgenden Skizzen mit der Geschwindigkeit $\vec{v}$ durch ein homogenes Magnetfeld der Flussdichte $\vec{B}$ bewegt ($v = 5{,}0 \cdot 10^6\ \frac{m}{s}$, $B = 2{,}5$ mT).

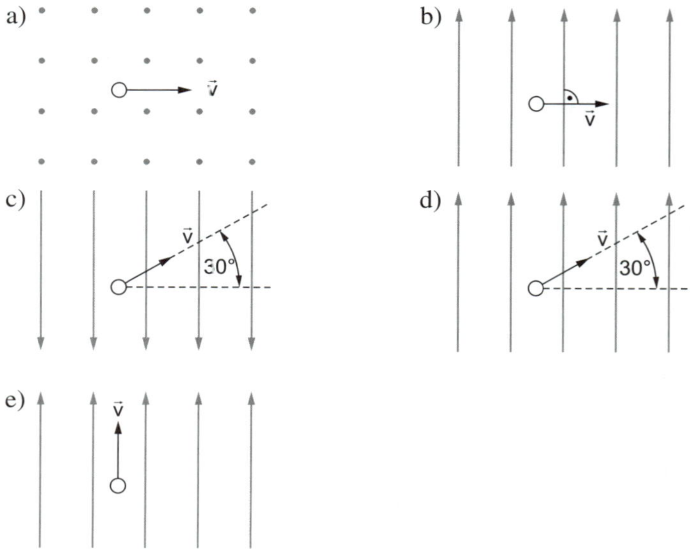

15 Vergleich zwischen elektrostatischem und magnetostatischem Feld

Elektro- und magnetostatische Felder weisen eine Reihe von Gemeinsamkeiten, aber auch Unterschiede auf. Es ist lehrreich, die einzelnen Eigenschaften direkt im Rahmen eines Fragenkatalogs einander gegenüberzustellen.
Grundlage für den Vergleich sind ein elektrostatisches Feld der Stärke E und ein magnetostatisches Feld der Flussdichte B. Beide Felder sind zeitlich unveränderlich und materiefrei.

Wodurch wird das Feld verursacht?

E-Feld: Elektrische Ladungen

B-Feld: Bewegte elektrische Ladungen (Dies gilt auch für das Magnetfeld von Permanentmagneten, das seine Ursache letztlich in der Bewegung der Elektronen um die Atomkerne hat.)

Wie groß ist die Kraft, die eine ruhende Ladung vom Betrag q im Feld erfährt?

E-Feld: $F = q \cdot E$

B-Feld: $F = 0$ (Die Lorentzkraft auf ruhende Ladungen ist null.)

Wie groß ist die Kraft, die eine bewegte Ladung vom Betrag q im Feld erfährt?

E-Feld: $F = q \cdot E$ (Die Kraft ist unabhängig vom Betrag und der Richtung von $\vec{v}$.)

B-Feld: $F = q \cdot v \cdot B \cdot \sin\alpha$, wobei $\alpha = \sphericalangle(\vec{v}; \vec{B})$.
Spezialfälle sind:

$\alpha = 0° \Rightarrow \vec{v} \parallel \vec{B} \Rightarrow F = 0$

$\alpha = 90° \Rightarrow \vec{v} \perp \vec{B} \Rightarrow F = q \cdot v \cdot B$

In welche Richtung zeigt die Kraft, die auf eine Ladung q im Feld wirkt?

E-Feld: Der Kraftvektor $\vec{F}$ und der Feldstärkevektor $\vec{E}$ sind parallel. Sie haben die gleiche Orientierung, wenn $q > 0$, und entgegengesetzte, wenn $q < 0$.

B-Feld: Stets gilt $\vec{F} \perp \vec{B}$ und $\vec{F} \perp \vec{v}$, wobei $\vec{v}, \vec{B}, \vec{F}$ für $q > 0$ ein Rechtssystem, für $q < 0$ ein Linksystem bilden.

Worin besteht der wesentliche Unterschied bei den Feldlinien?

E-Feld: Elektrische Feldlinien beginnen und enden stets an elektrischen Ladungen. Sie sind niemals in sich geschlossen.

B-Feld: Magnetische Feldlinien sind stets in sich geschlossen. Sie besitzen weder einen Anfangs- noch einen Endpunkt.

Welcher physikalische Sachverhalt kommt in der unterschiedlichen Feldliniencharakteristik zum Ausdruck?

E-Feld: Energiesatz (Eine Probeladung wird entlang einer Feldlinie entweder von der Feld erzeugenden Ladung abgestoßen oder angezogen. Sie kann daher ohne äußeren Energieaufwand nie zu ihrem Startpunkt zurückkehren, was aber möglich sein müsste, wenn die Feldlinie in sich geschlossen wäre.) Man sagt auch: Das elektrische Feld ist ein **Quellenfeld**.

B-Feld: Energiesatz (Wenn es einzelne magnetische Nord- oder Südpole gäbe, könnte ein Monopol vom Magnetfeld selbst auf einer Feldlinie „im Kreis" herumgeführt werden, wobei das Feld selbst Arbeit verrichtet, ohne dass sich sonst im System etwas ändert – der Energiesatz wäre verletzt.)
Man sagt auch: Das magnetische Feld ist ein **quellenfreies Feld**.

Mit welcher Vorrichtung kann man ein homogenes Feld erzeugen?

E-Feld: Plattenkondensator (homogenes Feld zwischen den Platten)

B-Feld: Langgestreckte, stromdurchflossenen Zylinderspule (homogenes Feld zwischen im Spuleninneren)

Wie kann man den Betrag der Feldgrößen E bzw. B bei diesem Feld messen?

E-Feld: Wegen $E = \frac{U}{d}$ erhält man den Betrag der elektrischen Feldstärke durch eine Spannungs- und eine Längenmessung.

B-Feld: Wegen $B = \mu_0 \cdot \frac{I \cdot N}{\ell}$ erhält man den Betrag der magnetischen Flussdichte durch eine Stromstärkemessung, eine Längenmessung und durch Abzählen der Spulenwicklungen.

16 Anwendungen in Natur und Technik

Erproben Sie Ihre Kenntnisse über das magnetostatische Feld! Gefragt ist nach dem Funktionsprinzip eines Drehspulinstruments und eines Gleichstromelektromotors; außerdem bestimmen Sie die Ablenkung eines Elektronenstrahls und beantworten Fragen zur Magnetosphäre unsere Erde.

Aufgaben

59. Drehspulinstrument

Die Zeichnung zeigt den prinzipiellen Aufbau eines Drehspulinstruments zur Strommessung.
Beschreiben Sie mit ihrer Hilfe das Funktionsprinzip.

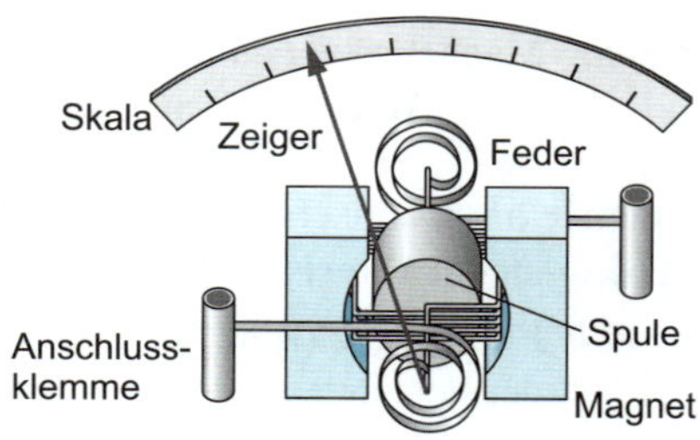

60. Gleichstrom-Elektromotor

Die Skizze zeigt den prinzipiellen Aufbau eines Gleichstromelektromotors.
Beschreiben Sie mit ihrer Hilfe das Funktionsprinzip.

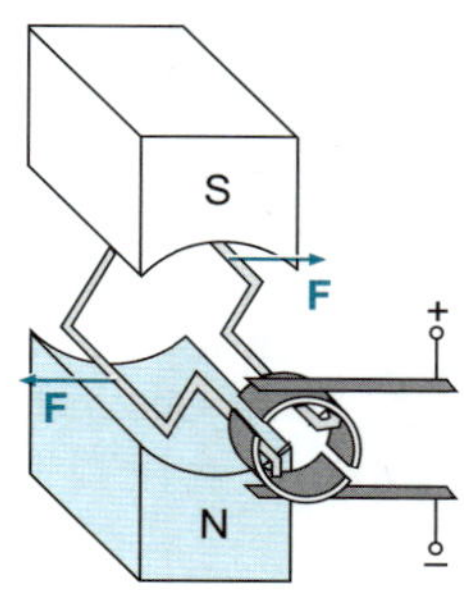

61. Ablenkspulen

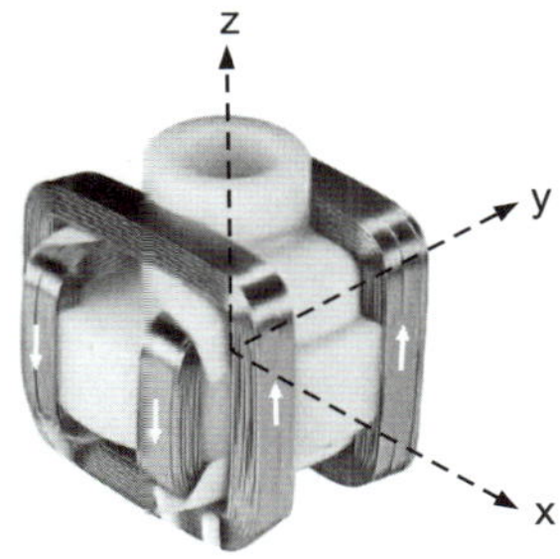

Das Bild zeigt 4 Ablenkspulen gleicher Wicklungszahl und Länge, die in Richtung der blauen Pfeile (technische Stromrichtung) von zeitlich konstanten Gleichströmen gleicher Stärke durchflossen werden. Die Ströme werden genau dann eingeschaltet, wenn sich ein in die positive z-Richtung bewegendes Elektron im Ursprung des Koordinatensystems befindet. Erläutern Sie, in welche Richtung das Elektron abgelenkt wird.

62. Van Allen'scher Strahlungsgürtel

Die oberste Schicht des Erdmagnetfelds, die Magnetosphäre, unterliegt stark extraterrestrischen Einflüssen. Von der Sonne geht dauernd ein Strom elektrisch geladener Teilchen aus, der sogenannte Sonnenwind (Bild links). Er besteht vorwiegend aus Wasserstoffkernen (Protonen) und freien Elektronen. Die Teilchendichte beträgt etwa 10 Teilchen pro cm^3. Die Geschwindigkeit liegt zwischen $300\,\frac{km}{s}$ und $100\,000\,\frac{km}{s}$; Stärke und Geschwindigkeit schwanken mit der Sonnenaktivität.

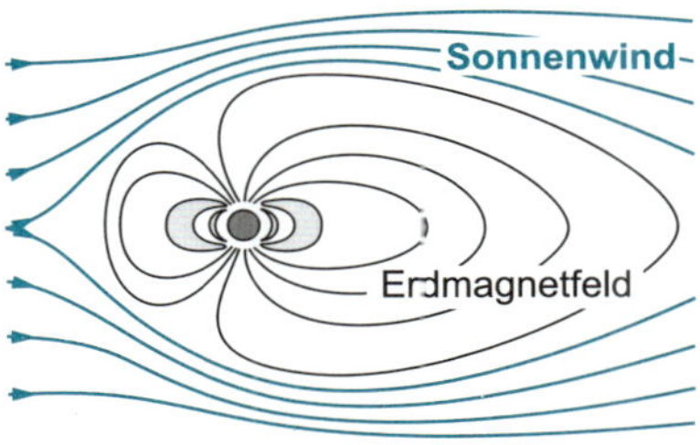

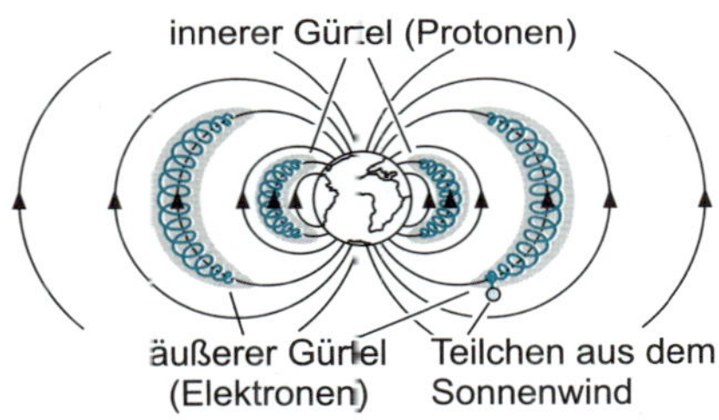

Das Magnetfeld der Erde ist imstande, Teilchen aus dem Sonnenwind wie in einem Käfig einzufangen. Trifft etwa ein Elektron mit großer Geschwindigkeit in großer Höhe in einem bestimmten Winkel zum Erdmagnetfeld auf das Erdmagnetfeld, wird es in eine spiralförmige Bahn um eine Magnetfeldlinie gezwungen und bewegt sich zwischen den Polen der Erde hin und her (Bild rechts). Die Zeit für einen Umlauf beträgt ca. 10^{-5} s.
Die Zeitdauer für eine vollständige Oszillation zwischen den Polen liegt größenordnungsmäßig bei 1 Minute. Neben dieser Schwingungsbewegung tritt noch eine Trift von Ost nach West oder umgekehrt auf, sodass die Spirale in 10 Stunden um die Erde rollt.

a) Erklären Sie den Wirkmechanismus, durch den die im Bild links skizzierte Deformation des Erdmagnetfelds durch den Sonnenwind entsteht.

b) Über dem Äquator beträgt der Durchmesser einer Kreisbahn einige hundert Meter. Begründen Sie, warum er in Polnähe deutlich kleiner wird.

Bewegung geladener Teilchen in elektrischen und magnetischen Feldern

Geladene Teilchen, die sich in elektromagnetischen Feldern bewegen, finden sich in der Natur, etwa in der Sonnenatmosphäre oder bei Polarlichtern. Aber auch in vielen technischen Anwendungen spielen sie eine grundlegende Rolle: in Bild-, Röntgen- und Verstärkerröhren, in Elektronenmikroskopen, in Geiger-Müller-Zählrohren, in Oszillographen und in den großen Teilchenbeschleunigern.
Das Foto zeigt den Linearbeschleuniger LINAC1. In der Anlage, die am Europäischen Kernforschungszentrum in Genf (CERN) von 1958 bis 1992 in Betrieb war, wurden Protonen auf eine Energie von 100 MeV beschleunigt.

17 Bewegung geladener Teilchen im homogenen elektrischen Längsfeld

Mit elektrischen Längsfeldern kann man die kinetische Energie geladener Teilchen erhöhen oder verringern, ohne dabei die Bewegungsrichtung der Teilchen zu ändern. Man findet diese Felder z. B. als Elektronenbeschleuniger in „Elektronenkanonen" oder in Röntgenröhren. Als bremsende Gegenfelder eignen sie sich z. B. für die experimentelle Untersuchung des Fotoeffekts ebenso wie für die Reichweitenbestimmung von Teilchen, die in der natürlichen radioaktiven Strahlung vorkommen.

Sie wissen bereits, wie man die Bewegung eines Massenpunkts, der längs einer Geraden die konstante Beschleunigung a erfährt, mathematisch beschreibt: Man legt die Achse eines eindimensionalen Koordinatensystems so, dass sie mit der Geraden zusammenfällt.
Bezeichnen

- $x(t)$ bzw. x_0 die orientierten Abstände des Massenpunkts vom Koordinatenursprung zum Zeitpunkt t bzw. zur Startzeit,
- v_0 bzw. $v(x)$ die orientierten Geschwindigkeiten am Anfang und am Ende der Beschleunigungsstrecke,
- $v(t)$ und v_0 die orientierten Geschwindigkeiten zur Zeit t bzw. zur Startzeit,

so gelten die **Bewegungsgesetze der Mechanik**:

(1) $v(t) = a \cdot t + v_0$

(2) $x(t) = \frac{1}{2} a \cdot t^2 + v_0 \cdot t + x_0$

(3) $v(x)^2 - v(x_0)^2 = 2a \cdot (x - x_0)$

Um diese auf geladene Teilchen übertragen zu können, berechnet man die Beschleunigung, die ein geladenes Teilchen in einem homogenen elektrischen Längsfeld erfährt.

Regel

Beschleunigung im elektrischen Feld
Ein Teilchen der Masse m und der Ladung q erfährt in einem homogenen elektrischen Feld der Stärke E eine konstante Beschleunigung vom Betrag

$$\mathbf{a = \frac{q}{m} \cdot E}.$$

Positiv geladene Teilchen werden in Feldlinienrichtung beschleunigt, negativ geladene entgegengesetzt dazu.

Begründung: Wirkt auf einen Körper der Masse m eine ausschließlich den Bewegungszustand verändernde Kraft F, so erfährt er nach dem 2. Newton'schen Gesetz eine in die Richtung der Kraft wirkende Beschleunigung vom Betrag a so, dass $F = m \cdot a$. Weil die beschleunigende Kraft F hier die elektrische Kraft $F = q \cdot E$ des Felds auf die Ladung q ist gilt:

$$m \cdot \vec{a} = q \cdot \vec{E} \quad \Leftrightarrow \quad a = \frac{q}{m} \cdot E$$

Die Bewegung geladener Teilchen in homogenen elektrischen Längsfelder unterliegt daher folgenden Gesetzen:

Regel

Bewegungsgesetze für geladene Teilchen im elektrischen Längsfeld

Ist die Anfangsgeschwindigkeit $\vec{v}_0$ des Teilchens null oder parallel zu $\vec{E}$ und ist das elektrische Feld homogen, so wird das Teilchen längs einer Geraden parallel zu den Feldlinien konstant beschleunigt.

Befindet sich das Teilchen zum Zeitpunkt $t = 0$ s im Ursprung einer Koordinatenachse, die parallel und in Richtung des Feldstärkevektors $\vec{E}$ verläuft, so gilt für

(1) seine Geschwindigkeit v(t) zum Zeitpunkt t:

$$v(t) = \frac{q \cdot E}{m} \cdot t + v_0 \qquad \textbf{1. Bewegungsgesetz}$$

(2) seine Entfernung vom Koordinatenursprung:

$$x(t) = \frac{q \cdot E}{2m} \cdot t^2 + v_0 \cdot t + x_0 \qquad \textbf{2. Bewegungsgesetz}$$

(3) seine Geschwindigkeit v(x) am Ort x:

$$v(x)^2 - v(x_0)^2 = \frac{2q \cdot E}{m} \cdot (x - x_0) \qquad \textbf{3. Bewegungsgesetz}$$

In diesen Formeln ist bei q das Ladungsvorzeichen zu berücksichtigen. Geschwindigkeiten sind positiv, wenn sich das Teilchen in Richtung des Feldstärkevektors bewegt, andernfalls negativ.

Die möglichen Ausgangssituationen, in denen sich eine Ladung im homogenen elektrischen Feld befinden kann, lassen sich gut mit den geradlinigen Würfen vergleichen, denen ein Massepunkt im Schwerefeld unterliegen kann. Die Richtung der Feldkraft hängt dabei vom Vorzeichen der Ladung ab:

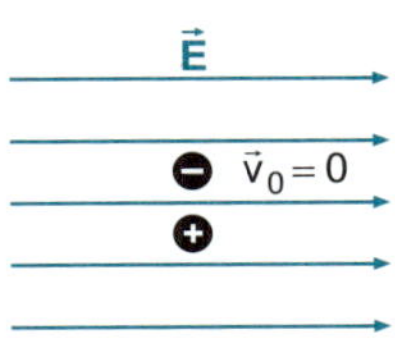

„freier Fall“

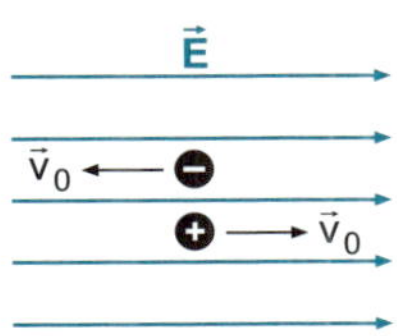

„senkrechter Wurf nach unten“

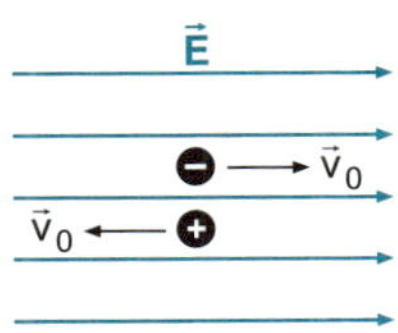

„senkrechter Wurf nach oben“

Beispiel

Ein Elektron wird in einem Plattenkondensator ($E = 25\,000\ \frac{V}{m}$) aus der Ruhe heraus beschleunigt.

a) Vergleichen Sie seine Bewegung mit dem freien Fall eines Körpers.

b) Berechnen Sie seine Beschleunigung.

c) Berechnen Sie die Zeit, die das Elektron benötigt, um eine Strecke von 4,0 cm zurückzulegen.

d) Ermitteln Sie die Zeit, nach der es die Geschwindigkeit $v = 2{,}0 \cdot 10^7\ \frac{m}{s}$ erreicht hat.

e) Mit welcher Geschwindigkeit trifft es auf die positive Platte, wenn es 2,8 cm vor der positiven Platte startet?

Lösung

a) Das Elektron ist ein Körper der Masse m, der nur unter dem Einfluss einer konstanten elektrischen Kraft aus der Ruhe heraus parallel zu den Feldlinien des homogenen elektrischen Feldes gleichmäßig beschleunigt wird. Analog dazu erfährt beim freien Fall ein Körper nur unter dem Einfluss der konstanten Schwerkraft aus der Ruhe heraus eine konstante Beschleunigung. Dabei verläuft die Bewegung parallel zu den Feldlinien des an der Oberfläche praktisch homogenen Schwerefeldes der Erde.

b) $a = \frac{q}{m} \cdot E$ — Beschleunigung im E-Feld

$= \frac{1{,}6 \cdot 10^{-19}\ As}{9{,}1 \cdot 10^{-31}\ kg} \cdot 25\,000\ \frac{V}{m} = \mathbf{4{,}4 \cdot 10^{15}\ \frac{m}{s^2}}$ — Zahlenwerte einsetzen

c) $x(t) = \frac{1}{2} a \cdot t^2 + v_0 \cdot t + x_0 = \frac{1}{2} a \cdot t^2$ — 2. Bewegungsgesetz; $v_0 = 0$, $x_0 = 0$

$\Rightarrow\ t = \sqrt{\frac{2x}{a}}$ — auf beiden Seiten mit $\frac{2}{a}$ multiplizieren und dann radizieren

$= \sqrt{\frac{2 \cdot 4{,}0 \cdot 10^{-2}\ m}{4{,}4 \cdot 10^{15}\ \frac{m}{s^2}}} = \mathbf{4{,}3 \cdot 10^{-9}\ s}$ — Zahlenwerte einsetzen

d) $v = a \cdot t + v_0 = a \cdot t$ — 1. Bewegungsgesetz; $v_0 = 0$

$\Rightarrow\ t = \frac{v}{a}$ — auf beiden Seiten durch a dividieren

$= \frac{2{,}0 \cdot 10^7\ \frac{m}{s}}{4{,}4 \cdot 10^{15}\ \frac{m}{s^2}} = \mathbf{4{,}5 \cdot 10^{-9}\ s}$ — Zahlenwerte einsetzen

e) $v^2 = 2a \cdot x$ — 3. Bewegungsgesetz; $v_0 = 0$, $x_0 = 0$

$\Rightarrow\ v = \sqrt{2a \cdot x}$ — auf beiden Seiten radizieren

$= \sqrt{2 \cdot 4{,}4 \cdot 10^{15}\ \frac{m}{s^2} \cdot 2{,}8 \cdot 10^{-2}\ m}$ — Zahlenwerte einsetzen

$= \mathbf{1{,}6 \cdot 10^7\ \frac{m}{s}}$

Häufig interessiert man sich nur für die Geschwindigkeit eines geladenen Teilchens, die es nach dem Durchlaufen einer Potenzialdifferenz besitzt. Dann hilft der Energieerhaltungssatz weiter.

Regel

v(U)-Formel

Durchläuft ein Teilchen der Ladung q, der Masse m und der Anfangsgeschwindigkeit v_0 die Potenzialdifferenz U, so besitzt es den Geschwindigkeitsbetrag

$$\mathbf{v = \sqrt{v_0^2 \pm \left| 2 \cdot \frac{q}{m} \cdot U \right|}}.$$

Vom Doppelvorzeichen ± verwendet man das Minuszeichen, wenn das Teilchen gebremst wird, sonst das Pluszeichen.

Begründung: Durchläuft das Teilchen die Potenzialdifferenz U, so entspricht die Änderung seiner kinetischen Energie der elektrischen Transportarbeit $q \cdot U$.

$\frac{1}{2} m \cdot v^2 - \frac{1}{2} m \cdot v_0^2 = \pm \lvert q \cdot U \rvert$	Energiesatz W-q-U-Regel
$\frac{1}{2} m \cdot v^2 = \frac{1}{2} m \cdot v_0^2 \pm \lvert q \cdot U \rvert$	auf beiden Seiten $\frac{1}{2} m \cdot v_0^2$ addieren
$v^2 = v_0^2 \pm \frac{2}{m} \lvert q \cdot U \rvert$	auf beiden Seiten mit $\frac{2}{m}$ addieren
$v = \sqrt{v_0^2 \pm \left\lvert 2 \cdot \frac{q}{m} \cdot U \right\rvert}$	auf beiden Seiten radizieren

Beispiel

Berechnen Sie die Endgeschwindigkeit eines Protons, das aus der Ruhe heraus durch die Spannung U = 12 000 V beschleunigt worden ist.

Lösung

$v = \sqrt{v_0^2 \pm \left\lvert 2 \cdot \frac{q}{m} \cdot U \right\rvert} = \sqrt{\left\lvert 2 \cdot \frac{q}{m} \cdot U \right\rvert}$	v(U)-Formel; $v_0 = 0$
$= \sqrt{2 \cdot \frac{1{,}6 \cdot 10^{-19}\ \text{A} \cdot \text{s}}{1{,}67 \cdot 10^{-27}\ \text{kg}} \cdot 12\,000\ \text{V}} = \mathbf{1{,}5 \cdot 10^6\ \frac{m}{s}}$	Zahlenwerte einsetzen

Durchläuft ein Teilchen mit der Ladung e in einem elektrischen Längsfeld die Spannung U = 1 V, so ändert sich seine kinetische Energie nach der W-q-U-Formel um den Betrag $e \cdot U = 1{,}6 \cdot 10^{-19}\ \text{C} \cdot 1\ \text{V} = 1{,}6 \cdot 10^{-19}$ J. Dieser Energiebetrag wird als 1 Elektronenvolt (1 eV) bezeichnet.

Definition

Elektronenvolt

Das Elektronenvolt (Kurzbezeichnung eV) ist eine Energieeinheit.

1 eV entspricht **$1{,}6 \cdot 10^{-19}$ J**.

Regel

Umrechnung Elektronenvolt ↔ Joule

- Einen in eV angegebenen Energiebetrag rechnet man in Joule um, indem man ihn mit $1{,}6 \cdot 10^{-19}$ multipliziert.
- Einen in Joule angegebenen Energiebetrag rechnet man in eV um, indem man ihn durch $1{,}6 \cdot 10^{-19}$ dividiert.

Neben der bequemen Berechnung von Beschleunigungsspannungen gestattet es die Energieeinheit eV, die in der Atom- und Kernphysik üblicherweise auftretenden kleinen Energien überschaubar darzustellen.

Beispiel

Ein Proton, ein Elektron und ein Alphateilchen sollen aus der Ruhe heraus auf die kinetische Energie 4 keV beschleunigt werden. Geben Sie die Spannung an, die hierfür jeweils nötig ist.

Lösung:
Nach der Definition sind beim Elektron und beim Proton, die jeweils eine Elementarladung e tragen, $U = 4$ kV nötig, beim Alphateilchen dagegen nur $U = 2$ kV, da es zwei Elementarladungen trägt.

Aufgaben

63. Ein Elektron tritt zum Zeitpunkt $t = 0$ s mit der Geschwindigkeit $\vec{v}_0$ parallel zu den Feldlinien einmal in Feldrichtung (Fall I), zum anderen gegen die Feldrichtung (Fall II) in ein homogenes elektrisches Feld der Stärke $\vec{E}$ ein. Begründen Sie, dass sich seine Bewegung mit dem aus der Mechanik bekannten senkrechten Wurf nach oben bzw. unten vergleichen lässt. Ordnen Sie jedem Fall die entsprechende Wurfart zu.

64. Ein Elektron tritt zur Zeit $t = 0$ s mit der Geschwindigkeit $v_0 = 9{,}0 \cdot 10^6 \, \frac{\text{m}}{\text{s}}$ parallel zu den Feldlinien in Feldrichtung in ein homogenes elektrisches Feld der Stärke $E = 4{,}5 \cdot 10^5 \, \frac{\text{V}}{\text{m}}$ ein.

a) Begründen Sie: Nimmt seine Geschwindigkeit zu oder ab?

Berechnen Sie

b) den Geschwindigkeitsbetrag v, den es 0,1 ns nach Feldeintritt besitzt.

c) den Weg x, den es in dieser Zeit zurückgelegt hat.

65. Ein Elektron fliegt im homogenen elektrischen Feld eines Plattenkondensators (Plattenabstand $d = 10{,}0$ cm, Betrag der Spannung zwischen den Platten $U = 2\,000$ V) parallel zu den Feldlinien auf die negative Platte zu. 6,0 cm von ihr entfernt hat es den Geschwindigkeitsbetrag $v_0 = 8{,}4 \cdot 10^6 \, \frac{\text{m}}{\text{s}}$.

a) Berechnen Sie seine Beschleunigung.

b) Berechnen Sie mit dem 3. Bewegungsgesetz die Strecke, die das Elektron zurücklegt, bis es zur Ruhe kommt.

c) Bestimmen Sie den Abstand des ruhenden Elektrons von der negativen Platte.

d) Ermitteln Sie die Spannung U*, die zwischen dem „Haltepunkt" des Elektrons und der positiven Platte besteht.

e) Geben Sie die kinetische Energie (in eV) an, mit der das Elektron auf die positive Platte trifft.

f) Beschreiben Sie, wie die Bewegung eines Körpers in der Mechanik aussehen könnte, die der Bewegung des Elektrons im Plattenzwischenraum entspricht.

66. Berechnen Sie die nötige Spannung, um ein Elektron aus der Ruhe heraus auf die Geschwindigkeit des Betrags $v = 3{,}0 \cdot 10^7 \, \frac{m}{s}$ zu beschleunigen.

67. Ein Elektron und ein Proton durchlaufen aus der Ruhe heraus die gleiche Beschleunigungsspannung. Zeigen Sie mit möglichst geringem Rechenaufwand, dass sich die Massen der Teilchen umgekehrt wie die Quadrate ihrer Endgeschwindigkeiten verhalten.

68. Ein Elektron tritt bei A mit dem Geschwindigkeitsbetrag $v_1 = 8{,}0 \cdot 10^6 \, \frac{m}{s}$ parallel zu den Feldlinien in das homogene elektrische Feld zwischen den Platten P_1 und P_2 ein.

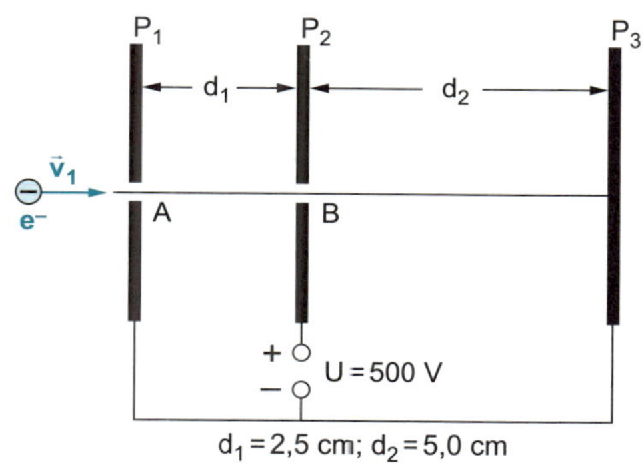

a) Berechnen Sie den Betrag v_2 der Geschwindigkeit, den es hat, wenn es durch die Bohrung B fliegt.

b) Erläutern Sie, mit welchem Geschwindigkeitsbetrag v_3 es dann auf P_3 trifft.

18 Bewegung geladener Teilchen im homogenen elektrischen Querfeld

In einem homogenen elektrischen Querfeld werden Ladungsträger senkrecht zur Bewegungsrichtung abgelenkt. Elektrische Querfelder verwendet man u. a. in der 1897 von Karl Ferdinand Braun (1850–1918) entwickelten und nach ihm benannten Röhre, um schnell wechselnde Spannungen bzw. Ströme erkennbar zu machen. Braun schuf mit seiner Entwicklung das Herzstück früher Fernsehgeräte und Oszilloskope und erhielt dafür 1909 den Physiknobelpreis.

Betrachten Sie ein Teilchen der Masse m, das die Ladung q trägt und zum Zeitpunkt $t = 0\,s$ mit der Geschwindigkeit $\vec{v}_0$ senkrecht zu den Feldlinien in ein homogenes elektrisches Feld der Stärke $\vec{E}$ eintritt.

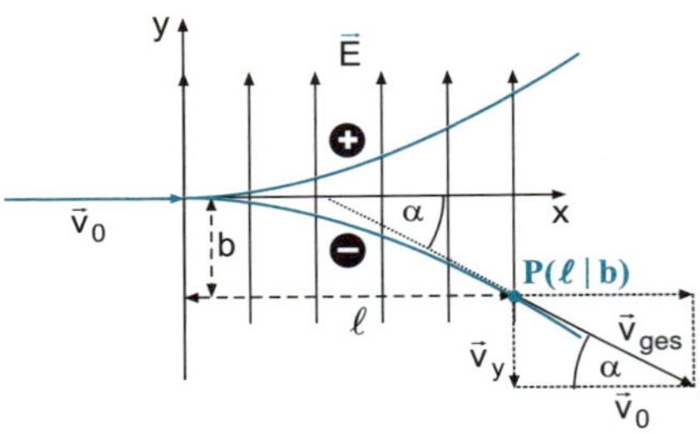

- Senkrecht zu $\vec{E}$ bewegt sich das Teilchen geradlinig gleichförmig mit dem Geschwindigkeitsbetrag v_0, weil in dieser Richtung keine Kraft wirkt.
- Parallel zu den Feldlinien erfährt das Teilchen nach den Regeln fürs elektrische Längsfeld eine konstante Beschleunigung vom Betrag $a = \frac{q}{m} \cdot E$.

Daher gelten fürs Querfeld die folgenden Bewegungsgesetze.

Regel

Bewegungsgesetze für geladene Teilchen im elektrischen Querfeld

	x-Richtung	y-Richtung
Beschleunigung in	(1) $a_x(t) = 0\,\frac{m}{s^2}$	(2) $a_y(t) = \frac{q \cdot E}{m}$
Geschwindigkeit in	(3) $v_x(t) = v_0$	(4) $v_y(t) = \frac{q \cdot E}{m} \cdot t$
Entfernung vom Koordinatenursprung in	(5) $x(t) = v_0 \cdot t$	(6) $y(t) = \frac{q \cdot E}{2m} \cdot t^2$

Bei der technischen Anwendung elektrischer Querfelder interessiert man sich für die **Bahn**, auf der ein Ladungsträger das Querfeld passiert, und für die **Geschwindigkeit**, mit der er es nach Betrag und Richtung wieder verlässt. Bei der Ermittlung dieser Größen helfen die folgenden Regeln.

Regel

Bahnkurve im elektrischen Querfeld

Die Gleichung der Bahnkurve des Ladungsträgers im elektrischen Querfeld lautet

$$\mathbf{y(x) = \frac{q \cdot E}{2m \cdot v_0^2} \cdot x^2}.$$

Die Bahnkurve ist eine **Parabel** mit Scheitel im Koordinatenursprung,
- die abhängig vom Vorzeichen der Ladung q nach oben oder unten geöffnet ist;
- deren Öffnungsweite physikalisch durch den Term $\left| \frac{q}{m} \cdot \frac{E}{v_0^2} \right|$ bestimmt ist.

Begründung: Die Gleichung der Bahnkurve erhalten Sie, indem Sie das Bewegungsgesetz (5) nach t auflösen und in (6) einsetzen:

$$x = v_0 \cdot t \quad \Rightarrow \quad t = \frac{x}{v_0} \quad (*)$$ (5) nach t auflösen

$$y = \frac{q \cdot E}{2m} \cdot t^2 \overset{(*)}{=} \frac{q \cdot E}{2m} \cdot \left(\frac{x}{v_0}\right)^2 = \frac{q \cdot E}{2m \cdot v_0^2} \cdot x^2$$ Einsetzen von $t = \frac{x}{v_0}$ in (6)

Die Aussagen über die Lage des Scheitels und die Form der Parabel können Sie mit Ihren Kenntnissen über quadratische Funktionen bestätigen.

Regel

Teilchengeschwindigkeit im elektrischen Querfeld

Hat ein Ladungsträger seit seinem Eintritt in ein homogenes elektrisches Querfeld in x-Richtung die Strecke ℓ zurückgelegt, so

a) beträgt seine Geschwindigkeitskomponente v_y parallel zur y-Achse

$$\mathbf{v_y = \frac{q \cdot E}{m} \cdot \frac{\ell}{v_0}},$$

b) beträgt seine Gesamtgeschwindigkeit

$$\mathbf{v_{ges} = \sqrt{v_0^2 + \left(\frac{q \cdot E}{m} \cdot \frac{\ell}{v_0}\right)^2}},$$

c) gilt für den Winkel α, den der Vektor der Gesamtgeschwindigkeit mit der Eintrittsrichtung einschließt:

$$\mathbf{\tan\alpha = \frac{q \cdot E}{m} \cdot \frac{\ell}{v_0^2}}$$

Begründungen:

a) Der Ladungsträger benötigt die Zeit $t = \frac{\ell}{v_0}$, um mit der konstanten Geschwindigkeit v_0 parallel zur x-Achse die Strecke ℓ zurückzulegen. Einsetzen von $t = \frac{\ell}{v_0}$ in das Bewegungsgesetz (4) liefert v_y:

$$v_y = \frac{q \cdot E}{m} \cdot t = \frac{q \cdot E}{m} \cdot \frac{\ell}{v_0}$$

b) Nach dem Satz von Pythagoras gilt:

$$v_{ges}^2 = v_0^2 + v_y^2 \quad \Rightarrow \quad v_{ges} = \sqrt{v_0^2 + v_y^2} \overset{a)}{=} \sqrt{v_0^2 + \left(\frac{q \cdot E}{m} \cdot \frac{\ell}{v_0}\right)^2}$$

c) Für den Winkel α gilt definitionsgemäß:

$$\tan \alpha = \frac{v_y}{v_x} = \frac{v_y}{v_0} \overset{a)}{=} \frac{1}{v_0} \cdot \frac{q \cdot E}{m} \cdot \frac{\ell}{v_0} = \frac{q \cdot E}{m} \cdot \frac{\ell}{v_0^2}$$

Mithilfe dieser Formeln können Sie alle Rechenaufgaben zum elektrischen Querfeld bewältigen. Es ist aber nicht empfehlenswert, die Formeln einfach auswendig zu lernen. Besser ist es, wenn Sie sich die Grundideen der Herleitungen einprägen und diese dann auf das jeweilige Problem anwenden. In den folgenden Aufgaben können Sie dies üben.

Aufgaben

69. Begründen Sie, dass sich die Bewegung eines Ladungsträgers im elektrischen Querfeld mit dem aus der Mechanik bekannten waagerechten Wurf vergleichen lässt.

70. Ein Elektron tritt mit dem Geschwindigkeitsbetrag $v_0 = 9{,}0 \cdot 10^6 \frac{m}{s}$ im Koordinatenursprung senkrecht zu den Feldlinien in das homogene elektrische Feld eines Plattenkondensators (siehe Skizze). Seine Platten sind quadratisch, $\ell = 65$ mm lang und besitzen einen gegenseitigen Abstand von $d = 50$ mm. Die Spannung zwischen den Platten beträgt $U = 150$ V.

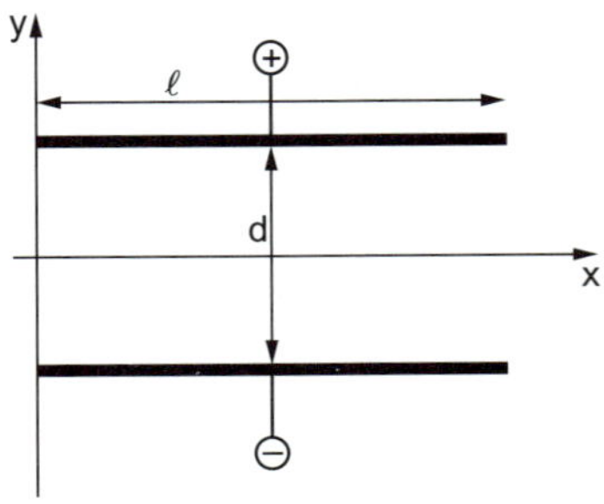

a) Berechnen Sie die Beschleunigung des Elektrons in y-Richtung.

b) Stellen Sie die Gleichung seiner Bahnkurve für $0 \leq x \leq \ell$ auf.

c) Ermitteln Sie den Abstand von der x-Achse, den es unmittelbar beim Verlassen des Kondensators besitzt.

d) Berechnen Sie die Zeit, die das Elektron zum Durchfliegen des Kondensators benötigt.

e) Berechnen Sie den Geschwindigkeitsbetrag in y-Richtung, den es unmittelbar beim Verlassen des Kondensators besitzt.

f) Bestimmen Sie rechnerisch den Winkel gegen die x-Achse, unter dem es den Plattenkondensator verlässt.

71. Positive Ladungsträger (Masse m, Ladungsbetrag q) aus einer Ionenquelle werden im homogenen elektrischen Längsfeld mittels der Spannung $U_L = 6000$ V aus der Ruhe heraus beschleunigt und treten anschließend senkrecht zu den Feldlinien mit der Geschwindigkeit v_0 in das homogene elektrische Feld eines Plattenkondensators (Plattenabstand d = 9,0 cm, Plattenlänge 8,0 cm, Spannungsbetrag zwischen den Platten U_Q).

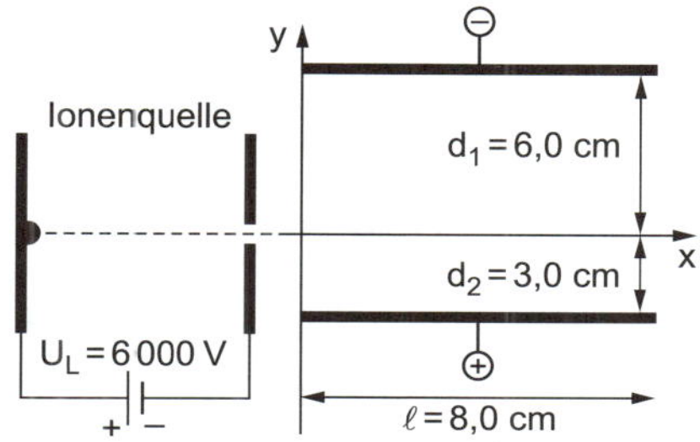

a) Zeigen Sie mit allgemeinen Größen, dass die Ionen unmittelbar nach Verlassen des Kondensators von der x-Achse den Abstand $\frac{U_Q}{4U_L \cdot d} \cdot \ell^2$ besitzen. Verwenden Sie dabei ohne Herleitung, dass die Ladungsträger das Längsfeld mit der Geschwindigkeit

$$v_0 = \sqrt{\frac{2q}{m} \cdot U_L}$$

verlassen und dass die Gleichung der Bahnkurve im Querfeld lautet:

$$y(x) = \frac{q}{2m} \cdot \frac{U_Q}{d \cdot v_0^2} \cdot x^2$$

b) Erläutern Sie, was am Ergebnis aus Teilaufgabe a bemerkenswert ist.

c) Bestimmen Sie den Bereich, in dem die Kondensatorspannung U_Q variiert werden kann, sodass gewährleistet ist, dass die Ladungsträger weder auf die obere noch die untere Platte auftreffen.

72. Positiv geladene Ionen (Masse m, Ladung q) werden aus der Ruhe heraus in einem homogenen elektrischen Feld auf die Geschwindigkeit v_0 beschleunigt. Sie treten dann senkrecht zu den Feldlinien in das homogene elektrische Feld eines Plattenkondensators (Plattenabstand d, Spannungsbetrag zwischen den Platten U_Q, Plattenlänge ℓ_1) ein. Auf einem im Abstand ℓ_2 hinter dem Kondensator senkrecht angebrachten Schirm treffen sie schließlich im Punkt P auf.

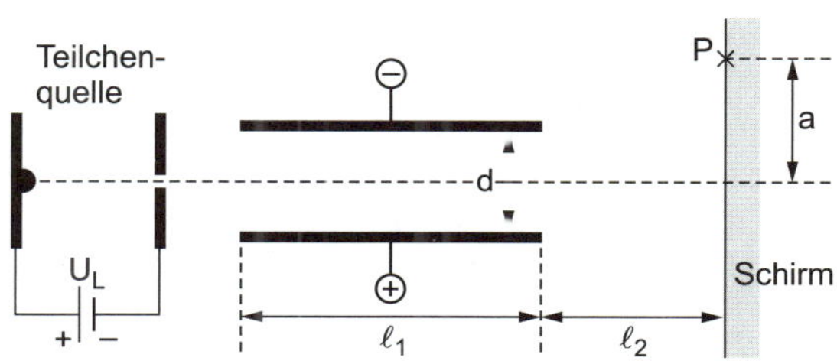

Geben Sie ohne Rechnung eine physikalische Begründung dafür, warum alle Ionen unabhängig von ihrem Ladungbetrag und ihrer Masse im selben Punkt P auf den Schirm treffen.
Beurteilen Sie, ob sich die Versuchsanordnung als Teilchendetektor eignet.

19 Bewegung geladener Teilchen in homogenen magnetischen Feldern

Mithilfe der Lorentzkraft und der mechanischen Gesetze für die Kreisbewegung kann man das Verhalten geladener Teilchen in Magnetfeldern beschreiben. Die dabei gewonnen Einsichten finden in technischen Anwendungen Eingang und tragen zur Erklärung von Naturphänomenen bei. So konnte z. B. der 1958 vom ersten amerikanischen Satellit Explorer 1 entdeckte Van-Allen-Strahlungsgürtel um die Erde dadurch erklärt werden, dass geladene kosmische Teilchen im Magnetfeld der Erde in „magnetischen Flaschen" eingeschlossen sind und zwischen den Polen der Erde auf Spiralbahnen hin und her schwingen.

Regel

Bahn eines geladenen Teilchens im homogenen Magnetfeld
Die Bahnkurve, auf der sich ein Ladungsträger durch ein homogenes Magnetfeld der Flussdichte $\vec{B}$ bewegt, hängt vom Eintrittswinkel ab. Erfolgt sein Eintritt

a) parallel zu den Feldlinien, bewegt er sich mit konstanter Geschwindigkeit **längs einer Geraden** parallel zu den Feldlinien.
b) senkrecht zu den Feldlinien, durchläuft er eine **Kreisbahn** in einer Ebene senkrecht zu $\vec{B}$.
c) weder senkrecht noch parallel zu den Feldlinien, bewegt er sich auf einer **Schraubenlinie**, deren Achse parallel zur Magnetfeldrichtung verläuft.

Begründungen:

a) Ist die Geschwindigkeit parallel zu den Feldlinien, wirkt keine Lorentzkraft, der Ladungsträger ändert seine Flugbahn nicht.
b) Aus der Tatsache, dass die Lorentzkraft stets senkrecht zur Feld- und Bewegungsrichtung wirkt, folgt zweierlei: Zum einen bewegt sich das Teilchen in einer Ebene, die senkrecht zur Feldrichtung liegt. Zum anderen verrichtet die Lorentzkraft am Teilchen keine Arbeit, die Energie des Teilchens ändert sich daher nicht. Weil das Teilchen nur kinetische Energie besitzt, ändert sich demnach der Betrag seiner Geschwindigkeit und damit auch der Betrag der Lorentzkraft nicht.
Es liegt also eine ebene Bewegung vor, bei der eine betragsmäßig konstante Kraft stets senkrecht zur Geschwindigkeitsrichtung am Teilchen angreift. Die einzige Bewegung, die diese Kriterien erfüllt, ist eine Kreisbewegung.
c) Zerlegt man den Geschwindigkeitsvektor des Ladungsträgers in zwei zueinander senkrechte Komponenten parallel ($\vec{v}_p$) bzw. senkrecht ($\vec{v}_s$) zur Magnetfeldrichtung, so bewegt sich das Teilchen nach Regel a mit $\vec{v}_p$ parallel zu den Feldlinien und durchläuft nach Regel b mit $\vec{v}_s$ eine Kreisbahn. Die Kombination dieser Einzelbewegungen ergibt eine Schraubenlinie, deren Achse parallel zur Magnetfeldrichtung verläuft.

Beschreibt ein Teilchen der Masse m und der Ladung q in einem homogenen Magnetfeld der Flussdichte $\vec{B}$ eine Kreisbahn vom Radius r, so wirkt die Lorentzkraft als **Zentripetalkraft**. Mithilfe der Kräftebilanz

$$F_{Lorentz} = F_{Zentripetal} \quad \Leftrightarrow \quad q \cdot v \cdot B = \frac{m \cdot v^2}{r} \qquad (*)$$

kann man bei bekannter magnetischer Flussdichte den Bahnradius und die Umlaufzeit aus den Teilchendaten berechnen.

Regel

Kreisbahnparameter

Durchläuft ein Teilchen der Masse m und der Ladung q in einem homogenen Magnetfeld der Flussdichte $\vec{B}$ eine Kreisbahn, so gilt

a) für deren Radius: $\mathbf{r = \frac{m \cdot v}{q \cdot B}}$

b) für die Umlaufdauer: $\mathbf{T = \frac{2m \cdot \pi}{q \cdot B}}$

Begründungen:

a) Aus der Kräftebilanz (∗) folgt durch Umstellen nach r:

$$q \cdot v \cdot B = \frac{m \cdot v^2}{r} \quad \Rightarrow \quad q \cdot B = \frac{m \cdot v}{r} \quad \Rightarrow r = \frac{m \cdot v}{q \cdot B}$$

b) Der in der Zeit T mit konstantem Geschwindigkeitsbetrag v zurückgelegte Weg $v \cdot T$ ist der Umfang $2r \cdot \pi$ eines Kreises vom Radius r:

$$v \cdot T = 2r \cdot \pi \quad \Rightarrow \quad T = \frac{1}{v} \cdot 2r \cdot \pi \overset{a}{=} \frac{1}{v} \cdot 2 \cdot \frac{m \cdot v}{q \cdot B} \cdot \pi = \frac{2m \cdot \pi}{q \cdot B}$$

Beispiel

Im grau getönten Quadrat existiert ein homogenes Magnetfeld der Flussdichte $B = 2{,}2$ mT, dessen Feldlinien senkrecht aus der Zeichenebene heraus gerichtet sind. In dieses Feld tritt zum Zeitpunkt $t = 0$ s im Koordinatenursprung parallel zur x-Achse ein Elektron mit der Geschwindigkeit $v = 7{,}74 \cdot 10^6 \ \frac{m}{s}$ ein.

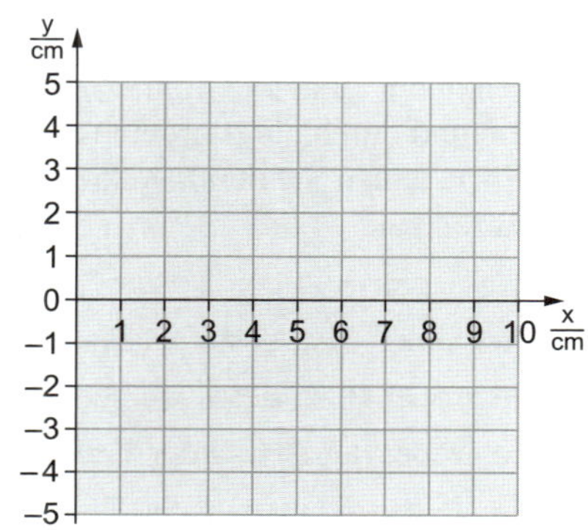

a) Berechnen Sie den Radius des Kreisbogens, den das Elektron durchläuft.

b) Beschreiben Sie die Bahn des Elektrons im Magnetfeld und berechnen Sie deren Länge.

c) Wie viele Sekunden nach dem Eintritt verlässt das Elektron das Magnetfeld wieder? Verwenden Sie für die Berechnung nur das Ergebnis aus Teilaufgabe b und die Elektronengeschwindigkeit.

Lösung:

a) $r = \frac{m \cdot v}{q \cdot B}$ Regel (Kreisbahnparameter)

$= \frac{9{,}1 \cdot 10^{-31}\,\text{kg} \cdot 7{,}74 \cdot 10^{6}\,\frac{\text{m}}{\text{s}}}{1{,}6 \cdot 10^{-19}\,\text{As} \cdot 2{,}2 \cdot 10^{-3}\,\text{T}} = \mathbf{2{,}0\ cm}$ Zahlenwerte einsetzen

b) Nach der Drei-Finger Regel der linken Hand erfährt das Elektron beim Eintritt ins Magnetfeld eine zur y-Achse parallele Lorentzkraft. Die Bahn ist daher der im Magnetfeld liegende **Halbkreis** mit Radius 2,0 cm, dessen Mittelpunkt der Punkt (0 cm | 2cm) ist.

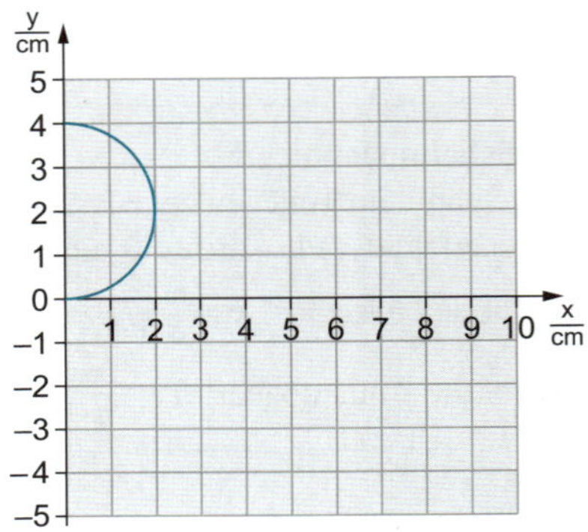

Die Länge s der Bahn ist gleich dem halben Kreisumfang U:

$s = \frac{U}{2} = \frac{2r \cdot \pi}{2} = r \cdot \pi$

$= 2{,}0\ \text{cm} \cdot \pi = \mathbf{6{,}3\ cm}$

c) $v = \frac{s}{t} \Leftrightarrow t = \frac{s}{v}$ $v = \text{konst.} = \frac{\text{Weg}}{\text{Zeit}}$

$= \frac{6{,}3 \cdot 10^{-2}\,\text{m}}{7{,}74 \cdot 10^{6}\,\frac{\text{m}}{\text{s}}} = \mathbf{8{,}1 \cdot 10^{-9}\ s}$ Zahlenwerte einsetzen

Aufgaben

73. Ein geladenes Teilchen (Ladung q, Masse m) tritt mit der Geschwindigkeit $\vec{v}$ senkrecht zu den Feldlinien in ein homogenes Magnetfeld der Flussdichte $\vec{B}$ ein und durchläuft dort eine Kreisbahn vom Radius r.
Entscheiden Sie durch Ankreuzen, ob die folgenden Aussagen wahr oder falsch sind.

Aussage:	wahr	falsch
Je kleiner v ist, desto größer ist r.	☐	☐
Je größer B ist, desto kleiner ist r.	☐	☐
Je größer der Betrag der Teilchenladung ist, desto größer ist r.	☐	☐
Je kleiner die spezifische Teilchenladung $\frac{q}{m}$ ist, desto größer ist r.	☐	☐

74. Was ist an der Beziehung $T = \frac{2m \cdot \pi}{q \cdot B}$ für die Umlaufdauer eines geladenen Teilchens auf einer Kreisbahn in einem homogenen Magnetfeld bemerkenswert (m: Masse; q: Ladung, B: Flussdichte)?
Geben Sie eine physikalische Wortbegründung für diesen Sachverhalt.

75. In einem räumlich hinreichend großen Magnetfeld besitzen vier Teilchen im Ursprung eines rechtwinkligen Koordinatensystems die zu den Koordinatenachsen parallelen Geschwindigkeiten v_1, v_2, v_3, v_4 (siehe Skizze). Weiter gilt für ihre

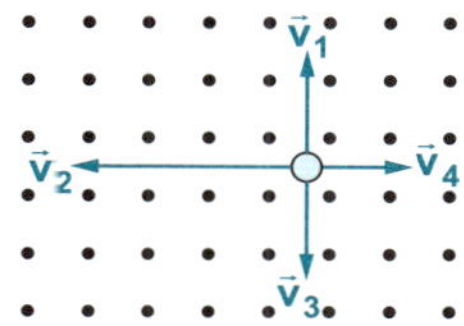

- Geschwindigkeitsbeträge: $v_3 = v_1$; $v_2 = 2v_1$; $v_4 = 0{,}75v_1$
- Ladungsbeträge: $q_2 = q_4 = q_1$; $q_3 = 2q_1$
- Ladungsvorzeichen: $q_1, q_3 > 0$; $q_2, q_4 < 0$
- Massen: $m_2 = m_3 = m_1$; $m_4 = 2m_1$

Zeichnen Sie die Bahnkurven aller Teilchen in Originalgröße in eine Skizze, wenn Teilchen 1 eine Kreisbahn vom Radius $r_1 = 3$ cm durchläuft. Tragen Sie auch den Durchlaufsinn ein.

Hinweis: Drücken Sie die Bahnradien der Teilchen 2, 3, 4 durch den Bahnradius des Teilchens 1 aus.

76. Ein Elektron tritt im Ursprung eines dreidimensionalen Koordinatensystems mit der Geschwindigkeit $\vec{v}$ in ein homogenes Magnetfeld ein, das parallel zur y-Achse gerichtet ist und dessen Flussdichte den Betrag $B = 1{,}5$ mT besitzt. Die Eintrittsgeschwindigkeit $\vec{v}$ weist eine Komponente v_x parallel zur x-Achse und ein Komponente v_y parallel zur y-Achse auf. Es gilt:
$v_x = v_y = 3{,}9 \cdot 10^6 \, \frac{m}{s}$

a) Begründen Sie, dass das Elektron im Magnetfeld eine Schraubenlinie durchläuft.

b) Berechnen Sie den Radius dieser Schraubenlinie und zeichnen Sie ihre Projektion auf die x-z-Ebene in Originalgröße. Tragen Sie auch den Durchlaufsinn ein.

c) Berechnen Sie, wie viele Sekunden nach seinem Eintritt ins Magnetfeld das Elektron zum ersten Mal wieder die y-Achse des Koordinatensystems berührt. Welche Strecke hat es dann in y-Richtung zurückgelegt?

20 Anwendungen in Natur und Technik

Ladungsträger, die sich in elektrischen und magnetischen Feldern bewegen, spielen in vielen technischen Anwendungen eine Rolle. In den folgenden Aufgaben untersuchen Sie hierzu genauer die Konstruktion von Teilchenbeschleunigern, einen nahezu verschleißfreien Generatorentyp sowie spezielle messtechnische und massenspektroskopische Verfahren.

Aufgaben

77. Linearbeschleuniger

Ein Linearbeschleuniger besteht aus einer Reihe von Triftröhren, die längs einer gedachten Achse hintereinander im Vakuum angeordnet und durch schmale Spalte getrennt sind. Die Röhren sind mit einer Spannungsquelle verbunden, die eine hochfrequente, sinusförmige Wechselspannung erzeugt.

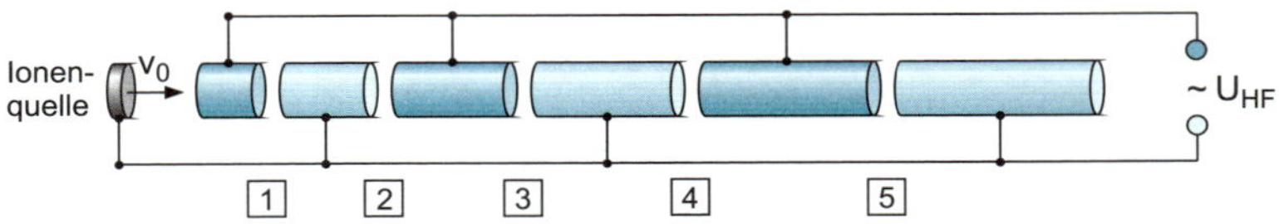

Das Innere der Röhren ist feldfrei. Nur in den Spalten zwischen den Röhren herrscht ein zeitlich veränderliches elektrisches Feld, in dem die Teilchen beschleunigt werden. Diese werden mit bekannter Anfangsgeschwindigkeit v_0 längs der Röhrenachse in die 1. Röhre eingeschossen.

a) Die Längen der Röhren werden so bemessen, dass die Teilchen zum Durchfliegen einer jeden Triftröhre genau die halbe Schwingungsdauer der Wechselspannung benötigen. Begründen Sie dies.

Die folgenden Teilaufgaben beziehen sich auf einen Linearbeschleuniger, bei dem der Abstand zwischen zwei benachbarten Triftröhren wesentlich kleiner ist als die Röhrenlängen und dessen sinusförmige Betriebswechselspannung den Scheitelwert $U_0 = 1{,}71 \cdot 10^5$ V und die Frequenz 40 MHz besitzt. Längs der Röhrenachse wird in die erste Triftröhre ein Deuteron (einfach positiv geladenes Teilchen der Masse $m = 3{,}34 \cdot 10^{-27}$ kg) eingeschossen. Beim Eintritt beträgt seine Geschwindigkeit $v_0 = 8{,}00 \cdot 10^6 \frac{\text{m}}{\text{s}}$, die letzte Triftröhre verlässt es mit der Geschwindigkeit $v_e = 2{,}74 \cdot 10^7 \frac{\text{m}}{\text{s}}$.

b) Berechnen Sie, um welchen Betrag die kinetische Energie des Deuterons insgesamt zugenommen hat.

c) Ermitteln Sie, wie oft das Deuteron beschleunigt wurde.

d) Nennen Sie die hierfür erforderliche Anzahl an Triftröhren.

e) Zeigen Sie, dass das Deuteron im n-ten Triftrohr die Geschwindigkeit

$$v_n = \sqrt{v_0^2 + \frac{2(n-1) \cdot e \cdot U_0}{m}} \qquad (n \in \mathbb{N})$$

besitzt.

f) Berechnen Sie die Länge des 21. Triftrohrs.

78. Wien'sches Geschwindigkeitsfilter

Der deutsche Nobelpreisträger Wilhelm Wien (1864–1928) entwickelte eine Vorrichtung, mit der man aus einem Strahl geladener Teilchen diejenigen Teilchen aussondern kann, die nicht eine vorgegebene Geschwindigkeit besitzen.

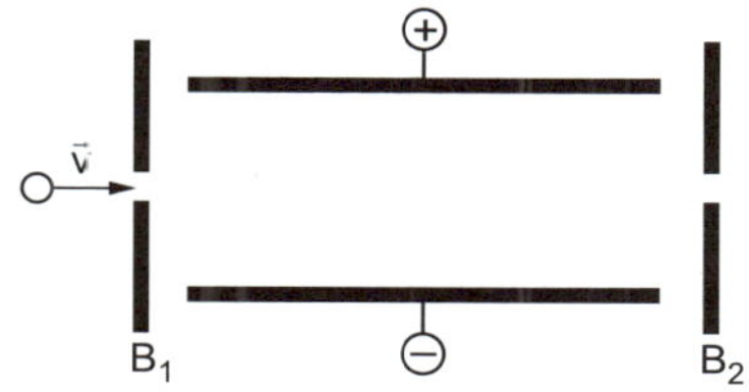

Ein Elektron der Geschwindigkeit $v = 2{,}0 \cdot 10^7 \frac{m}{s}$ soll das Blendenpaar B_1, B_2 und das elektrische Feld im Plattenkondensator ($U = 1{,}0$ kV; $d = 4{,}0$ cm) unabgelenkt passieren. Hierfür wird dem elektrischen Feld ein geeignetes homogenes Magnetfeld gleicher Ausdehnung überlagert.

a) Geben Sie den Verlauf der magnetischen Feldlinien an. Begründen Sie.

b) Berechnen Sie den Betrag der magnetischen Flussdichte.

c) Erläutern Sie, wie sich ein Elektron verhält, dessen Geschwindigkeit größer bzw. kleiner als $v = 2{,}0 \cdot 10^7 \frac{m}{s}$ ist.

d) Entscheiden Sie begründet, ob auch ein Proton der Geschwindigkeit $\vec{v}$ diese Anordnung unabgelenkt passieren kann.

79. MHD-Generator

MHD steht abkürzend für magnetohydrodynamisch. Ein MHD-Generator hat gegenüber herkömmlichen Generatoren zwei entscheidende Vorteile: Er besitzt keinerlei bewegliche Maschinenteile und kann schnell auf hohe Leistung gebracht werden.

a) In einem homogenen Magnetfeld befinden sich zwei Metallplatten (siehe Skizze rechts). Schickt man in der angegebenen Richtung zwischen die Platten heißes ionisiertes Gas mit der einheitlichen Geschwindigkeit $\vec{v}$, so baut sich zwischen den Platten eine Spannung U auf. Erklären Sie dies.

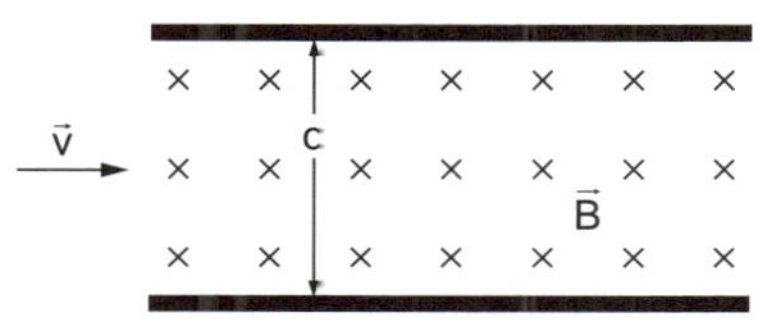

b) Drücken Sie U durch die gegebenen Größen v, B, d aus.

80. Halleffekt

1879 entdeckte der US-amerikanische Physiker Edwin Herbert Hall (1855–1938) den nach ihm benannten Effekt.

a) Beschreiben Sie den Halleffekt.

b) Erläutern Sie unter Zuhilfenahme einer beschrifteten Skizze genau, wie die Hallspannung entsteht. Leiten Sie dazu – unter der Voraussetzung, dass das Hallplättchen von einem Elektronenstrom durchflossen wird – den Zusammenhang zwischen der Hallspannung U_H, dem Betrag der Triftgeschwindigkeit $\vec{v}_T$ der Ladungsträger, dem Betrag der magnetischen Flussdichte $\vec{B}$ und der Breite b des Hallplättchens her.

c) Erläutern Sie, wie der Halleffekt zur Messung der Flussdichte magnetischer Felder herangezogen werden kann. Recherchieren Sie hierzu, wie v_T durch der Messung zugängliche Größen ausgedrückt werden kann.

d) Welche Materialeigenschaften sollte ein gutes Hallplättchen besitzen?

81. Spezifische Ladung I: Fadenstrahlrohr

a) Mithilfe eines Fadenstrahlrohrs lässt sich die spezifische Ladung $\frac{e}{m}$ des Elektrons bestimmen. Beschreiben Sie anhand einer Prinzipskizze die erforderliche Versuchsanordnung und erläutern Sie die Versuchsdurchführung (Messgrößen!).

b) Leiten Sie die Beziehung zwischen $\frac{e}{m}$ und den in Teilaufgabe a genannten Größen her.

82. Spezifische Ladung II: Massenspektrometer nach Bainbridge

1933 entwickelte der US-amerikanische Physiker Kenneth Bainbridge (1904–1996) ein Massenspektrometer (Prinzipskizze rechts).

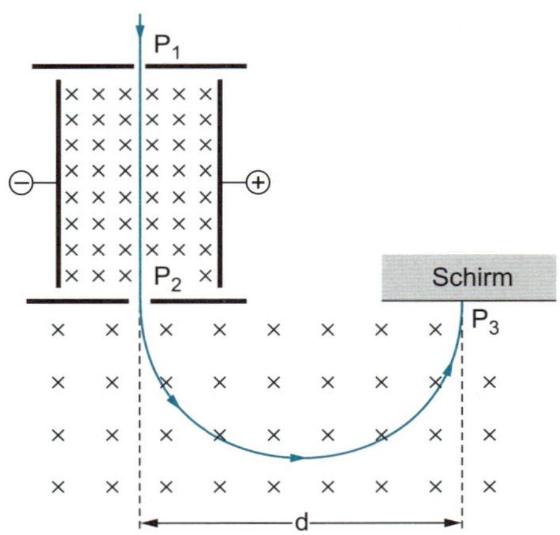

Positiv geladene Ionen unterschiedlicher Geschwindigkeit und spezifischer Ladung treten bei P_1 in ein Wienfilter ein (Betrag der elektrischen Feldstärke: E_0; Betrag der magnetischen Flussdichte: B_0).
Ein Teil passiert das Filter unabgelenkt und tritt bei P_2 senkrecht zu den Feldlinien in ein homogenes Magnetfeld der Flussdichte $\vec{B}_1$ ein. Die Ionen durchlaufen dort einen Halbkreis und gelangen dann in P_3 auf einen Registrierschirm.

a) Stellen Sie die spezifische Ladung $\frac{q}{m}$ dieser Ionen durch E_0, B_0, B_1 und den Abstand d zwischen P_2 und P_3 dar.

b) Begründen Sie: Inwiefern lässt sich diese Anordnung als Massenspektrometer einsetzen?

83. Spezifische Ladung III: Wienfilter und homogenes elektrisches Längsfeld

Glühelektrisch freigesetzte Elektronen werden in einem homogenen elektrischen Längsfeld durch die Spannung U beschleunigt, durchfliegen eine gelochte Anode A und gelangen in ein Wienfilter (Betrag der magnetischen Flussdichte B, Spannung zwischen den Platten U, Plattenabstand d).

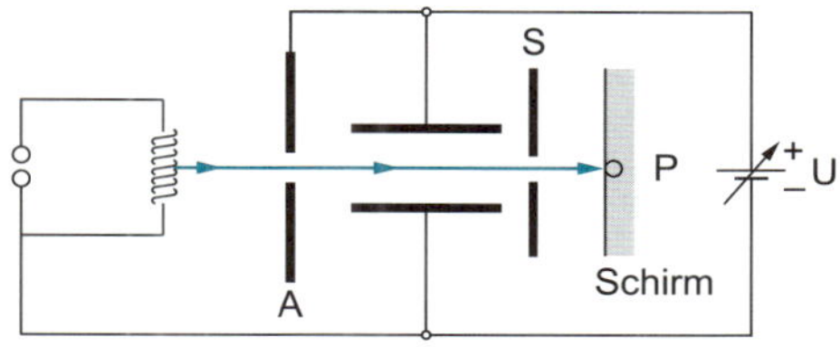

S: Schlitzblende

a) Zeigen Sie, dass die Elektronen nur dann die Anordnung unabgelenkt passieren und in P auf den Registrierschirm treffen, wenn
$\frac{U}{2d^2 \cdot B^2} = \frac{e}{m}$.

b) Begründen Sie: Wie lässt sich mit dieser Anordnung die spezifische Ladung von Elektronen messen?

84. Klassisches Zyklotron

1929 erfand der Amerikaner Ernest Lawrence (1901–1958) das Zyklotron, das er nutzte, um verschiedene Elemente mit beschleunigten Teilchen zu beschießen.

a) Skizzieren Sie den Prinzipaufbau eines Zyklotrons und beschreiben Sie seine Wirkungsweise. Zeichnen Sie in Ihre Skizze auch die Bahn eines positiven Ions ein für den Fall, dass das Magnetfeld senkrecht aus der Zeichenebene heraus gerichtet ist.

b) Erläutern Sie, warum man ein klassisches Zyklotron mit Wechselspannungen konstanter Frequenz f betreiben kann. Wie muss f gewählt werden?

c) Zeigen Sie, dass für die kinetische Energie eines Teilchens auf einer Kreisbahn vom Radius r im Zyklotron gilt:
$E_{kin} = \frac{1}{2m} \cdot q^2 \cdot B^2 \cdot r^2$
Erläutern Sie kurz, was an dieser Beziehung bemerkenswert ist.

d) Berechnen Sie die Anzahl der Umläufe, nach denen der Bahnradius eines aus der Ruhe heraus im Zyklotron beschleunigten Teilchens den Wert r erreicht.

Einblick in die spezielle Relativitätstheorie

Navigationssysteme, die sich auf das Global Positioning System (GPS) stützen, sind heute allgegenwärtig. Dass es gelingt, mit einem entsprechenden Sender ausgestattete Objekte mithilfe von Satellitensignalen auf Meter genau zu orten, beruht nicht zuletzt auf Einsteins Theorie der Relativität: Erst die Berücksichtigung der relativistischen Zeitdilatation und des relativistischen Dopplereffekts erlaubt es, die Zeit- und Positionssignale, die die GPS-Satelliten (Foto) permanent ausstrahlen, korrekt auszuwerten.

21 Relativistische Kinematik

Bis zum Ende des vorletzten Jahrhunderts setzte man in der Klassischen Physik als selbstverständlich voraus, dass Raum und Zeit absolut und von einander unabhängig sind. 1905 brach Albert Einstein (1879–1955) in einer Arbeit mit dem Titel „Zur Elektrodynamik bewegter Körper“ mit dieser Vorstellung. Er befasste sich darin mit den Beziehungen zwischen den Datensätzen, die zwei relativ zueinander mit konstanter Geschwindigkeit bewegte Beobachter aufnehmen, wenn sie einen physikalischen Prozess betrachten und vermessen..

Einsteins Überlegungen in dieser Arbeit, die bald unter der Bezeichnung „Spezielle Relativitätstheorie “ weltweit Aufsehen erregten, gehen von zwei grundlegenden Annahmen über Inertialsysteme aus.

Regel

1. Relativitätsprinzip
Es gibt kein physikalisch bevorzugtes Inertialsystem, die fundamentalen Naturgesetze gelten also in jedem Inertialsystem in gleicher Weise.

2. Prinzip von der Konstanz der Lichtgeschwindigkeit
Die Vakuumlichtgeschwindigkeit c ist in allen Inertialsystemen stets gleich groß, d. h., sie hängt in keinem Inertialsystem vom Bewegungszustand der Lichtquelle und des Beobachters ab.

Dabei versteht man unter einem **Inertialsystem** ein Bezugssystem, in dem das Newton'sche Trägheitsgesetz uneingeschränkte Gültigkeit besitzt: Jedes Objekt, das eine Masse besitzt und auf das keine Kraft wirkt, befindet sich darin im Zustand der Ruhe oder der geradlinig gleichförmigen Bewegung.

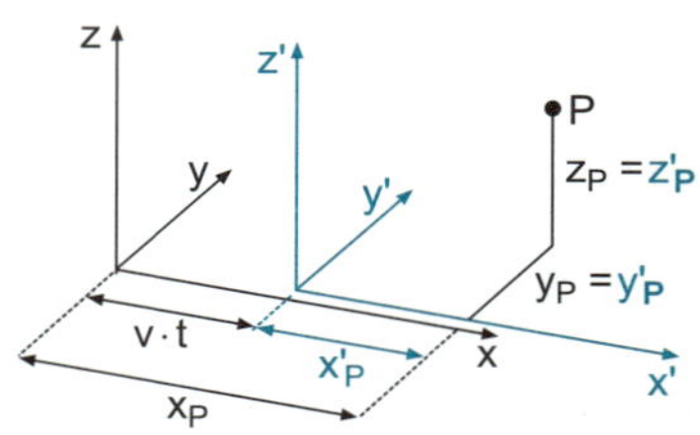

In jedem Inertialsystem kann man ein beliebiges Ereignis durch die drei Koordinaten (x, y, z) des Ortes, an dem es stattfindet, und durch die Zeit t, zu der es stattfindet, eindeutig beschreiben. Bewegt sich ein Inertialsystem S' relativ zu einem Inertialsystem S mit konstanter Geschwindigkeit v, so kann man mithilfe der oben genannten Prinzipien zwischen den S-Koordinaten (x, y, z, t) und den S'-Koordinaten (x', y', z', t') desselben Ereignisses einen allgemeinen Zusammenhang herstellen, den man **Lorentztransformation** nennt. Die Lorentztransformation wirkt sich unmittelbar auf unsere begriffliche Vorstellung von Raum und Zeit aus, wie die folgenden Regeln zur Relativität der Gleichzeitigkeit, Zeitdilatation und Längenkontraktion zeigen.

Regel

Relativität der Gleichzeitigkeit

Zwei Ereignisse, die in einem Inertialsystem S an verschiedenen Orten gleichzeitig stattfinden, finden in einem dazu mit konstanter Geschwindigkeit bewegten Inertialsystem S' nicht gleichzeitig statt.

Beispiel

Gerhart sitzt in der Mitte eines mit der Geschwindigkeit v fahrenden Zuges. Als er sich auf gleicher Höhe wie Bahnwärter Thiel befindet, der vor seinem Häuschen stehend die Vorbeifahrt des Zuges beobachtet, schlagen in das vordere und hintere Ende des Zuges Blitze ein. Thiel sieht die Blitzeinschläge gleichzeitig.

Begründen Sie, dass Gerhart sie nicht gleichzeitig sieht. Welchen Blitz sieht Gerhart früher?

Lösung

Weil sich Gerhart mit der Geschwindigkeit v auf die vordere Einschlagstelle hin- und von der hinteren Einschlagstelle weg bewegt, muss das vom Ende kommende Blitzlicht einen längeren Weg zurücklegen, bis es ins Gerharts Auge gelangt, als das vom Anfang kommende. Gerhart sieht also den Blitz vom Zuganfang früher.

Regel

Zeitdilatation

Bewegt sich ein Inertialsystem S' relativ zu einem Inertialsystem S mit der konstanten Geschwindigkeit v und messen Beobachter B bzw. B' in S bzw. in S' für die Dauer desselben Vorgangs mit ihren Uhren die Zeitspannen Δt bzw. $\Delta t'$, so gilt:

$$\Delta t' = \Delta t \cdot \sqrt{1-\frac{v^2}{c^2}}$$

Aus rein mathematischen Überlegungen folgt aus dieser Beziehung, dass immer $v \leq c$ gelten muss, denn der Ausdruck unter der Wurzel darf nicht negativ werden. Genauer gilt sogar $v < c$ für alle materiellen bewegten Körper, d. h., für diese stellt die Vakuumlichtgeschwindigkeit c eine obere **Grenzgeschwindigkeit** dar, die sie nie erreichen können ($c = 2{,}99792458 \cdot 10^8 \frac{m}{s} \approx 3 \cdot 10^8 \frac{m}{s}$). Physikalisch lässt sich dieser Umstand mit der Gültigkeit des Energieerhaltungssatzes begründen (vgl. hierzu Kap. 23).

Weiterhin ist in der Formel für die Zeitdilatation wegen

$$\sqrt{1-\frac{v^2}{c^2}} < 1$$

die Zeitspanne Δt stets kürzer als die Spanne $\Delta t'$. Die Uhr des B' geht also aus der Sicht von B langsamer.

Beispiel

Der Fahrtwind reißt Bahnwärter Thiel die Mütze vom Kopf. Thiel bückt sich und setzt sie wieder ordentlich auf. Die Uhr in seinem Bahnwärterhäuschen zeigt an, dass er dafür vier Sekunden benötigt hat.
Berechnen Sie die Zeit, die Gerhart für den Vorgang mit seiner Armbanduhr misst, wenn der Zug mit der Geschwindigkeit $v = 0{,}6\,c$ fährt.

Lösung

$$\Delta t' = \Delta t \cdot \sqrt{1-\frac{v^2}{c^2}} \qquad \text{Formel Zeitdilatation}$$

$$= 4\,s \cdot \sqrt{1-\frac{(0{,}6\,c)^2}{c^2}} \qquad \text{Zahlenwerte einsetzen}$$

$$= 4\,s \cdot \sqrt{1-\frac{0{,}36\,c^2}{c^2}}$$

$$= 4\,s \cdot \sqrt{1-0{,}36}$$

$$= 4\,s \cdot 0{,}8 = \mathbf{3{,}2\,s}$$

Gerharts Uhr zeigt eine kürzere Zeitspanne an als die Uhr im Bahnwärterhäuschen, sie geht also langsamer.

Regel

Längenkontraktion

Ein Beobachter B bestimmt die Länge eines in seinem System ruhenden Stabs mit ℓ. Wird der Stab in seiner Längsrichtung relativ zu B mit einer Geschwindigkeit vom Betrag v bewegt, so misst man die verkürzte Stablänge

$$\boldsymbol{\ell' = \ell \cdot \sqrt{1-\frac{v^2}{c^2}}}.$$

Senkrecht zur Bewegungsrichtung beobachtet man keine Verkürzung.

Beispiel

Thiel weiß, dass der ruhende Zug eine Länge von 800 m hat.
Ermitteln Sie die Zuglänge, die Thiel misst, wenn der Zug mit der Geschwindigkeit $v = 0{,}6\,c$ an ihm vorbeifährt.

Lösung

$$\ell' = \ell \cdot \sqrt{1-\frac{v^2}{c^2}} \qquad \text{Formel Längenkontraktion}$$

$$= 800\,m \cdot \sqrt{1-\frac{(0{,}6\,c)^2}{c^2}} \qquad \text{Zahlenwerte einsetzen}$$

$$= 800\,m \cdot \sqrt{1-0{,}36}$$

$$= 800\,m \cdot 0{,}8 = \mathbf{640\,m}$$

Der Zug erscheint Thiel in Bewegungsrichtung um 160 m verkürzt.

Aufgaben

85. Albert steht in der Mitte der Strecke [AB] und sieht Blitze am Streckenanfang und -ende gleichzeitig einschlagen (Bild oben).
Geben Sie begründet an, wie er die Blitzeinschläge erfahren hätte, wenn er näher bei A gestanden hätte (Bild unten).

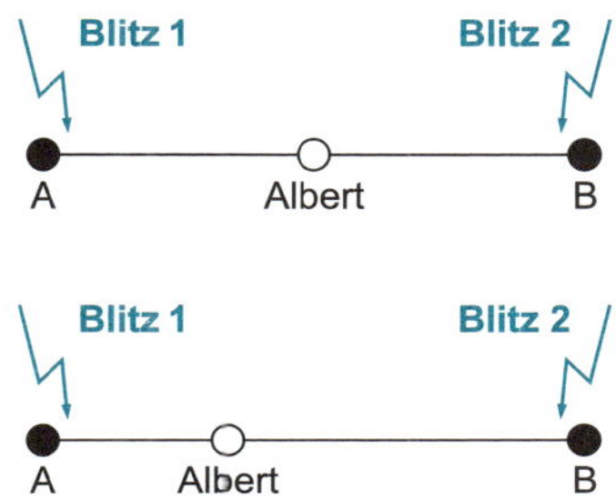

86. Myonen sind instabile, geladene Teilchen, die durch die kosmische Strahlung in der Erdatmosphäre erzeugt werden. Sie bewegen sich mit einer Geschwindigkeit von 0,99 c fast senkrecht zur Erdoberfläche. Im Weiteren soll vereinfachend angenommen werden, dass für jedes ruhende Myon die Zeitspanne zwischen Erzeugung und Zerfall genau $\tau = 2{,}2 \cdot 10^{-6}$ s beträgt.

a) Berechnen Sie die Strecke s, die ein Myon ohne Berücksichtigung relativistischer Effekte in der Zeit $\tau = 2{,}2 \cdot 10^{-6}$ s zurücklegen würde.

Rossi und Hall wiesen 1941 experimentell nach, dass ein Myon zwischen Erzeugung und Zerfall tatsächlich eine längere Strecke s* als in Teilaufgabe a beschrieben zurücklegt. Erklären Sie diesen Sachverhalt ohne Rechnung mithilfe

b) der Zeitdilatation;

c) der Längenkontraktion.

87. Eine in Ruhe 180 m lange Rakete fliegt mit der unbekannten Geschwindigkeit v an einer Raumstation vorbei.

a) Berechnen Sie v, wenn die Besatzung der Raumstation die Raketenlänge zu 144 m bestimmt.

Berechnen Sie die Zeit, die

b) die Raketenbesatzung

c) die Raumstationbesatzung

für den Vorbeiflug der Rakete misst.

22 Relativistische Masse

Bereits 1901 – vier Jahre, bevor Einstein die spezielle Relativitätstheorie veröffentlichte – erbrachte Walter Kaufmann (1871–1947) den experimentellen Nachweis dafür, dass die träge Masse des Elektrons mit wachsender Geschwindigkeit zunimmt. Einstein leitete in seiner Theorie von 1905 eine allgemein gültige Beziehung zwischen Masse und Geschwindigkeit auf theoretischem Weg her, die Alfred Bucherer (1863–1927) für Elektronen durch Präzisionsmessungen im Jahr 1909 bestätigte.

Die von Einstein gefundene Beziehung lautet:

Regel

Relativistische Masse

Die Masse eines Körpers hängt von seiner Geschwindigkeit ab.

Bezeichnet m_0 die Masse eines Körpers, der in einem Inertialsystem S ruht, so gilt für seine Masse m, die er besitzt, wenn er sich mit der Geschwindigkeit v bewegt:

$$\mathbf{m = \frac{m_0}{\sqrt{1-\frac{v^2}{c^2}}}}$$

m_0 heißt Ruhemasse, m relativistische Masse.

Beispiel

a) Berechnen Sie die relativistische Masse eines Elektrons, das sich mit halber Lichtgeschwindigkeit bewegt.

b) Bestimmen Sie die Geschwindigkeit, bei der die relativistische Masse eines Elektrons das 1,5-Fache seiner Ruhemasse beträgt.

Lösung:

In Teilaufgabe a können Sie direkt die Formel für die relativistische Masse verwenden, in Teilaufgabe b müssen Sie sie zuerst nach v umstellen.

a) $m = \frac{m_0}{\sqrt{1-\frac{v^2}{c^2}}}$ — Formel relativistische Masse

$= \frac{m_0}{\sqrt{1-\frac{(0{,}5\,c)^2}{c^2}}}$ — $v = 0{,}5\ c$

$= \frac{m_0}{\sqrt{0{,}75}} = 1{,}1547\ m_0$ — quadrieren, durch c^2 kürzen, $1-0{,}25=0{,}75$

$= 1{,}1547 \cdot 9{,}11 \cdot 10^{-31}\,\text{kg} = \mathbf{1{,}05 \cdot 10^{-30}\,kg}$ — Ruhemasse m_0 des Elektrons aus Formelsammlung

b) $m = \frac{m_0}{\sqrt{1-\frac{v^2}{c^2}}}$ — Formel relativistische Masse

$\frac{m}{m_0} = \frac{1}{\sqrt{1-\frac{v^2}{c^2}}}$ — auf beiden Seiten durch m_0 dividieren

$\frac{m_0}{m} = \sqrt{1 - \frac{v^2}{c^2}}$	auf beiden Seiten Brüche stürzen
$\frac{m_0}{1{,}5m_0} = \sqrt{1 - \frac{v^2}{c^2}}$	$m = 1{,}5\,m_0$
$\frac{2}{3} = \sqrt{1 - \frac{v^2}{c^2}}$	durch m_0 kürzen, $\frac{1}{1{,}5} = \frac{1}{\frac{3}{2}} = \frac{2}{3}$
$\frac{4}{9} = 1 - \frac{v^2}{c^2}$	auf beiden Seiten quadrieren
$\frac{v^2}{c^2} = \frac{5}{9}$	auf beiden Seiten $\frac{4}{9}$ subtrahieren und $\frac{v^2}{c^2}$ addieren.
$v = \sqrt{\frac{5}{9}} \cdot c = \sqrt{\frac{5}{9}} \cdot 3 \cdot 10^8\,\frac{m}{s} = \mathbf{2{,}2 \cdot 10^8\,\frac{m}{s}}$	auf beiden Seiten mit c^2 multiplizieren, radizieren und Zahlenwerte einsetzen

Auch der Impuls p eines Körpers hängt von seiner Geschwindigkeit ab. Es gilt:

Regel

Relativistischer Impuls

Für den Impuls p eines Teilchens der relativistischen Masse m gilt:

$$\mathbf{p = m \cdot v = \frac{m_0 \cdot v}{\sqrt{1 - \frac{v^2}{c^2}}}}$$

Beispiel

Berechnen Sie den Impuls eines Elektrons, dessen relativistische Masse das 1,5-Fache seiner Ruhemasse beträgt.

Lösung

Von der Teilaufgabe b des vorigen Beispiels wissen Sie, dass ein Elektron mit dieser Ruhemasse die Geschwindigkeit $v = \sqrt{\frac{5}{9}}\,c$ besitzt.

$p = m \cdot v$	Formel relativistischer Impuls
$= 1{,}5\,m_0 \cdot v$	$m = 1{,}5\,m_0$
$= 1{,}5 \cdot 9{,}1 \cdot 10^{-31}\,kg \cdot 2{,}2 \cdot 10^8\,\frac{m}{s} = \mathbf{3{,}0 \cdot 10^{-22}\,Ns}$	Zahlenwerte einsetzen

Die Verwendung der relativistischen Formeln für Masse und Impuls sind meist mit erheblichem Rechenaufwand verbunden. Folgende Faustregel für den Schulgebrauch sagt Ihnen, wann Sie nicht mehr klassisch rechnen dürfen:

Regel

Relativistischer Ansatz

Ein relativistischer Ansatz ist erforderlich, wenn die Geschwindigkeit v eines Körpers 10 % der Vakuumlichtgeschwindigkeit c überschreitet: $\mathbf{v > 0{,}1\,c}$

Aufgaben

88. Elektronen treten mit dem Geschwindigkeitsbetrag $v = 2{,}50 \cdot 10^8 \frac{m}{s}$ senkrecht zu den Feldlinien in ein homogenes Magnetfeld der Flussdichte $B = 4{,}55$ mT ein. Berechnen Sie den Radius der Kreisbahn, die sie durchlaufen.

89. Elektronen treten mit dem Geschwindigkeitsbetrag $v = 0{,}2\,c$ senkrecht zu den Feldlinien in ein homogenes Magnetfeld der Flussdichte $B = 4{,}55$ mT ein. Berechnen Sie ihren Impuls, wenn sie eine Kreisbahn vom Radius $r = 1{,}00$ m durchlaufen.

90. Versuch von Kaufmann

1901 überlagerte Walter Kaufmann ein homogenes elektrisches und ein gleich gerichtetes homogenes magnetisches Feld und schickte ein Bündel Elektronen unterschiedlicher Geschwindigkeiten hindurch.
Die folgende Skizze zeigt das Prinzip des Versuchsaufbaus. Im quaderförmigen Bereich A'B'C'D'E'F'G'H' können durch eine geeignete Vorrichtung ein homogenes elektrisches Feld der Stärke $\vec{E}$ und ein homogenes magnetisches Feld der Flussdichte $\vec{B}$ so erzeugt werden, dass $\vec{E}$ und $\vec{B}$ zueinander parallel sind und in dieselbe Richtung weisen wie $\overrightarrow{H'D'}$. Durch eine Lochblende treten Elektronen in diese Felder senkrecht zu den Feldlinien mit unterschiedlichen Geschwindigkeitsbeträgen ein. Sind beide Felder abgeschaltet, so treffen die Elektronen im Ursprung O des skizzierten Koordinatensystems auf den Schirm.

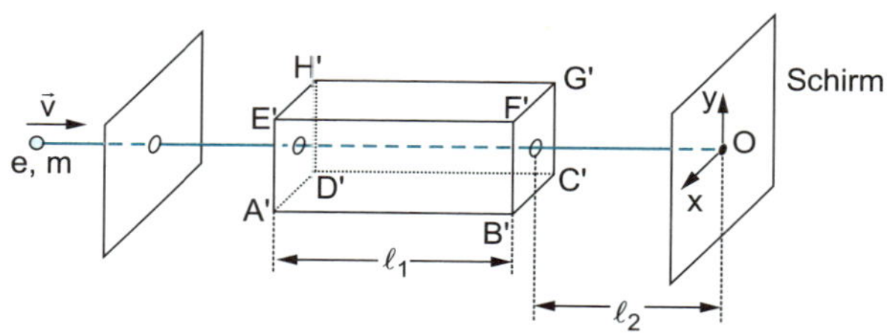

Sind beide Felder gleichzeitig eingeschaltet, treffen die Elektronen in Punkten auf den Schirm, die auf einer Parabel liegen. Deren Gleichung lautet:

$$y = \frac{m}{e} \cdot \frac{E}{B^2} \cdot \frac{1}{\ell_1 \cdot \left(\frac{\ell_1}{2} + \ell_2\right)} \cdot x^2$$

a) Erläutern Sie, wo ein Elektron auf den Schirm trifft und wie die Lage seines Auftreffpunkts von seiner Geschwindigkeit v abhängt, wenn
- nur das elektrische Feld
- nur das magnetische Feld

eingeschaltet ist.

b) Skizzieren Sie, wie sich die von Kaufmann gemessene Parabel von einer Parabel unterscheidet, die sich ergäbe, wenn die Elektronenmasse nicht geschwindigkeitsabhängig wäre. Begründen Sie Ihre Aussage.

91. Versuch von Bucherer

Ein Plattenkondensator ist in ein homogenes Magnetfeld eingebettet. In der Mitte P des Kondensators befindet sich ein radioaktives Präparat, das Elektronen unterschiedlicher Geschwindigkeiten aussendet ($v \leq 0{,}99\,c$; $\vec{E}$: elektrische Feldstärke; $\vec{B}$: magnetische Flussdichte). Nur Elektronen mit einer bestimmten Geschwindigkeit können das Wienfilter verlassen und gelangen in das Magnetfeld hinter dem Kondensator. Dort treffen sie nach Durchlaufen eines Teils einer Kreisbahn im Punkt C auf einen Registrierschirm. Polt man bei unveränderten Beträgen E und B das elektrische und magnetische Feld um, so gelangen sie in D auf den Schirm. Aus dem Abstand d der beiden Auftreffpunkte und dem Abstand s des Schirms vom Plattenkondensator lässt sich der Bahnradius r ermitteln. Mithilfe von r und den Feldgrößen E und B kann man die spezifische Ladung $\frac{e}{m}$ der Elektronen durch r, E, und B ausdrücken.

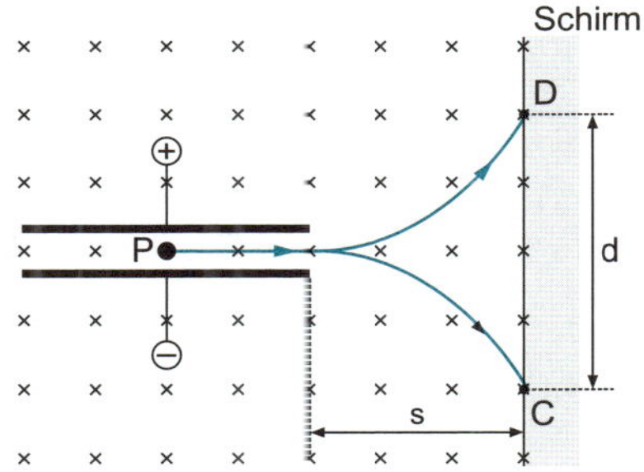

a) Zeigen Sie, dass $\frac{e}{m} = \frac{E}{B^2 \cdot r}$.

Bei einem Experiment nach Bucherer erhält man für die Beträge der elektrischen Feldstärke E, der magnetischen Flussdichte B und den Radius r die folgenden Messdaten:

E in $10^5\,\frac{V}{m}$	1,50	2,25	3,00	3,75	4,50	5,25	6,00
B in mT	2,50	2,50	2,50	2,50	2,50	2,50	2,50
r in cm	13,9	21,5	29,8	39,4	51,2	66,9	90,6

b) Ermitteln Sie hieraus jeweils den Betrag der Elektronengeschwindigkeit und den zugehörigen Wert der spezifischen Ladung.

c) Berechnen Sie für jeden Geschwindigkeitswert mittels der relativistischen Massenformel den Wert für die spezifische Ladung und vergleichen Sie mit Ihren Ergebnissen aus Teilaufgabe b.

92. a) Begründen Sie, dass ein klassisches Zyklotron nicht mehr funktioniert, wenn die Geschwindigkeit der beschleunigten Teilchen Werte größer als $0{,}1\,c$ erreicht.

b) Nennen Sie prinzipielle Maßnahmen, die gewährleisten, dass man ein Zyklotron auch für die Beschleunigung relativistischer Teilchen verwenden kann.

23 Relativistische Energie

Mit Mitteln der Differenzialrechnung zeigte Einstein, dass sich die an einem Körper verrichtete Beschleunigungsarbeit in einem Zuwachs an relativistischer Masse äußert. Konsequent weiterdenkend gelangte er zur wohl revolutionärsten physikalischen Erkenntnis des 20. Jahrhunderts.

Regel

Relativistische Energie

- Masse und Energie sind zwei Erscheinungsformen eines übergeordneten physikalischen Phänomens.
- Masse kann durch Umwandlung aus anderen Energieformen entstehen, umgekehrt kann Masse in Energie umgewandelt werden.
- Masse m und Energie E sind äquivalent:

$$\mathbf{m = \frac{E}{c^2} \Leftrightarrow E = m \cdot c^2}$$

Beispiel

In einem Schwimmbecken befinden sich 1 000 000 ℓ Wasser.
Berechnen Sie, um wie viel die Masse des Wassers abnimmt, wenn seine Temperatur von 26 °C auf 2 °C sinkt.

Hinweis: 1 ℓ Wasser gibt bei Abkühlung um 1 K die Wärmeenergie 4,19 kJ ab.

Lösung:
Bei der Abkühlung des Wassers wird die Energie

$$E = 1\,000\,000 \cdot 4{,}19 \cdot 10^3\ \mathrm{J} \cdot (26-2) = 1{,}0 \cdot 10^{11}\ \mathrm{J}$$

frei. Dies entspricht einer Masse von

$$m = \frac{E}{c^2} = \frac{1{,}0 \cdot 10^{11}\ \mathrm{J}}{\left(3{,}00 \cdot 10^8\ \frac{\mathrm{m}}{\mathrm{s}}\right)^2} = \mathbf{1{,}1 \cdot 10^{-6}\ kg = 1{,}1\ mg}$$

Aufgrund der Äquivalenz von Masse und Energie ergibt sich sofort eine weitere grundlegende Feststellung:

Regel

Ruheenergie

Ein ruhender Körper der Ruhemasse m_0 besitzt die Ruheenergie $E = m_0 \cdot c^2$.
Dazu zählen außer den Ruheenergien der Atome bzw. Moleküle, aus denen er aufgebaut ist, auch deren kinetische Energien und die potenziellen Energien der Wechselwirkungen zwischen ihnen.

Beispiel

Berechnen Sie die Ruheenergie eines Elektrons in eV.

Lösung:

$$E_0 = m_0 \cdot c^2 = 9{,}1 \cdot 10^{-31}\,\text{kg} \cdot \left(3{,}0 \cdot 10^8\,\frac{\text{m}}{\text{s}}\right)^2 = 8{,}2 \cdot 10^{-14}\,\text{J}$$

$$= \frac{8{,}2 \cdot 10^{-14}}{1{,}6 \cdot 10^{-19}}\,\text{eV} = \mathbf{0{,}51\ MeV}$$

Die in der Newton'schen Mechanik formulierte Beziehung $E_{kin} = \frac{1}{2} m \cdot v^2$ für die kinetische Energie eines Körpers der Masse m und der Geschwindigkeit v gilt, wie wir seit Einstein wissen, nur noch näherungsweise (nämlich für $v < 0{,}1\,c$). Relativistisch exakt wird sie in der folgenden Weise berechnet:

Regel

Kinetische Energie

Die kinetische Energie eines Körpers mit der Ruhemasse m_0 ist die Differenz aus seiner relativistischen Energie und der Ruheenergie:

$$\mathbf{E_{kin} = m \cdot c^2 - m_0 \cdot c^2}$$

Beispiel

Berechnen Sie die kinetische Energie eines Elektrons, das die Geschwindigkeit $v = 0{,}6\,c$ besitzt.

Lösung:

$$E_{kin} = m \cdot c^2 - m_0 \cdot c^2$$ Formel relativistische kinetische Energie

$$= \frac{m_0 \cdot c^2}{\sqrt{1 - \frac{v^2}{c^2}}} - m_0 \cdot c^2$$ Formel relativistische Masse

$$= \left(\frac{1}{\sqrt{1 - \frac{v^2}{c^2}}} - 1\right) m_0 \cdot c^2$$ $m_0 \cdot c^2$ ausklammern

$$= \left(\frac{1}{\sqrt{1 - \frac{(0{,}6\,c)^2}{c^2}}} - 1\right) \cdot m_0 c^2$$ $v = 0{,}6\,c$ einsetzen

$$= \left(\frac{1}{\sqrt{1 - 0{,}36}} - 1\right) \cdot m_0 c^2$$ quadrieren, durch c^2 kürzen

$$= \left(\frac{1}{0{,}8} - 1\right) \cdot m_0 \cdot c^2$$

$$= 0{,}25 \cdot m_0 \cdot c^2$$

$$= 0{,}25 \cdot 0{,}51\,\text{MeV}$$ Ruheenergie des Elektrons: siehe voriges Beispiel

$$= \mathbf{0{,}13\ MeV}$$

Aufgaben

93. 2010 wurden in Deutschland insgesamt 540 Milliarden kWh Strom verbraucht. Vielleicht steht in ferner Zukunft einmal ein technisches Verfahren zur Verfügung, das Masse vollständig und direkt in Stromenergie umwandelt. Berechnen Sie die Masse, die nötig ist, um den Strombedarf unseres Landes aus dem Jahr 2010 zu decken.

94. Bestimmen Sie die Geschwindigkeit, bei der die kinetische Energie eines Elektrons genau so groß ist wie seine Ruheenergie.

95. Ermitteln Sie die Geschwindigkeit, auf die ein Elektron aus der Ruhe heraus beschleunigt wird, wenn es in einem homogenen elektrischen Längsfeld die Spannung $U = 300$ kV durchläuft.

96. Ein Elektron tritt mit der Geschwindigkeit $v = 0{,}6\,c$ senkrecht zu den Feldlinien in ein homogenes Magnetfeld der Flussdichte $B = 1{,}4 \cdot 10^{-3}$ T und beschreibt eine Kreisbahn vom Radius $r = 91{,}4$ cm.
Berechnen Sie seine kinetische Energie in Elektronenvolt.

24 Anwendungen in Natur und Technik

Relativistische Effekte können Sie im Alltagsleben nicht beobachten. Erst unter außergewöhnlichen Bedingungen können sie in Erscheinung treten, wie die Beispiele in den folgenden Aufgaben zeigen.

Aufgaben

97. Large Hadron Collider
Im Europäischen Kernforschungszentrum (CERN) bei Genf werden u. a. Protonen auf extrem hohe Energien beschleunigt und anschließend zur Kollision gebracht. Durch Analyse solcher Stoßprozesse gelangen die Physiker zu neuen Erkenntnissen über den Aufbau der Materie.
Die Energiezufuhr erfolgt stufenweise: Zuerst werden die Protonen in einem Linearbeschleuniger auf die kinetische Energie von 50 MeV gebracht. Danach werden sie im Proton-Synchrotron-Booster, im Proton- und im Super-Proton-Synchrotron auf 450 GeV beschleunigt, bis sie schließlich in den Hauptring des Large Hadron Colliders (LHC) eingefädelt werden und dort ihre endgültige kinetische Energie von 7 TeV erreichen (siehe Grafik nächste Seite).

Berechnen Sie die relativistische Masse und die Geschwindigkeit eines Protons, dessen kinetische Energie $7{,}0 \cdot 10^{12}$ eV beträgt.

LHC: Large Hadron Collider
SPS: Super Proton Synchrotron
AD: Antiproton Decelerator
ISOLDE: Isotope Separator OnLine DEvice
PSB: Proton Synchrotron Booster
PS: Proton Synchrotron
LINAC: LINear ACcellerator
LEIR: Low Energie Ion Ring
CNGS: Cern Neutrinos to Gran Sasso

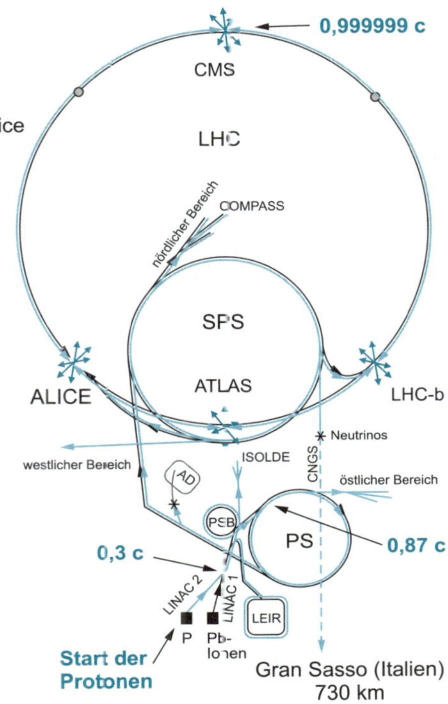

Protonen
Antiprotonen
Ionen
Neutrinos nach Gran Sasso

98. GPS

Das **G**lobal-**P**ositioning-**S**ystem ist ein globales Navigationssatellitensystem zur Positionsbestimmung und Zeitmessung. Ein GPS-Empfänger sollte stets zu mindestens vier Satelliten Kontakt haben. Zu diesem Zweck werden insgesamt mindestens 24 Satelliten eingesetzt, von denen jeder die Erde in genau 23 h, 55 min und 56,6 s auf einer Kreisbahn vom Radius 26 578 km zweimal umkreist.

a) Berechnen Sie den Betrag der Bahngeschwindigkeit eines Satelliten.

b) Bestimmen Sie die Zeit, die auf einer im Satelliten mitgeführten Präzisionsuhr aus der Sicht eines Erdbeobachters verstreicht, wenn auf der Erde 1 s vergeht.

99. Wie viel Masse verliert die Sonne?

Die Solarkonstante

$S = 1{,}367 \cdot 10^3 \frac{\text{W}}{\text{m}^2}$

gibt die pro Sekunde von der Sonne auf 1 m^2 Erdoberfläche senkrecht eingestrahlte Energie an.

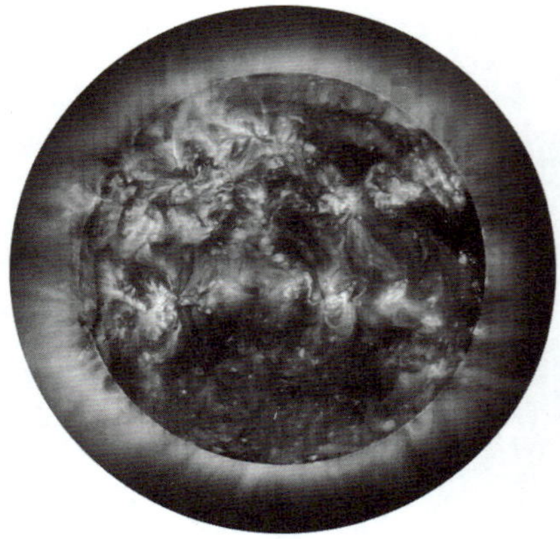

a) Zeigen Sie, dass die Sonne in einer Sekunde die Energie $E = 3{,}82 \cdot 10^{26}$ J abstrahlt.

b) Ermitteln Sie die Energiemenge, welche die Sonne in einem Jahr abstrahlt.

c) Berechnen Sie den jährlichen, strahlungsbedingten Massenverlust der Sonne.

d) Wie viel Prozent der Erdmasse sind dies?

Elektromagnetische Induktion

Wie lassen sich zukünftig Elektroautos schnell und komfortabel aufladen? Vielleicht so (Foto): Eine vollständig im Boden versenkte Spule, die Primärspule, bildet die Verbindung zum öffentlichen Energienetz. Unten am Auto ist eine Sekundärspule angebracht. Startet der Fahrer das Laden, wird die Primärspule von Strom durchflossen. Als Folge baut sich ein Magnetfeld auf, das Strom in die Sekundärspule induziert und die Batterie auflädt.

„Convert magnetism into electricity." Seit 1820 hatte Michael Faraday versucht, diese in seinem Laborbuch notierte Aufgabe in die Tat umzusetzen und damit das Ergebnis des Ørsted-Versuchs umzukehren, bei dem ein elektrischer Strom ein Magnetfeld erzeugt. 1831 konnte Faraday der Royal Society den lang ersehnten Erfolg vermelden – die elektromagnetische Induktion war entdeckt.

25 Induktion in geraden Leitern

Viele Versuchsergebnisse zur elektromagnetischen Induktion kann man durch Lorentzkräfte auf Elektronen in elektrischen Leitern erklären. Besonders übersichtlich wird die Situation, wenn sich ein gerader Leiter durch ein Magnetfeld bewegt.

Betrachten Sie einen geraden Leiter der Länge ℓ, der wie in der Skizze rechts mit der konstanten Geschwindigkeit $\vec{v}$ senkrecht zu den Feldlinien durch ein homogenes Magnetfeld der Flussdichte $\vec{B}$ gezogen wird. Auf die frei beweglichen Elektronen im Leiter wirkt dann eine Lorentzkraft in Richtung $\overrightarrow{QP}$. Bei P entsteht so ein Überschuss, bei Q ein Mangel an Elektronen. Dieses Konzentrationsgefälle von Ladungsträgern erzeugt im Leiterinneren ein elektrisches Feld, dessen Feldkraft auf die Elektronen parallel, aber entgegengesetzt zur Lorentzkraft wirkt. Hat sich das Konzentrationsgefälle so stark ausgebildet, dass sich elektrische und Lorentzkraft gegenseitig aufheben ($F_{el} = F_L$), so findet keine weitere Verschiebung von Elektronen im Leiter statt, die Spannung U zwischen Q und P ist konstant. U lässt sich mithilfe von B, ℓ und v ausdrücken:

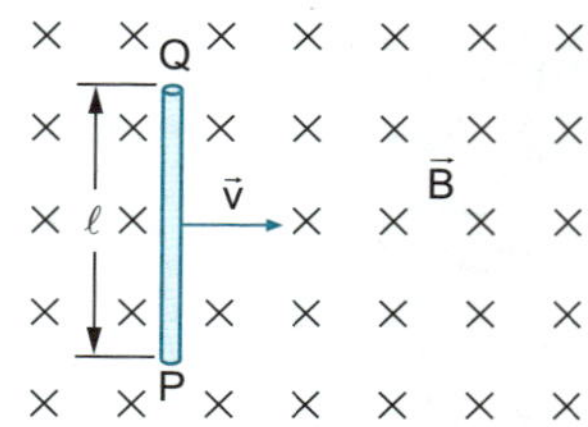

$$F_{el} = F_L \quad \Leftrightarrow \quad e \cdot E = e \cdot B \cdot v \quad \Rightarrow \quad E = B \cdot v \quad \Rightarrow \quad \frac{U}{\ell} = B \cdot v \quad \Rightarrow \quad U = B \cdot \ell \cdot v$$

Regel

B-ℓ-v-Regel

Wird ein gerader Leiter der Länge ℓ mit konstanter Geschwindigkeit $\vec{v}$ so durch ein homogenes Magnetfeld der Flussdichte B gezogen, dass $\vec{v}$ auf dem Leiter und auf B senkrecht steht, so entsteht zwischen den Leiterenden die Spannung

$\mathbf{U = B \cdot \ell \cdot v}$.

Ist $\vec{v}$ parallel zum Leiter oder zu den Feldlinien gerichtet, entsteht keine Spannung zwischen den Leiterenden.

Beispiel

Ein gerader Leiter der Länge $\ell = 10{,}0$ cm bewegt sich mit der Geschwindigkeit $\vec{v}$, $v = 1{,}0\,\frac{\text{cm}}{\text{s}}$, durch ein homogenes Magnetfeld der Flussdichte $B = 1{,}0$ mT (Skizze).

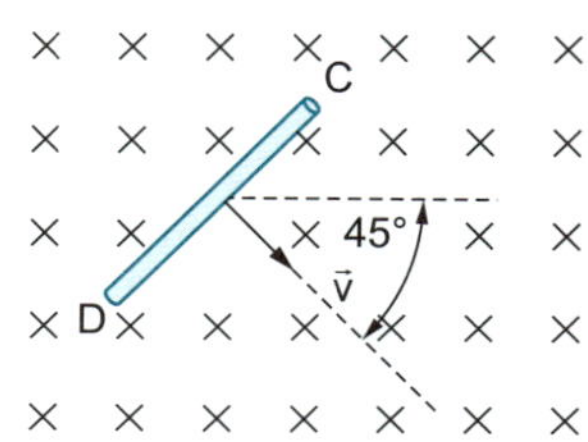

a) Berechnen Sie die Spannung, die zwischen den Leiterenden entsteht.

b) Ermitteln Sie, an welchem Leiterende man einen Mangel bzw. einen Überschuss an Elektronen findet.

Lösung:

a) Lassen Sie sich nicht täuschen! v steht senkrecht auf den Feldlinien und auf dem Leiter. Nach der B-ℓ-v-Regel gilt für die Spannung zwischen den Leiterenden:

$$U = B \cdot \ell \cdot v = 1{,}0 \cdot 10^{-3}\,\text{T} \cdot 0{,}100\,\text{m} \cdot 1{,}0 \cdot 10^{-2}\,\tfrac{\text{m}}{\text{s}} = \mathbf{1{,}0 \cdot 10^{-6}\,V = 1{,}0\,\mu V}$$

b) Mit der Drei-Finger-Regel für die Lorentzkraft finden Sie die Ladungsverteilung: Bei C herrscht Elektronenmangel, bei D Elektronenüberschuss.

ufgaben **100.** Ein gerader Leiter der Länge $\ell = 10{,}0$ cm wird jeweils mit der Geschwindigkeit $\vec{v}$, $v = 1{,}0\,\frac{\text{cm}}{\text{s}}$, in der angegebenen Richtung durch ein homogenes Magnetfeld der Flussdichte, $B = 1{,}0$ mT, gezogen (siehe Skizzen).
Geben Sie für jede der Bewegungen an, ob Spannung induziert wird, wie groß der Betrag dieser Spannung ist und an welchem Leiterende ein Mangel bzw. ein Überschuss an Elektronen entsteht.

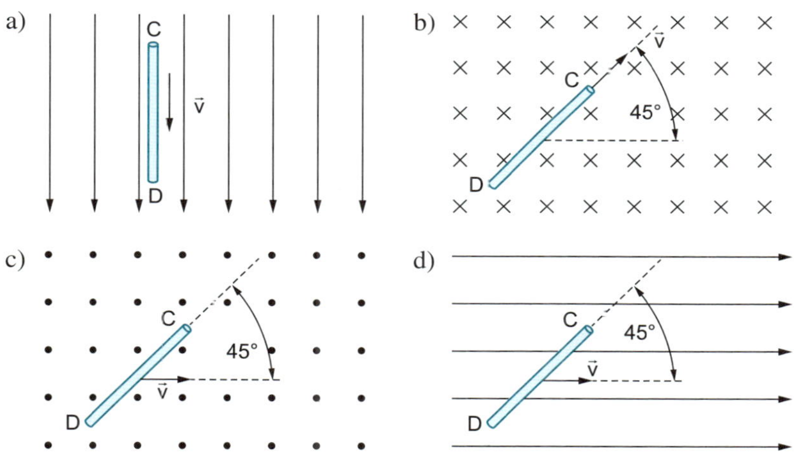

101. Ein 12,5 cm langer, gerader Kupferstab wird zum Zeitpunkt $t = 0$ s im Ursprung eines Koordinatensystems losgelassen und fällt dann in einem räumlich hinreichend ausgedehnten homogenen Magnetfeld nur unter dem Einfluss der Schwerkraft nach unten (Flussdichte $B = 26{,}4$ mT). Während des gesamten Falls gilt $\overrightarrow{CD} \perp \vec{v}$ und $\overrightarrow{CD} \perp \vec{B}$. Berechnen Sie die Fallstrecke x, nach der die Spannung zwischen den Stabenden $U_{CD} = 5{,}70$ mV beträgt.

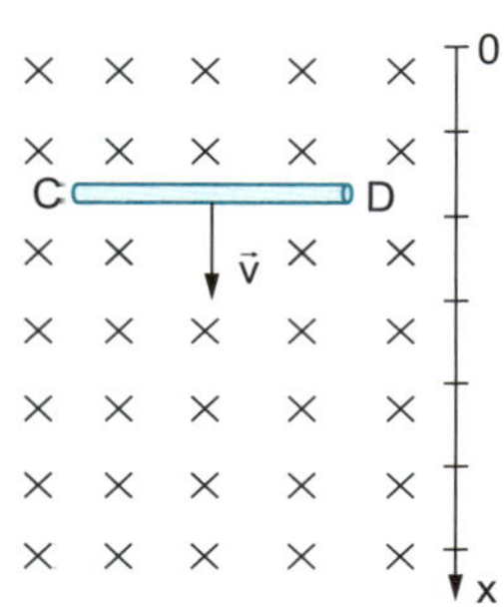

102. Ein Metallstab rotiert in einem homogenen Magnetfeld um M. Entscheiden Sie begründet, ob dabei eine Spannung zwischen M und P induziert wird.

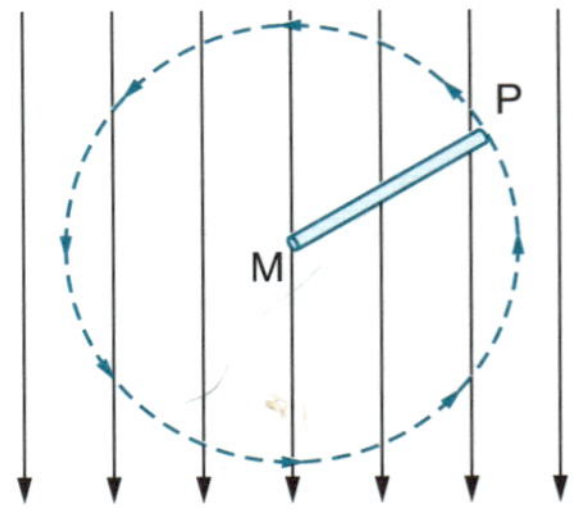

26 Magnetischer Fluss und Induktionsgesetz

1831 entdeckten Michael Faraday und Joseph Henry unabhängig von einander, dass die zeitliche Veränderung eines Magnetfelds ein elektrisches Feld erzeugt. Dieses Phänomen lässt sich durch Einführung einer neuen Größe, des magnetischen Flusses, mathematisch elegant beschreiben.

Definition

Magnetischer Fluss
Wird die Fläche A einer ebenen Leiterschleife **senkrecht** von den Feldlinien eines homogenen Magnetfelds der Flussdichte $\vec{B}$ durchsetzt, so versteht man unter dem magnetischen Fluss Φ durch die Leiterschleife das Produkt

$\mathbf{\Phi = B \cdot A}$.

Die Einheit des magnetischen Flusses ist das **Weber (Wb)**:

$$[\Phi] = [B \cdot A] = \frac{V \cdot s}{m^2} \cdot m^2 = V \cdot s = Wb$$

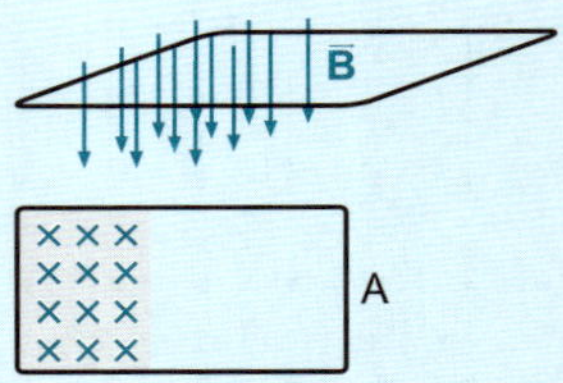

Regel

Wirksame Flussdichte
Durchsetzen die Feldlinien die Leiterebene **nicht senkrecht**, zerlegt man den Vektor $\vec{B}$ in Komponenten $\vec{B}_p$ bzw. $\vec{B}_s$ parallel bzw. senkrecht zu A. Der magnetische Fluss durch die Leiterschleife ist dann durch die wirksame Flussdichte $\vec{B}_s$ bestimmt und beträgt

$\mathbf{\Phi = B_s \cdot A = B \cdot A \cdot \cos\alpha}$.

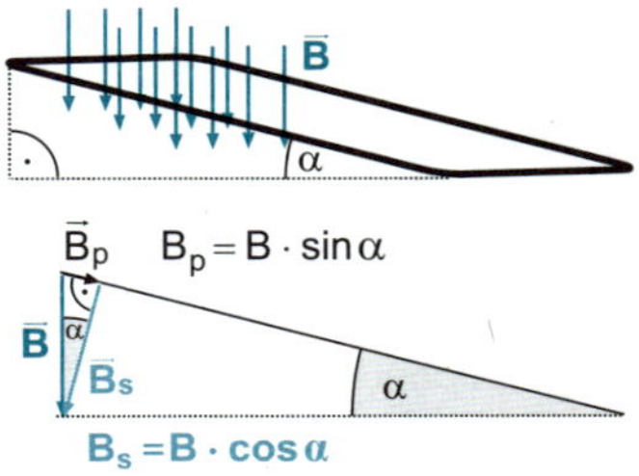

Bei Bildern magnetischer Feldlinien treten im Allgemeinen durch eine zur Feldrichtung senkrechte Einheitsfläche nur so viele Feldlinien, wie der Vektor $\vec{B}$ an dieser Stelle Einheiten besitzt. In diesem Sinn lässt sich der magnetische Fluss Φ durch eine Leiterschleife anschaulich deuten als die Zahl der Feldlinien, die ihre Fläche durchsetzen.

Beispiel

Durch ein homogenes Magnetfeld der Flussdichte $B = 4{,}0$ mT wird ein rechteckiger Leiterrahmen mit der konstanten Geschwindigkeit $v = 1\,\frac{cm}{s}$ gezogen. Zum Zeitpunkt $t = 0$ s befindet sich seine vordere Seite bei $x = 0$ cm. Die Bewegung wird so lange betrachtet, bis er das Magnetfeld wieder vollständig verlassen hat.

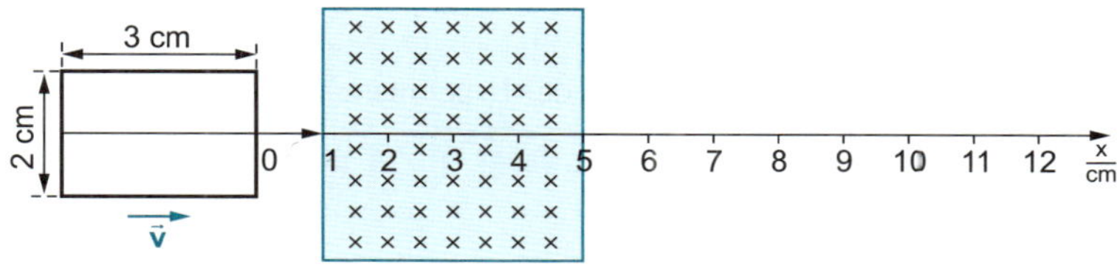

a) Berechnen Sie den magnetischen Fluss Φ durch den Leiterrahmen, wenn sich dieser vollständig im Magnetfeld befindet.

b) Zeigen Sie durch Rechnung, dass der Graph der Funktion Φ während des Eintritts ins bzw. des Austritts aus dem Magnetfeld eine Gerade ist.

c) Zeichnen Sie den Graphen der Funktion Φ(t).

Lösung:

a) Befindet sich der Leiterrahmen vollständig im Magnetfeld, so beträgt der magnetische Fluss durch ihn:

$\Phi = B \cdot A = 4{,}0 \cdot 10^{-3}\,\text{T} \cdot 3{,}0 \cdot 10^{-2}\,\text{m} \cdot 2{,}0 \cdot 10^{-2}\,\text{m} = \mathbf{2{,}4 \cdot 10^{-6}\,Wb}$

b) Bezeichnen t* bzw. t' die Zeiten seit dem Eintritt des Leiterrahmen ins Magnetfeld bzw. seit seinem Austritt aus dem Magnetfeld, so haben die dunkelgrauen Flächen die Inhalte $v \cdot t^* \cdot 2\,\text{cm}$ bzw. $(3\text{cm} - v \cdot t') \cdot 2\,\text{cm}$. Daher gilt für den magnetischen Fluss durch den Leiterrahmen beim Eintritt:

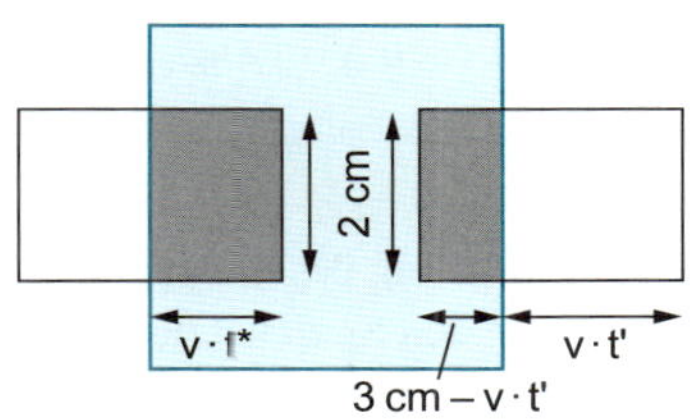

$\Phi(t^*) = B \cdot v \cdot 2\,\text{cm} \cdot t^*$

$= 4{,}0 \cdot 10^{-3}\,\text{T} \cdot 1{,}0 \cdot 10^{-2}\,\frac{\text{m}}{\text{s}} \cdot 2{,}0 \cdot 10^{-2}\,\text{m} \cdot t^* = \mathbf{8{,}0 \cdot 10^{-7}\,V \cdot t^*}$

Der Graph dieser Funktion im t*-Φ-Diagramm ist eine Ursprungsgerade mit der Steigung $8{,}0 \cdot 10^{-7}$ V.

Entsprechend gilt beim Austritt:

$$\Phi(t') = B \cdot (3\,\text{cm} - v \cdot t') \cdot 2\,\text{cm}$$
$$= 4{,}0 \cdot 10^{-3}\,\text{T} \cdot \left(3 \cdot 10^{-2}\,\text{m} - 1 \cdot 10^{-2}\,\tfrac{\text{m}}{\text{s}} \cdot t'\right) \cdot 2{,}0 \cdot 10^{-2}\,\text{m}$$
$$= \mathbf{2{,}4 \cdot 10^{-6}\,Wb - 8{,}0 \cdot 10^{-7}\,V \cdot t'}$$

Der Graph dieser Funktion ist eine Gerade, welche die Φ-Achse bei $2{,}4 \cdot 10^{-6}$ Wb schneidet und die Steigung $-8{,}0 \cdot 10^{-7}$ V besitzt.

c) Weil der
- Eintritt ins Magnetfeld zum Zeitpunkt t = 1 s beginnt und zum Zeitpunkt t = 4 s beendet ist,
- der Austritt aus dem Magnetfeld zum Zeitpunkt t = 5 s beginnt und zum Zeitpunkt t = 8 s beendet ist,

erhält man unter Berücksichtigung der Ergebnisse von Teilaufgabe b das folgende t-Φ-Diagramm:

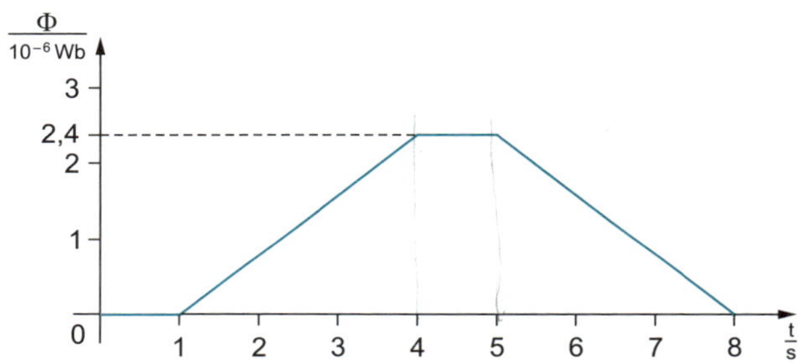

Faradays Entdeckung ist Ausdruck eines grundlegenden Zusammenhangs zwischen dem zeitlich veränderlichen magnetischen Fluss durch eine Leiterschleife und der elektrischen Spannung, die in der Schleife dabei erzeugt wird. Man bezeichnet diesen Vorgang als **elektromagnetische Induktion**.

Regel

Induktionsgesetz

Jede Änderung des magnetischen Flusses durch eine Spule mit N Windungen ruft zwischen den Spulenenden die Induktionsspannung

$$U_{ind}(t) = -N \cdot \dot{\Phi}(t)$$

hervor. $\dot{\Phi}(t)$ bezeichnet dabei die Ableitung $\frac{d\Phi}{dt}$ der Flussfunktion nach der Zeit.

Beispiel

Stellen Sie mithilfe des Induktionsgesetzes die im vorigen Beispiel beschriebene induzierte Spannung als Funktion der Zeit grafisch dar und begründen Sie Ihre Zeichnung.

Lösung:

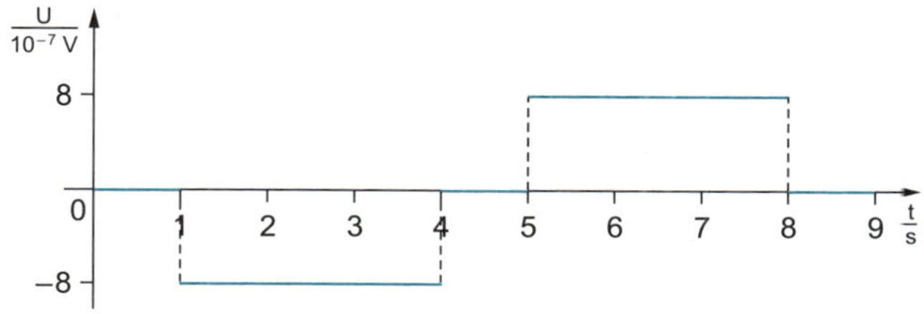

Begründung: Da der Rahmen nur ein Windung besitzt, gilt $U_{ind}(t) = -\dot{\Phi}(t)$. Die induzierte Spannung ist daher die jeweils mit –1 multiplizierte Steigung der Geraden im t-Φ-Diagramm.

Spannung wird in einem Leiterahmen zu einem Zeitpunkt t nur dann induziert, wenn $\dot{\Phi}(t) \neq 0$, wenn sich also die „Anzahl" der magnetischen Feldlinien durch den Leiterrahmen ändert.

Beispiel

Ein geschlossener Leiterrahmen wird mit konstanter Geschwindigkeit durch ein nicht homogenes Magnetfeld gezogen, einmal von Position A nach Position B, ein anderes Mal von A nach C. Bei welcher dieser Bewegungen wird im Leiterrahmen Spannung induziert? Begründen Sie Ihre Antwort.

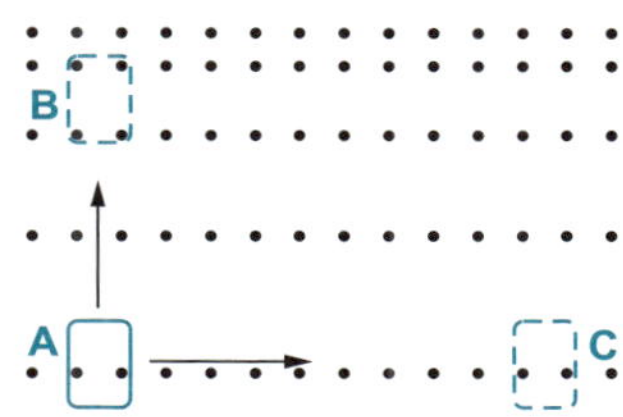

Lösung

Bei der Bewegung von A nach C ändert sich die „Anzahl" der Feldlinien, die den Rahmen durchsetzen, nicht. Daher wird keine Spannung induziert.
Bei der Bewegung von A nach B nimmt die „Anzahl" der Feldlinien, die den Rahmen durchsetzen, zu. Daher wird Spannung induziert.

ufgaben

103. Die Enden der Spule 1 sind mit den Polen einer Gleichspannungsquelle verbunden. Im Stromkreis befinden sich auch ein Schalter und ein Schiebewiderstand. Die Enden der Spule 2 sind miteinander verbunden. Geben Sie 9 Möglichkeiten an, wie man mit der skizzierten Versuchsanordnung in der Spule 2 Spannung induzieren kann.

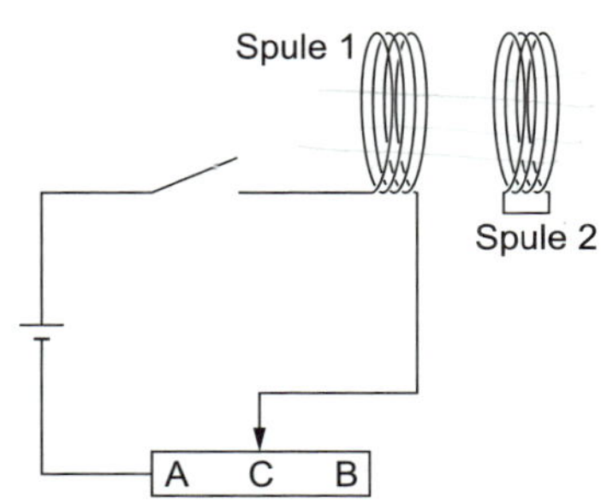

104. Durch das skizzierte homogene Magnetfeld der Flussdichte B = 1 T werden nacheinander drei Drahtrahmen mit der Geschwindigkeit $v = 1\,\frac{cm}{s}$ gezogen. Zum Zeitpunkt t = 0 s befindet sich jeweils die vordere Seite bei x = 0 cm.

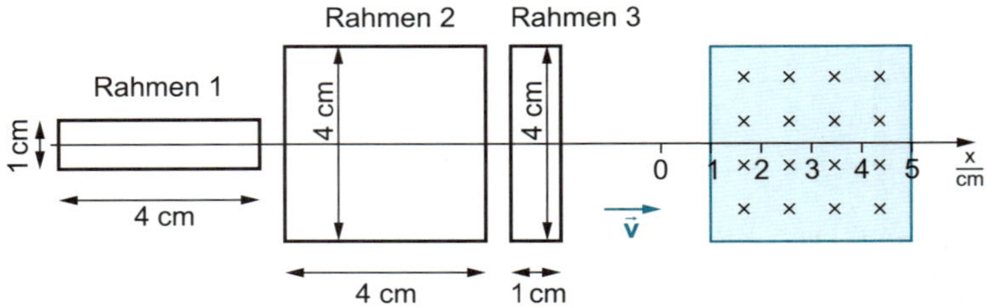

Ordnen Sie begründet aus den vorgeschlagenen Funktionsgraphen jedem Rahmen den Graph seiner Flussfunktion zu.

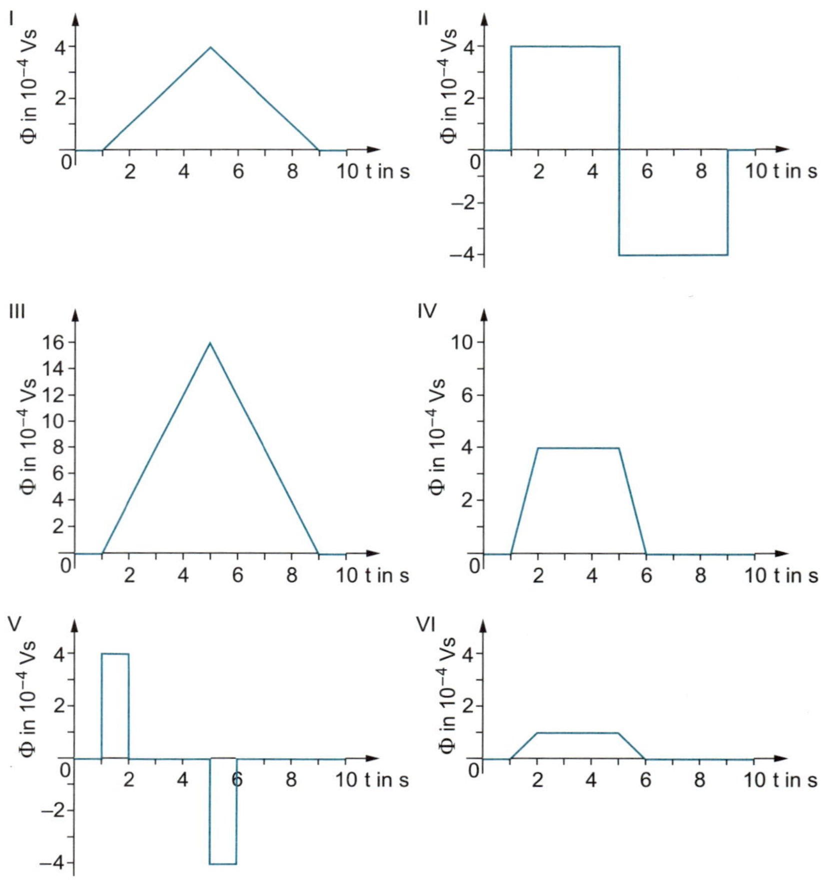

105. Im Inneren einer langgestreckten Feldspule (Windungszahl $N_F = 400$, Länge $\ell_F = 80$ cm) befindet sich koaxial eine Induktionsspule (Querschnittsfläche $A_i = 16{,}0\ \text{cm}^2$, Windungszahl $N_i = 150$). Die Feldspule wird von einem Strom I durchflossen, dessen zeitlicher Verlauf im t-I-Diagramm rechts dargestellt ist.

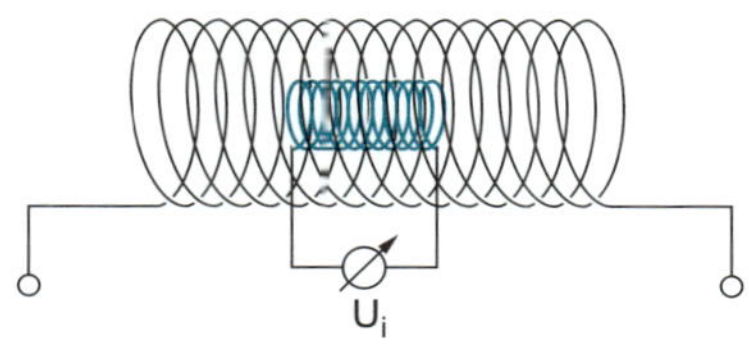

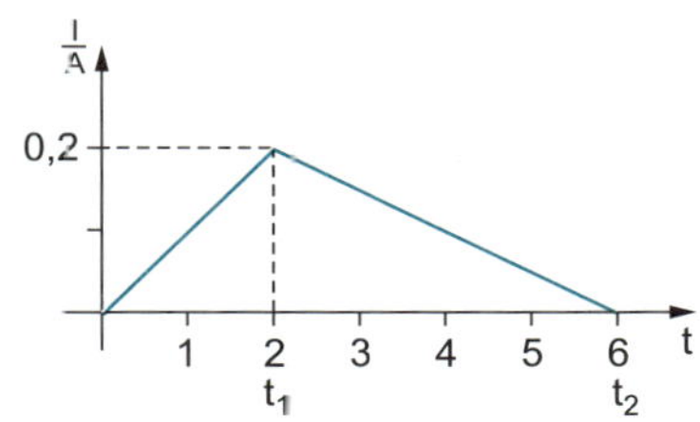

a) Zeigen Sie, dass für den magnetischen Fluss durch die Induktionsspule gilt:

$$\Phi(t) = 1{,}0 \cdot 10^{-6}\ \frac{\text{Vs}}{\text{A}} \cdot I(t)$$

b) Stellen Sie den zeitlichen Verlauf der in der Induktionsspule induzierten Spannung U_i in einem quantitativen t-U_i-Diagramm dar.

106. Eine Querstange aus Metall wird mit der konstanten Geschwindigkeit $\vec{v}$, $v = 1{,}5\ \frac{\text{cm}}{\text{s}}$, reibungsfrei auf zwei parallelen langen Metallschienen gezogen, die den Abstand $b = 10{,}0$ cm haben und über einen ohmschen Widerstand $R = 100\ \Omega$ verbunden sind. Der ohmsche Widerstand der Leiterschienen und der Querstange kann gegenüber R vernachlässigt werden. Das in der Skizze dargestellte homogene Magnetfeld hat die Flussdichte $B = 2{,}5$ mT. Zum Zeitpunkt $t = 0$ s befindet sich die Querstange an der Stelle $x_1 = 4{,}0$ cm.

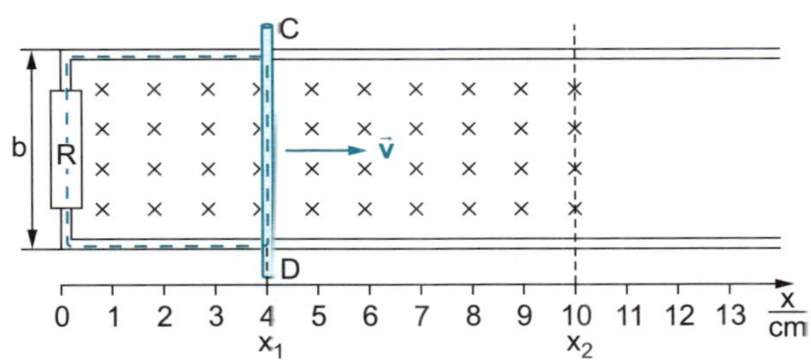

a) Begründen Sie, wann im grün gestrichelten Leiterkreis innerhalb der nächsten 6 Sekunden Spannung induziert wird.

Stellen Sie für $0\ \text{s} \le t \le 6\ \text{s}$ jeweils

b) den magnetischen Fluss Φ durch den gestrichelten Leiterkreis,

c) die induzierten Spannung U_i

d) die Stärke des Induktionsstroms

als Funktion der Zeit dar und zeichnen Sie die zugehörigen Graphen.

27 Die Lenz'sche Regel

1833 fand der deutsch-baltische Physiker Heinrich Lenz (1804–1865) eine später nach ihm benannte Regel für die Richtung des Induktionsstroms bei Induktionsvorgängen. In dieser Regel drückt sich eine besondere Fassung des Energieerhaltungssatzes für die elektromagnetische Induktion aus.

Regel

Lenz'sche Regel
Entsteht bei Induktionsvorgängen ein Induktionsstrom, so ist dieser stets so gerichtet, dass er die Ursache seiner Entstehung zu hemmen versucht.

Beispiel

Einer Zylinderspule wird ein Stabmagnet genähert (siehe Skizze rechts).

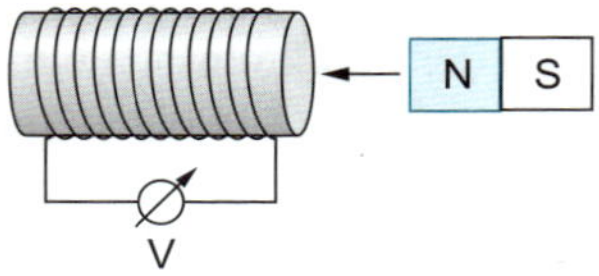

a) Bestimmen Sie mithilfe der Lenz'schen Regel die magnetische Polung der Zylinderspule und die technische Richtung des Induktionsstroms in der Spule.

b) Erläutern Sie an diesem Beispiel den Zusammenhang zwischen der Regel von Lenz und dem Energieerhaltungssatz.

Lösung:

a) Durch die Annäherung des Stabmagneten nimmt die Zahl der magnetischen Feldlinien, welche die Spule von rechts nach links durchsetzen, zu. Diese Zunahme ist die Ursache der Induktion.
Nach der Lenz'schen Regel kann das Magnetfeld, das vom Induktionsstrom in der Spule erzeugt wird, dieser Feldlinienzunahme nur dadurch entgegenwirken, dass seine Feldlinien in der Spule von links nach rechts verlaufen. Dann aber weist die Spule am rechten Ende einen magnetischen Nord- und am linken Ende einen magnetischen Südpol auf und der Induktionsstrom fließt nach der Polungsregel für Spulen in der eingezeichneten Richtung (technische Stromrichtung) durch die Spule.

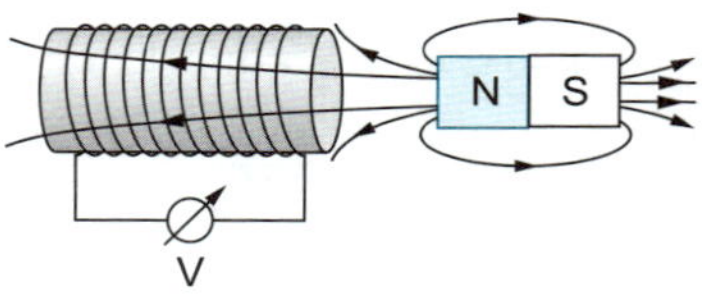

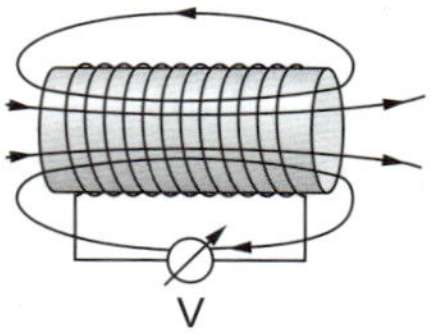

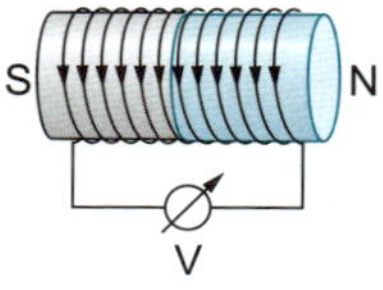

b) Dem näher kommenden Stabmagnetpol steht nach der Lenz'schen Regel ein gleichnamiger Spulenmagnetpol gegenüber. Zum Heranführen des Stabmagneten ist also mechanische Arbeit aufzuwenden, die im System in Form der vom Induktionsstrom verrichteten elektrischen Arbeit wieder auftaucht.

Aufgaben

107. Ein langer Draht wird von einem konstanten Gleichstrom der Stärke I in der angegebenen Richtung (technische Stromrichtung) durchflossen.
Begründen Sie, warum im rechteckigen Leiterrahmen Spannung induziert wird, wenn er von Stellung 1 in Stellung 2 geschoben wird. Finden Sie mithilfe der Lenz'schen Regel die Richtung des zugehörigen Induktionsstroms.

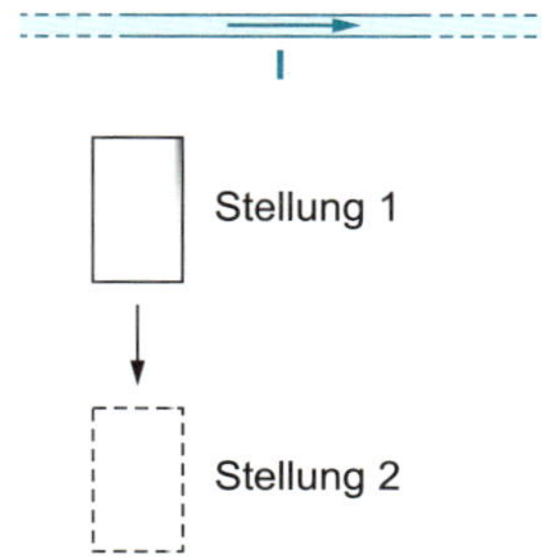

108. Ein rechteckiger Leiterrahmen wird in der angegebenen Richtung in ein homogenes Magnetfeld geschoben, dessen Feldlinien senkrecht zur Zeichenebene in diese hinein gerichtet sind.

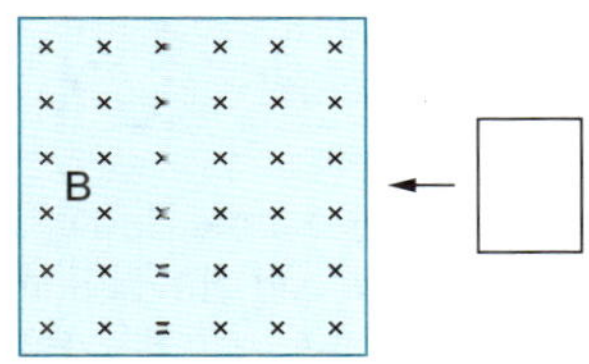

a) Warum wird dabei im Rahmen Spannung induziert? Geben Sie mithilfe der Lenz'schen Regel die Richtung des von der Induktionsspannung bewirkten Induktionsstroms an.

b) Begründen Sie, warum für das Hineinschieben der Leiterschleife eine Kraft aufzuwenden ist.

c) Geben Sie an, wo die von dieser Kraft verrichtete mechanische Arbeit erscheint.

109. In der skizzierten Versuchsanordnung ist die Spule 1 fest. Die Spule 2 ist beweglich aufgehängt.

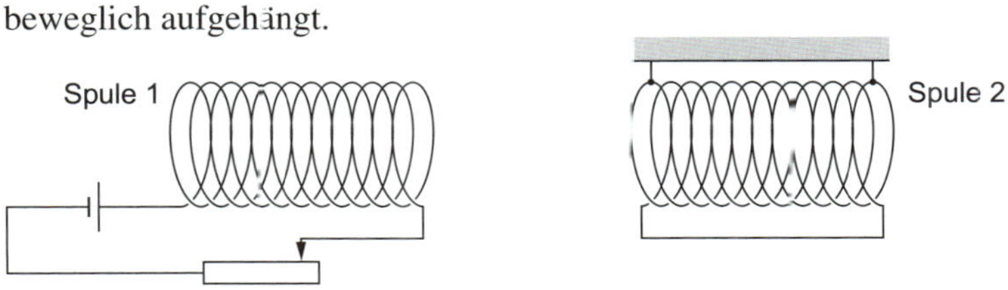

Was lässt sich beobachten, wenn der Abgriff des Schiebewiderstands rasch von rechts nach links geschoben wird?
Begründen Sie Ihre Aussage ausführlich.

28 Erzeugung sinusförmiger Wechselspannungen

Eine Wechselspannung wurde maschinell erstmals 1832 von dem französischen Instrumentenmacher Antoine-Hippolyte Pixii (1808–1835) erzeugt. Er ließ einen Hufeisenmagnet mittels einer Handkurbel so um seine Symmetrieachse rotieren, dass sich die Magnetpole periodisch unter dem Ende einer Induktionsspule vorbei bewegten. Der umgekehrte Vorgang, bei dem eine Spule in einem homogenen Magnetfeld rotiert, wird in diesem Abschnitt analysiert.

Regel

Induktionsspannung einer rotierenden Spule im Magnetfeld

Rotiert eine Spule der Querschnittsfläche A und N Windungen mit konstanter Winkelgeschwindigkeit ω in einem homogenen Magnetfeld der Flussdichte B um eine zur Feldrichtung senkrechte Achse, wird zwischen den Spulenenden die sinusförmige Wechselspannung

$$U(t) = N \cdot B \cdot A \cdot \omega \cdot \sin(\omega \cdot t + \varphi_0)$$

induziert. φ_0 bezeichnet dabei den Winkel, um den die Spule zu Beginn der Zeitrechnung aus der Lage gedreht ist, bei der sie von den Magnetfeldlinien senkrecht durchsetzt wird.

Begründung: Ist die Spule um den Winkel φ aus der Lage gedreht, bei der sie von den Feldlinien senkrecht durchsetzt wird, gilt für die vom Feld durchsetzte Spulenfläche A(φ) (vgl. Skizze rechts):

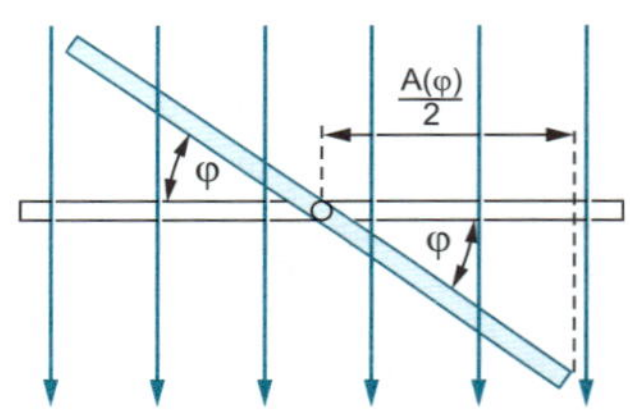

$$\cos\varphi = \frac{\frac{A(\varphi)}{2}}{\frac{A}{2}} = \frac{A(\varphi)}{A} \quad \Rightarrow \quad A(\varphi) = A \cdot \cos\varphi \quad (*)$$

Damit können Sie die Flussfunktion aufstellen

$$\Phi(\varphi) = B \cdot A(\varphi) = B \cdot A \cdot \cos(\varphi)$$

und diese mit $\varphi = \omega \cdot t + \varphi_0$ als Funktion der Zeit schreiben:

$$\Phi(t) = B \cdot A \cdot \cos(\omega \cdot t + \varphi_0)$$

Daraus erhalten Sie die Spannungsfunktion, indem Sie das Induktionsgesetz anwenden und dazu die Flussfunktion nach der Zeit differenzieren:

$$\begin{aligned} U(t) &= -N \cdot \dot{\Phi} \\ &= -N \cdot B \cdot A \cdot (-\omega \cdot \sin(\omega \cdot t + \varphi_0)) \\ &= N \cdot B \cdot A \cdot \omega \cdot \sin(\omega \cdot t + \varphi_0) \end{aligned}$$

Aufgaben **110.** Ein geschlossener rechteckiger Leiterrahmen der Querschnittsfläche A rotiert in einem homogenen Magnetfeld der Flussdichte B mit konstanter Winkelgeschwindigkeit ω um eine zur Magnetfeldrichtung senkrechte Achse a. Zum Zeitpunkt $t = 0$ s ist der magnetische Fluss durch ihn maximal.

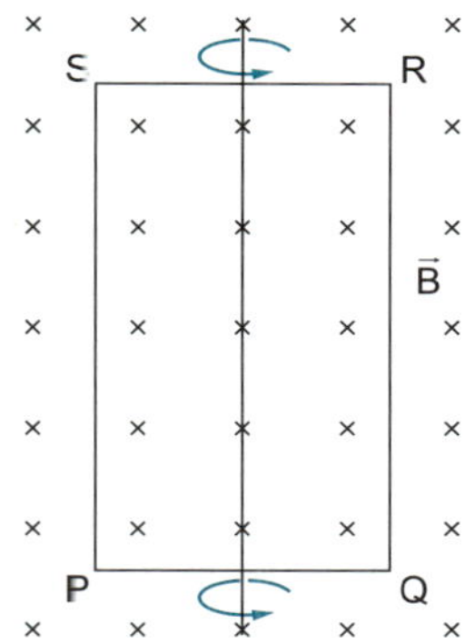

a) Durch die Rotation im Leiterrahmen wird Spannung induziert. Begründen Sie.

b) Bestimmen Sie mithilfe der Lenz'schen Regel die Richtung dieser Spannung während der ersten Vierteldrehung.

111. a) Skizzieren Sie die Graphen der Funktionen $\Phi(t) = B \cdot A \cdot \cos(\omega \cdot t + \varphi_0)$ und $U(t) = N \cdot B \cdot A \cdot \omega \cdot \sin(\omega \cdot t + \varphi_0)$ in einem t-Φ- bzw. t-U-Diagramm für eine Periodendauer.

b) Den Graphen entnehmen Sie, dass der Betrag der induzierten Spannung dann maximal ist, wenn der magnetische Fluss durch die Spule null ist und umgekehrt. Geben Sie hierfür eine physikalische Begründung.

112. Eine flache Spule mit einer Windung besitzt die Querschnittsfläche $A = 15{,}0\ \text{cm}^2$. Sie rotiert in einem homogenen Magnetfeld der Flussdichte $B = 2{,}5$ mT so um eine zur Feldrichtung senkrechte Achse, dass in der Spule eine sinusförmige Wechselspannung mit dem Scheitelwert 4,0 mV induziert wird.

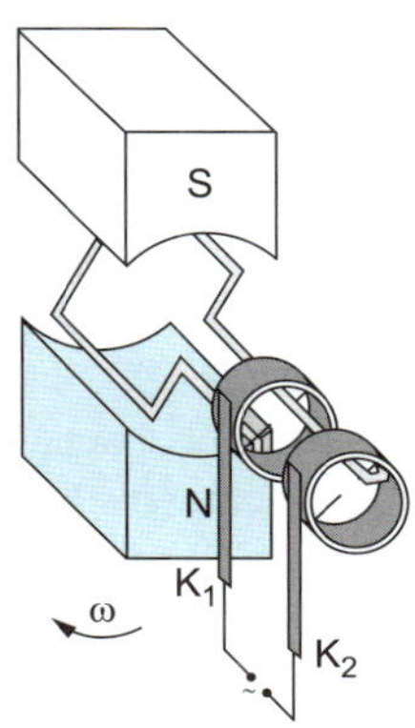

a) Berechnen Sie die Rotationsfrequenz f.

b) Die Spulenenden werden über Schleifkontakte mit einem Oszillographen verbunden.
Beschreiben Sie unter Verwendung einer qualitativen Skizze, wie sich das angezeigte Bild verändert, wenn man die Rotationsfrequenz verdoppelt.

113. Eine flache Spule rotiert in einem homogenen Magnetfeld um eine zur Feldrichtung senkrechte Achse. Die dabei induzierte Wechselspannung beträgt $U(t) = -5{,}5\ \text{mV} \cdot \cos\left(628{,}3\ \frac{1}{\text{s}} \cdot t\right)$.

a) Skizzieren Sie den Graphen von U(t) während einer Periodendauer T.

b) Geben Sie für $t = 0$, $t = \frac{T}{4}$, $t = \frac{T}{2}$, $t = \frac{3T}{4}$ jeweils die Lage der Spule relativ zum Magnetfeld an.

c) Ermitteln Sie, wie viele Sekunden nach dem Start der Drehung die Spannung erstmals den Wert 3,7 mV erreicht.

29 Selbstinduktion

Der amerikanische Physiker Joseph Henry (1797–1878) entdeckte 1832, dass „stromdurchflossene Spulen nicht nur Erzeuger von magnetischen Feldern, sondern gleichzeitig auch Leiterschleifen sind, in denen bei Änderung der umschlossenen Flüsse Induktionsspannungen auftreten". Er nannte dieses Phänomen „self inductance".

Bezogen auf das Beispiel einer Spule, in der sich die Stärke des durchfließenden Stroms ändert, bedeutet dies nach Henry: Ein und dieselbe Spule übernimmt eine Doppelfunktion. Einerseits ist sie Feldspule, die ein zeitlich veränderliches Magnetfeld erzeugt, andererseits fungiert sie auch als Induktionsspule, in der das von ihr erzeugte, zeitlich veränderliche Magnetfeld eine Induktionsspannung hervorruft.

Definition

Selbstinduktion

Unter Selbstinduktion versteht man das Auftreten einer Induktionsspannung in einem Leiterkreis, die durch eine Änderung des Stroms im gleichen Leiterkreis verursacht wird.

Beispiel

Eine Spule und ein ohmscher Widerstand R werden parallel zueinander an eine Batterie angeschlossen. Der Widerstand R ist dabei so bemessen, dass die Glühlampen L_1 und L_2 bei geschlossenem Schalter gleich hell brennen.

Man beobachtet, dass L_2 deutlich später aufleuchtet als L_1, wenn der ursprünglich geöffnete Schalter S geschlossen wird.

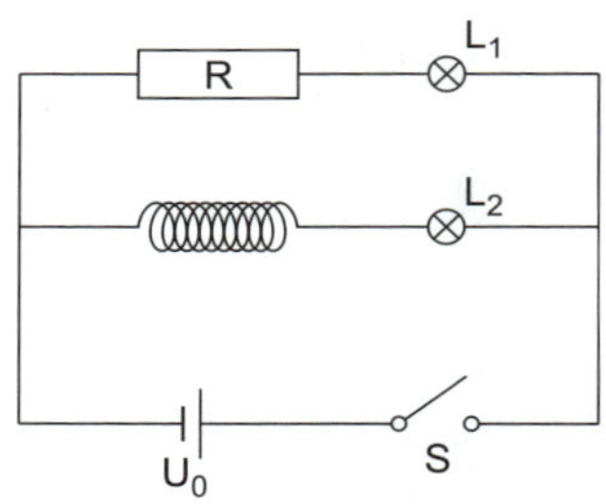

Lösung:

Nach Schließen des Schalters S wächst der Strom durch die Spule und damit das von ihm hervorgerufene Magnetfeld in der Spule an. Weil die Spule von einem zeitlich veränderlichen Magnetfeld durchsetzt wird (es spielt dabei keine Rolle, dass dieses von der Spule selbst erzeugt wird), wird nach dem Induktionsgesetz in der Spule Spannung induziert. Diese ist nach der Regel von Lenz so gerichtet, dass der von ihr hervorgerufene Induktionsstrom seiner Ursache, also der Zunahme des Batteriestroms, entgegenwirkt. Daher steigt der Strom im Spulenkreis langsamer an als im Widerstandskreis, in dem keine Induktionserscheinungen auftreten. Die erforderliche Betriebsstromstärke der Lampen wird im Spulenkreis später erreicht.

Wie die Stromstärkenänderung die Selbstinduktionsspannung beeinflusst, kann man mathematisch formulieren:

Regel

Selbstinduktion

Die Erfahrung zeigt, dass die durch Selbstinduktion in einem Leiterkreis hervorgerufene Spannung U_S zu jedem Zeitpunkt proportional zur Stromstärkeänderung $\dot{I}$ ist:

$$\mathbf{U_S = -L \cdot \dot{I}}$$

Die Proportionalitätskonstante L heißt **Induktivität**. Durch das Minuszeichen wird berücksichtigt, dass die Selbstinduktionsspannung nach der Lenz'schen Regel ihrer Ursache, der Stromstärkeänderung, entgegenwirkt.

Die Einheit der Induktivität ist das **Henry (H)**: $[L] = \left[\frac{U_S}{\dot{I}}\right] = \frac{V}{\frac{A}{s}} = \frac{V \cdot s}{A} = H$

Mithilfe der Selbstinduktionsregel kann man z. B. Ein- und Ausschaltvorgänge an Spulen analysieren.

Beispiel

Eine ideale Spule der Induktivität L und ein ohmscher Widerstand R_0 sind an eine Batterie (Spannungsbetrag U_0) angeschlossen (siehe Schaltplan). Zum Zeitpunkt $t = 0$ wird der Schalter S geschlossen.

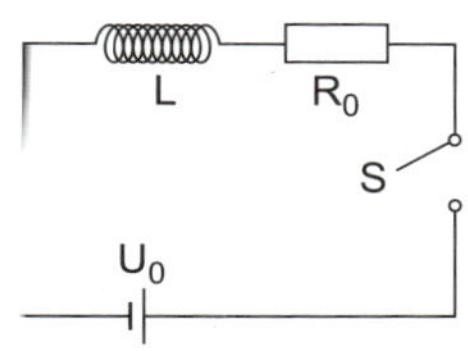

a) Zeigen Sie, dass für die zeitliche Änderung $\dot{I}$ der Stromstärke I gilt:

$$\dot{I} = \frac{U_0}{L} - \frac{R_0}{L} \cdot I \quad (*)$$

b) Erklären Sie mithilfe von (*), warum der Strom I(t) durch die Spule, wie im t-I-Diagramm dargestellt, allmählich und nicht abrupt ansteigt.

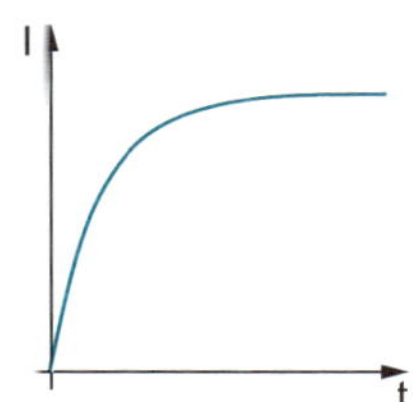

Lösung:

a) Nach Schließen des Schalters sind im Stromkreis die Batteriespannung U_0 und die Selbstinduktionsspannung U_S wirksam, die als Gesamtspannung $U_0 + U_S$ die Ursache für den Strom durch den Widerstand R_0 sind.

$U_0 + U_S = R_0 \cdot I$	Maschenregel
$U_0 - L \cdot \dot{I} = R_0 \cdot I$	Regel Selbstinduktion: $U_S = -L \cdot \dot{I}$
$\dot{I} = \mathbf{\frac{U_0}{L} - \frac{R_0}{L} \cdot I}$	nach $\dot{I}$ umstellen

b) Gemäß der Beziehung (*) hat $\dot{I}$ im Moment des Einschaltens, in dem I noch null ist, den größten positiven, aber nicht unendlich großen Wert $\frac{U_0}{L}$.

Mit zunehmendem I wird $\dot{I}$ immer kleiner, da von dem positiven Quotienten $\frac{U_0}{L}$ der positive Term $\frac{R_0}{L} \cdot I$ subtrahiert wird. Weil $\dot{I}$ die Steigung der Funktion I(t) ist, steigt demnach der Graph von I bei $t = 0$ am steilsten, aber nicht unendlich steil an und wird mit zunehmender Zeit immer flacher, bis er dem Maximalwert I_0 beliebig nahe gekommen ist.

Die Induktivitäten einiger weniger Leiterkreise kann man durch ihre geometrischen Daten ausdrücken, so z. B. für Zylinderspulen.

Regel

Spuleninduktivität

Eine langgestreckte materiefreie Zylinderspule der Windungszahl N, der Länge ℓ und der Querschnittsfläche A besitzt die Induktivität

$$\mathbf{L = \mu_0 \cdot A \cdot \frac{N^2}{\ell}}.$$

Begründung: Ein Strom der Stärke I erzeugt durch die Zylinderspule nach der Flussdefinition ($\Phi = B \cdot A$) und der Flussdichteregel ($B = \mu_0 \cdot \frac{I \cdot N}{\ell}$) den magnetischen Fluss

$$\Phi = B \cdot A = \mu_0 \cdot \frac{I \cdot N}{\ell} \cdot A$$

Eine Änderung $\dot{I}$ des Spulenstroms ist daher mit der Flussänderung

$$\dot{\Phi} = \mu_0 \cdot \frac{N}{\ell} \cdot A \cdot \dot{I}$$

verbunden, die nach dem Induktionsgesetz im eigenen Leiterkreis die Induktionsspannung

$$U_S = -N \cdot \dot{\Phi} = -N \cdot \mu_0 \cdot \frac{N}{\ell} \cdot A \cdot \dot{I} = -\mu_0 \cdot \frac{N^2}{\ell} \cdot A \cdot \dot{I}$$

hervorruft. Damit ist die Regel wegen $U_S = -L \cdot \dot{I} \Leftrightarrow L = -\frac{U_S}{\dot{I}}$ nachgewiesen.

Beispiel

Eine mit Luft gefüllte Zylinderspule ist $\ell = 80{,}0$ cm lang, hat einen Durchmesser von $d = 10{,}0$ cm und $N = 300$ Windungen.
Berechnen Sie die induzierte Spannung beim Einschalten des Stromes zu dem Zeitpunkt, in dem die Stromstärke in 0,001 Sekunden um 1,3 A zunimmt.

Lösung:

$$U_S = -L \cdot \dot{I} \qquad \text{Selbstinduktion}$$

$$= -\mu_0 \cdot A \cdot \frac{N^2}{\ell} \cdot \dot{I} \qquad \text{Spuleninduktivität}$$

$$= -\mu_0 \cdot \left(\frac{d}{2}\right)^2 \cdot \pi \cdot \frac{N^2}{\ell} \cdot \frac{\Delta I}{\Delta t} \qquad A = \left(\frac{d}{2}\right)^2 \cdot \pi;\ \dot{I} \approx \frac{\Delta I}{\Delta t}$$

$$= -4\pi \cdot 10^{-7}\,\frac{\text{Vs}}{\text{Am}} \cdot \left(\frac{0{,}100\text{ m}}{2}\right)^2 \cdot \pi \cdot \frac{300^2}{0{,}800\text{ m}} \cdot \frac{1{,}3\text{ A}}{0{,}001\text{ s}} = \mathbf{-1{,}4\ V} \qquad \text{Zahlenwerte einsetzen}$$

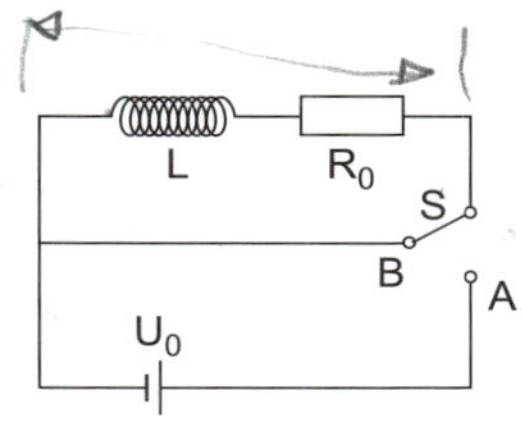

Aufgaben

114. Eine ideale Spule der Induktivität L und ein ohmscher Widerstand R_0 sind an eine Batterie (Spannungsbetrag U_0) angeschlossen. Zum Zeitpunkt t = 0 wird der Schalter S von A nach B bewegt.

a) Zeigen Sie, dass für die zeitliche Änderung $\dot{I}$ der Stromstärke I gilt:

$$\dot{I} = -\frac{R_0}{L} \cdot I \qquad (*)$$

b) Erklären Sie mithilfe von (*), warum der Strom I(t) durch die Spule, wie im t-I-Diagramm dargestellt, allmählich und nicht abrupt abfällt.

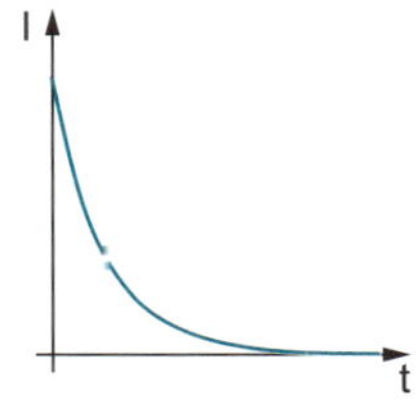

115. In der Schaltung von Aufgabe 114 wird zunächst

a) bei unveränderter Induktivität L der ohmsche Widerstand und die Spannung U_0 verdoppelt, verdreifacht, vervierfacht,

b) bei unverändertem ohmschen Widerstand R_0 und unveränderter Spannung U_0 die Induktivität L verdoppelt, verdreifacht, vervierfacht.

Anschließend wird zum Zeitpunkt t = 0 s jedes Mal der Schalter S von Stellung A in Stellung B gebracht.
Die Abbildungen unten zeigen die zugehörigen t-I-Diagramme.

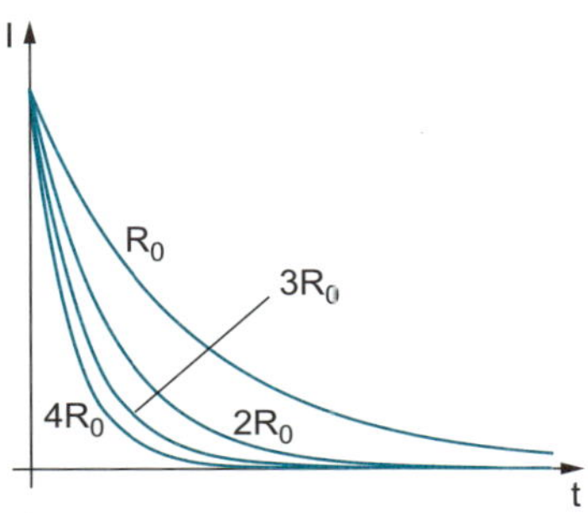

a)

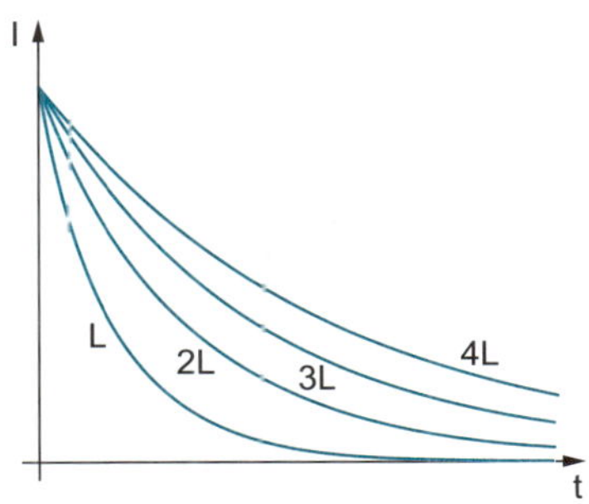

b)

Beschreiben Sie in je-desto-Sätzen, wie der Stromabfall vom ohmschen Widerstand und der Induktivität der Spule abhängt.
Begründen Sie diese Aussagen mithilfe der Beziehung

$$\dot{I} = -\frac{R_0}{L} \cdot I.$$

116. Eine Spule der Induktivität L und zwei ohmsche Widerstände R_1 und R_2, bei denen R_2 wesentlich größer als R_1 ist, sind mit einer Batterie verbunden. Die Spannung zwischen den Polen der Batterie wird mit U_0 bezeichnet.

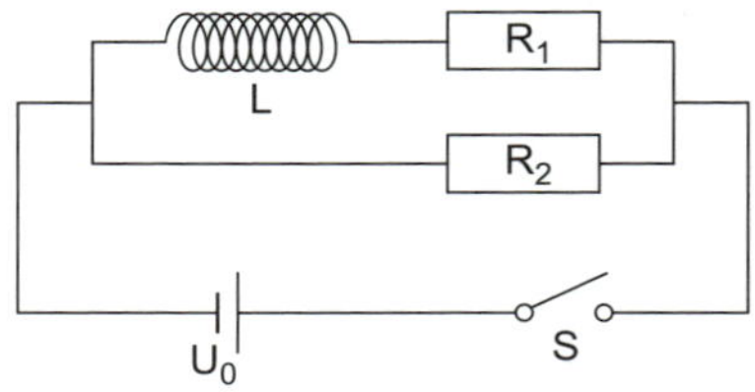

Erklären Sie ohne Rechnung, warum beim Öffnen des Schalters in der Spule eine wesentlich höhere Induktionsspannung entsteht als beim Schließen.

117. Das t-I-Diagramm zeigt den allmählichen Stromanstieg in einer Spule, die zum Zeitpunkt t = 0 s an eine Batterie der Spannung $U_0 = 12$ V angeschlossen wird. Bestimmen Sie

a) den ohmschen Widerstand R und

b) die Induktivität L der Spule.

Entnehmen Sie alle nötigen Daten dem Diagramm.

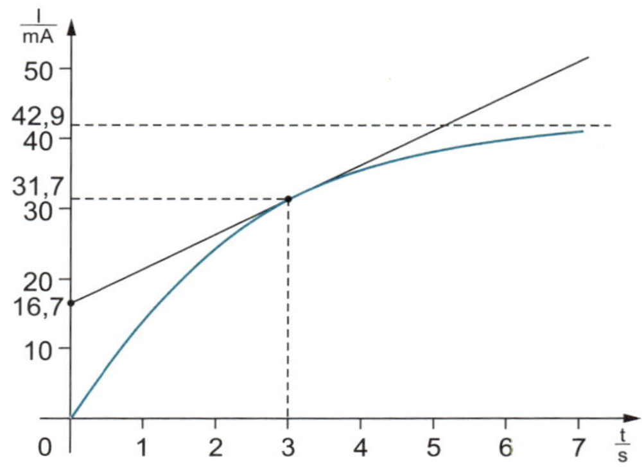

118. Ändert sich die Stromstärke in einer Spule der Induktivität L im Zeitintervall Δt um ΔI, so versteht man unter der mittleren Induktionsspannung $\overline{U}$ im Zeitintervall Δt: $\overline{U} = -L \cdot \frac{\Delta I}{\Delta t}$

Die mittlere Induktionsspannung in einer mit Luft gefüllten Zylinderspule der Länge $\ell = 100{,}0$ cm vom Durchmesser von d = 20,0 cm beträgt –2,20 V. Bestimmen Sie die Windungszahl der Spule, wenn der Strom durch sie in Δt = 20,0 ms seinen Endwert 3,5 A erreicht.

119. In den folgenden 6 Schaltungen wird jeweils zum Zeitpunkt t_1 eine Änderung der Schalterstellung vorgenommen. Die beiden Widerstände R sind gleich groß, der ohmsche Widerstand der Spule ist vernachlässigbar klein.

I

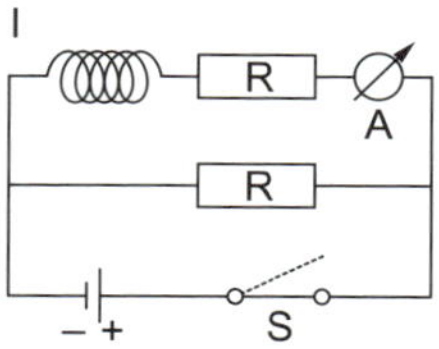

S wird geschlossen

II

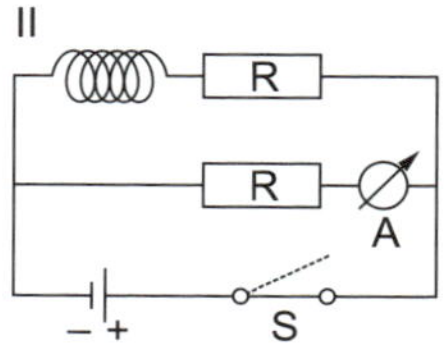

S wird geschlossen

III

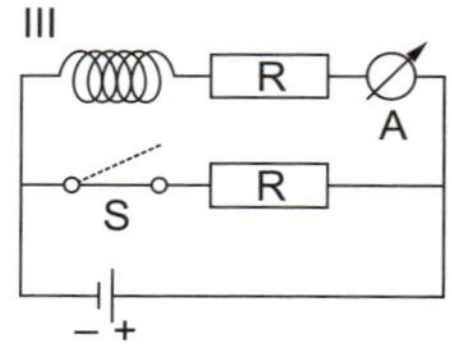

S wird geöffnet

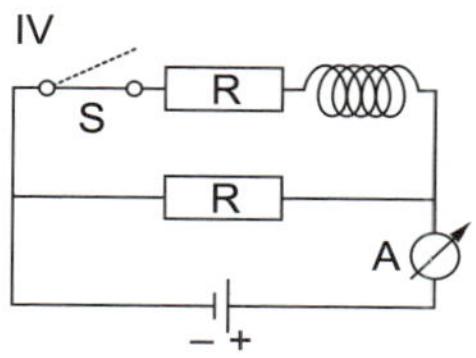

S wird geschlossen

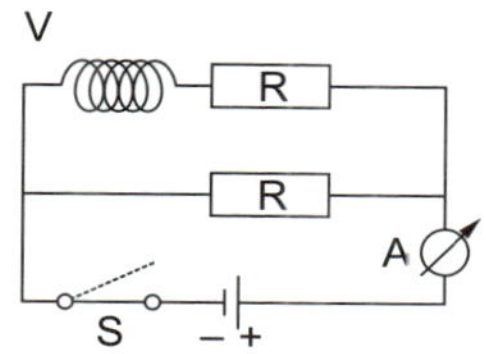

S wird geschlossen

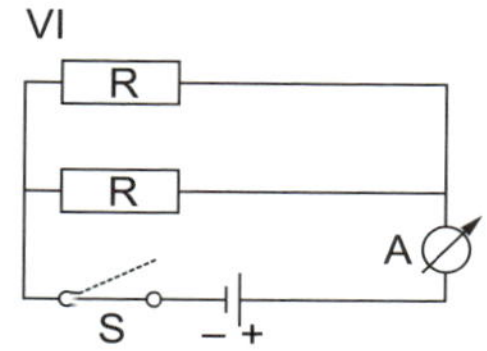

S wird geöffnet

Entscheiden Sie, welches der vorgeschlagenen t-I-Diagramme A bis M den vom Strommessgerät angezeigten Stromverlauf richtig wiedergibt.

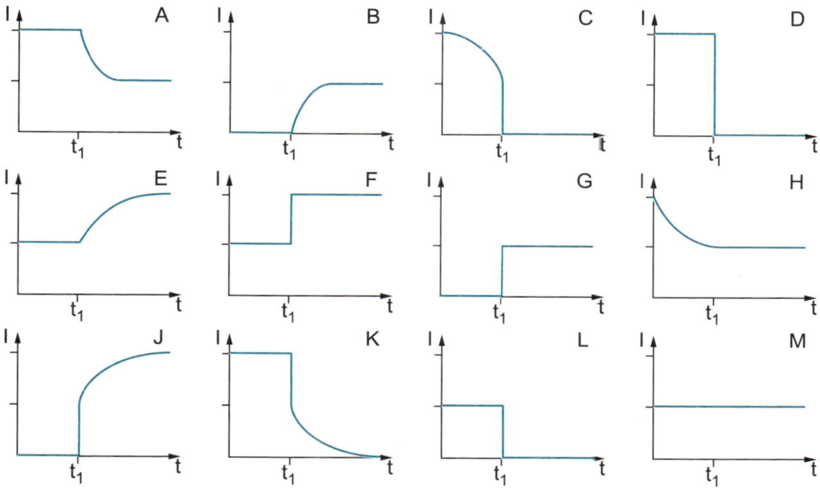

120. In der Schaltung rechts sollen zwei der drei Schalter stets geschlossen sein. Der dritte ursprünglich geöffnete Schalter wird zum Zeitpunkt t_1 geschlossen. Die Widerstände sind gleich groß, der ohmsche Widerstand der Spule ist vernachlässigbar klein. Benennen Sie für jedes der beiden t-I-Diagramme den ursprünglich geöffneten Schalter.

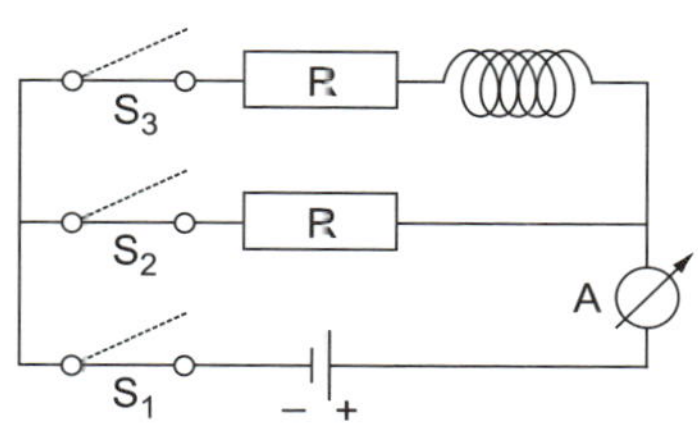

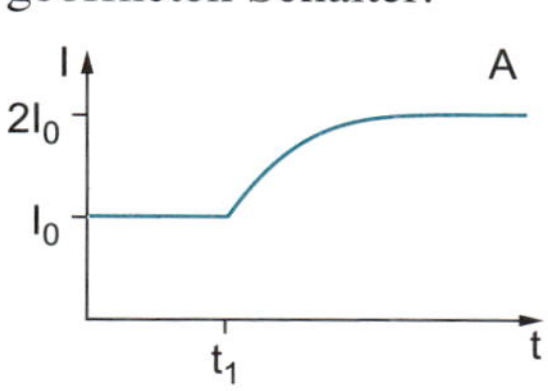

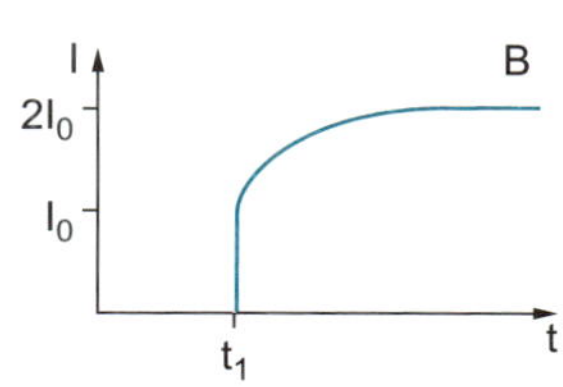

30 Das Magnetfeld als Energiespeicher

Wird eine stromdurchflossene Spule von der Spannungsquelle getrennt und sofort über einen ohmschen Widerstand kurzgeschlossen, endet der Stromfluss durch die Spule nicht abrupt. Die vom zusammenbrechenden Magnetfeld erzeugte Selbstinduktionsspannung treibt noch eine Zeitlang Strom durch Spule und Widerstand. Die dabei vom Strom verrichtete elektrische Arbeit kann nicht von der Spannungsquelle bezogen werden, da diese ja abgetrennt ist. Als einzig mögliches Energiereservoir kommt nur noch das Magnetfeld der Spule in Betracht.

Im Magnetfeld einer Spule ist Energie gespeichert. Die Erfahrung zeigt, dass dies allgemein für jeden stromdurchflossenen Leiter gilt.

Regel

Feldenergie einer stromdurchflossenen Spule
Das Magnetfeld eines Leiters der Induktivität L, der von einem Strom der Stärke I_0 durchflossen wird, enthält die Energie
$\mathbf{W_{mag} = \frac{1}{2} L \cdot I_0^2}$.

Beispiel

Eine mit Luft gefüllte Zylinderspule ist $\ell = 80{,}0$ cm lang, hat den Querschnitt $3{,}00\ \text{dm}^2$ und N = 1 000 Windungen. Durch sie fließt ein Strom der Stärke I = 1,8 A. Berechnen Sie die Zeitdauer, in der man mit der in der Spule gespeicherten magnetischen Energie ein Glühlämpchen betreiben könnte, das die Aufschrift (6 V/0,3 A) trägt.

Lösung:
Aus den Daten der Aufschrift lässt sich die Leistungsaufnahme P des Lämpchens berechnen. Die Energie W_{mag}, die während der Betriebszeit $t = \frac{W_{mag}}{P}$ zur Verfügung steht, berechnen Sie mithilfe der Regel oben.

$$W_{mag} = \frac{1}{2} L \cdot I_0^2$$
Energieformel

$$= \frac{1}{2} \mu_0 \cdot A \cdot \frac{N^2}{\ell} \cdot I_0^2$$
Spuleninduktivität

$$= \frac{1}{2} \cdot 4\pi \cdot 10^{-7}\ \frac{\text{Vs}}{\text{Am}} \cdot 3{,}00 \cdot 10^{-2}\ \text{m}^2 \cdot \frac{1\,000^2}{0{,}800\ \text{m}} \cdot (1{,}8\ \text{A})^2$$
Zahlenwerte einsetzen $\mu_0 = 4\pi \cdot 10^{-7}\ \frac{\text{Vs}}{\text{Am}}$

$$= 0{,}076\ \text{J}$$

$$P = \frac{W_{mag}}{t} \quad \Leftrightarrow \quad t = \frac{W_{mag}}{P}$$
Allgemeine Definition der Leistung

$$= \frac{W_{mag}}{U \cdot I}$$
Definion der elektrischen Leistung: $P = U \cdot I$

$$= \frac{0{,}076\ \text{J}}{6\ \text{V} \cdot 0{,}3\ \text{A}} = \mathbf{0{,}04\ s}$$
Zahlenwerte einsetzen

In jedem Raum, der von einem Magnetfeld durchsetzt wird, ist magnetische Energie gespeichert. Ihren Betrag kann man mithilfe des Raumvolumens und der im Raum herrschenden magnetischen Flussdichte ausdrücken.

Regel

Feldenergie eines homogenen magnetischen Feldes
Existiert in einem Volumen V ein homogenes Magnetfeld der Flussdichte B, so beträgt die dort gespeicherte magnetische Energie
$\mathbf{W_{mag} = \frac{1}{2\mu_0} \cdot B^2 \cdot V}$.

Begründung: Für das homogene magnetische Feld eines Zylinderspule lässt sich diese Beziehung direkt aus den bereits bekannten Gesetzen herleiten:

$W_{mag} = \frac{1}{2} L \cdot I_0^2$	Formel Spulenenergie
$= \frac{1}{2} \mu_0 \cdot A \cdot \frac{N^2}{\ell} \cdot I_0^2$	Formel für Spuleninduktivität einsetzen
$= \frac{1}{2} \mu_0 \cdot A \cdot \ell \cdot \frac{N^2}{\ell^2} \cdot I_0^2$	mit ℓ erweitern
$= \frac{1}{2} \mu_0 \cdot V \cdot \frac{N^2}{\ell^2} \cdot I_0^2$	Volumen V des Spuleninneren: $V = A \cdot \ell$
$= \frac{1}{2} \cdot \frac{\mu_0^2}{\mu_0} \cdot \frac{N^2}{\ell^2} \cdot I_0^2 \cdot V$	mit μ_0 erweitern
$= \frac{1}{2\mu_0} \cdot \left(\mu_0 \cdot \frac{N}{\ell} \cdot I_0\right)^2 \cdot V$	quadratische Größen zusammenfassen
$= \frac{1}{2\mu_0} \cdot B^2 \cdot V$	Formel für Flussdichte in Zylinderspule

Beispiel

Berechnen Sie die magnetische Energie, die in 1 m³ eines Sonnenflecks gespeichert ist, wenn die magnetische Flussdichte dort 0,25 T beträgt.

Lösung:

$W_{mag} = \frac{1}{2\mu_0} \cdot B^2 \cdot V$	Formel Feldenergie
$= \frac{1}{2 \cdot 4\pi \cdot 10^{-7} \frac{Vs}{Am}} \cdot \left(0{,}25 \frac{Vs}{m^2}\right)^2 \cdot 1\,m^3 = \mathbf{24{,}9\,kJ}$	Zahlenwerte einsetzen

Definition

Magnetische Energiedichte
Der Quotient aus der in einem Magnetfeld gespeicherten Energie und dem Volumen des vom Feld durchsetzten Raums heißt magnetische Energiedichte und wird mit ρ_{mag} bezeichnet. Speziell für ein homogenes Feld der Flussdichte B gilt:
$\mathbf{\rho_{mag} = \frac{1}{2\mu_0} \cdot B^2}$

Begründung: Die Beziehung folgt unmittelbar aus der Formel für die magnetische Feldenergie (Division durch V auf beiden Seiten).

Beispiel

Berechnen Sie die Energiedichte im Sonnenfleck aus dem vorigen Beispiel.

Lösung:

$$\rho_{mag} = \frac{1}{2\mu_0} \cdot B^2$$ Formel Energiedichte

$$= \frac{1}{2 \cdot 4\pi \cdot 10^{-7} \frac{Vs}{Am}} \cdot \left(0{,}25 \frac{Vs}{m^2}\right)^2 = \mathbf{24{,}9 \frac{kJ}{m^3}}$$ Zahlenwerte einsetzen

Aufgaben

121. Die magnetische Energiedichte im Inneren einer Zylinderspule (Windungszahl $N = 800$, Querschnittsfläche $A = 80{,}0\ cm^2$, Länge $\ell = 70{,}0\ cm$) beträgt $\rho_{mag} = 8{,}2 \frac{nJ}{cm^3}$.
Berechnen Sie die Stärke des Stroms, der durch die Spule fließt.

122. Die größten bekannten magnetischen Energiedichten findet man auf Neutronensternen; die Dichten liegen in einer Größenordnung von $10^{31} \frac{J}{m^3}$.
Ermitteln Sie die Größenordnung, die dort die magnetische Flussdichte besitzt.

123. Eine 80,0 cm lange Spule besitzt 300 Windungen und wird von einem Strom der Stärke 2,7 A durchflossen. Die Länge der Spule wird nun auf 75,0 cm verkürzt, indem man sie in Richtung ihrer Achse zusammendrückt.
Bestimmen Sie die prozentuale Änderung der Energiedichte im Spuleninneren.

31 Anwendungen in Natur und Technik

Nachdem Sie dieses Kapitel durchgearbeitet haben, sollten Sie in der Lage sein, mit Ihren erworbenen Kenntnissen über Induktionsvorgänge Fragen zur Funktionsweise eines Tauchspulenmikrofons, eines Seismographen, eines Tonkopfes und eines Drehzahlsensors zu beantworten. Außerdem ist nach einer Erklärung des Anlauf- und Bremsverhaltens eines Gleichstrom-Elektromotors gesucht.

Aufgaben

124. Tauchspulenmikrofon

Die Skizze zeigt den prinzipiellen Aufbau eines Tauchspulenmikrofons. Die Membran ist fest mit einer leichten, in Richtung ihrer Längsachse beweglichen Spule verbunden.
Erläutern Sie das Funktionsprinzip des Mikrofons.

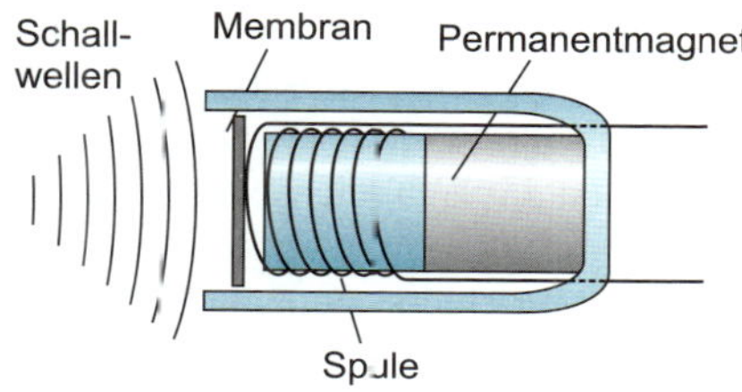

125. Seismograph

Die Skizze zeigt den prinzipiellen Aufbau eines Seismographen zur Registrierung von Erdbeben.
Erläutern Sie das Funktionsprinzip.

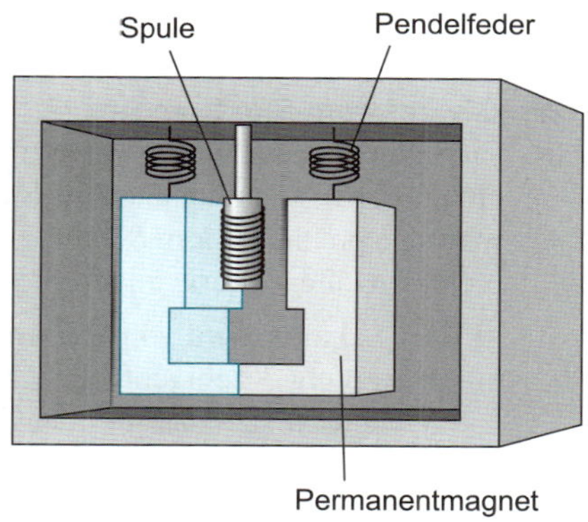

126. Tonkopf

Zur Aufzeichnung von Tönen auf einem beweglichen Magnetband oder einer Diskette wandelt man die Schallsignale mithilfe eines Mikrofons in Stromschwankungen um und führt sie über eine Spule einem Schreibkopf zu. Dieser wirkt wie ein Elektromagnet, der das sich bewegende Band am Ort des Luftspalts im Rhythmus der Stromschwankungen magnetisiert.
Erläutern Sie, wie man die Aufzeichnung wieder abspielen kann.

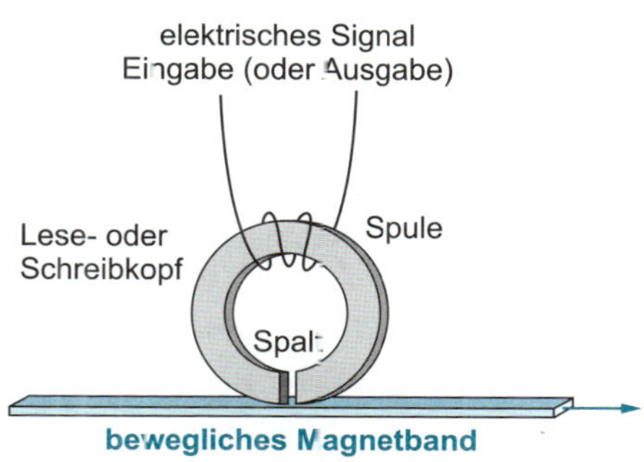

127. Drehzahlsensor

Die Skizze zeigt den prinzipiellen Aufbau eines induktiven Drehzahlsensors. Solche Sensoren überwachen die Winkelgeschwindigkeit von Rädern und werden z. B. in Antiblockiersystemen (ABS) im Fahrzeugbau verwendet.
Erläutern Sie das Funktionsprinzip des Sensors.

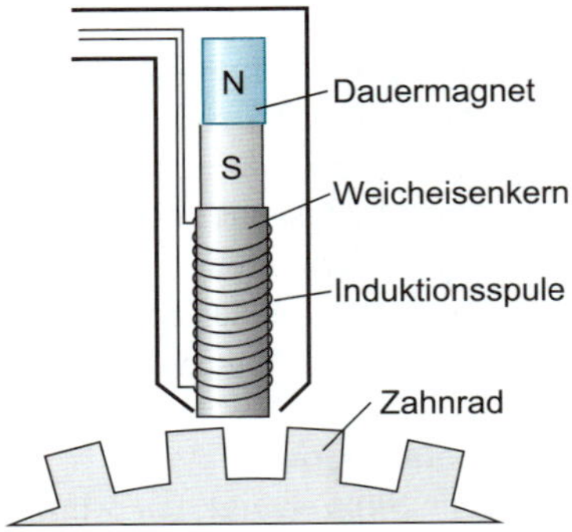

128. Gleichstrom-Elektromotor

Ein Gleichstrom- Elektromotor mit einem Permanentmagneten als Stator wird entsprechend dem Schaltplan rechts an eine Batterie angeschlossen.

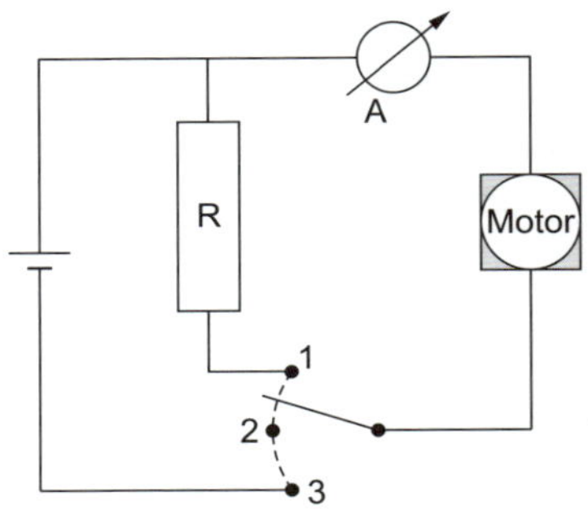

a) Der Schalter wird von Stellung 2 in Stellung 3 gebracht.
Wie ändert sich dadurch der Zeigerausschlag des Amperemeters innerhalb der nächsten Sekunden? Begründen Sie Ihre Aussage.

b) Der Motor kann auf zwei Arten von der Spannungsquelle getrennt werden. Der Schalter wird beim
- Ausschaltmodus 1 rasch von Stellung 3 in Stellung 1
- Ausschaltmodus 2 rasch von Stellung 3 in Stellung 2

gebracht.
Erläutern Sie, wie die Auslaufdauer des Motors vom Ausschaltmodus abhängt.

c) Der Motor wird nun nach dem Ausschaltmodus 1 von der Spannungsquelle getrennt. Beschreiben Sie den Einfluss, den die Größe des Widerstands R auf die Auslaufdauer hat.

Elektromagnetische Schwingungen

Die „Radio-Frequency IDentification“ (RFID) ermöglicht es, Gegenstände, Menschen und Tiere zu lokalisieren und zu identifizieren. Die gewünschten Daten sind auf einem Chip in einem sog. Transponder kodiert; dieser lässt sich aufgrund seiner geringen Baugröße unauffällig z. B. in Kleidungstücken (Diebstahlsicherung) oder einem Funkarmband (Patientenüberwachung) integrieren. Die RFID-Technik nutzt die Resonanzeigenschaften des elektromagnetischen Schwingkreises aus.

32 Ungedämpfte elektromagnetische Schwingungen

Um die Mitte des 19. Jahrhunderts war bekannt, dass elektromagnetische Schwingungen entstehen, wenn ein Kondensator und eine Spule so verbunden werden, dass sich die elektrische Energie des Kondensators und die magnetische Energie der Spule ineinander umwandeln können. 1853 veröffentlichte William Thomson, der spätere Lord Kelvin, eine Formel zur Berechnung der Schwingungsdauer.

Definition

Elektromagnetischer Schwingkreis
Einen geschlossenen Leiterkreis aus einem Kondensator und einer Spule nennt man Schwingkreis. Ist der ohmsche Widerstand der Spule und der Verbindungsdrähte vernachlässigbar klein, so spricht man von einem praktisch verlustfreien Schwingkreis.

Mit der Schaltung rechts können Sie einen Kondensator laden (Schalter in Stellung 1), ihn anschließend über eine Spule entladen (Schalter in Stellung 2) und den zeitlichen Verlauf des Stroms durch die Spule und der Spannung am Kondensator am Amperemeter und Voltmeter verfolgen.

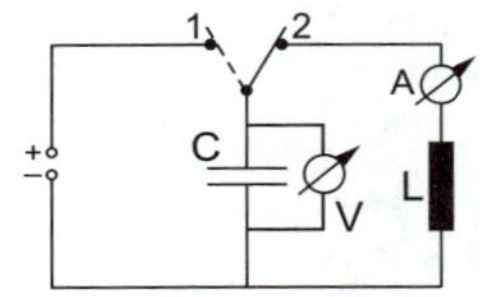

Beträgt die Größenordnung der Schwingungsdauer T ca. 1 Sekunde, so beobachten Sie dabei folgende physikalische Vorgänge:

$t = 0$: Zu Beginn der Schwingung ist der Kondensator noch vollständig geladen. Durch die Spule fließt noch kein Strom. Die gesamte Energie des Schwingkreises ist im elektrischen Feld des Kondensators gespeichert.

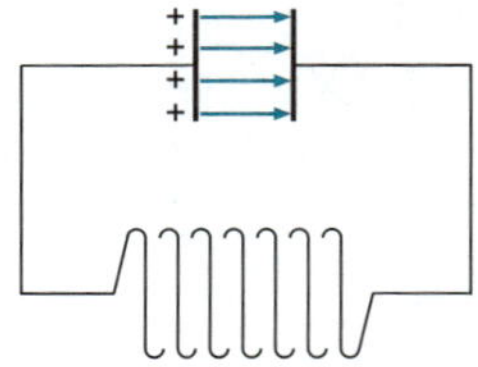

$t = 0$

$0 \leq t < \frac{T}{4}$: Der geladene Kondensator bewirkt – wie eine Batterie – einen Strom durch die Spule, dessen Stärke aber nur langsam zunimmt, weil die Zunahme des Magnetfelds in der Spule nach der Lenz'schen Regel eine Induktionsspannung hervorruft, die das Ansteigen des Spulenstroms hemmt. Zum Zeitpunkt $t = \frac{T}{8}$ ist der Kondensator noch nicht vollständig entladen; erst die Hälfte der ursprünglich im Kondensator gespeicherten elektrischen Energie hat sich in magnetische Energie umgewandelt und ist im Feld der Spule gespeichert. Der Abbau des E-Feldes und der Aufbau des B-Feldes schreiten fort.

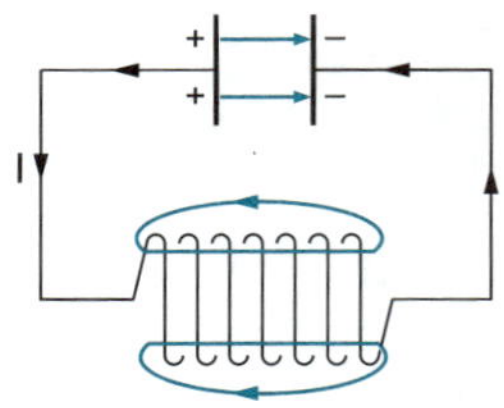

$t = \frac{T}{8}$

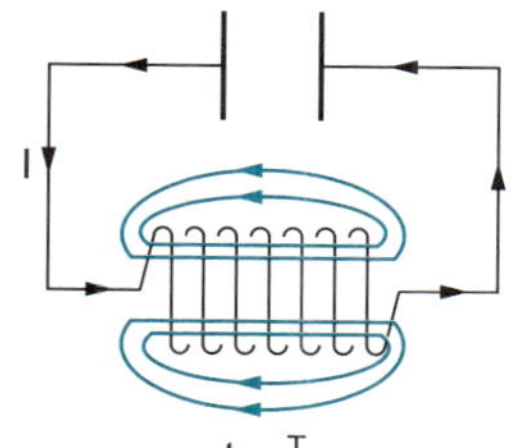

$t = \frac{T}{4}$: Zu diesem Zeitpunkt ist der Kondensator vollständig entladen, die gesamte Schwingkreisenergie ist im Magnetfeld der Spule gespeichert und die Stärke des Stroms durch die Spule hat ihr Maximum erreicht.

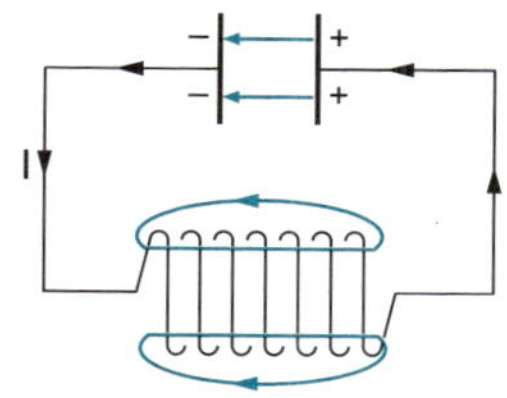

$\frac{T}{4} \leq t < \frac{T}{2}$: Da vom entladenen Kondensator keine Ladungsträger mehr abgegeben werden, nimmt der Strom wieder ab. Das Magnetfeld in der Spule bricht zusammen. Die dadurch verursachte Induktionsspannung treibt den Spulenstrom nach der Lenz'schen Regel in der ursprünglichen Richtung weiter und lädt den Kondensator in umgekehrter Polung auf. Zum Zeitpunkt $t = \frac{3}{8}T$ hat sich die Hälfte der zum Zeitpunkt $t = \frac{T}{4}$ in der Spule gespeicherten magnetischen Energie wieder in elektrische Energie umgewandelt und ist im Feld des Kondensators gespeichert. Der Abbau des B-Feldes und der Aufbau des E-Feldes schreiten fort.

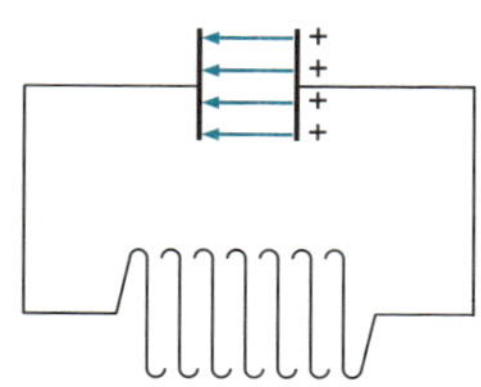

$t = \frac{T}{2}$: Zu diesem Zeitpunkt ist das Magnetfeld der Spule vollständig verschwunden, die Selbstinduktionsspannung und damit der Spulenstrom haben ebenfalls auf null abgenommen. Der Kondensator besitzt wieder den ursprünglichen Ladungszustand, nur in umgekehrter Polung. Die gesamte Schwingkreisenergie ist wieder im elektrischen Feld des Kondensators gespeichert.

Treten im Schwingkreis keine Energieverluste auf, so wiederholt sich der geschilderte Vorgang im Zeitintervall $\frac{T}{2} \leq t < T$ in umgekehrter Richtung.

Messungen zeigen, dass sich bei einem praktisch verlustfreien Schwingkreis die Ladung des Kondensators, die Stärke des Spulenstroms, die Spannungen an Spule und Kondensator, die elektrische Feldstärke des Kondensatorfeldes und die magnetische Flussdichte des Spulenfeldes durch Funktionen der Form

$$y(t) = y_0 \cdot \sin(\omega \cdot t + \varphi)$$

beschreiben lassen. Der üblicherweise im Bogenmaß angegebene Term $\omega \cdot t + \varphi$ bestimmt den Schwingungszustand und heißt **Phasenwinkel**. Der Winkel φ heißt **Phasenkonstante**, wird ebenfalls im Bogenmaß angegeben und beschreibt den Schwingungszustand zum Zeitpunkt $t = 0$. ω heißt **Kreisfrequenz** und kann mithilfe der Schwingungsdauer T bzw. der Frequenz f ausgedrückt werden: $\omega = \frac{2\pi}{T}$ bzw. $\omega = 2\pi \cdot f$. Die Schwingungsdauer T hängt bei einem praktisch verlustfreien Schwingkreis nur von der Kapazität C des Kondensators und der Induktivität L der Spule ab.

Regel

Thomsongleichung

Zwischen der Induktivität L, der Kapazität C und der Schwingungsdauer T eines praktisch verlustfreien elektromagnetischen Schwingkreises besteht der Zusammenhang:

$$\mathbf{T = 2\pi \cdot \sqrt{L \cdot C}}$$

Beispiel

Ein Kondensator der Kapazität $C = 2{,}0\ \mu F$ und der Induktivität $L = 70\ mH$ bilden einen praktisch verlustfreien Schwingkreis.

a) Berechnen Sie die Eigenfrequenz f des Kreises.

b) Schiebt man einen Eisenkern in die Spule, so vervierfacht sich die Eigenfrequenz. Berechnen Sie die Induktivität der Spule mit Eisenkern.

Lösung:

a) $f = \frac{1}{T}$ — Zusammenhang zwischen f und T

$= \frac{1}{2\pi \cdot \sqrt{L \cdot C}}$ — Thomsongleichung

$= \frac{1}{2\pi \cdot \sqrt{70 \cdot 10^{-3}\,H \cdot 2{,}0 \cdot 10^{-6}\,F}} = \mathbf{425\ Hz}$ — Zahlenwerte einsetzen

b) $\left.\begin{array}{l} f_E = 4f \\ f_E = \frac{1}{2\pi \cdot \sqrt{L_E \cdot C}} \end{array}\right\} \Rightarrow$ — Frequenzbedingung laut Aufgabenstellung bzw. Thomsongleichung

$\Rightarrow 2\pi \cdot \sqrt{L_E \cdot C} = \frac{1}{4f}$ — gleichsetzen und beide Seiten stürzen

$4\pi^2 \cdot L_E \cdot C = \frac{1}{16f^2}$ — beide Seiten quadrieren

$L_E = \frac{1}{64\pi^2 \cdot C \cdot f^2}$ — nach L umstellen

$\frac{1\,s^2}{64\pi^2 \cdot 2{,}0 \cdot 10^{-6}\,F \cdot 425^2} = \mathbf{4{,}4\ mH}$ — Zahlenwerte einsetzen

Kennen Sie in einem verlustfreien Schwingkreis die Zeit-Kondensatorladungs-Funktion, so können Sie mithilfe der Thomsongleichung und der Differenzialrechnung die Kondensatorspannung, die Spulenspannung und die Stärke des Stroms durch die Spule als Funktion der Zeit angeben.

Regel

Zeitabhängigkeit im LC-Kreis

Die Funktion $Q(t) = Q_0 \cdot \sin(\omega \cdot t + \varphi)$ beschreibt die Abhängigkeit der Kondensatorladung im Schwingkreis von der Zeit. Dann gilt für

a) die Stärke des Stroms durch die Spule: $\mathbf{I(t) = \frac{Q_0}{\sqrt{L \cdot C}} \cdot \cos(\omega \cdot t + \varphi)}$

b) die Spannung zwischen den Kondensatorbelegen: $\mathbf{U_C(t) = \frac{Q_0}{C} \cdot \sin(\omega \cdot t + \varphi)}$

c) den Spannungsabfall an der Spule: $\mathbf{U_L(t) = \frac{Q_0}{C} \cdot \sin(\omega \cdot t + \varphi)}$

Begründung:

a) Die Stärke I eines zeitlich konstanten Strom durch einen Draht ist gleich dem Quotienten aus der Ladung ΔQ, die im Zeitintervall Δt durch den Leiterquerschnitt fließt, und dem Zeitintervall Δt. Ist der Strom nicht zeitlich konstant, so gilt:

$$I(t) = \lim_{\Delta t \to 0} \frac{\Delta Q}{\Delta t} = \dot{Q}(t)$$

Indem man die Funktion Q(t) nach der Zeit differenziert, erhält man unter Berücksichtigung der Kettenregel:

$$I(t) = \dot{Q}(t) = \omega \cdot Q_0 \cdot \cos(\omega \cdot t + \varphi)$$

Mit $\omega = \frac{2\pi}{T} = \frac{2\pi}{2\pi \cdot \sqrt{L \cdot C}} = \frac{1}{\sqrt{L \cdot C}}$ folgt weiter:

$$I(t) = \frac{Q_0}{\sqrt{L \cdot C}} \cdot \cos(\omega \cdot t + \varphi)$$

b) Durch Anwendung der „Ku = Ku“-Regel $Q = C \cdot U$ ergibt sich sofort:

$$U_C(t) = \frac{Q_0}{C} \cdot \sin(\omega \cdot t + \varphi)$$

c) Die Spannung $U_L(t)$ an der Spule ist nach der Selbstinduktionsregel proportional zur zeitlichen Änderung der Stromstärke I(t), die nach Regel a bekannt ist. Durch Differenzieren nach der Zeit folgt also zunächst

$$U_L(t) = -L \cdot \dot{I}(t) = -L \cdot \frac{Q_0 \cdot \omega}{\sqrt{L \cdot C}} \cdot (-\sin(\omega \cdot t + \varphi))$$

und nach Einsetzen von $\omega = \frac{1}{\sqrt{L \cdot C}}$:

$$U_L(t) = L \cdot \frac{Q_0}{\sqrt{L \cdot C}^2} \cdot \sin(\omega \cdot t + \varphi)$$

$$= L \cdot \frac{Q_0}{L \cdot C} \cdot \sin(\omega \cdot t + \varphi)$$

$$= \frac{Q_0}{C} \cdot \sin(\omega \cdot t + \varphi)$$

Beispiel

Bild A zeigt das t-Q-Diagramm eines Schwingkreiskondensators.
Entscheiden Sie, welche Diagramme der Bilder B bis E das zugehörige t-I-, t-U_C- bzw. t-U_L-Diagramm zeigt.

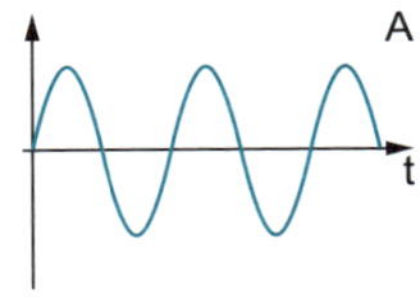

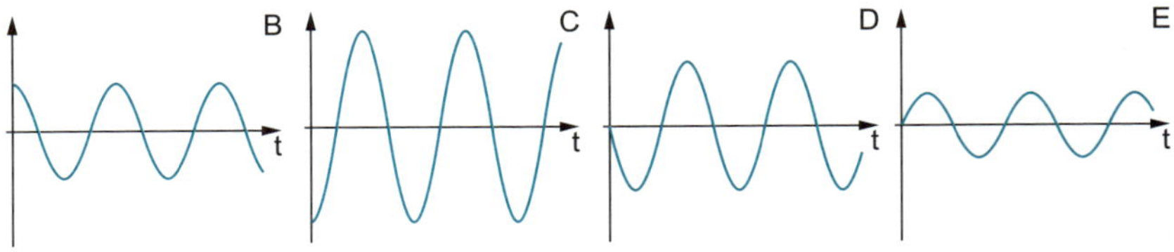

Lösung:

- **t-U_C- bzw. t-U_L-Diagramm: Bild E.**
  Beide Diagramme müssen übereinstimmen und unterscheiden sich nur in der Amplitude (Faktor $\frac{1}{C}$) vom t-Q-Diagramm.
- **t-I-Diagramm: Bild B.**
  I(t) ist die Ableitungsfunktion zu Q(t). Die Ableitung einer Sinusfunktion ist eine Kosinusfunktion.

Aufgaben

129. Ein verlustfreier Schwingkreis besteht aus einer idealen Spule der Induktivität $L = 0{,}600$ H und einem Drehkondensator, dessen Kapazität stufenlos zwischen 2,00 µF und 5,00 µF eingestellt werden kann.

a) Berechnen Sie die kleinste Frequenz des Schwingkreises.

b) Bestimmen Sie den Bereich der Frequenzen, die sich mit diesem Schwingkreis erzeugen lassen.

c) Ermitteln Sie die prozentuale Änderung der Schwingkreisfrequenz, die sich ergibt, wenn man die Kapazität um 75 % erhöht.

d) Berechnen Sie die Kapazität des Drehkondensators, wenn die Schwingungsdauer 10,0 ms beträgt.

130. Entscheiden Sie durch Ankreuzen, welche der folgenden Aussagen wahr oder falsch sind.

Aussage:	wahr	falsch
a) Je größer die Kapazität eines Schwingkreiskondensators ist, desto kleiner ist die Eigenfrequenz f des Schwingkreises.	☒	☐
b) Verdoppelt man die Induktivität einer Schwingkreisspule, so verdoppelt sich auch die Kreisfrequenz ω.	☐	☒

$f = \frac{1}{2\pi \cdot \sqrt{L \cdot C}}$ $T = 2\pi \cdot \sqrt{L \cdot C}$

c) Verdoppelt man ohne sonstige Veränderungen die Wicklungszahl einer Schwingkreisspule, so halbiert sich die Eigenfrequenz f. ☐ ☐

d) Verdoppelt man ohne sonstige Veränderungen die Kapazität eines Schwingkreiskondensators so halbiert sich die Eigenfrequenz f. ☐ ☐

e) Je kleiner die Kapazität eines Schwingkreiskondensators ist, desto kleiner ist Schwingungsdauer T. ☐ ☐

f) Verdoppelt man die Induktivität einer Schwingkreisspule und halbiert zugleich die Kapazität des Schwingkreiskondensators, ändert sich die Eigenfrequenz des Kreises nicht. ☐ ☐

131. Der Graph 1 gibt die Spannung an einem Schwingkreiskondensator als Funktion der Zeit wieder. Erläutern Sie, ob eine der Kurven 2 oder 3 als Graph der Zeit-Stromstärke-Funktion in Frage kommt.

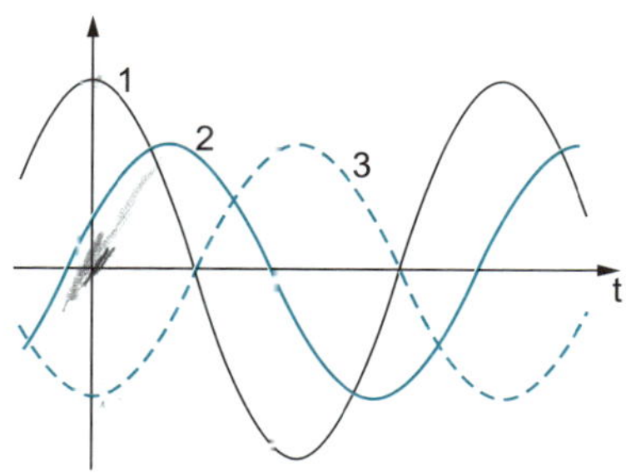

132. Ein verlustfreier Schwingkreis besteht aus einem Kondensator der Kapazität $C = 40\ \mu F$ und einer idealen Spule der Induktivität $L = 630$ H. Zum Zeitpunkt $t = 0$ s hat der Strom durch die Spule seinen negativen Maximalwert. Der Maximalwert der Spannung am Kondensator beträgt 60 V.

a) Berechnen Sie die Kreisfrequenz ω.

b) Berechnen Sie die maximale Kondensatorladung Q_0.

c) Geben Sie die Spulenstromstärke und die Kondensatorspannung als Funktionen der Zeit an.

d) Berechnen Sie die Stromstärke und die Kondensatorspannung zum Zeitpunkt $t = 0{,}6$ s.

133. Weisen Sie allgemein nach, dass in einem ungedämpften elektromagnetischen Schwingkreis die Summe aus der im Kreis gespeicherten elektrischen und magnetischen Energien zu jedem Zeitpunkt den gleichen Wert besitzt.

Hinweis: Gehen Sie von den Formeln für die Feldenergien in Spule und Kondensator aus, berücksichtigen Sie darin die Zeitabhängigkeit der Größen $I(t)$ und $U_C(t)$ gemäß Regel und verwenden Sie den „trigonometrischen Pythagoras" $\cos^2\alpha + \sin^2\alpha = 1$.

134. Entscheiden Sie durch Ankreuzen, welche der folgenden Aussagen den Energieerhaltungssatz für einen verlustfreien elektromagnetischen Schwingkreis richtig oder falsch wiedergibt.

Aussage:	wahr	falsch
1. Zu jedem Zeitpunkt sind die im Kreis gespeicherten elektrischen und magnetischen Energien gleich: $W_{el}(t) = W_{mag}(t)$	☐	☒
2. Elektrische und magnetische Energie im Kreis sind jeweils konstant: $W_{el}(t) = \text{konstant}$ und $W_{mag}(t) = \text{konstant}$	☐	☒
3. Zu jedem Zeitpunkt verschwindet die Summe der Zeitableitungen von elektrischer und magnetischer Energie im Kreis: $(W_{el}(t))^{\bullet} + (W_{mag}(t))^{\bullet} = 0$	☐	☐
4. Zu jedem Zeitpunkt verschwindet die Summe aus elektrischer und magnetischer Energie im Kreis: $W_{el}(t) + W_{mag}(t) = 0$	☒	☒
5. Zu jedem Zeitpunkt ist die Differenz aus der im Kreis gespeicherten elektrischen und magnetischen Energie null: $W_{el}(t) - W_{mag}(t) = 0$	☐	☒
6. Die Zeitableitungen von elektrischer und magnetischer Energie im Kreis sind jeweils null: $(W_{el}(t))^{\bullet} = 0$ und $(W_{mag}(t))^{\bullet} = 0$	☐	☐
7. Die Summe aus elektrischer und magnetischer Energie im Kreis ist konstant: $W_{el}(t) + W_{mag}(t) = \text{konstant}$	☒	☐

135. Ein verlustfreier Schwingkreis besteht aus einem Kondensator der Kapazität $C = 40\ \mu F$ und einer idealen Spule der Induktivität L. Zum Zeitpunkt $t = 0$ s hat die Spannung am Kondensator ihren positiven Maximalwert $U_0 = 100$ V. Berechnen Sie

a) den numerischen Wert der Gesamtenergie;

b) den numerischen Wert der elektrischen Energie im Schwingkreis zum Zeitpunkt $t = \frac{T}{6}$;

c) die im Kreis gespeicherte magnetische Energie zum Zeitpunkt $t = \frac{T}{6}$.

136. Ein verlustfreier Schwingkreis besteht aus einem Kondensator der Kapazität $C = 5{,}0\ \mu F$ und einer idealen Spule der Induktivität $L = 0{,}8\ H$.
In der Skizze rechts ist der zeitliche Verlauf der elektrischen und der magnetischen Energie im Schwingkreis für eine Schwingungsdauer T dargestellt.
Ermitteln Sie, zu welchem Zeitpunkt nach Beginn der Schwingung in der Spule erstmals genauso viel Energie wie im Kondensator gespeichert ist.

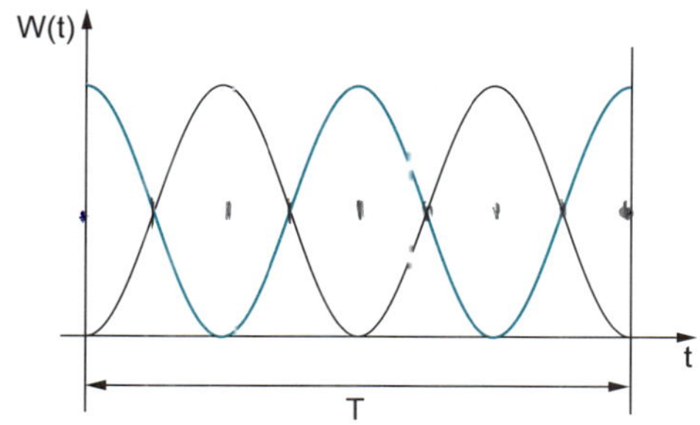

137. Alle real ablaufenden, elektromagnetischen Schwingungen sind gedämpft.

a) Geben Sie die Ursachen dieser Dämpfung an.

b) Das t-U-Diagramm rechts zeigt den zeitlichen Verlauf der Spannung an einem Schwingkreiskondensator. Bestimmen Sie, um wie viel Prozent die Schwingungsenergie während der ersten Schwingungsperiode abgenommen hat.

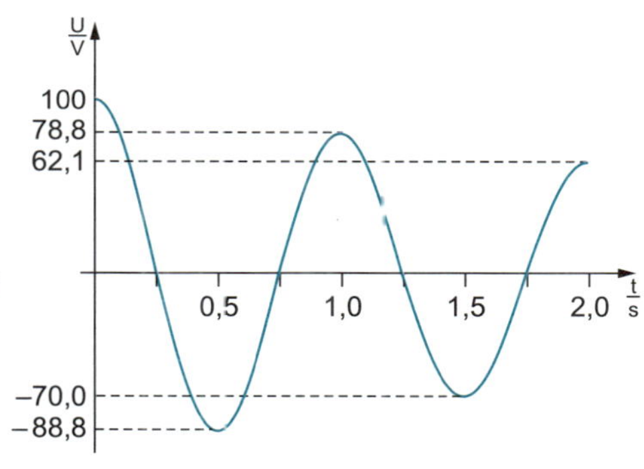

Hinweis: Entnehmen Sie die benötigten Daten dem Diagramm.

33 Vergleich von mechanischen und elektromagnetischen Schwingungen

Alle harmonischen (sinusförmigen) Schwingungen einer physikalischen Größe sind Lösungen einer Differenzialgleichung der Form

$a \cdot y''(x) + b \cdot y(x) = 0, \qquad (*)$

wobei die unabhängige Variable x hier in aller Regel durch die Zeit t gegeben ist. Kennt man für zwei physikalische Größen, die zu harmonischen Schwingungen fähig sind, die zugehörigen Differenzialgleichungen, kann man durch Vergleich der Parameter a und b sowie der Funktionen y(x), y'(x) und y''(x) **analoges Verhalten** dieser Größen bzgl. der Variablen x vorhersagen, auch wenn die Größen selber eventuell sehr unterschiedliche physikalische Sachverhalte beschreiben.

Beispiel

Geben Sie an, durch welche physikalischen Größen die harmonischen Schwingungen eines Federpendels und eines elektromagnetischen Schwingkreises charakterisiert sind. Ordnen Sie diese Größen jeweils der Funktion y(x) bzw. den Parametern a und b der Differenzialgleichung (∗) zu.

Lösung:

Die Funktionsgrößen können Sie sofort benennen. Um die Parameter zu identifizieren, ziehen Sie am besten die Formeln für die Schwingungsdauer T heran, denn T muss durch die gesuchten Parameter bestimmt sein. (Die genaue Zuordnung von a und b erfolgt in den Aufgaben.)

Schwingungsgleichung	**Federpendel**	**Schwingkreis**
unabhängige Variable x	Zeit **t**	Zeit **t**
schwingende Größe y	Elongation **x**	Ladung **Q**
Schwingungsdauer T	$T = 2\pi \cdot \sqrt{\frac{m}{D}}$	$T = 2\pi \cdot \sqrt{L \cdot C}$
→ Parameter a, b	Masse **m**, Federhärte **D**	Induktivität **L**, Kapazität **C**

In den folgenden Aufgaben werden Sie die im Beispiel behandelten Schwingungstypen detailliert untersuchen und durch Vergleich die formalen Gemeinsamkeiten der mechanischen und elektrischen Größen aufdecken.

Aufgaben

138. Ein vertikal schwingendes Federpendel besteht aus einer Feder der Härte D und einem Pendelkörper der Masse m. Die Auslenkung aus der Ruhelage ist eine Funktion der Zeit und wird mit x(t) bezeichnet.

Zeigen Sie mithilfe einer Kräftebilanz, dass die Differenzialgleichung für die ungedämpfte Schwingung des Pendels lautet: $m \cdot \ddot{x}(t) + D \cdot x(t) = 0$

139. Ein praktisch verlustfreier Schwingkreis besteht aus einem Kondensator der Kapazität C und einer Spule der Induktivität L. Die Kondensatorladung ist eine Funktion der Zeit und wird mit Q(t) bezeichnet.
Zeigen Sie mithilfe einer Spannungsbilanz, dass die Differenzialgleichung für die ungedämpfte Schwingung des Kreises lautet: $L \cdot \ddot{Q}(t) + \frac{1}{C} \cdot Q(t) = 0$

140. Ordnen Sie durch einen Vergleich der Differenzialgleichungen aus den beiden vorigen Aufgaben den elektromagnetischen Größen Q, I, L, C, U_L, U_C, W_{mag}, W_{el}, T die entsprechenden mechanischen Größen beim Federpendel zu.

141. Erläutern Sie: Inwiefern erfüllt die Spule im elektromagnetischen Schwingkreis den gleichen Zweck wie die Trägheit der Pendelkörpermasse beim Federpendel?

34 Erzeugung und Nachweis ungedämpfter elektromagnetischer Schwingungen

Ungedämpfte elektromagnetische Schwingungen laufen in einem Schwingkreis nur ab, wenn die durch ohmsche Widerstände oder Strahlung bedingten Energieverluste des Kreises periodisch von außen kompensiert werden.

In der Frühzeit der Funktechnik waren **Hochvakuumtrioden** die Herzstücke der meisten Schaltungen, mit denen sich ungedämpfte elektromagnetische Schwingungen erzeugen ließen.
Eine Hochvakuumtriode ist eine stark evakuierte Röhre, in der sich zwischen einer Glühkathode K und einer Anode A als dritte Elektrode ein Gitter befindet.

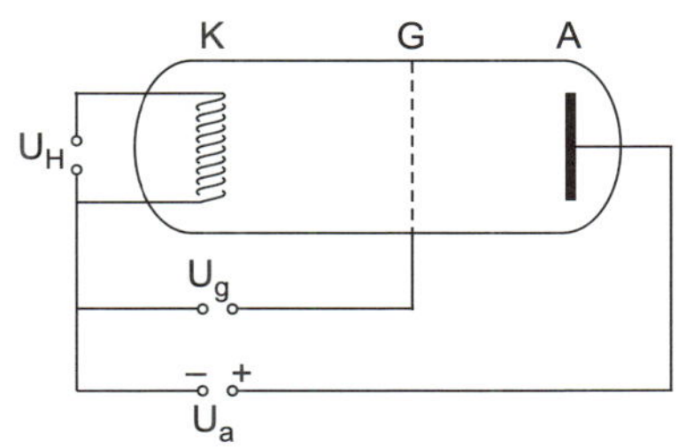

Beispiel

Erläutern Sie die Funktionsweise der oben skizzierten Schaltung. Verwenden Sie dabei die Begriffe Heizspannung, Anodenspannung, Gegenspannung und Anodenstrom. Beachten Sie die vorgegebene (U_a) bzw. wählbare (U_g) Polung der Spannungen.

Lösung:
Eine **Heizspannung U_H** heizt die als Drahtwendel ausgeführte Kathode K so auf, dass dort Elektronen freigesetzt werden (Edison- oder glühelektrischer Effekt). Zwischen K und A liegt die **Anodenspannung U_a**. Da der Pluspol der Spannungsquelle mit A und ihr Minuspol mit K verbunden ist, saugt sie die Glühelektronen von der Kathode zur Anode. Der dabei entstehende Elektronenstrom – der **Anodenstrom I_a** – lässt sich durch eine kleine zwischen K und G angelegte Spannung, die **Gitterspannung U_g**, steuern.
Ist das Gitter z. B. negativ geladen, so vermindert es den Elektronenstrom zur Anode, und zwar umso stärker, je größer die Aufladung ist. Ist das Gitter positiv geladen, wird der Anodenstrom nicht geschwächt.

Elektromagnetische Schwingungen lassen sich allgemein dadurch nachweisen, dass man die Wechselspannungen und -ströme, die sie in einem Schwingkreis hervorrufen, misst.

Beispiel

Beschreiben Sie kurz, wie man eine Schwingung mit einer Frequenz von einigen wenigen Hertz in einem geschlossenen elektromagnetischen Schwingkreis experimentell nachweisen kann.

Lösung:
Zum **Stromnachweis** schaltet man ein Drehspulamperemeter kleiner Trägheit in den Schwingkreis, zum **Spannungsnachweis** ein Drehspulvoltmeter geringer Trägheit parallel zum Schwingkreiskondensator.
Bei beiden Instrumenten sollte der Nullpunkt in der Skalenmitte liegen.

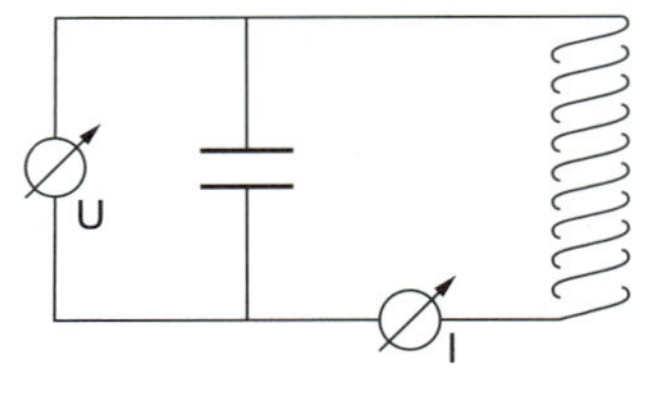

Aufgaben

142. Eine Röhrenschaltung, die Strahlungsverluste auszugleichen vermag, meldete Alexander Meißner (1883–1958) im Jahr 1913 zum Patent an. Sie beruht auf dem Prinzip der Rückkopplung. Die Skizze rechts zeigt eine solche Meißner'sche Rückkopplungsschaltung.
Erläutern Sie ihr Funktionsprinzip.

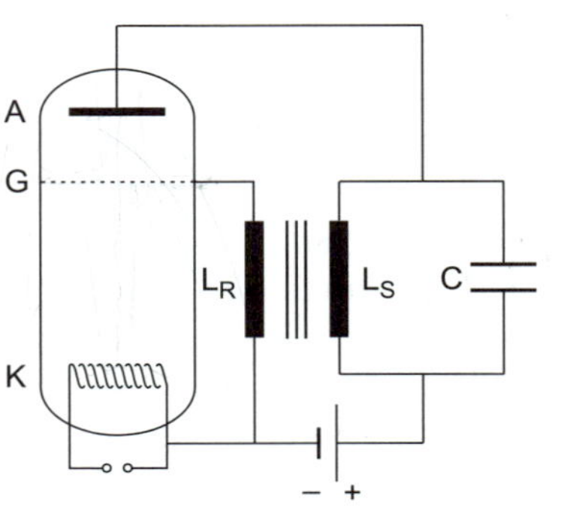

143. Eine Alternative zur Meißner'schen Schaltung stellt die nebenstehende Dreipunktschaltung dar, deren Name von den drei Anschlussstellen an der Schwingkreisspule herrührt. Erläutern Sie ihr Funktionsprinzip.

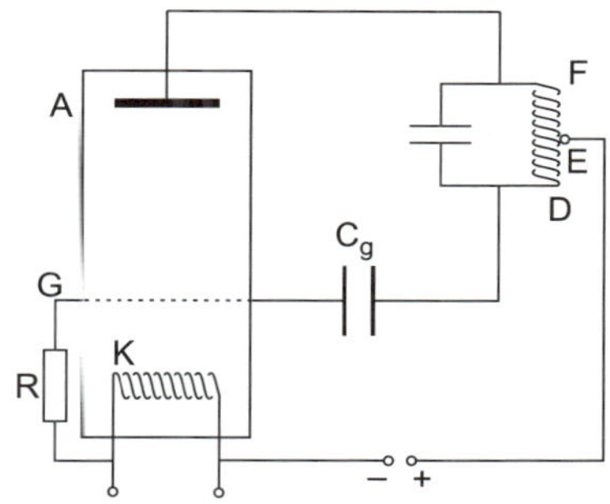

144. Mit einer Dreipunktschaltung sollen ungedämpfte elektromagnetische Schwingungen sehr hoher Frequenz erzeugt werden. Welche Änderungen muss man hierfür am Schwingkreis vornehmen? Skizzieren Sie die modifizierte Schaltung und erläutern Sie die Abweichungen gegenüber der Schaltung in der vorigen Aufgabe.

145. Beschreiben Sie kurz, wie man Schwingungen mit Frequenzen,

a) die im Tonfrequenzbereich (20 Hz–20 000 Hz) liegen,

b) die oberhalb des Tonfrequenzbereichs liegen,

in geschlossenen elektromagnetischen Schwingkreisen experimentell nachweisen kann.

35 Anwendungen in der Technik

In diesem Abschnitt lernen Sie das Prinzip der **induktiven Zugsicherung**, abgekürzt **INDUSI**, kennen, die in Deutschland ab 1931 entwickelt wurde und heute auf fast allen Zugstrecken eingesetzt wird. Ziel dieser Sicherheitseinrichtung ist die Verhinderung von Unfälle und Gefährdungen, die dadurch entstehen, dass der Lokomotivführer Signale längs der Fahrstrecke übersieht bzw. nicht beachtet. Das System reagiert in diesem Fall mit der sofortigen Zwangsbremsung. Weil diese Überwachung an bestimmten Streckenpunkten erfolgt, bezeichnet man die INDUSI auch als punktförmige Zugbeeinflussung (PZB). Wesentlicher Bestandteil dieser Sicherheitseinrichtung sind elektromagnetische Schwingkreise.

Um die Funktionsweise einer INDUSI zu verstehen, müssen Sie sich zunächst mit zwei Grundschaltungen vertraut machen, nämlich mit der **induktiven Kopplung** zweier Schwingkreise und mit der Wirkungsweise eines **Ausschaltrelais**.

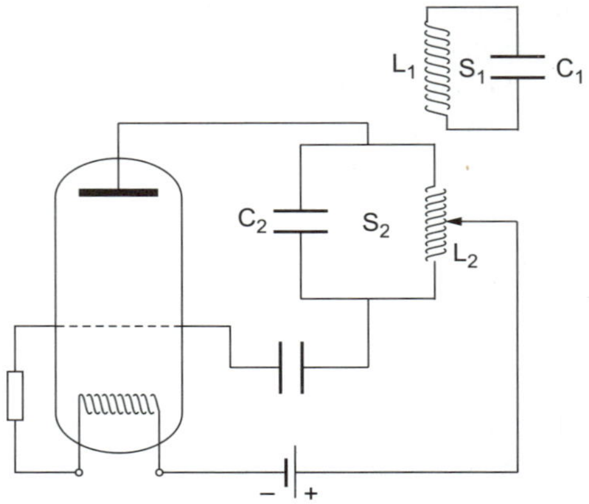

Die Abbildung rechts zeigt eine Dreipunktschaltung und einen Schwingkreis S_1, dessen Spule vom Magnetfeld der Spule im Schwingkreis S_2 der Dreipunktschaltung durchsetzt wird. Man sagt, dass die beiden Schwingkreise induktiv gekoppelt sind. Durch diese Anordnung ist gewährleistet, dass S_1 immer mit der Frequenz f_2 der Dreipunktschaltung schwingt, auch wenn diese nicht mit seiner Eigenfrequenz f_1 übereinstimmt; man sagt, S_2 führt eine erzwungene Schwingung aus. Dabei sind die Amplituden der in S_1 schwingenden Größen umso größer, je näher f_2 an f_1 liegt, und erreichen im Fall $f_2 = f_1$ ein Maximum. Man spricht dann von Resonanz.

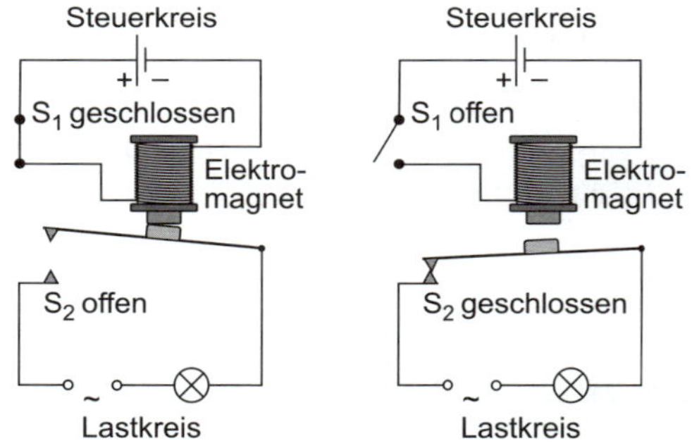

In der Skizze rechts ist die Wirkungsweise eines Ausschaltrelais skizziert. Ein schwacher Strom, der im Steuerkreis durch einen Elektromagneten fließt, öffnet den Schalter S_2 im Laststromkreis, weil der Elektromagnet einen ferromagnetischen Metallstreifen nach oben zieht (Bild links). Ist der Elektromagnet stromlos, so kehrt der Metallstreifen in die Ruhelage zurück und schließt S_2 (Bild rechts).

Wenden Sie sich nun der INDUSI zu! An der Lokomotive befinden sich jeweils in Fahrtrichtung auf der rechten Seite und in einer genau definierten Position zum Gleis drei Schwingkreise, in denen dauernd ungedämpfte, elektromagnetische Schwingungen der Frequenzen 500 Hz, 1 000 Hz und 2 000 Hz erzeugt werden. Diese Schwingkreise heißen in der Eisenbahnersprache **Fahrzeugmagnet** (Foto links auf der nächsten Seite).
Als Streckeneinrichtung sind an einer Kontrollstelle in Fahrtrichtung rechts neben der rechten Schiene drei Schwingkreise angebracht, deren Eigenfrequenzen wiederum 500 Hz, 1 000 Hz und 2 000 Hz sind. Diese Schwingkreise heißen in der Eisenbahnersprache **Gleismagnet** (Foto rechts).

Fahrzeugmagnet

Gleismagnet

Je nach Frequenz dienen die Schwingkreise unterschiedlichen Kontrollaufgaben. Sie sollen sich im Weiteren nur noch mit dem 2 000-Hz-Schwingkreis auseinandersetzen, der eine sofortige Zwangsbremsung herbeiführt, sobald ein Hauptsignal in Haltestellung überfahren wird (Schaltung rechts; die farbig markierte Zusatzschaltung bezieht sich auf Teilaufgabe 146 e).

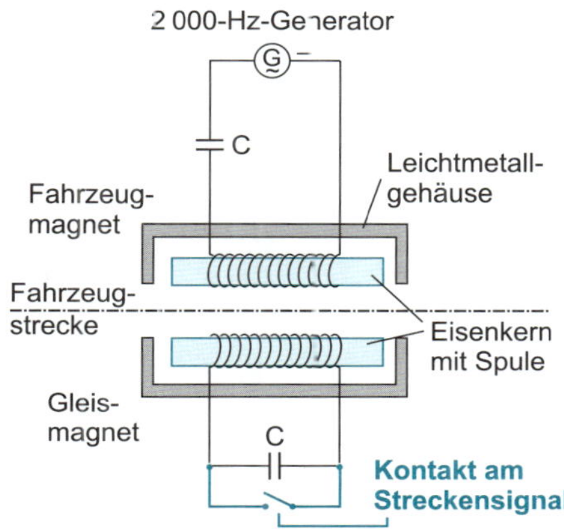

Aufgabe 146. INDUSI

a) Erläutern Sie knapp ohne Skizze: Wie kann man ungedämpfte elektromagnetische 2 000-Hz-Schwingungen erzeugen?

b) Beschreiben Sie, was passiert, wenn der Fahrzeugmagnet einer Lokomotive bei der Vorbeifahrt an der Kontrollstelle in nur wenigen cm Abstand über einen 2 000-Hz-Gleismagneten streicht.

c) Begründen Sie, dass während der Vorbeifahrt die Stromstärke im 2 000-Hz-Schwingkreis des Fahrzeugmagneten deutlich abnimmt.

d) Erläutern Sie, wie man diesen Stromabfall zur Herbeiführung einer Zwangsbremsung nützen kann.

e) Baut man parallel zum Kondensator in den Gleismagneten einen Schalter ein, so kommt es bei der Vorbeifahrt nur dann zu einem Stromabfall, wenn der Schalter offen ist. Erklären Sie dies.

f) Begründen Sie, welche Stellung demnach der Schalter einnehmen muss, wenn das Haltesignal auf „freie Fahrt“ bzw. auf „Halt“ steht.

Elektromagnetische Wellen

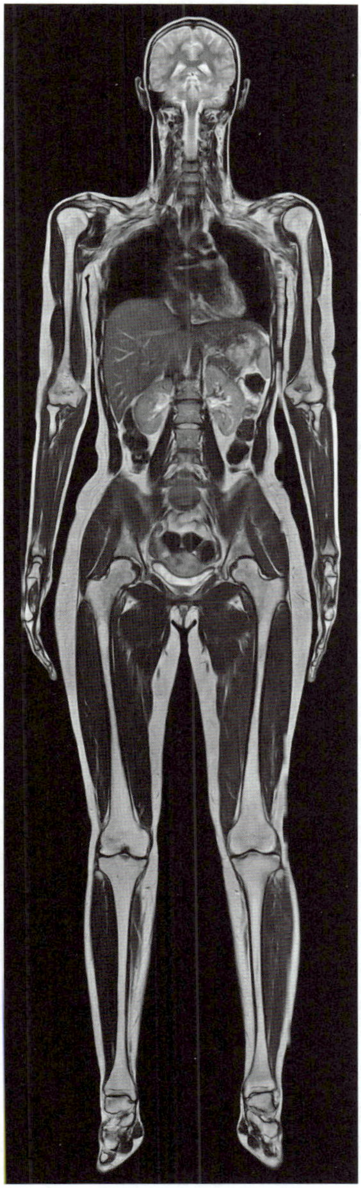

Die modernen bildgebenden Verfahren, die in der Medizin eingesetzt werden, liefern zwei- oder dreidimensionale Bilddaten des menschlichen Körpers. Sie ermöglichen es den Ärzten, präzise Diagnosen – etwa zu krankheitsbedingten Veränderungen von Organen – zu erstellen, ohne dass sie in den Körper operativ eingreifen müssen. Die meisten dieser Verfahren setzen elektromagnetische Wellen ein. Sie unterscheiden sich im verwendeten Wellenlängenbereich: Die Endoskopie arbeitet mit sichtbarem Licht; thermografische Verfahren erzeugen Wärmebilder mithilfe von Infrarotstrahlung; Computertomographen rekonstruieren räumliche Strukturen, indem sie Absorptionsprofile auswerten, die mit Röntgenstrahlen aus vielen verschiedenen Richtungen aufgenommen wurden. Das Foto zeigt ein computergeneriertes Bild, in das Daten aus einer Magnetresonanztomografie (MRT) und einer Positronen-Emissions-Tomografie (PET) eingeflossen sind. Es sind zwei Verfahren, die sich in ihren Funktionen deutlich unterscheiden und die sich ergänzende Informationen über Erkrankungen liefern: Während ein MRT millimetergenaue Bilder von den Organen des menschlichen Körpers erzeugt, untersucht ein PET vor allem den Stoffwechsel der Zellen.

36 Elektrische Dipolschwingungen

1887 entdeckte Heinrich Hertz (1857–1894), dass sich der elektrische Strom in Leitungen nicht unendlich schnell, sondern mit Lichtgeschwindigkeit ausbreitet. Das führt bei Schwingkreisen mit hohen Eigenfrequenzen dazu, dass die Stromstärke zu einem bestimmten Zeitpunkt nicht mehr überall im Schwingkreis denselben Wert hat.
Ein derartiger Hochfrequenzschwingkreis lässt sich durch einen geraden Metallstab realisieren, den man sich in drei Schritten aus einem geschlossenen Schwingkreis entstanden denken kann:

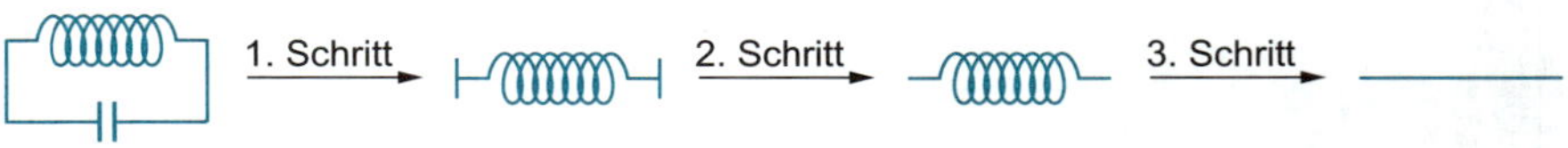

1. Schritt: Die Kondensatorplatten werden auf den **größtmöglichen Abstand d** auseinandergezogen. Wegen $C = \varepsilon_0 \cdot \frac{A}{d}$ sinkt dadurch die Kapazität C.
2. Schritt: Die Fläche der Kondensatorplatten wird auf den **kleinstmöglichen Inhalt A** reduziert. Wegen $C = \varepsilon_0 \cdot \frac{A}{d}$ nimmt die Kapazität weiter ab.
3. Schritt: Die **Windungszahl N** der Spule wird so weit wie möglich **verringert**. Wegen $L = \mu_0 \cdot \frac{A \cdot N^2}{\ell}$ nimmt dadurch die Induktivität ab.

Ein solcher aufgebogener, offener Schwingkreis, der selbst die auseinandergezogene Spule darstellt und bei dem die Stabenden die rudimentären Reste eines Plattenkondensators sind, besitzt wegen der extrem kleinen Induktivität L und Kapazität C eine sehr hohe Eigenfrequenz f_0. Man bezeichnet ihn als **Hertz'schen Dipol**.
In einem Hertz'schen Dipol kann man elektromagnetische Schwingungen erzeugen, indem man seine Mitte wie in der Skizze rechts nahe an den Schwingkreisbügel einer Dreipunktschaltung bringt.

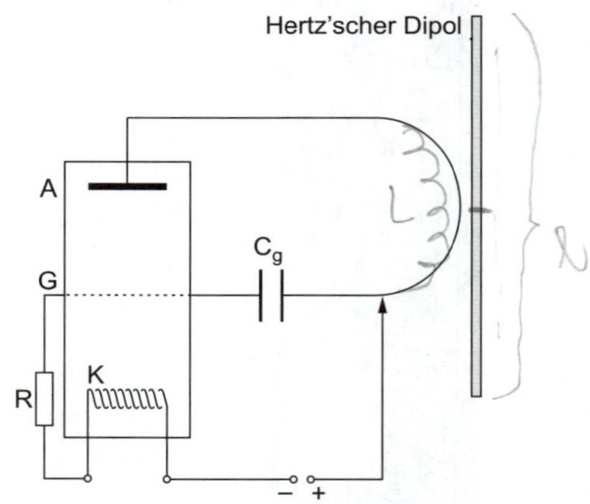

Definition

Anregen eines Hertz'schen Dipols
Den Schwingkreis, der in einem Hertz'schen Dipol eine Schwingung hervorruft, nennt man **Erregerkreis**.
Stimmt die Frequenz des Erregerkreises mit der Eigenfrequenz des Hertz'schen Dipols überein, so spricht man davon, dass der Hertz'sche Dipol in **Resonanz** zum Erreger schwingt.

Regel

Dipolschwingungen

Für einen in Resonanz zu seinem Erreger in der Grundschwingung angeregten Hertz'schen Dipol der Länge ℓ gilt:

- Die Scheitelstromstärke I_0 des Wechselstroms besitzt nicht an allen Stellen den gleichen Wert. I_0 hat in der Dipolmitte ein Maximum $I_{0,\,max}$ und nimmt mit zunehmendem Abstand von der Dipolmitte ab. An den Dipolenden ist $I_0 = 0$ A.
- Die Scheitelspannung U_0 der Wechselspannung zwischen einer Dipolstelle und der Dipolmitte hängt von der Lage der Dipolstelle ab. U_0 hat an den Dipolenden den Maximalwert $U_{0,\,max}$ und nimmt zur Dipolmitte hin ab. Die Spannungen zweier zur Dipolmitte symmetrisch liegender Stellen haben entgegengesetztes Vorzeichen.
- Bezeichnet x den Abstand einer Dipolstelle von der Dipolmitte, so gilt für die Scheitelstromstärke $I_0(x)$ bzw. die Scheitelspannung $U_0(x)$ an dieser Stelle:

$$\mathbf{I_0(x) = I_{0,\,max} \cdot \cos\left(\frac{\pi \cdot x}{\ell}\right)} \quad \text{bzw.} \quad \mathbf{U_0(x) = U_{0,\,max} \cdot \sin\left(\frac{\pi \cdot x}{\ell}\right)}$$

- Wechselstrom und Wechselspannung weisen beim Dipol eine zeitliche Phasenverschiebung von einer Viertelschwingung auf.

Beachten Sie, dass in der Regel von den *Scheitelwerten* der Stromstärke bzw. der Spannung die Rede ist. Sie bilden die ortsabhängigen Amplituden in der t-I- bzw. t-U-Funktion, die dadurch zeit- und ortsabhängig werden: $I(t, x) = I_0(x) \cdot \cos(\omega \cdot t)$ bzw. $U(t, x) = U_0(x) \cdot \sin(\omega \cdot t)$.

Beispiele

1. Skizzieren Sie in fünf Momentbildern die Graphen der Scheitelstromstärken $I_0(x)$ und der Scheitelspannungen $U_0(x)$ für einen zeitlichen Abstand von jeweils $\Delta t = \frac{T}{4}$. Dabei soll zum Zeitpunkt $t = 0$ s kein Strom im Dipol fließen.

   Lösung:

   Stromverlauf

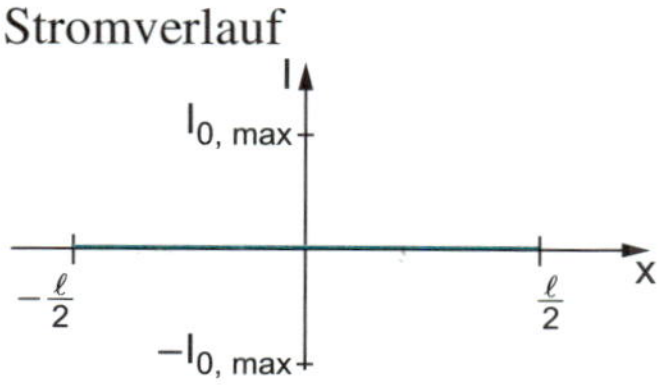

   Spannungsverlauf

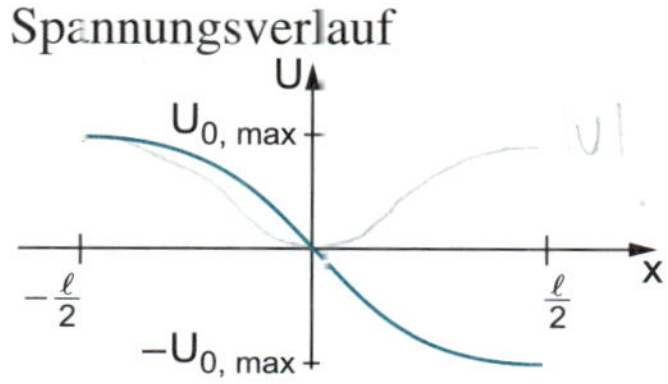

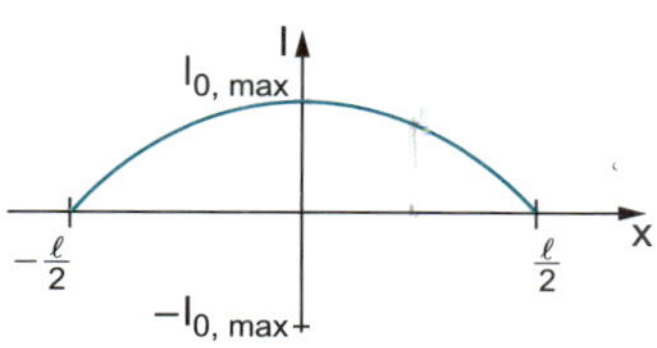

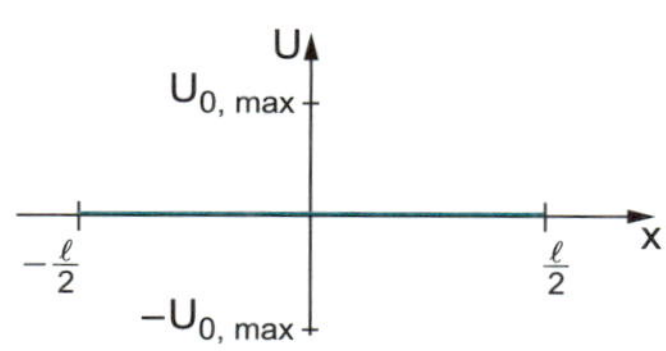

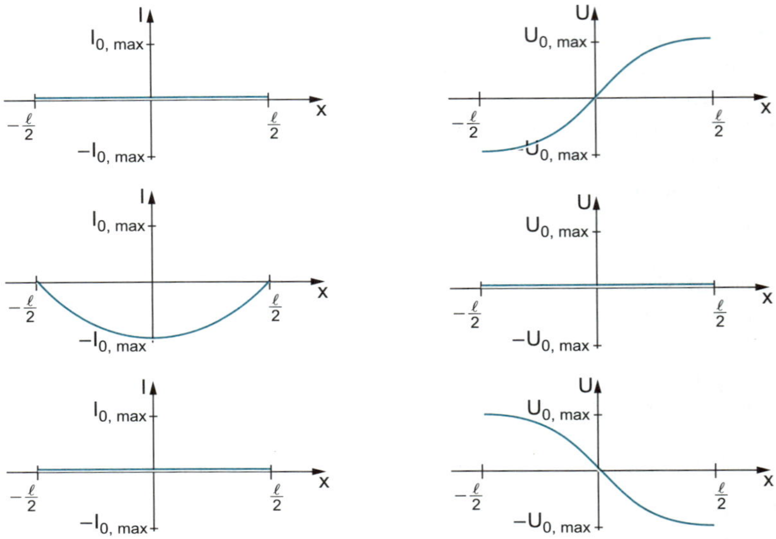

2. Im Abstand $\frac{\ell}{3}$ von der Mitte eines Dipols beträgt die Amplitude der stehenden Stromwelle 3,0 mA. Berechnen Sie ihren Wert in der Dipolmitte.

Lösung:

$$I_0(x) = I_{0,\,max} \cdot \cos\left(\frac{\pi \cdot x}{\ell}\right)$$ Regel über Dipolschwingungen

$$\Rightarrow \quad I_0\left(\frac{\ell}{3}\right) = I_{0,\,max} \cdot \cos\left(\frac{\pi \cdot \frac{\ell}{3}}{\ell}\right)$$ $x = \frac{\ell}{3}$ einsetzen

$$= I_{0,\,max} \cdot \cos\left(\frac{\pi}{3}\right)$$ ℓ kürzen

$$= \frac{I_{0,\,max}}{2}$$ $\cos\left(\frac{\pi}{3}\right) = \frac{1}{2}$

$$\Rightarrow \quad I_{0,\,max} = 2 \cdot I_0\left(\frac{\ell}{3}\right)$$ umstellen, Zahlenwerte einsetzen

$$= 2 \cdot 3{,}0\ \text{mA} = \mathbf{6{,}0\ mA}$$

Zum **qualitativen Nachweis**

- des Stromverlaufs kann man in den Dipol mehrere Glühlämpchen einbauen, die umso heller leuchten, je kleiner ihre Entfernung zur Dipolmitte ist.

  Begründung: Ein Lämpchen brennt umso heller, je stärker der Strom ist, der durch seine Glühwendel fließt.

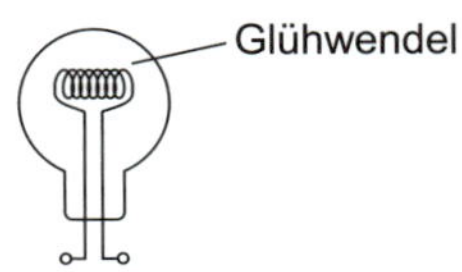

- des Spannungsverlaufs kann man eine einseitig geerdete Glimmlampe berührend am Dipol entlang führen. Ihre Leuchten nimmt von den Dipolenden zur Dipolmitte hin ab.

  Begründung: Das Füllgas um die negative Elektrode leuchtet umso heller, je größer die Spannung zwischen den beiden Elektroden ist.

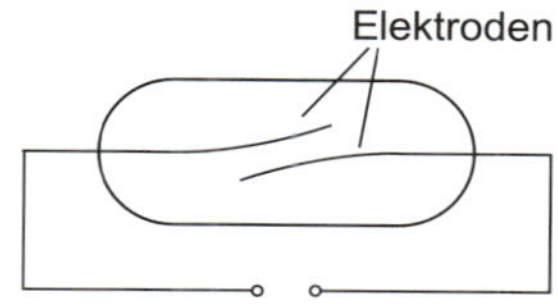

Die Strom- und Spannungsverteilung an einem schwingenden Hertz'schen Dipol kann man mit dem **Modell der longitudinalen Stromwellen** erklären:

- Werden Elektronen in der Dipolmitte zu Schwingungen mit der Frequenz f parallel zur Dipolachse veranlasst, so breiten sich die Schwingungen nach beiden Seiten als laufende, longitudinale Stromwellen aus.
- Benachbarte Elektronen schwingen phasenverschoben. In periodischen Abständen folgen jedoch Stellen, an denen die Schwingungsphasen übereinstimmen. Der kürzeste Abstand zweier Elektronen gleicher Schwingungsphase heißt **Wellenlänge λ**.
- Nicht die Elektronen, sondern ihre Schwingungszustände schreiten längs des Drahtes mit der **Phasengeschwindigkeit c_{Ph}** fort, die gleich der Vakuumlichtgeschwindigkeit $c = 3{,}0 \cdot 10^8 \frac{m}{s}$ ist.
- Da in der Zeit T, in der die Elektronen eine volle Schwingung um ihre „Ruhelage" ausführen, die Schwingungsphase um die Strecke λ im Draht fortschreitet, gilt $c_{Ph} = \frac{\lambda}{T}$ oder wegen $f = \frac{1}{T}$: $\mathbf{c_{Ph} = \lambda \cdot f}$
- An den Dipolenden werden die Stromwellen mit einem Phasensprung von 180° reflektiert.
- Durch Überlagerung der von der Dipolmitte ausgehenden und der reflektierten Stromwellen kommt es bei einer beliebigen Dipollänge zu einer mehr oder weniger starken Auslöschung.
- Beträgt aber die Dipollänge ℓ gerade die Hälfte der Stromwellenlänge λ, so treffen die reflektierten Stromwellen mit einer Phasenverschiebung von 360° wieder bei M ein und unterstützen die Erregung. Es bildet sich eine stehende, longitudinale Stromwelle der Wellenlänge $\lambda = 2\ell$ aus, bei der die Elektronen phasengleich, jedoch mit ortsabhängiger Amplitude um ihre Ruhelage schwingen.
- Da die Ladungsdichte an einer Dipolstelle mit der Heftigkeit der Elektronenbewegung abnimmt, ist damit eine **stehende Ladungsdichtewelle** mit Knoten in der Dipolmitte und Bäuchen an den Dipolenden verknüpft.
- Da die Spannung zwischen einer Dipolstelle und der Dipolmitte von der Differenz der zugehörigen Ladungsdichten bestimmt wird, entsteht längs des Dipols eine **stehende Spanungswelle** mit Knoten in der Dipolmitte und Bäuchen an den Dipolenden.

Die einfachste Form der stehenden Spannungswelle auf einem Dipol mit einem Schwingungsknoten in der Dipolmitte und zwei Schwingungsbäuchen an den Dipolenden nennt man **Grundschwingung** der Spannung. Mit ihr ist eine Grundschwingung der Stromstärke verknüpft, die durch eine stehende Stromwelle auf dem Dipol mit zwei Schwingungsknoten an den Dipolenden und einem Schwingungsbauch in der Dipolmitte zustande kommt.
Die Grundschwingung von Spannung bzw. Stromstärke wird bei einem Dipol der Länge ℓ durch die Frequenz

$$f = \frac{c_{Ph}}{2\ell}$$

angeregt. Erhöht man die Erregerfrequenz auf 2f, 3f, …, $(n+1) \cdot f$, so entstehen die sogenannten ersten, zweiten, …, n-ten **Oberschwingungen**, nämlich

- stehende Spannungswellen mit 2, 3, …, $n+1$ Schwingungsknoten und 3, 4, …, $n+2$ Schwingungsbäuchen;
- stehende Stromwellen mit 3, 4, …, $n+2$ Schwingungsknoten und 2, 3, …, $n+1$ Schwingungsbäuchen.

Regel

Oberschwingungen

Ein Hertz'scher Dipol der Länge ℓ lässt sich zu Oberschwingungen

- der Frequenz $\mathbf{f_n = (n+1) \cdot \frac{c}{2\ell}}$ und
- der Wellenlänge $\boldsymbol{\lambda_n = \frac{2\ell}{n+1}}$

anregen, wenn man eine Dipolstelle mit Strombauch dem Schwingkreisbügel eines mit der Frequenz f_n schwingenden Hochfrequenzoszillators nähert.
Für $n = 0, 1, 2, \ldots$ erhält man die Wellenlänge und die Frequenz der Grundschwingung, 1. Oberschwingung, 2. Oberschwingung, …

Beispiel

Berechnen Sie die Frequenz und die Wellenlänge der 2. Oberschwingung eines $\ell = 45{,}0$ cm langen Dipols.

Lösung:

$$f_2 = (2+1) \cdot \frac{c}{2\ell}$$ Frequenz-Regel für die 2. Oberschwingung

$$= 3 \cdot \frac{3{,}0 \cdot 10^8\,\frac{m}{s}}{2 \cdot 0{,}450\,m} = \mathbf{1{,}0 \cdot 10^9\,Hz}$$ Zahlenwerte einsetzen

$$\lambda_2 = \frac{2\ell}{2+1}$$ Wellenlängen-Regel für die 2. Oberschwingung

$$= \frac{2 \cdot 0{,}450\,m}{3} = \mathbf{0{,}30\,m}$$ Zahlenwerte einsetzen

Aufgaben

147. Ein in der Grundschwingung angeregter, senkrecht stehender Dipols ist zum Zeitpunkt t = 0 s am oberen Ende maximal positiv, am unteren maximal negativ geladen. Zeichnen Sie, bei t = 0 s beginnend, fünf Momentbilder der elektrischen und magnetischen Feldlinien im zeitlichen Abstand $\Delta t = \frac{T}{4}$.

148. Berechnen Sie die Länge eines optimal in der Grundschwingung mit der Frequenz f = 434 MHz angeregten Dipols.

149. Mit welcher Frequenz schwingt ein 1,20 m langer, in der 2. Oberschwingung optimal angeregter Dipol?

150. Ein Schwingkreis hat die Induktivität L = 30 nH. Er soll einen 25,0 cm langen Dipol optimal in der Grundschwingung anregen. Bestimmen Sie die Kapazität C, die der Schwingkreis hierfür haben muss.

151. Die absoluten Stromstärke- bzw. Spannungsmaxima eines in der Grundschwingung angeregten Dipols der Länge $\ell = 50{,}0$ cm betragen 40,0 mA bzw. 370 V. Ermitteln Sie,

a) wie groß das Stromstärke- bzw. Spannungsmaximum in einem 10,0 cm vom Ende entfernten Punkt ist;

b) an welchen Stellen des Dipols diese Maxima 20,0 mA bzw. 185 V betragen.

152. a) Bestimmen Sie die Frequenzen, mit denen man einen 1,20 m langen Dipol zu Schwingungen anregen kann.
Welche Wellenlängen haben dann jeweils die zugehörigen stehenden Strom- bzw. Spannungswellen?

b) Skizzieren Sie für die vier niedrigsten Frequenzen aus Teilaufgabe a die Verteilung der Strom- bzw. Spannungsamplitude längs des Dipols.

153. Berechnen Sie die Länge eines in der dritten Oberschwingung mit der Frequenz f = 680 MHz angeregter Dipols.

37 Dipolstrahlung

Heinrich Hertz bewies durch systematische, experimentelle Grundlagenforschung in den Jahren 1886–1888 die Existenz der bereits 1864 von James Clerk Maxwell (1831–1879) theoretisch vorhergesagten elektromagnetischen Wellen.

Maxwell zeigte rechnerisch, dass jedes zeitlich veränderliche magnetische Feld von einem zeitlich veränderlichen elektrischen Wirbelfeld umschlossen ist, das heißt: Während sich ein Magnetfeld ändert, ist es von ringförmig geschlossenen, elektrischen Feldlinien umgeben.

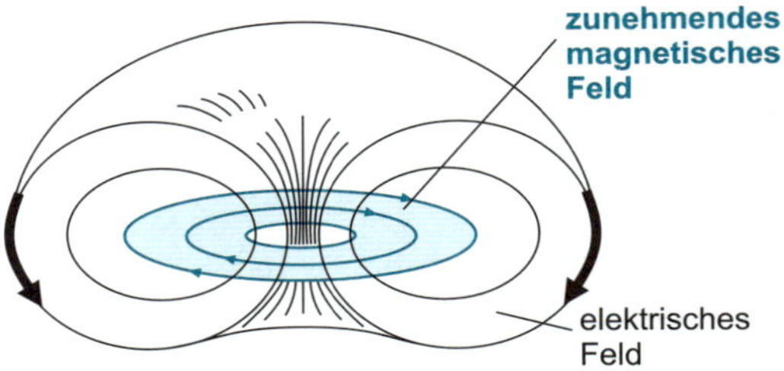

Umgekehrt wird jedes zeitlich veränderliche elektrische von einem zeitlich veränderlichen magnetischen Wirbelfeld umschlossen: Während sich ein elektrisches Feld ändert, ist es von ringförmig geschlossenen magnetischen Feldlinien umgeben.

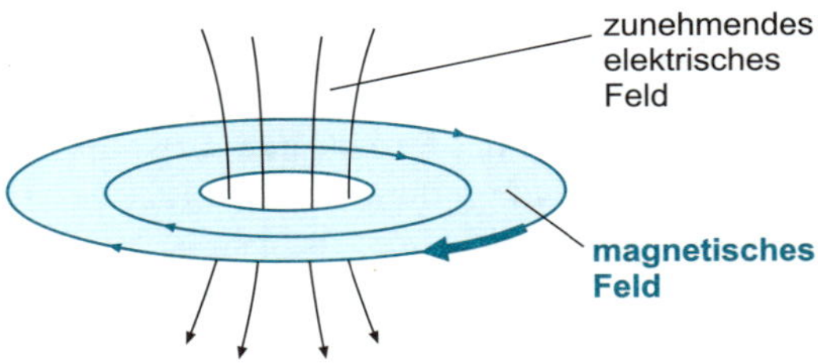

Elektrische und magnetische Wechselfelder können sich so, losgelöst von materiellen Trägern, gegenseitig generieren. Einmal durch Ladungsverschiebungen im Dipol erzeugt, breiten sie sich, wie in dem Schema rechts angedeutet, in den Raum aus.

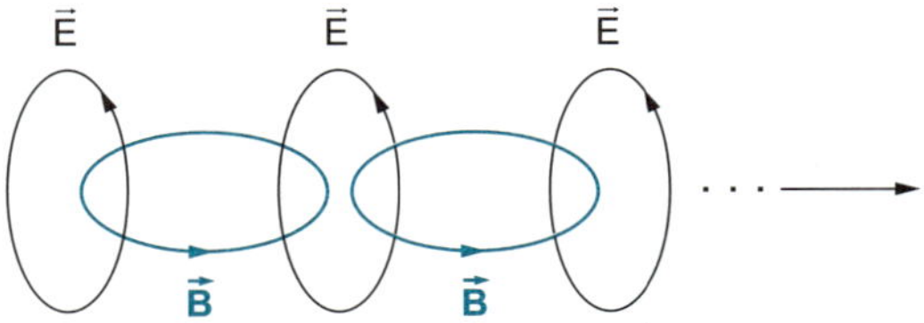

Auch ein in der Grundschwingung angeregter Hertz'scher Dipol erzeugt elektromagnetische Wechselfelder, die sich nach dem Maxwell'schen Mechanismus in den Raum ausbreiten. Experimentelle Untersuchungen belegen eine Reihe von Gesetzmäßigkeiten, die auf der folgenden Seite als Regel zusammengefasst sind.

Regel

Gesetze der Dipolstrahlung

1. Das von einem Dipol abgestrahlte elektrische und magnetische Wechselfeld hat die Eigenschaft einer Transversalwelle.
2. Diese Welle ist linear polarisiert.
3. Ihre Wellenlänge ist gleich der doppelten Dipollänge, wenn der Dipol in der Grundschwingung angeregt ist.
4. Ihre Frequenz ist gleich der Frequenz, mit welcher der Dipol schwingt.
5. Ihre Ausbreitungsgeschwindigkeit im Vakuum ist gleich der Lichtgeschwindigkeit.
6. Die abgestrahlten elektrischen und magnetischen Felder sind rotationssymmetrisch um den Dipol angeordnet.
7. In jedem Punkt des abgestrahlten elektromagnetischen Feldes stehen die Vektoren der elektrischen Feldstärke $\vec{E}$ und der magnetischen Flussdichte $\vec{B}$ senkrecht aufeinander und jeweils auch senkrecht auf der Ausbreitungsrichtung der Transversalwelle.

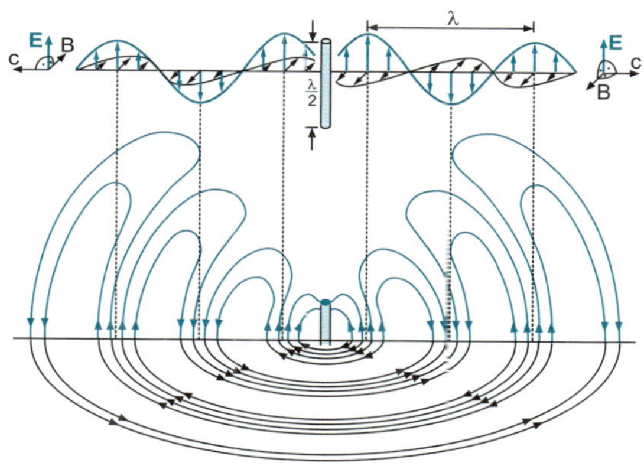

8. In einer Ebene senkrecht zum Dipol durch die Dipolmitte strahlt der Dipol maximal Energie ab.
9. Parallel zu seiner eigenen Richtung strahlt der Dipol keine Energie ab.
10. In der Nahzone des Dipols – also bei Entfernungen, die klein gegenüber der Wellenlänge sind – schwingen elektrischer und magnetischer Feldvektor mit einer Phasenverschiebung von einer Viertelschwingung.
11. In der Fernzone des Dipols – also in einer Entfernung, die wesentlich größer als die Wellenlänge ist – schwingen elektrischer und magnetischer Feldvektor gleichphasig.

Beispiel

Experimentell lässt sich zeigen, dass Dipolschwingungen sehr stark gedämpft sind. Welche Schlussfolgerungen ziehen Sie hieraus?

Lösung:
Der ohmsche Widerstand des Dipols ist zu klein, um die starke Dämpfung über Wärmeverluste erklären zu können. Vielmehr verliert der Dipol elektromagnetische Energie dadurch, dass er sie in den umgebenden Raum **abstrahlt**.

Aufgaben

154. Ein Dipol S_1 schwingt mit der Frequenz $f_0 = 434$ MHz (Grundschwingung).

a) Bestimmen Sie die Zeit, die zwischen der maximalen Ausbildung und dem anschließenden völligen Verschwinden des elektrischen oder magnetischen Felds am Dipol verstreicht.

b) Ermitteln Sie, wie weit die elektrischen oder magnetischen Feldlinien in dieser Zeit höchstens in den umgebenden Raum ausgreifen können.

c) Erklären Sie kurz, dass S_1 einen 2 m entfernten Dipol S_2 zu Schwingungen mit der Frequenz f_0 anregen kann. Berücksichtigen Sie hierzu das Ergebnis aus Teilaufgabe b.

155. Erläutern Sie, wie man das elektrische und magnetische Feld eines schwingenden Dipols in der Fernzone nachweisen kann.

38 Nachweis und Begründung von Wellenphänomenen bei der Dipolstrahlung

Mit Dipolstrahlung lassen sich typische Transversalwellenphänomene wie Reflexion, Brechung, Beugung, Interferenz und Polarisation erzeugen. Die theoretische Begründung dieser Wellenphänomene mit Maxwells Theorie über die Ausbreitung elektromagnetischer Wellen ist in der Schule nicht möglich. Man muss sich hierfür des einfachen Huygens'schen Prinzip aus dem Jahr 1690 bedienen.

Regel

Huygens'sches Prinzip

Jeder Punkt einer jeden Wellenfront kann als Ausgangspunkt einer elementaren Kreiswelle aufgefasst werden, die sich mit der gleichen Geschwindigkeit und Wellenlänge wie die ursprüngliche Welle ausbreitet. Die neuen Wellenfronten ergeben sich durch Überlagerung aller Elementarwellen als Einhüllende der Elementarwellen.

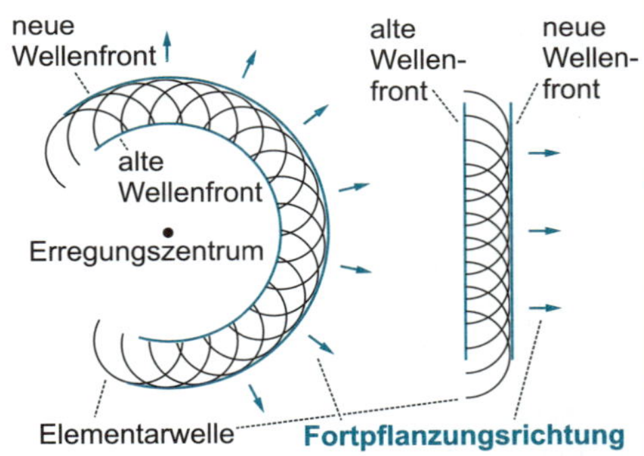

Zum experimentellen **Nachweis der Wellenphänomene** verwendet man zur Vermeidung von Störstrahlung einen 1,5 cm langen Sendedipol S, der in der Grundschwingung angeregt wird und so in einem Abstrahltrichter angebracht ist, dass die Dipolstrahlung den Sender als Parallelbündel verlässt. Die Strahlung wird mit einem auf Resonanz zu S abgestimmten Empfangsdipol E nachgewiesen. Er befindet sich in einem Empfangstrichter, der die ankommende Strahlung auf ihn konzentriert.

Reflexion

Dipolstrahlung wird an einer Metallwand so reflektiert, dass

- einfallende und reflektierte Strahlung sowie das Einfallslot in einer Ebene liegen;
- Einfalls- und Reflexionswinkel gleich sind: $\alpha_E = \alpha_R$

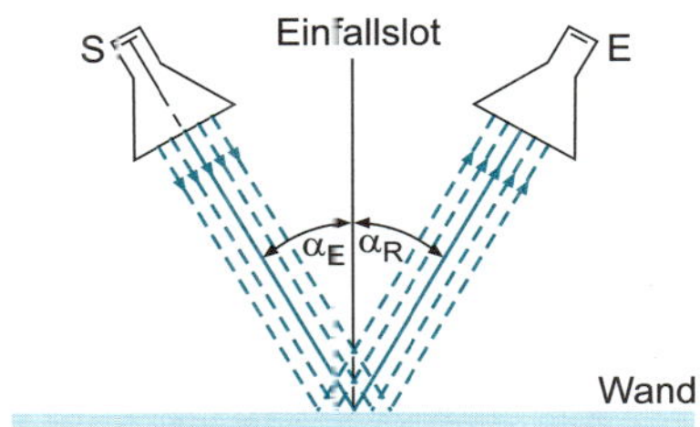

Begründung:

- Jeder Punkt der Strecke $[A_1B_1]$ wird Ausgangspunkt einer kreisförmigen Elementarwelle, sobald ihn die Wellenfront A_1A_2 erreicht.
- Der Radius der von A_1 ausgehenden Elementarwelle ist auf $\overline{A_1B_2}$ angewachsen, wenn die Wellenfront A_1A_2 den Punkt B_1 erreicht hat.
- Die Einhüllende all dieser Elementarwellen, also die Wellenfront der reflektierten Welle ist B_1B_2.
- Da die Geschwindigkeiten der einlaufenden und der reflektierten Welle gleich sind, gilt: $\overline{A_1B_2} = \overline{A_2B_1}$
- Die Dreiecke $A_1B_2B_1$ und $A_1A_2B_1$ sind kongruent, weil sie in zwei Seiten ($[A_1B_1]$ sowie $[A_1B_2]$ und $[B_1A_2]$) und dem Gegenwinkel der größeren Seite übereinstimmen (SSW-Satz).
- Daher gilt $\alpha_E = \alpha_R$.

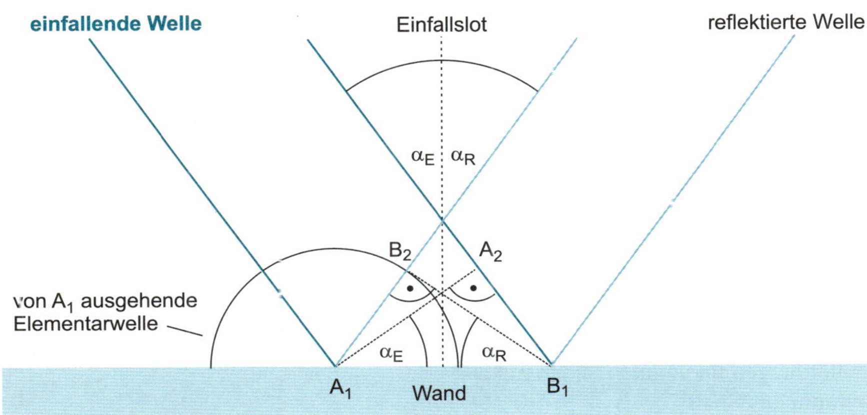

Brechung

Dipolstrahlung wird beim Auftreffen auf einen Kunstharzquader so gebrochen, dass

- einfallende und gebrochene Strahlung sowie das Einfallslot in einer Ebene liegen;
- die Sinuswerte von Einfalls- und Brechwinkel sich wie die Lichtgeschwindigkeiten c_1 in Luft und c_2 in Kunstharz verhalten:
  $\frac{\sin \alpha_E}{\sin \alpha_B} = \frac{c_1}{c_2}$

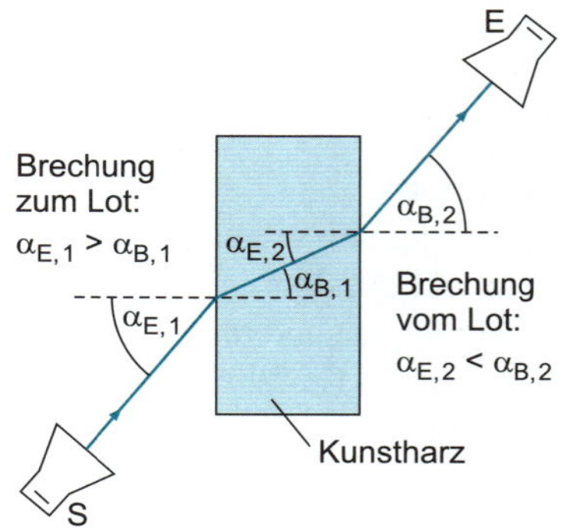

Begründung:

- Von jedem Punkt der Strecke $[A_1B_2]$ geht eine kreisförmige Elementarwelle aus, sobald die Wellenfront A_1A_2 ihn erreicht.
- In der Zeit t, in welcher der Punkt A_2 der Wellenfront A_1A_2 bis B_2 vorgedrungen ist, hat die von A_1 ausgehende Elementarwelle B_1 erreicht. Daher gilt $\overline{A_1B_1} = c_2 \cdot t$, $\overline{A_2B_2} = c_1 \cdot t$ und folglich:

$$\frac{\sin \alpha_E}{\sin \alpha_B} = \frac{\frac{\overline{A_2B_2}}{\overline{A_1B_2}}}{\frac{\overline{A_1B_1}}{\overline{A_1B_2}}} = \frac{\overline{A_2B_2}}{\overline{A_1B_1}} = \frac{c_1 \cdot t}{c_2 \cdot t} = \frac{c_1}{c_2}$$

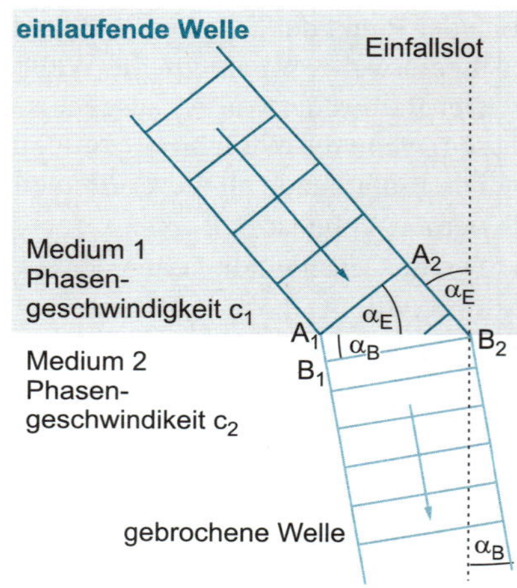

Beugung

Dipolstrahlung trifft senkrecht auf einen Spalt. Liegen Spaltbreite und Wellenlänge der Strahlung in gleicher Größenordnung, so lässt sie sich die Strahlung hinter dem Spalt mit dem Empfangsdipol E auch an Stellen nachweisen, an die sie bei geradliniger Ausbreitung nicht gelangen könnte. Man sagt, diese Stellen liegen im geometrischen Schattenraum des Spalts.

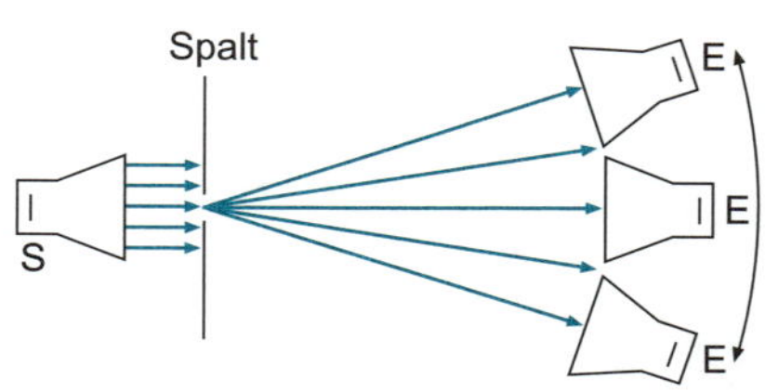

Begründung:
Nach dem Huygens'schen Prinzip entstehen längs der Spaltbreite kreisförmige Elementarwellen. Den von den Randpunkten des Spalts ausgehenden Elementarwellen fehlen einseitig Interferenzpartner. Dadurch überlagern diese Wellen sich nicht wieder vollständig zu ebenen Wellen; vielmehr „knickt" die Ausbreitungsrichtung an den Rändern nach links bzw. rechts ab.

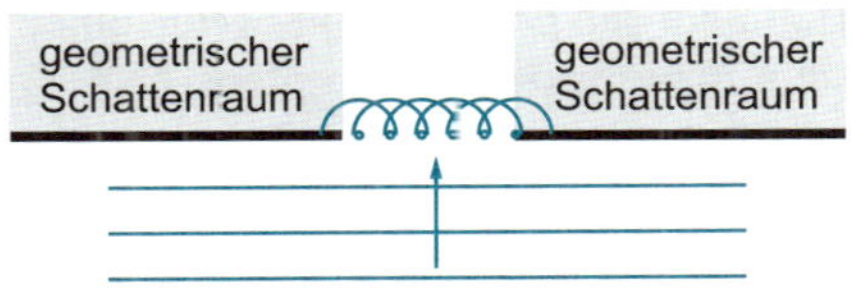

Interferenz

Zwei gleichphasig schwingende Dipole S_1, S_2 strahlen elektromagnetische Wellen gleicher Wellenlänge λ und gleicher Amplitude ab. Sie sind parallel zueinander so angeordnet, dass sie in ihrer Mitte von der Zeichenebene senkrecht geschnitten werden. Führt man den zu S_1, S_2 parallelen Empfangsdipol E entlang eines Halbkreises, so registriert man abwechselnd Empfangsmaxima bzw. -minima.

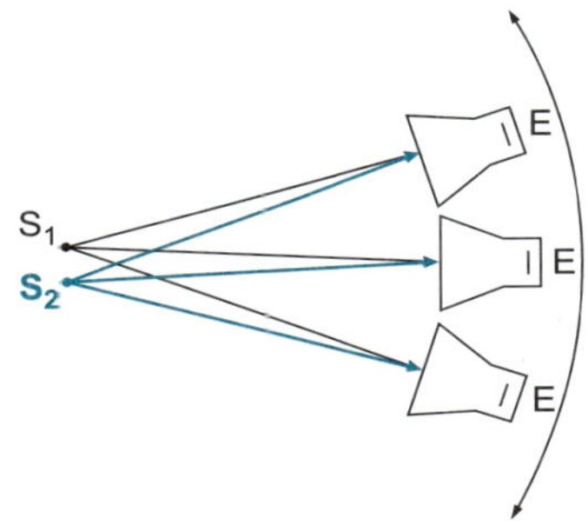

Begründung:
Von jedem Sendedipol breiten sich nach dem Huygens'schen Prinzip Kreiswellen aus. Diese interferieren in einem Punkt P

- konstruktiv, wenn ihr Gangunterschied

  $\Delta s = \overline{PE_1} - \overline{PE_2}$

  ein ganzzahliges Vielfaches der ganzen Wellenlänge ist:

  $\Delta s = k \cdot \lambda, \quad k = 1, 2, \ldots$

  $\rightarrow$ Interferenzmaximum
- destruktiv, wenn ihr Gangunterschied

  $\Delta s = \overline{PE_1} - \overline{PE_2}$

  ein ungeradzahliges Vielfaches der halben Wellenlänge ist:

  $\Delta s = (2k+1) \cdot \frac{\lambda}{2}, \quad k = 1, 2, \ldots$

  $\rightarrow$ Interferenzminimum

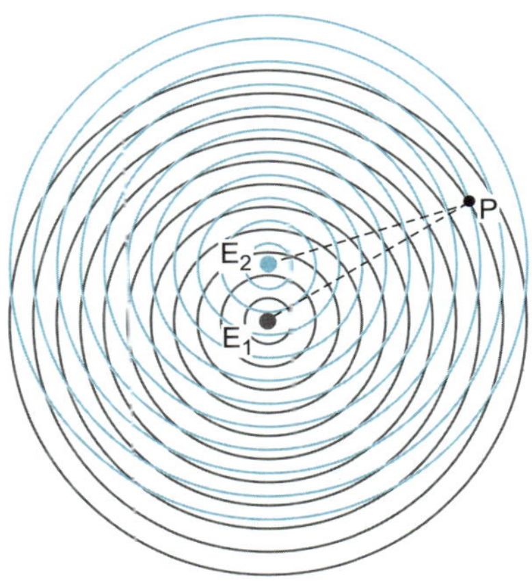

Polarisation

Hält man den Empfangsdipol E in einem Raumpunkt P parallel zum Sendedipol S, stellt man maximalen Empfang fest. Nimmt E eine Stellung senkrecht zu S ein, verschwindet der Empfang.

Begründung:

Da die frei beweglichen Elektronen im Empfangsdipol nur von der zu ihm parallelen Komponente des $\vec{E}$-Vektors zu Schwingungen angeregt werden können, schwingt der $\vec{E}$-Vektor in der vom Dipol abgestrahlten elektromagnetischen Welle nur in der vom Dipol und dem Raumpunkt festgelegten Ebene.
Analog kann man mit einer Induktionsschleife nachweisen, dass der $\vec{B}$-Vektor in jedem Raumpunkt stets in einer Ebene schwingt, die senkrecht zur Schwingungsebene des $\vec{E}$-Vektors verläuft.

Messung der Wellenlänge

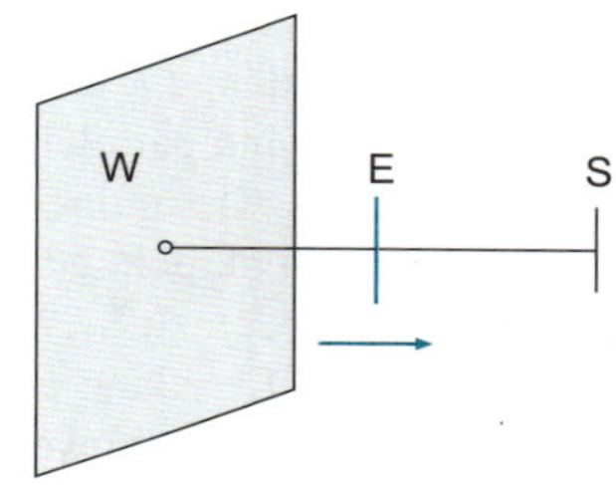

Zur Messung der Wellenlänge lässt man die Strahlung des Senders S senkrecht auf eine hinreichend große Metallwand W treffen. Die von S auf W zulaufende und die an W reflektierte elektromagnetische Welle überlagern sich dann zu einer **stehenden Welle**.
Mit einem zu S parallelen, auf Resonanz abgestimmten Empfangsdipol E stellt man auf dem Weg von W nach S in periodischen Abständen an den Bäuchen der stehenden Welle Empfangsmaxima, an ihren Knoten Empfangsminima fest. Direkt an W liegt ein Minimum vor. Die Wellenlänge ist doppelt so groß wie der Abstand zwischen zwei benachbarten Knoten.

Beispiel

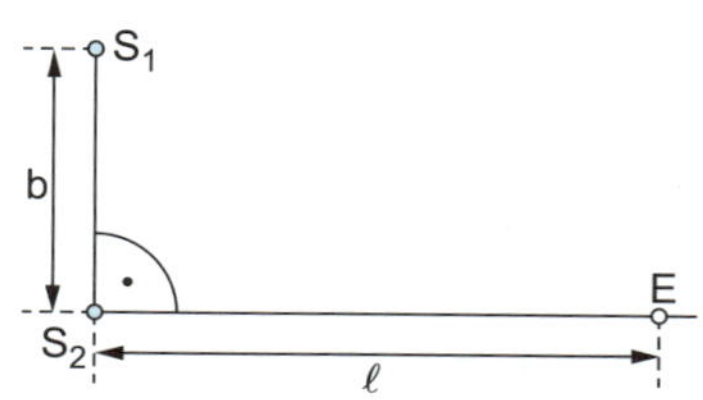

Zwei gleichphasig schwingende Dipole S_1, S_2 strahlen elektromagnetische Wellen gleicher Wellenlänge λ und gleicher Amplitude ab. Sie sind parallel zueinander im Abstand b so angeordnet, dass sie in ihrer Mitte von der Zeichenebene senkrecht geschnitten werden. Auf einer Senkrechten zur Verbindungslinie der Dipolmitten durch S_2 kann ein zu S_1, S_2 paralleler Empfangsdipol E verschoben werden.

a) Zeigen Sie, dass E für $\ell = 2\,500$ m, $b = 50{,}0$ m und $\lambda = 0{,}500$ m ein Empfangsmaximum registriert.

b) Berechnen Sie die größtmögliche Wellenlänge λ, für die E ein Empfangsminimum registriert, wenn $b = 50{,}0$ m und $\ell = 700$ m.

Lösung:

a) Ansatz: Sie müssen nachweisen, dass der Gangunterschied der gesendeten Wellenzüge, die bei E eintreffen, ein ganzzahliges Vielfaches der Wellenlänge ist.

$\Delta s = \overline{S_1E} - \overline{S_2E}$ — Gangunterschied

$= \sqrt{b^2 + \ell^2} - \ell \quad (*)$ — Pythagoras: $\overline{S_1E} = \sqrt{b^2 + \ell^2}$

$= \sqrt{(50{,}0\text{ m})^2 + (2\,500\text{ m})^2} - 2\,500\text{ m}$ — Zahlenwerte einsetzen

$= 0{,}500\text{ m} = \boldsymbol{\lambda}$

Da der Gangunterschied genau eine Wellenlänge beträgt, findet in E konstruktive Interferenz statt.

b) Ansatz: Ein Empfangsminimum liegt vor, wenn die Wellenzüge in E destruktiv interferieren. Dazu muss ihr Gangunterschied ein ungeradzahliges Vielfaches der halben Wellenlänge sein.

$\Delta s = (2k+1)\cdot\frac{\lambda}{2}$ — Bedingung für destruktive Interferenz

$= (2k_{min}+1)\cdot\frac{\lambda_{max}}{2} = \frac{\lambda_{max}}{2} \quad (**)$ — Bei festem Δs ist λ dann am größten, wenn k den kleinsten Wert annimmt: $k_{min} = 0$.

$\Delta s = \sqrt{b^2 + \ell^2} - \ell$ — Gangunterschied nach (*)

$\frac{\lambda_{max}}{2} = \sqrt{b^2 + \ell^2} - \ell$ — $\Delta s = \frac{\lambda_{max}}{2}$ nach (**)

$\lambda_{max} = 2\sqrt{b^2 + \ell^2} - 2\ell$ — beide Seiten mit 2 multiplizieren

$\lambda = 2\sqrt{(50{,}0\text{ m})^2 + (700\text{ m})^2} - 2\cdot 700\text{ m}$ — Zahlenwerte einsetzen

$= \mathbf{3{,}57\text{ m}}$

Aufgaben **156.** Zwei gleichphasig schwingende Dipole S_1, S_2 strahlen elektromagnetische Wellen gleicher Wellenlänge λ und gleicher Amplitude ab. Sie sind parallel zueinander im Abstand b so angeordnet, dass sie in ihrer Mitte von der Zeichenebene senkrecht geschnitten werden.

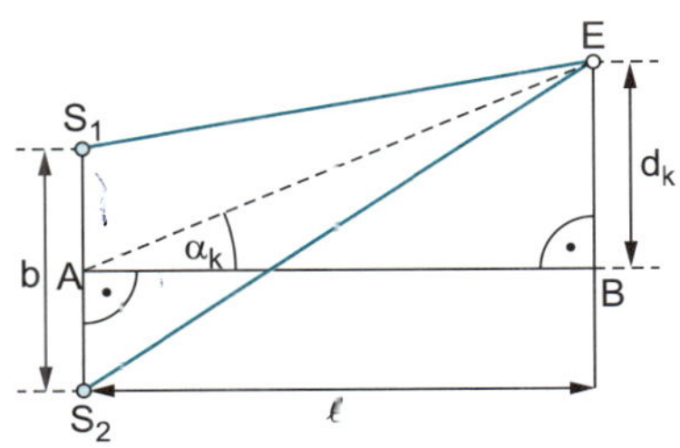

Auf einer Parallelen zur Verbindungslinie der Dipolmitten im Abstand ℓ kann ein zu S_1 und S_2 paralleler Empfangsdipol E verschoben werden. Dabei ist ℓ so groß, dass S_1E und S_2E in sehr guter Näherung als parallel angesehen werden können.

Zeigen Sie, dass dann zwischen den Größen b, d_k, λ und ℓ der Zusammenhang

- $\dfrac{b \cdot d_k}{\sqrt{\ell^2 + d_k^2}} = k \cdot \lambda, \quad k = 0, 1, 2, \ldots,$

  besteht, wenn E ein Empfangsmaximum registriert;

- $\dfrac{b \cdot d_k}{\sqrt{\ell^2 + d_k^2}} = (2k+1) \cdot \dfrac{\lambda}{2}, \quad k = 0, 1, 2, \ldots,$

  besteht, wenn E ein Empfangsminimum registriert.

157. Zwei Dipole S_1, S_2 werden von der Zeichenebene senkrecht jeweils in ihrer Mitte geschnitten. Sie schwingen gleichphasig und strahlen elektromagnetische Wellen gleicher Wellenlänge und gleicher Amplitude ab. Ihre Lage in einem Koordinatensystem gibt die Skizze rechts wieder.

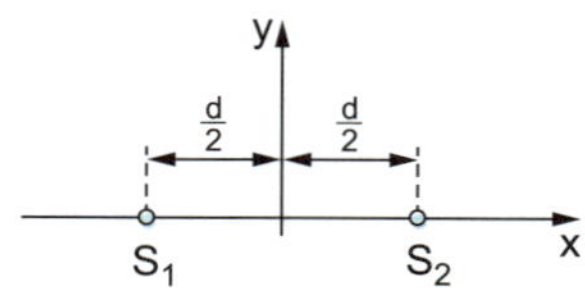

a) Zeigen Sie durch Rechnung, dass die Anordnung in die positive oder negative x-Richtung keine elektromagnetische Energie abstrahlt, wenn der Abstand der beiden Dipole eine halbe Wellenlänge beträgt.

b) Begründen Sie, in welche Richtung die Dipolanordnung dann maximale Energie abstrahlt.

c) Nennen Sie eine technische Anwendung, die sich nach den Resultaten der Teilaufgaben a und b für die skizzierte Dipolanordnung ergibt.

158. Ein Sendedipol S steht senkrecht zur Zeichenebene im Abstand a parallel zu einer Reflexionswand. Er strahlt elektromagnetische Wellen der Frequenz f ab. Längs einer zu SA parallelen, zur Reflexionswand senkrechten Geraden g, die von SA den Abstand ℓ hat, kann ein zu S paralleler Empfangsdipol E verschoben werden.

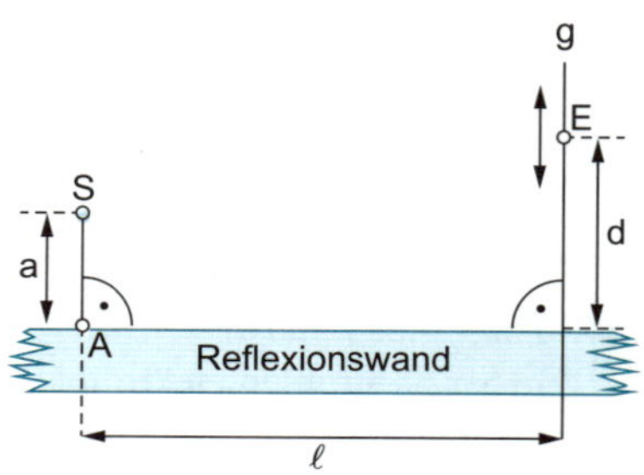

Erläutern Sie ohne Rechnung, aber unter Zuhilfenahme einer Skizze, warum E während seiner Bewegung längs g abwechselnd Empfangsmaxima und -minima registriert.

159. a) Erklären Sie: Was ist eine linear polarisierte Welle?

b) Erläutern Sie, wie sich nachweisen lässt, dass die von einem Dipol abgestrahlten elektromagnetischen Wellen linear polarisiert sind.

160. In einem Holzrahmen G sind genügend lange Metalldrähte parallel zueinander und in geeigneten, gleich großen Abständen gespannt. Trifft eine elektromagnetische Welle senkrecht auf G, so kommt es dahinter zur Auslöschung der Welle, wenn ihr $\vec{E}$-Vektor parallel zu den Gitterstäben gerichtet ist. Die Welle kann das Gitter ungehindert passieren, wenn ihr $\vec{E}$-Vektor senkrecht zu den Gitterstäben gerichtet ist.

a) Erklären Sie dies.

b) Ermitteln Sie, wie viel Prozent der in der auftreffenden Welle gespeicherten elektrischen Energie das Gitter passieren können, wenn der $\vec{E}$-Vektor mit den Stäben einen 30°-Winkel einschließt.

Hinweis: Denken Sie an die Formel für die Energiedichte im elektrischen Feld.

39 Anwendungen in der Technik

Neun Jahre nach der Entdeckung der elektromagnetischen Wellen durch Heinrich Hertz initiierte der Italiener Guglielmo Marconi (1874–1937) ab 1897 eine stürmische, auf Hertzs Erkenntnissen basierende Entwicklung der Rundfunktechnik und erhielt dafür 1909 den Nobelpreis. Ein Teilaspekt dieser damaligen Hochtechnologie, die **Amplitudenmodulation**, wird Ihnen in diesem Abschnitt näher gebracht.

Beim Rundfunk werden niederfrequente Schwingungen bis etwa 20 000 Hz drahtlos übertragen. Da die von einem Dipol abgestrahlte Leistung P proportional zur vierten Potenz seiner Eigenfrequenz ist, $P \sim f^4$, ist die Frequenz solcher Schwingungen zu klein, um direkt über eine Antenne abgestrahlt zu werden. Die Idee bei der Amplitudenmodulation ist es, eine hochfrequente elektromagnetische Welle als Träger zu verwenden und dieser die Niederfrequenz als Schwankung der Amplitude aufzuprägen.

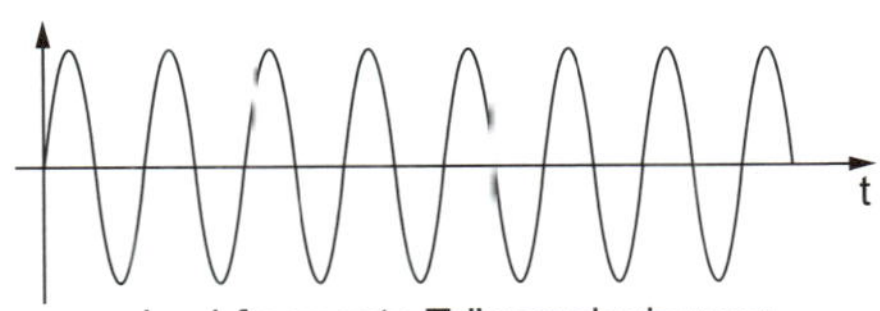

hochfrequente Trägerschwingung

niederfrequente Schwingung

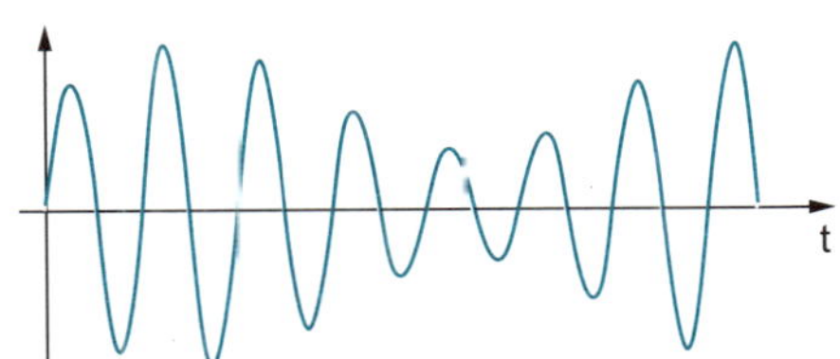

amplitudenmodulierte Schwingung

Die Amplitude $I_T(t) = I_{0,T} \cdot \sin(2\pi \cdot f_T \cdot t)$ einer hochfrequenten Schwingung, der **Trägerschwingung**, wird im Takt der **Modulationsschwingung** mit wesentlich niedrigerer Frequenz f_M und der Amplitude $I_M(t) = I_{0,M} \cdot \sin(2\pi \cdot f_M \cdot t)$ verändert:
$I_{AM}(t) = \left(I_{0,T} + I_{0,M} \cdot \sin(2\pi \cdot f_M \cdot t)\right) \cdot \sin(2\pi \cdot f_T \cdot t)$

Technisch bewerkstelligt man dies in einem **Sender**, indem man einen Transformator mit Mikrofonkreis an einen Hochfrequenzoszillator anschließt (Schaltung Skizze rechts). Das Mikrofon M wandelt die Schallschwingungen in elektrische Schwingungen um, die vom Transformator auf den Gitterkreis übertragen werden. Die dadurch hervorgerufenen zusätzlichen niederfrequenten Spannungsschwankungen des Gitters verursachen Amplitudenschwankungen der durch die Dreipunktschaltung erzeugten Hochfrequenzschwingung (vgl. S. 130). Der induktiv an den Schwingkreisbügel angekoppelte Dipol S strahlt amplitudenmodulierte elektromagnetische Wellen ab.

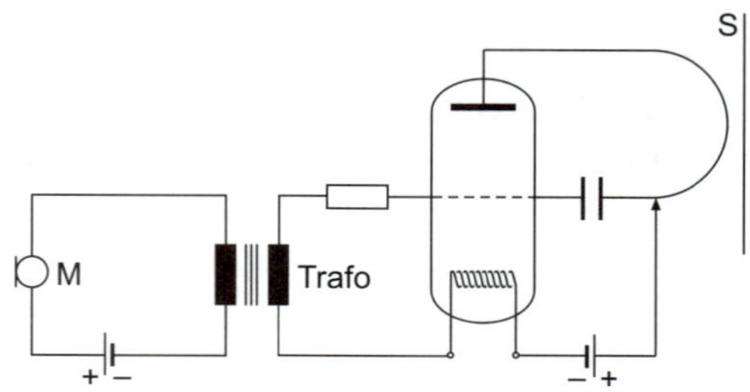

Als **Demodulation** bezeichnet man die Rückwandlung einer mit Niederfrequenz modulierten Hochfrequenzschwingung in die Niederfrequenzschwingung. Die Demodulation ist erforderlich, weil eine Lautsprechermembran trägheitsbedingt hohen Frequenzen nicht folgen kann. Zur Demodulation amplitudenmodulierter Schwingungen schneidet man mit einer Hochfrequenzdiode den unteren oder oberen Teil der Hochfrequenzschwingung ab. Der mit der beschnittenen Schwingung gespeiste Lautsprecher folgt dann den niederfrequenten Schwankungen.

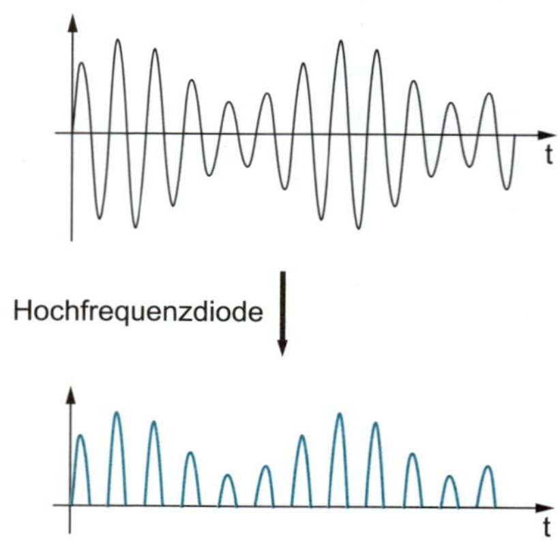

Im **Empfänger** regt die ankommende elektromagnetische Welle den Empfangsdipol E zu hochfrequenten amplitudenmodulierten Schwingungen an, die an den angekoppelten, auf Resonanz abgestimmten Schwingkreis übertragen werden.

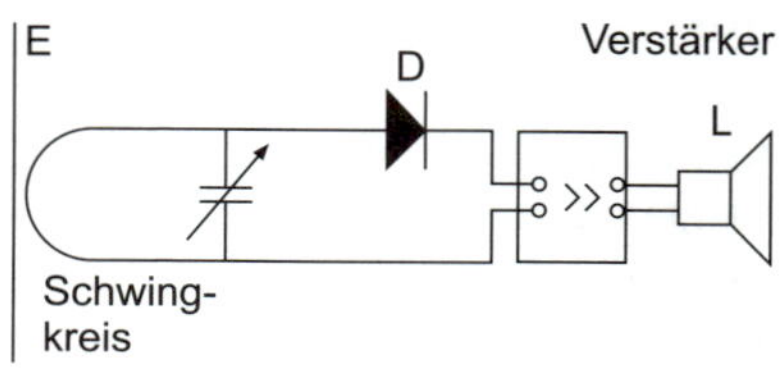

Die am Schwingkreiskondensator abgegriffene amplitudenmodulierte Hochfrequenzspannung wird durch die Hochfrequenzdiode D gleichgerichtet und verstärkt einem Lautsprecher L zugeführt, der die Niederfrequenzschwingung hörbar macht.

Durch eine trigonometrische Umformung lässt sich die amplitudenmodulierte Schwingung als Summe dreier sinusförmiger Schwingungen der Frequenzen f_T, $f_T - f_M$ und $f_T + f_M$ darstellen:

$$I_{AM}(t) = I_{0T} \cdot \sin(2\pi \cdot f_T \cdot t)$$
$$+ \frac{I_{0M}}{2} \cdot \cos\left(2\pi \cdot (f_T - f_M) \cdot t\right) - \frac{I_{0M}}{2} \cdot \cos\left(2\pi \cdot (f_T + f_M) \cdot t\right)$$

Die Differenz $(f_T + f_M) - (f_T - f_M) = 2f_M$ der größten und der kleinsten Frequenz heißt **Frequenzbandbreite**. Ein Sender, der Sprache und Musik optimal übertragen will, muss alle Frequenzen des Tonfrequenzbereichs von 20 Hz bis 20 kHz. übertragen. Seine Frequenzbandbreite beträgt also unabhängig von der Trägerfrequenz $2 \cdot 20\ \text{kHz} = 40\ \text{kHz}$.

Zwei frequenzbenachbarte Sender stören sich gegenseitig dann nicht, wenn der Abstand ihrer Trägerfrequenzen $f_{T,1}$ und $f_{T,2}$ so groß ist, dass sich oberes und unteres Frequenzband nicht überlappen (siehe Diagramm rechts).

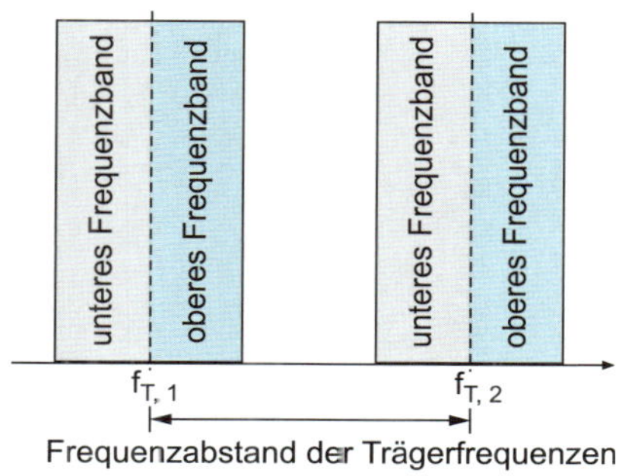

ufgaben **161. Mittel- und Kurzwellensender**

Elektromagnetische Wellen werden dem Mittel- bzw. dem Kurzwellenbereich zugeordnet, wenn ihre Frequenzen im Bereich (500 kHz–1 600 kHz) bzw. (6 MHz–16 MHz) liegen.

a) Der langwelligste Mittelwellensender und der kurzwelligsten Kurzwellensender erhalten den gleichen Energie-Input. Berechnen sie das Verhältnis der zugehörigen Sendeleistungen.

b) Wie viel Sender können maximal bei einer Frequenzbandbreite von 40 000 Hz im Mittel- bzw. Kurzwellenbereich betrieben werden?

c) In Glasfaserleitungen kann man Licht als Trägerwelle verwenden. Bestimmen Sie die Anzahl der Telefongespräche, die bei einer Frequenzbandbreite von 40 000 Hz durch ein Glasfaserkabel gesendet werden können, wenn man Licht der Frequenz 500 nm als Träger verwendet.

162. UKW-Empfang

Das Sendefrequenzband des 2. Programms des Bayrischen Rundfunks erstreckt sich von 92 980 000 Hz bis 93 020 000 Hz.

a) Berechnen Sie die Trägerfrequenz.

b) Bestimmen Sie die optimale Empfangsdipollänge.

Licht als Welle

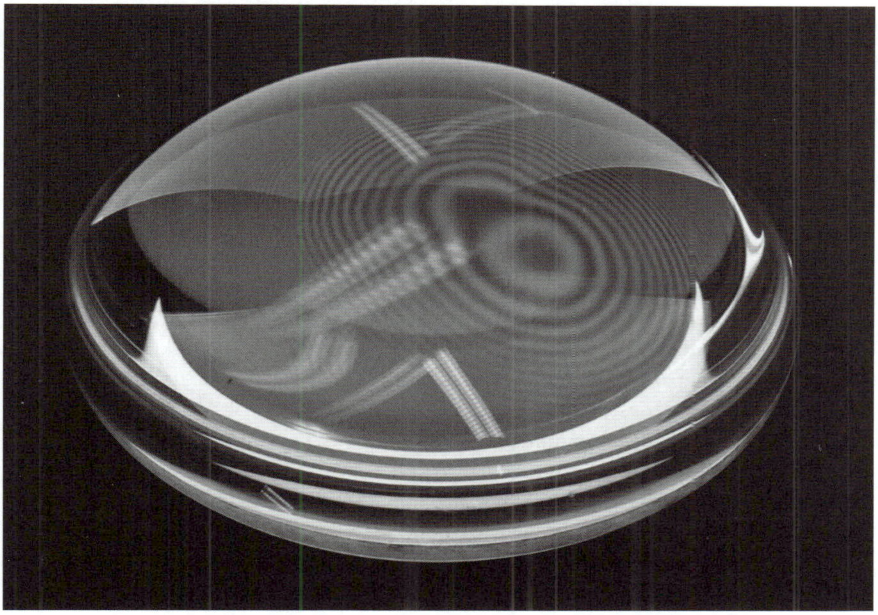

Dass sichtbares Licht nichts anderes ist als elektromagnetische Wellen aus einem bestimmten Wellenlängenbereich, ist eine der erstaunlichsten Aussagen der Maxwell'schen Theorie des Elektromagnetismus. In den vier Gleichungen, welche die Eigenschaften des elektrischen und magentischen Feldes und deren gegenseitige Beeinflussung beschreiben, taucht die universelle Naturkonstante c auf. Sie stellt sich als Geschwindigkeit heraus, mit der sich elektromagnetische Wellen im Vakuum ausbreiten. Ihr Zahlenwert ist rund 300 000 $\frac{km}{s}$ und damit gerade so groß wie der Wert, den bereits zu Maxwells Zeiten unabhängige Messungen für die Lichtgeschwindigkeit ergeben haben. Der Wellencharakter des Lichts zeigt sich an vielen bekannten Farbspielen wie dem Schimmern von Schmetterlingsflügeln oder Seifenblasen, den Farbereflexen einer CD oder den Newton'schen Ringen (Foto), die auftreten, wenn Licht auf einen Luftspalt zwischen zwei reflektierenden Oberflächen trifft: All diese Phänomene beruhen auf Interferenz, einer typischen Welleneigenschaft.

40 Kohärenz und Interferenz

Zu Beginn des 18. Jahrhunderts standen sich zwei Hypothesen über die physikalische Natur des Lichts gegenüber: Christiaan Huygens (1629–1695) erklärte 1678 in seiner Wellentheorie das Licht als mechanische Longitudinalwelle, die sich mit endlicher Geschwindigkeit in einem alle Körper durchdringenden Medium, dem Äther, durch den Raum ausbreitet. Nach der im Jahr 1704 veröffentlichten Korpuskulartheorie von Isaac Newton (1643–1727) besteht Licht dagegen aus kleinsten Teilchen, die sich nach den Gesetzen der Punktmechanik durch den Raum bewegen. Erst im 19. Jahrhundert wurde der Streit zugunsten der Wellentheorie entschieden, nachdem der Nachweis von **Lichtinterferenzen** gelungen war.

Regel

Interferenzbedingungen
Überlagern sich nur zwei Wellen, so spricht man von **Zweistrahlinterferenz**.
Nur dann, wenn die Wellenquellen

1. gleiche Frequenz,
2. gleiche Schwingungsrichtung,
3. gleiche Schwingungsamplitude,
4. konstante Phasendifferenz und
5. einen unveränderlichen räumlichen Abstand

haben, beobachtet man im Überlagerungspunkt

- **konstruktive Interferenz k-ter Ordnung**, wenn ihr Gangunterschied Δs ein ganzzahliges Vielfaches der ganzen Wellenlänge ist:
  $\Delta s = k \cdot \lambda, \quad k = 0, \pm 1, \pm 2, \ldots$
- **destruktive Interferenz k-ter Ordnung**, wenn ihr Gangunterschied Δs ein ungeradzahliges Vielfaches der halben Wellenlänge ist:
  $\Delta s = (2k+1) \cdot \frac{\lambda}{2}; \quad k = 0, \pm 1, \pm 2, \ldots$

Der Streit darüber, ob nun die Huygens'sche Wellentheorie oder die Newton'sche Teilchentheorie das Licht richtig beschreibt, hielt v. a. deswegen so lange an, weil seinerzeit lediglich **thermische Lichtquellen** verfügbar waren. In solchen Quellen (Sonne, Glühlampe, Kerze, …) strahlen Atome beim Übergang von einem angeregten in den energetischen Grundzustand unabhängig voneinander zu unterschiedlichen Zeitpunkten die Energiedifferenz in Form elektromagnetischer Energie ab. Thermische Lichtquellen erfüllen daher nie die Bedingung 4 der Interferenzregel.

Definition

Kohärenz
Zwei Wellen heißen kohärent, wenn sie von Quellen gleicher Frequenz mit konstanter Phasendifferenz abgestrahlt werden.

Man kann alle Interferenzbedingungen bei Zweistrahl-Lichtinterferenzen einhalten, wenn man das von einer punktförmigen Lichtquelle emittierte Licht mit Spiegeln, Prismen oder Spalten in zwei Strahlen aufspaltet, die sich nach Zurücklegen unterschiedlich langer Wege wieder treffen. Dann gibt es zu jedem Wellenzug in einem Strahl genau einen Wellenzug im anderen Strahl, der durch denselben Strahlungsakt desselben Atoms in der Lichtquelle zur selben Zeit entstanden ist. Somit treffen im Überlagerungspunkt jeweils zwei Wellenzüge gleicher Frequenz und gleicher Schwingungsrichtung zusammen, deren Phasendifferenz einzig und allein durch die Differenz der unterschiedlichen Weglängen zwischen Emissions- und Überlagerungspunkt bestimmt ist.

Hinweis: Damit die endliche Breite a der Lichtquellen die Interferenz nicht stört, muss zwischen a, dem halben Öffnungswinkel ε des benutzten Lichtbündels und der Wellenlänge λ der Zusammenhang
$a \cdot \sin \varepsilon < \frac{\lambda}{2}$
bestehen (Kohärenzbedingung für flächige Lichtquellen).

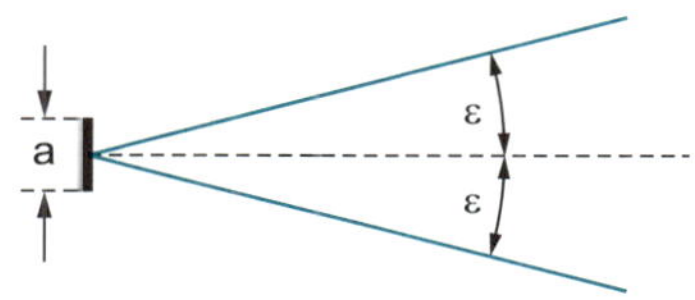

Da die Atome einer Lichtquelle nur Wellenzüge endlicher Länge abstrahlen, sind trotz Einhaltung aller bis jetzt genannter Bedingungen Interferenzen nicht zu beobachten, wenn die Länge des abgestrahlten Wellenzugs kürzer als der Gangunterschied ist. Dann passieren die kohärenten Wellenzüge den Interferenzort nämlich nacheinander.

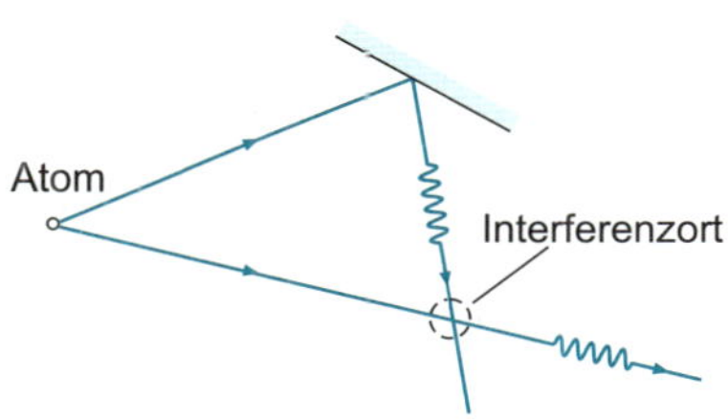

Beispiel

1826 bestrahlte Augustin Fresnel (1788–1827) ein **Biprisma** durch einen Spalt mit dem monochromatischen Licht einer punktförmigen Lichtquelle.
Zeichnen Sie den Strahlengang in das rechts dargestellte Schema ein.
Begründen Sie, warum er in dem farbig gekennzeichneten Bereich auf dem Schirm helle und dunkle Streifen beobachten konnte.

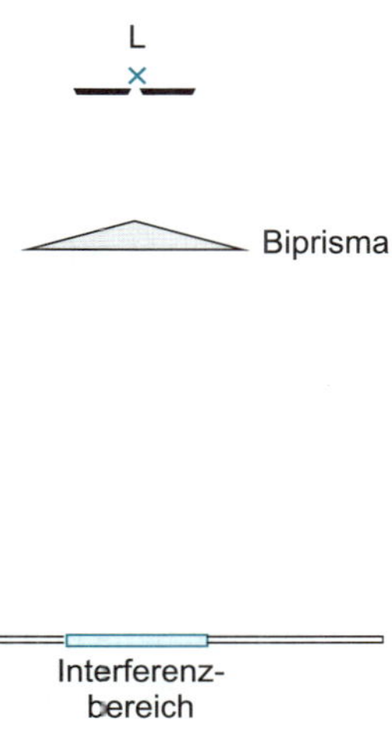

Lösung:
Das monochromatische Licht der Lichtquelle L wird nach Durchtritt durch den Spalt, der die Einhaltung der Kohärenzbedingung gewährleistet, vom Biprisma gebrochen. Für einen Beobachter, der vom Schirm in Richtung Spalt blickt, entstehen so zwei virtuelle Bilder L'_1 und L'_2 der Lichtquelle L. Diese fungieren als kohärente Lichtquellen und erzeugen auf dem Schirm in dem gemeinsam beleuchteten Gebiet helle und dunkle, zum Spalt parallele Interferenzstreifen.

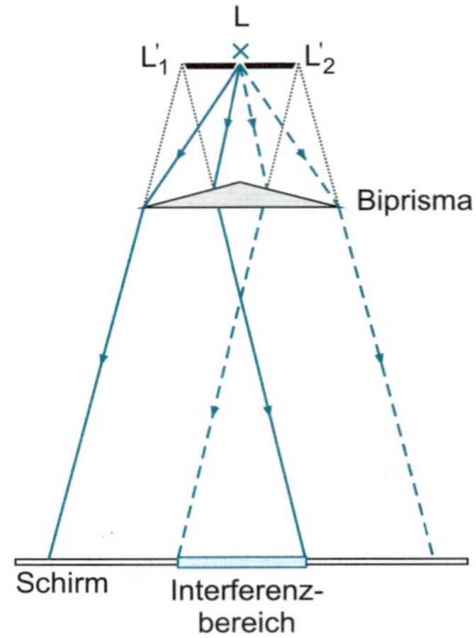

Aufgaben **163.** 1826 bestrahlte Fresnel einen **Doppelspiegel** durch einen Spalt mit dem monochromatischen Licht einer punktförmigen Lichtquelle. Zeichnen Sie den Strahlengang in das rechts dargestellte Schema ein. Begründen Sie, warum er auf dem Schirm helle und dunkle Streifen beobachten konnte.

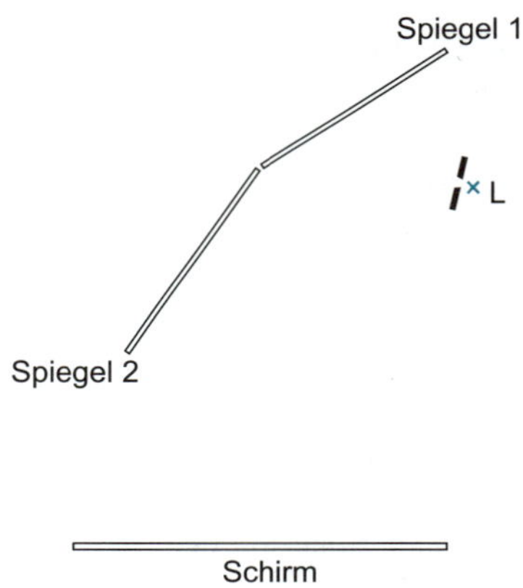

164. 1839 brachte H. Lloyd einen von einer monochromatischen Lichtquelle L beleuchteten Spalt im Abstand a über einem ebenen Spiegel und im Abstand ℓ von einem Schirm an.
Begründen Sie, warum er bei richtiger Dimensionierung auf dem Schirm helle und dunkle Streifen beobachten konnte.

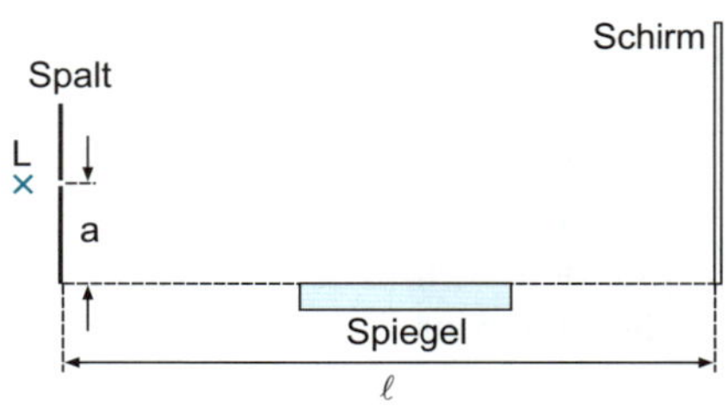

165. Bei einem **Michelson-Interferometer** trifft das monochromatische, parallele Licht einer Lichtquelle L auf einen unter 45° gegen die Einfallsrichtung des Lichts stehenden, halbdurchlässigen Spiegel Sp.

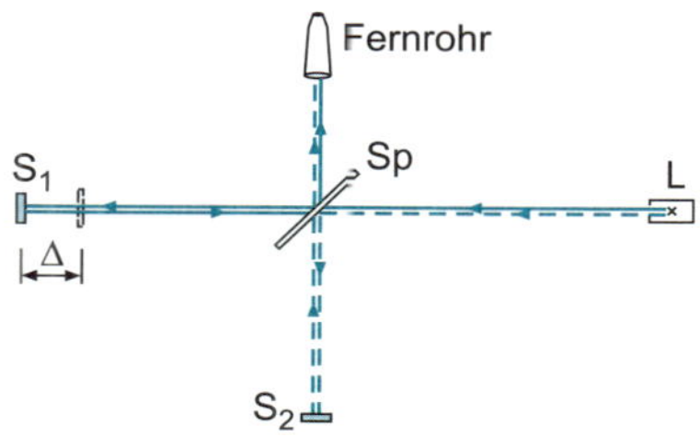

Ein Teil eines von L ausgehenden Lichtstrahl durchdringt Sp, trifft senkrecht auf den ebenen Spiegel S_1, wird dort reflektiert, gelangt wieder zu Sp und wird zum Teil von Sp ins Fernrohr reflektiert. Der andere Teil des von L ausgehenden Lichtstrahls wird von Sp reflektiert, trifft senkrecht auf den ebenen Spiegel S_2, wird dort reflektiert, kehrt zu Sp zurück, durchdringt Sp zum Teil und gelangt ins Fernrohr.
Da jeder ins Fernrohr gelangende Teil des von L ausgegangenen Strahls einmal an Sp reflektiert und einmal von Sp durchgelassen wurde und je einmal von S_1 bzw. S_2 reflektiert wurde, treffen beide Anteile mit gleicher Intensität ins Fernrohr. Stellt es der Beobachter auf Unendlich ein, so sieht er ein System von zur Fernrohrachse konzentrischen, hellen und dunklen Interferenzringen.

a) Beschreiben Sie, wie sich das Interferenzbild verändert, wenn man S_1 um $\frac{\lambda}{4}$ in Richtung L verschiebt.

b) Nun wird S_1 langsam um das Wegstück Δ verschoben und dabei die Anzahl N der Wechsel zwischen hell und dunkel gezählt. Geben Sie den Zusammenhang an, der zwischen N, λ, Δ besteht, und begründen Sie kurz.

c) Mit einem Michelson-Interferometer wurde die Länge des Pariser Urmeters als Vielfaches der Wellenlänge $\lambda_{\text{Cadmium}} = 643{,}847$ nm der roten Linie im Cadmiumspektrum bestimmt. Ermitteln Sie die Anzahl der Helligkeitswechsel, die dabei gezählt wurden.

41 Interferenz am Doppelspalt

1802 gelang es Thomas Young (1773–1829) erstmals, mit einem Doppelspaltversuch Lichtinterferenzen zu erzeugen. Da bei diesem Experiment auch Beugungserscheinungen auftraten, war Young davon überzeugt, dass Interferenz und Beugung untrennbar miteinander verbunden sind. Hauptsächlich, um diese irrige Vorstellung zu widerlegen – weniger, um die Lichtwellenlänge zu messen –, ersann Fresnel seinen Doppelspiegel- und Biprismaversuch (vgl. Aufgabe 163 und Beispiel S. 151). Mit den Experimenten bewies er seinen Gegnern, dass Lichtwellen interferieren können, ohne dass ein Beugungsphänomen am Vorgang beteiligt ist.

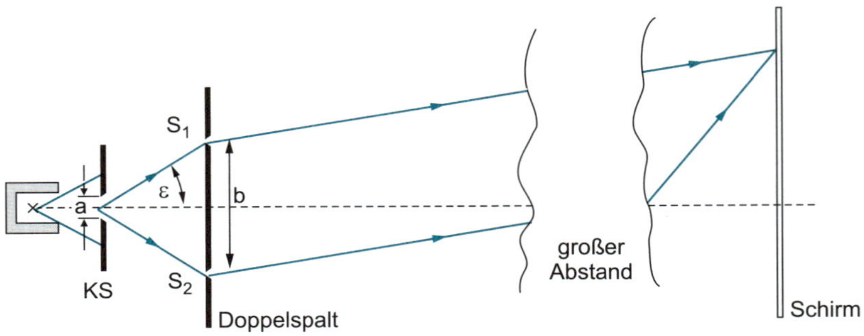

Die Grafik zeigt den Aufbau eines **Doppelspaltexperiments**. Als Lichtquelle eignet sich z. B. eine Natriumdampflampe. Sie emittiert fast monochromatisches Licht der Wellenlänge $\lambda = 589$ nm in ausreichender Intensität. Daher kann man auf lichtfokussierende Linsen und Farbfilter verzichten. Ein hinter L angebrachter Spalt KS passender Breite gewährleistet die Einhaltung der Kohärenzbedingung. Die Breiten der Einzelspalte S_1 und S_2 werden so gewählt, dass sie als punktförmige Lichtquellen fungieren. Das von den kohärenten Lichtquellen S_1 und S_2 emittierte Licht kann hinter dem Doppelspalt im Unendlichen konstruktiv und destruktiv interferieren. Auf einem sehr weit entfernten Schirm beobachtet man helle und dunkle, zu KS, S_1 und S_2 parallele Streifen.

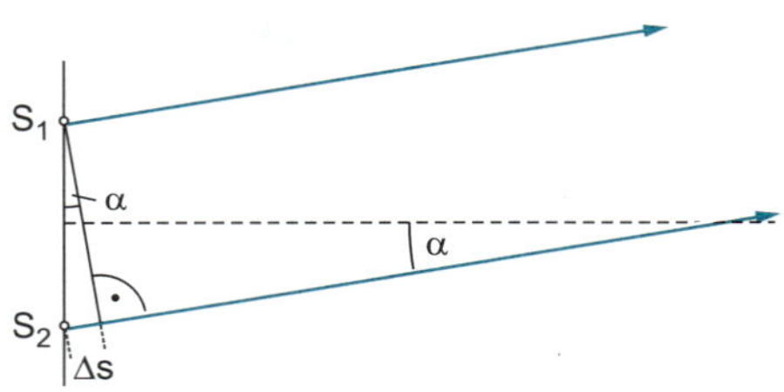

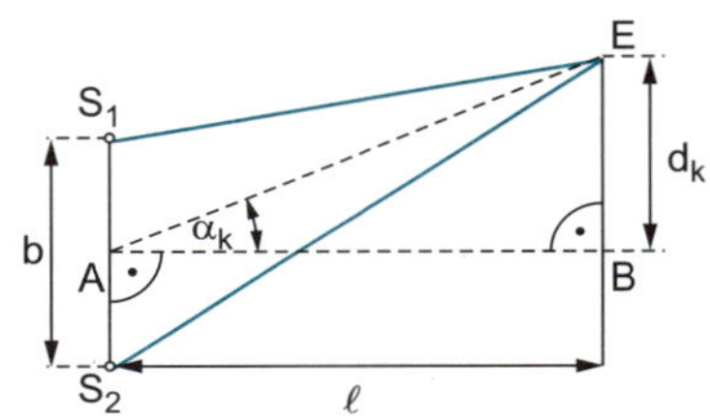

Weil der Schirm sehr weit vom Doppelspalt entfernt ist, können die von S_1 und S_2 ausgehenden und am Schirm interferierenden Strahlen als parallel angesehen werden (Bild oben links). Für den Gangunterschied Δs zweier paralleler Lichtstrahlen, die unter dem Winkel α gegen die optische Achse die Spalte S_1 und S_2 verlassen, gilt:

$\Delta s = b \cdot \sin \alpha \quad (*)$

Daher interferieren diese Strahlen im Unendlichen für $k = 0, 1, 2, \dots$

- konstruktiv, wenn $b \cdot \sin \alpha_k = k \cdot \lambda$;
- destruktiv, wenn $b \cdot \sin \alpha_k = (2k+1) \cdot \frac{\lambda}{2}$.

Ist E ein Punkt auf dem Schirm, der von der von der optischen Achse den Abstand d_k besitzt, so gilt weiter (Bild oben rechts):

$$\sin \alpha_k = \frac{d_k}{\sqrt{\ell^2 + d_k^2}}$$

Zusammen mit (∗) folgt hieraus:

Regel

Interferenzbedingungen am Doppelspalt
Trifft monochromatisches kohärentes Licht der Wellenlänge λ senkrecht auf einen Doppelspalt, beobachtet man auf einem dazu parallelen Schirm, der im Abstand ℓ dahinter angebracht ist, links und rechts von einem sehr hellen, zu den Beugungsspalten parallelen Streifen, dem Maximum 0. Ordnung, weitere dazu parallele, helle und dunkle Interferenzstreifen.
Bezeichnet b den Abstand der Beugungsspalte und d_k den Abstand der Mitte des k-ten Interferenzstreifens von der Mitte des Maximums 0. Ordnung, so gilt:
Der k-te Streifen ist

- **hell**, wenn $\frac{b \cdot d_k}{\sqrt{\ell^2 + d_k^2}} = k \cdot \lambda, \ k = 0, 1, 2, \ldots$;
- **dunkel**, wenn $\frac{b \cdot d_k}{\sqrt{\ell^2 + d_k^2}} = (2k+1) \cdot \frac{\lambda}{2}, \ k = 0, 1, 2, \ldots$

Für nahe beim Maximum 0. Ordnung liegende Interferenzstreifen lassen sich diese Formeln in guter Näherung vereinfachen:

Regel

Kleinwinkelnäherung am Doppelspalt
Der k-te Streifen ist

- **hell**, wenn $\frac{b \cdot d_k}{\ell} = k \cdot \lambda, \ k = 0, 1, 2, \ldots$;
- **dunkel**, wenn $\frac{b \cdot d_k}{\ell} = (2k+1) \cdot \frac{\lambda}{2}, \ k = 0, 1, 2, \ldots$

Begründung: Für nahe beim Maximum 0. Ordnung liegende Interferenzstreifen gilt $\ell^2 + d_k^2 \approx \ell^2$ und daher für den Term auf der linken Seite der Interferenzbedingungen (mit $\ell > 0$):

$$\frac{b \cdot d_k}{\sqrt{\ell^2 + d_k^2}} \approx \frac{b \cdot d_k}{\sqrt{\ell^2}} = \frac{b \cdot d_k}{\ell}$$

Beispiel

Monochromatisches, kohärentes Licht unbekannter Wellenlänge λ fällt auf einen Doppelspalt, bei dem der Abstand der beiden Beugungsspalte 1,0 mm beträgt. Auf einem 3,40 m entfernten, zum Doppelspalt parallelen Schirm entsteht ein Interferenzstreifenmuster. Nahe am Maximum 0. Ordnung haben zwei benachbarte helle Interferenzstreifen den Abstand 2,0 mm.
Berechnen Sie die Wellenlänge λ.

Lösung:

$\frac{b \cdot d_k}{\ell} = k \cdot \lambda$	Kleinwinkelnäherung am Doppelspalt
$\Rightarrow \quad d_k = \frac{k \cdot \lambda \cdot \ell}{b}$	nach d_k umstellen
$\Rightarrow \quad d_{k+1} - d_k = \frac{(k+1) \cdot \lambda \cdot \ell}{b} - \frac{k \cdot \lambda \cdot \ell}{b}$	Abstand benachbarter Streifen: $d_{k+1} - d_k$
$= \frac{\lambda \cdot \ell}{b}(k+1-k)$	$\frac{\lambda \cdot \ell}{b}$ ausklammern
$= \frac{\lambda \cdot \ell}{b}$	$k+1-k=1$
$\Rightarrow \quad \lambda = \frac{(d_{k+1} - d_k) \cdot b}{\ell}$	nach λ umstellen
$= \frac{2{,}0 \cdot 10^{-3}\,\text{m} \cdot 1{,}0 \cdot 10^{-3}\,\text{m}}{3{,}40\,\text{m}} = \mathbf{5{,}9 \cdot 10^{-7}\,m}$	Zahlenwerte einsetzen

Die Wellenlänge des verwendeten Lichts beträgt rund 590 nm.

Aufgaben

166. Zeigen Sie, dass bei einem Doppelspaltversuch die Interferenzmaxima sehr kleiner Beugungswinkel auf dem Schirm äquidistant liegen.

167. Entscheiden Sie durch Ankreuzen, ob folgende Aussagen zu einem Doppelspaltexperiment wahr oder falsch sind, und begründen Sie Ihre Aussage.

Aussage:	wahr	falsch
a) Blaue Interferenzstreifen haben bei sonst unveränderten Versuchsbedingungen einen größeren gegenseitigen Abstand als rote.	☐	☒
b) Je größer der Abstand des Schirms vom Doppelspalt ist, desto kleiner ist bei sonst unveränderten Versuchsbedingungen der gegenseitige Abstand der Interferenzstreifen.	☐	☒
c) Interferenzstreifen höherer Ordnung sind weiter von der optischen Achse entfernt als Interferenzstreifen niedriger Ordnung.	☒	☐
d) Mit zunehmendem Abstand der beiden Beugungsspalte nimmt bei sonst unveränderten Bedingungen auch der Abstand der Interferenzstreifen von der optischen Achse zu.	☐	☒

168. Die Abbildung zeigt das Interferenzstreifenmuster eines Doppelspaltversuchs mit dem gelben Licht einer Natriumdampflampe ($\lambda = 589$ nm).
Berechnen Sie den Abstand der beiden Beugungsspalte, wenn der Doppelspalt 4,25 m vom Schirm entfernt ist.

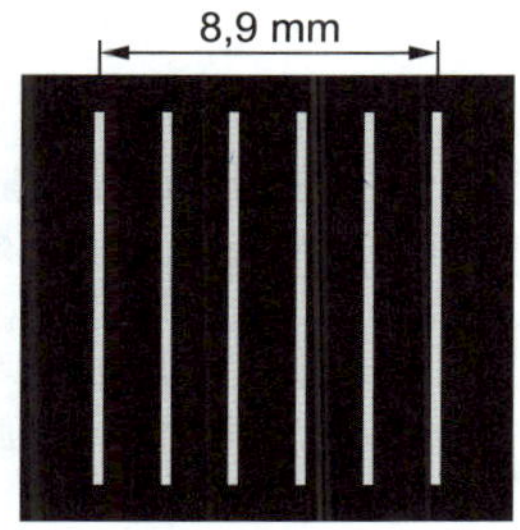

42 Beugungsgitter

Optische Gitter wurden 1785 von dem amerikanischen Astronomen David Rittenhouse (1732–1796) erfunden und ihre Entwicklung durch den amerikanischen Physiker Henry A. Rowland (1848–1901) perfektioniert. Die von ihm gefertigten Geräte waren erheblich genauer als die bisherigen Gitter und bildeten die Grundlage für spektroskopische Anwendungen in der Physik, Chemie und Astronomie.

Definition

Optisches Beugungsgitter
Ein optisches Beugungsgitter besteht aus einer großen Zahl von gleich breiten, lichtdurchlässigen Spalten, die parallel zueinander in gleichen Abständen angeordnet sind. Die Zwischenräume zwischen den Spalten sind lichtundurchlässig.
Der Abstand der Mitten zweier benachbarter Spalte heißt **Gitterkonstante** und wird üblicherweise mit g bezeichnet.

Trifft kohärentes Licht auf ein Beugungsgitter, so kann jeder Punkt eines lichtdurchlässigen Spalts als Zentrum einer Elementarwelle nach Huygens angesehen werden. Die von diesen Elementarwellen erzeugten Kreiswellen interferieren hinter dem Gitter. Das entstehende Interferenzmuster hängt ab von der Zahl N der Beugungsspalte. Die folgende Abbildung zeigt die Muster für N = 3 und N = 4.

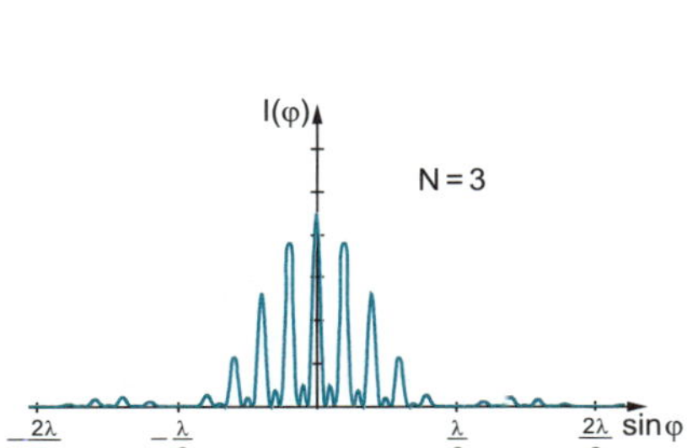

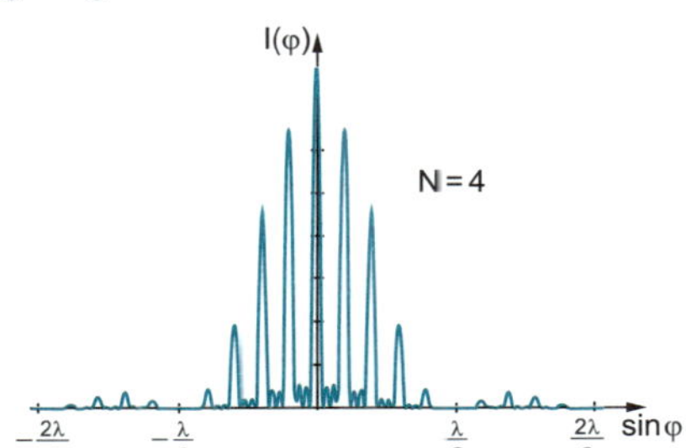

Generell ist die Intensitätsverteilung durch folgende Merkmale gekennzeichnet:

Regel

Intensitätsverteilung hinter einem Beugungsgitter

Werden N Einzelspalte von kohärentem Licht getroffen, gilt für die Intensität $I(\varphi)$ des unter dem Winkel φ gebeugten Lichts auf dem Schirm:

a) Für ganz bestimmte Winkel sind deutliche Maxima zu beobachten. Man bezeichnet diese als Hauptmaxima von $I(\varphi)$.
b) Die Lage eines bestimmten Hauptmaximums auf dem Schirm ist unabhängig von N.
c) Die Intensität eines Hauptmaximums ist proportional zu N^2.
d) Die Intensität der Hauptmaxima nimmt mit steigender Ordnung, also zunehmendem Beugungswinkel, ab.
e) Zwischen zwei benachbarten Hauptmaxima gibt es $N-1$ Minima und $N-2$ Nebenmaxima.

Um die die Lage der Hauptmaxima zu bestimmen, hilft eine weitere Regel:

Regel

Winkelkriterium für Hauptmaxima

Fällt monochromatisches Licht der Wellenlänge λ senkrecht auf ein Beugungsgitter der Gitterkonstanten g, so liegen die Hauptmaxima unabhängig von der Einzelspaltbreite auf einem weit entfernten Schirm hinter dem Gitter in Richtungen, für die gilt:

$$g \cdot \sin\alpha_k = k \cdot \lambda, \quad k = 1, 2, 3, \ldots$$

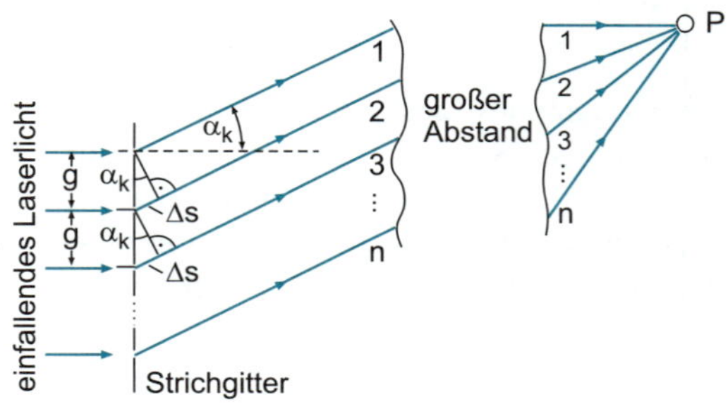

Begründung: Die vom Gitter zum Interferenzpunkt P gelangenden Strahlen können als parallel angesehen werden, wenn P weit entfernt ist. Sie sind alle unter dem praktisch gleichen Winkel gegen die Einfallsrichtung gebeugt worden. Beträgt für einen bestimmten Beugungswinkel α_k der Gangunterschied Δs von je zwei benachbarten Strahlen *dasselbe* ganzzahlige Vielfache k der Wellenlänge λ, so beobachtet man für diesen Winkel *ein* Hauptmaximum, denn alle unter α_k gebeugten Strahlen interferieren konstruktiv.
Die sich aus der Skizze ergebende Beziehung $\sin\alpha_k = \frac{\Delta s}{g} \Rightarrow \Delta s = g \cdot \sin\alpha_k$ liefert durch Einsetzen in die Bedingung $\Delta s = k \cdot \lambda$ $(k = 1, 2, 3, \ldots)$ für konstruktive Interferenz das Winkelkriterium für Hauptmaxima.

Weißes, kohärentes Licht kann durch ein optisches Gitter in die Spektralfarben zerlegt werden. Diese **Spektralzerlegung** basiert auf den folgenden Feststellungen, die sich alle mithilfe des Winkelkriteriums für Hauptmaxima erklären lassen:

a) Ein Beugungsgitter beugt langwelliges Licht stärker als kurzwelliges, d. h. die Hauptmaxima von rotem Licht sind auf einem Schirm weiter auseinander gezogen als die Hauptmaxima von blauem Licht gleicher Interferenzordnung.

b) Je kleiner die Gitterkonstante g ist, desto weiter sind die Hauptmaxima auf einem Schirm auseinander gezogen.

c) Die höchste beobachtbare Interferenzordnung k_{max} eines Hauptmaximums ist durch die Wellenlänge λ und die Gitterkonstante g begrenzt: $k_{max} < \frac{g}{\lambda}$.

Begründungen:

a) Aus dem Winkelkriterium für Hauptmaxima folgt für $\lambda_1 > \lambda_2$:

$$\sin\alpha_{k,1} = \frac{k \cdot \lambda_1}{g} > \frac{k \cdot \lambda_2}{g} = \sin\alpha_{k,2}$$

$$\Rightarrow \quad \alpha_{k,1} > \alpha_{k,2}$$

Daher können sich die von einem Beugungsgitter erzeugten Weißlichtspektren höherer Interferenzordnung teilweise überlappen. In der Grafik rechts ist dies für die ersten sechs Beugungsordnungen veranschaulicht.

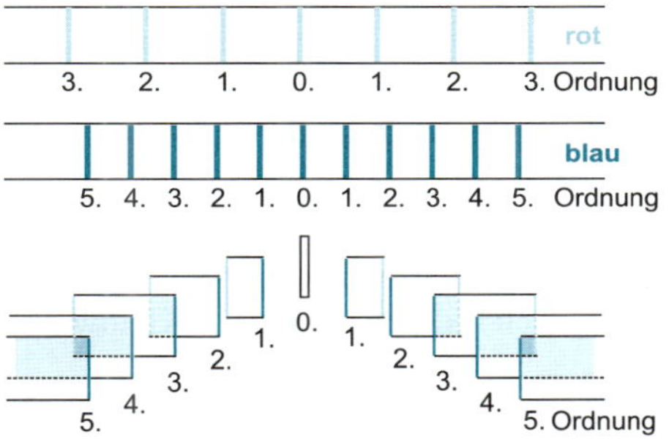

b) Aus dem Winkelkriterium für Hauptmaxima folgt für $g_1 > g_2$:

$$\sin\alpha_{k,1} = \frac{k \cdot \lambda}{g_1} < \frac{k \cdot \lambda}{g_2} = \sin\alpha_{k,2} \quad \Rightarrow \quad \alpha_{k,1} < \alpha_{k,2}$$

c) Aus dem Winkelkriterium für Hauptmaxima folgt wegen $\sin\alpha_k \leq 1$:

$$g \cdot \sin\alpha_k = k \cdot \lambda \quad \Rightarrow \quad k = \frac{g}{\lambda} \cdot \sin\alpha_k \leq \frac{g}{\lambda} \quad (k \in \mathbb{N})$$

Beugungsgitter sehr kleiner Gitterkonstante eignen sich hervorragend zur präzisen **Messung von Lichtwellenlängen**. Wie man die Messung konkret durchzuführen hat, hängt davon ab, ob eine starke oder eine schwache Lichtquelle vorliegt.

Bei starkem Licht wendet man die **Projektionsmethode** an (Versuchsskizze auf der nächsten Seite): Das Licht etwa einer Quecksilberdampflampe fällt zur Verringerung von Energieverlusten durch eine Kondensorlinse K auf einen Kohärenzspalt S. Dieser gewährleistet die Einhaltung der Kohärenzbedingung und steht in der Brennebene einer Konvexlinse L. Hinter L trifft dann ein kohärentes Parallellichtbündel senkrecht auf das Beugungsgitter, wird gebeugt und interferiert auf einem weit entfernten Schirm.

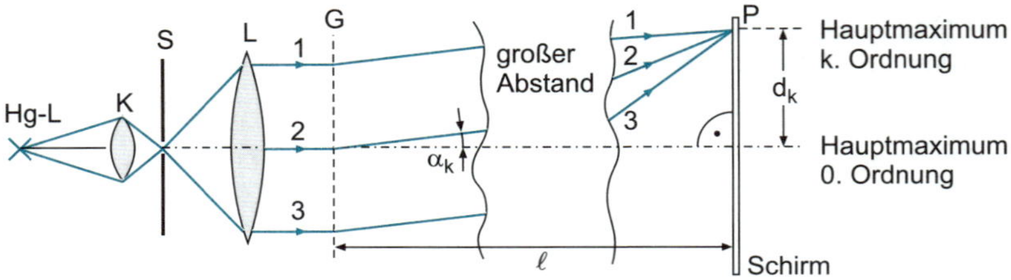

Bezeichnet d_k den Abstand des Hauptmaximums k-ter Ordnung von der optischen Achse, g die Gitterkonstante und ℓ den Abstand des Schirms vom Beugungsgitter, so gilt für die Wellenlänge λ des Hauptmaximums:

$$\lambda = \frac{g \cdot d_k}{k \cdot \sqrt{d_k^2 + \ell^2}} \overset{\text{Kleinwinkel-}}{\underset{\text{näherung}}{\approx}} \lambda = \frac{g \cdot d_k}{k \cdot \ell}$$

Begründung: Alle in einem Hauptmaximum auf dem Schirm treffenden Strahlen sind unter dem gleichen Winkel α_k gebeugt worden. Aus der Geometrie der Versuchsanordnung erhält man zunächst

$$\sin \alpha_k = \frac{d_k}{\sqrt{d_k^2 + \ell^2}}$$

und nach Einsetzen ins Winkelkriterium für Hauptmaxima k-ter Ordnung und Auflösen nach λ die Behauptung (Kleinwinkelnäherung: $d_k \ll \ell$).

Die Projektionsmethode eignet sich nicht, um die Lichtwellenlänge schwacher Quellen (Sterne, Spektralröhren) zu messen. Hierfür wendet man die **Durchsichtmethode** an und nutzt die Netzhaut im Auge des Beobachters als Schirm.

Die Grafik zeigt schematisch den Versuchsaufbau, mit dem man mithilfe eines Beugungsgitters die Wellenlängen des für die Atomphysik wichtigen Wasserstoffspektrums misst. Man zündet dazu in einer dünnen, mit Wasserstoffgas gefüllten Kapillare K eine Gasentladung und beobachtet direkt durch ein Transmissionsgitter. Das von K ausgehende Licht ist wegen der geringen Breite der Kapillare kohärent, wird durch das Gitter gebeugt und interferiert hinter dem Gitter. Der Beobachter sieht die Interferenzmaxima 1. Ordnung einer Spektrallinie virtuell in den Punkten A und B auf dem Maßstab und ermittelt daraus ihren Abstand $2d_1$. Wie bei der Projektionsmethode erhält man mit $k = 1$:

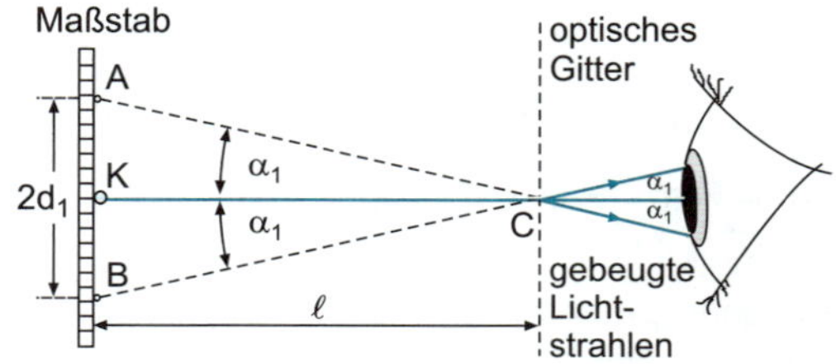

$$\lambda = \frac{g \cdot d_1}{\sqrt{d_1^2 + \ell^2}} \overset{\text{Kleinwinkel-}}{\underset{\text{näherung}}{\approx}} \lambda = \frac{g \cdot d_1}{\ell}$$

Beispiel

Eine Wasserstoffspektralröhre ist 75,0 cm von einem Gitter mit 400 Linien pro mm entfernt. Berechnen Sie den Abstand, den die beiden Interferenzmaxima 1. Ordnung der roten H_α-Spektrallinie ($\lambda = 656{,}3$ nm) auf dem Maßstab haben. Rechnen Sie ohne Kleinwinkelnäherung.

Lösung:

Sie können den Abstand $2d_1$ auf zwei Arten ermitteln: entweder direkt durch Umstellen der auf der vorigen Seite angegebenen Formel oder, indem Sie den Beugungswinkel α_1 berechnen. In jedem Fall müssen Sie zunächst die Gitterkonstante bestimmen:

$$g = \frac{1{,}00 \cdot 10^{-3}\,\text{m}}{400} = 2{,}50 \cdot 10^{-6}\,\text{m}$$

Berechnung von $2d_1$ mithilfe der λ-Formel:

$$\lambda^2 = \frac{g^2 \cdot d_1^2}{d_1^2 + \ell^2}$$ beide Seiten quadrieren

$$\left(d_1^2 + \ell^2\right) \cdot \lambda^2 = g^2 \cdot d_1^2$$ beide Seiten mit Nenner multiplizieren

$$d_1^2 \cdot \lambda^2 + \ell^2 \cdot \lambda^2 - g^2 \cdot d_1^2 = 0$$
$$d_1^2 \cdot \left(\lambda^2 - g^2\right) = -\ell^2 \cdot \lambda^2$$ Klammer ausmultiplizieren, Gleichung nach d_1^2 ordnen, d_1^2 ausklammern

$$d_1^2 = \frac{\ell^2 \cdot \lambda^2}{g^2 - \lambda^2}$$ d_1^2 auf linke Seite bringen

$$d_1 = \frac{\ell \cdot \lambda}{\sqrt{g^2 - \lambda^2}}$$ beide Seiten radizieren

$$2d_1 = \frac{2 \cdot 0{,}75\,\text{m} \cdot 656{,}3 \cdot 10^{-9}\,\text{m}}{\sqrt{(2{,}50 \cdot 10^{-6}\,\text{m})^2 - (656{,}3 \cdot 10^{-9}\,\text{m})^2}}$$ Abstand der Interferenzmaxima: $2d_1$ Zahlenwerte einsetzen

$$= \mathbf{0{,}41\,m}$$

Berechnung von $2d_1$ mithilfe des Beugungswinkels:

$$g \cdot \sin\alpha_1 = \lambda$$ Winkelkriterium für Hauptmaxima

$$\sin\alpha_1 = \frac{\lambda}{g}$$ auf beiden Seiten durch g dividieren

$$= \frac{656{,}3 \cdot 10^{-9}\,\text{m}}{2{,}50 \cdot 10^{-6}\,\text{m}} = 0{,}26252$$ Zahlenwerte einsetzen

$$\alpha_1 = 15{,}2°$$

$$\tan\alpha_1 = \frac{d_1}{\ell}$$ Geometrie der Versuchsanordnung

$$d_1 = \ell \cdot \tan\alpha_1$$ auf beiden Seiten mit ℓ multiplizieren

$$= 0{,}75\,\text{m} \cdot \tan 15{,}2° = 0{,}204\,\text{m}$$ Zahlenwerte einsetzen

$$2d_1 = 2 \cdot 0{,}204\,\text{m} = \mathbf{0{,}41\,m}$$ Abstand der Interferenzmaxima: $2d_1$

Die beiden Spektrallinien haben auf dem Maßstab einen Abstand von 41 cm.

Aufgaben

169. Berechnen Sie die Konstante g eines Gitters, bei dem das zur Wellenlänge $\lambda = 720$ nm gehörende Hauptmaximum 1. Ordnung unter 4,1° gegen die optische Achse zu beobachten ist.

170. Monochromatisches Licht der Wellenlänge $\lambda = 633$ nm trifft auf ein Gitter mit 100 Spalten pro mm. Bestimmen Sie die höchste Interferenzordnung, die man bis zu einem Winkel von 30° gegen die optische Achse beobachten kann.

171. Berechnen Sie die Winkel, unter denen man für monochromatisches Licht der Wellenlänge $\lambda = 544$ nm bei einem Gitter mit $g = 10^{-5}$ m die Hauptmaxima 1. und 3. Ordnung gegen die optische Achse beobachten kann.

172. Monochromatisches Licht passiert ein Beugungsgitter mit $g = 10^{-5}$ m. Hinter dem Gitter beobachtet man das Hauptmaximum 2. Ordnung unter einem Winkel von 7,5° gegen die optische Achse.
Ermitteln Sie die Wellenlänge. Welche Farbe hat das Licht?

173. Weißes Licht, dessen Wellenlängenbereich sich von 400 nm bis 720 nm erstreckt, fällt senkrecht auf ein Beugungsgitter mit 1 000 äquidistanten Spalten pro cm. Auf einem zum Gitter parallelen Schirm im großen Abstand ℓ ist ein kontinuierliches Spektrum 1. Ordnung auf 12,0 cm auseinander gezogen.

a) Berechnen Sie die Gitterkonstante.

b) Berechnen Sie ℓ.

c) Zeigen Sie, dass sich die kontinuierlichen Spektren 2. und 3. Ordnung teilweise überdecken, die 1. und 2. Ordnung dagegen voneinander getrennt sind.

d) Entscheiden und begründen Sie: Könnte man durch eine geeignete Wahl der Gitterkonstanten erreichen, dass sich die kontinuierlichen Spektren 2. und 3. Ordnung nicht mehr überlappen?

e) Zeigen Sie, dass bei kleinen Beugungswinkeln für die Breite Δ_k des kontinuierlichen Spektrums k-ter Ordnung gilt:

$$\Delta_k = \frac{\ell \cdot k}{g} \cdot (\lambda_{rot} - \lambda_{blau})$$

f) Vergleichen Sie die Breiten der kontinuierlichen Spektren 1. und 2. Ordnung. Beachten Sie hierzu Teilaufgabe e.

43 Elektromagnetisches Spektrum

Das elektromagnetische Spektrum besteht aus der Gesamtheit der elektromagnetischen Wellen, geordnet nach deren Frequenz oder Wellenlänge. So verschieden auch die Erzeugungs- und Nachweismethoden, die Wirkungen und Anwendungen dieser Wellen sind, sie alle lassen sich durch das gleiche Modell beschreiben: Elektrische und magnetische Felder ändern sich zeitlich und räumlich periodisch, sie durchdringen und bedingen sich gegenseitig. Unterteilt man das elektromagnetische Spektrum entsprechend der verschiedenen Methoden für die Erzeugung und den Nachweis der Strahlung, erhält man die Teilbereiche, die in dem auf S. 164 abgebildeten Schema dargestellt sind.
So sehr sich die Wellenlängen und Frequenzen auch unterscheiden, breiten sich elektromagnetische Wellen **im Vakuum** stets mit der **konstanten Geschwindigkeit $c = 2{,}99792458 \cdot 10^8 \, \frac{m}{s} \approx 3{,}0 \cdot 10^8 \, \frac{m}{s}$** aus. Theoretische Überlegungen zeigen und Versuche bestätigen, dass diese Geschwindigkeit eng mit der elektrischen Feldkonstante ε_0 und der magnetischen Feldkonstante μ_0 zusammenhängt.

Regel

Vakuumlichtgeschwindigkeit

Die Ausbreitungsgeschwindigkeit c einer elektromagnetischen Welle, die elektrische Feldkonstante ε_0 und die magnetische Feldkonstante μ_0 sind **Naturkonstanten**, die über die Beziehung

$c = \frac{1}{\sqrt{\varepsilon_0 \cdot \mu_0}}$ mit $\varepsilon_0 = 8{,}85 \cdot 10^{-12} \, \frac{As}{Vm}$ und $\mu_0 = 4\pi \cdot 10^{-7} \, \frac{Vs}{Am}$

zusammenhängen. Weiterhin gilt die für die Wellenlänge λ und die Frequenz f der elektromagnetischen Welle die **Grundgleichung der Wellenlehre**:

$c = \lambda \cdot f$

Aufgaben

174. Nennen Sie die wichtigsten Teilbereiche des elektromagnetischen Spektrums. Geben Sie jeweils die Größenordnungen der zugehörigen Wellenlängen an.

175. Erstellen Sie eine nach Wellenlängen geordnete Liste der Spektralfarben. Recherchieren Sie hierzu die zugehörigen Wellenlängenbereiche im Internet.

176. Infrarotstrahlung ist ein Nachbar des sichtbaren Lichts.

a) Beschreiben Sie, wie man Infrarotstrahlung erzeugt kann.

b) Erläutern Sie, wie sich Infrarotstrahlung nachweisen lässt.

177. Ultraviolettstrahlung ist der andere Nachbar des sichtbaren Lichts. Beschreiben Sie kurz die Erzeugung und den Nachweis von UV-Strahlung.

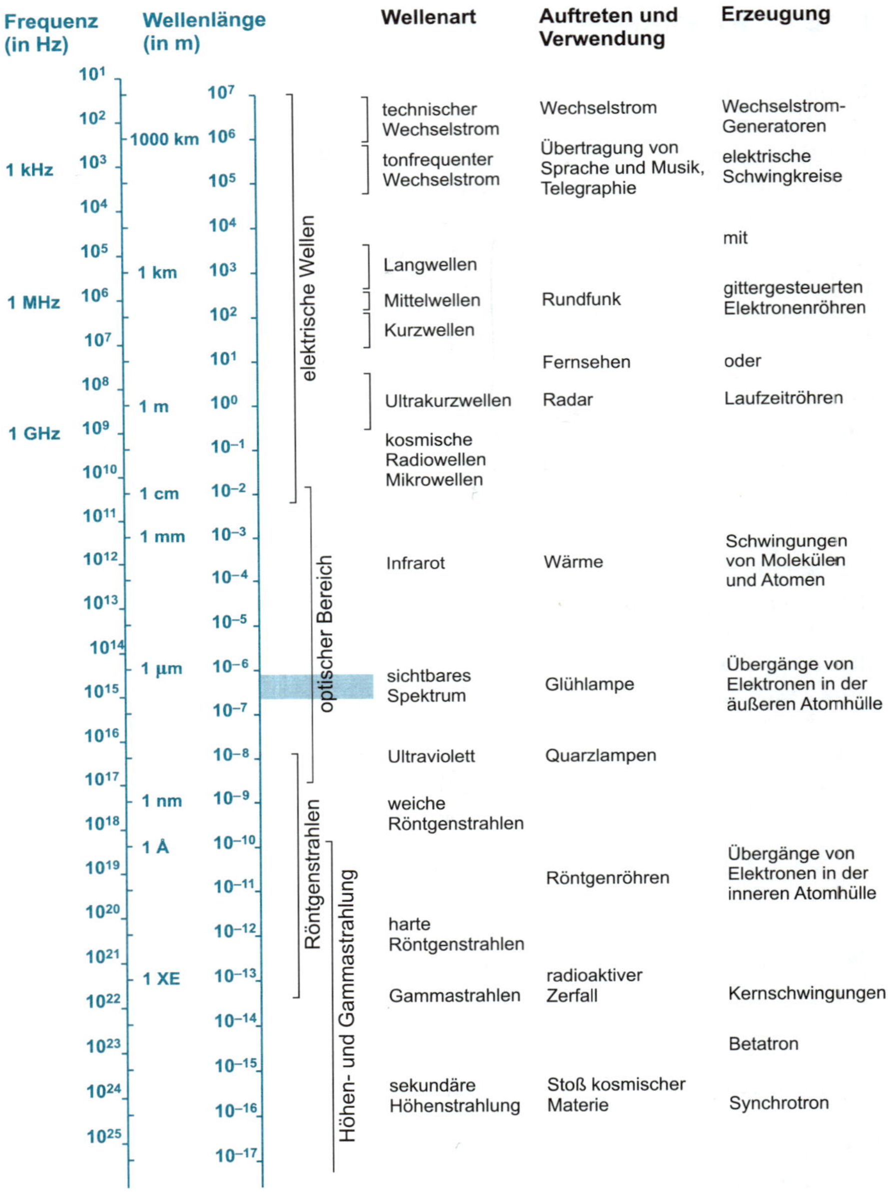
Frequenz (in Hz)
Wellenlänge (in m)
Wellenart
Auftreten und Verwendung
Erzeugung
10^1
10^2
1 kHz 10^3
10^4
10^5
1 MHz 10^6
10^7
10^8
1 GHz 10^9
10^{10}
10^{11}
10^{12}
10^{13}
10^{14}
10^{15}
10^{16}
10^{17}
10^{18}
10^{19}
10^{20}
10^{21}
10^{22}
10^{23}
10^{24}
10^{25}
1000 km
1 km
1 m
1 cm
1 mm
1 µm
1 nm
1 Å
1 XE
10^7
10^6
10^5
10^4
10^3
10^2
10^1
10^0
10^{-1}
10^{-2}
10^{-3}
10^{-4}
10^{-5}
10^{-6}
10^{-7}
10^{-8}
10^{-9}
10^{-10}
10^{-11}
10^{-12}
10^{-13}
10^{-14}
10^{-15}
10^{-16}
10^{-17}
elektrische Wellen
optischer Bereich
Röntgenstrahlen
Höhen- und Gammastrahlung
technischer Wechselstrom
Wechselstrom
Wechselstrom-Generatoren
tonfrequenter Wechselstrom
Übertragung von Sprache und Musik, Telegraphie
elektrische Schwingkreise
mit
Langwellen
Mittelwellen
Rundfunk
gittergesteuerten Elektronenröhren
Kurzwellen
Fernsehen
oder
Ultrakurzwellen
Radar
Laufzeitröhren
kosmische Radiowellen Mikrowellen
Infrarot
Wärme
Schwingungen von Molekülen und Atomen
sichtbares Spektrum
Glühlampe
Übergänge von Elektronen in der äußeren Atomhülle
Ultraviolett
Quarzlampen
weiche Röntgenstrahlen
Röntgenröhren
Übergänge von Elektronen in der inneren Atomhülle
harte Röntgenstrahlen
Gammastrahlen
radioaktiver Zerfall
Kernschwingungen
Betatron
sekundäre Höhenstrahlung
Stoß kosmischer Materie
Synchrotron

44 Anwendungen in Natur und Technik

Die Wellennatur des Lichts lässt sich in vielfältiger Weise nützen. In diesem Abschnitt erfahren Sie, wie **Lichtinterferenzen** zur Qualitätskontrolle bei Fertigungsprozessen beitragen, sehr präzise Dickemessungen bei dünnen Fasern ermöglichen und die schillernden Farben von Insekten hervorrufen.

Aufgaben

178. Newton'sche Ringe in Reflexion

Beim „Linsenschleifen" dienen Newton'sche Ringe zur Qualitätsprüfung. Sie entstehen an der Luftschicht zwischen der zu schleifenden Linse und einem Probeglas, das den Sollradius enthält. An der Form der Ringe kann man Abweichungen von der Rotationssymmetrie feststellen (Bild links). Den hier wesentlichen Vorgang zeigt die schematische Zeichnung im Bild rechts. Auf einer schwarzen Spiegelplatte liegt eine plankonvexe Linse sehr geringer Krümmung, also mit sehr großem Krümmungsradius R. Senkrecht zur Spiegelplatte wird von oben paralleles, monochromatisches Licht der Wellenlänge λ eingestrahlt.

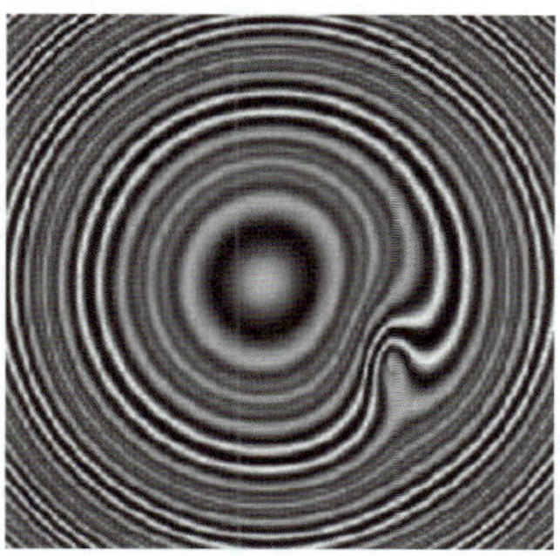

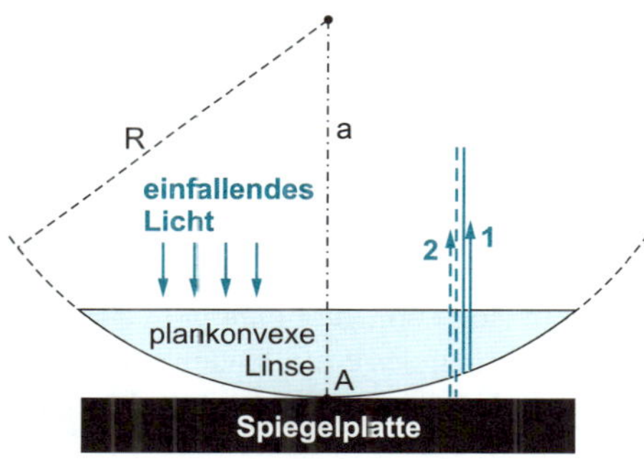

Ein in die Linse eingedrungener Strahl wird zum Teil an ihrer Unterseite (Strahl 1), zum Teil an der Oberfläche der Spiegelplatte (Strahl 2) reflektiert. Wegen der sehr geringen Linsenkrümmung kann von brechungsbedingten Richtungsänderungen im Weiteren abgesehen werden. Ebenso kann die Reflexion des eingestrahlten Lichts an der planen Seite der Linse vernachlässigt werden.

a) Erklären Sie, warum man helle und dunkle konzentrische Kreise mit Mittelpunkt A sieht, wenn man auf die Anordnung von oben, in Richtung des einfallenden Lichts blickt.

b) Mit etwas Rechenaufwand lässt sich zeigen, dass für die Radien r_k der dunklen Kreise gilt:

$$r_k = \sqrt{k \cdot \lambda \cdot R}; \quad k \in \mathbb{Z}$$

Der Abstand zwischen dem 1. und dem 4. dunklen Ring beträgt bei Verwendung von Licht der Wellenlänge $\lambda = 589$ nm und bei mit Luft gefülltem Raum zwischen Linse und Spiegelplatte 0,84 mm. Berechnen Sie den Krümmungsradius der Linse.

179. Farben dünner Schichten

Farberscheinungen an dünnen Schichten sind bei Seifenblasen, Ölflecken auf nassem Asphalt, schillernden Insekten usw. zu beobachten. Das Foto rechts zeigt einen Himmelsfalter. Seine Flügel leuchten in kräftigem Blau, obwohl ihre Schuppen aus farblosem Material bestehen. Erklären Sie, wie die Farberscheinung zustande kommt.

180. Interferenzen am Luftkeil

Zur Messung des Durchmessers D eines Tierhaars legt man es wie in der Skizze zwischen zwei Glasplatten Pl_1 und Pl_2. Strahlt man senkrecht zu Pl_2 von oben monochromatisches Licht der Wellenlänge $\lambda = 589$ nm ein, so beobachtet man in Richtung des einfallenden Lichts helle und dunkle, zur Auflagekante K parallele Streifen. Bei K liegt der erste dunkle Streifen, bei A der 67. dunkle Streifen.

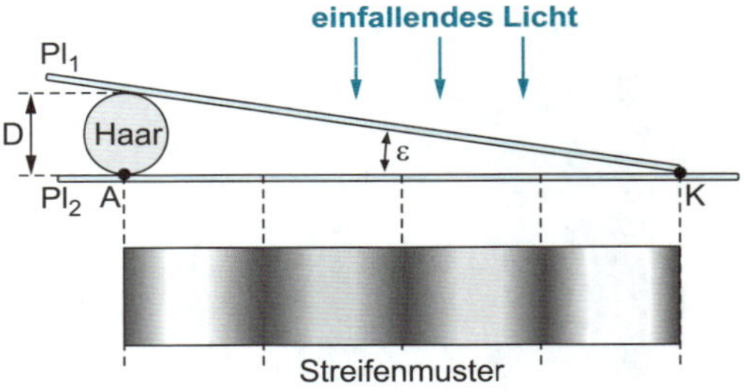

a) Erklären Sie, wie die Streifen zustande kommen. Betrachten Sie dazu die an der Oberseite von Pl_2 und an der Unterseite von Pl_1 reflektierten Strahlen.

Man kann zeigen, dass destruktive Interferenz (dunkle Streifen) immer dann auftritt, wenn die Bedingung

$$2d + \frac{\lambda}{2} = (2k+1) \cdot \frac{\lambda}{2}; \quad k \in \mathbb{Z}$$

erfüllt ist. d bezeichnet dabei den Abstand zwischen den beiden Platten an der Stelle des dunklen Interferenzstreifens.

b) Berechnen Sie die Dicke D des Tierhaars.

Lösungen

Auf den folgenden Seiten finden Sie die vollständigen Lösungen zu allen Aufgaben im Buch, inklusive ausführlicher Kommentierung des Lösungsweges und der Rechnungen.

1. Da 3,6 g Radium in einer Sekunde $3{,}6 \cdot 3{,}7 \cdot 10^{10} \cdot 2$ Elementarladungen auf die Aluminiumfolie abstrahlen und der Ladungsbetrag einer Elementarladung $1{,}602 \cdot 10^{-19}$ C beträgt, nimmt die Folie in einer Sekunde die Ladung

$$\frac{\Delta Q}{\Delta t} = \frac{3{,}6 \cdot 3{,}7 \cdot 10^{10} \cdot 2 \cdot 1{,}602 \cdot 10^{-19}\,\text{C}}{1\,\text{s}} = 4{,}3 \cdot 10^{-8}\,\frac{\text{C}}{\text{s}}$$

auf. Die Zeit t zum Aufladen der Folie auf $Q = 1{,}0\,\mu\text{C}$ beträgt folglich

$$t = \frac{Q}{\frac{\Delta Q}{\Delta t}} = \frac{1{,}0 \cdot 10^{-6}\,\text{C}}{4{,}27 \cdot 10^{-8}\,\frac{\text{C}}{\text{s}}} = \mathbf{23\,s}.$$

2. a) Weil sich die Gesamtladung $Q_1 + Q_2$ durch die Verbindung auf beide Kugeln gleichmäßig verteilt, befindet sich auf jeder Kugel die Ladung

$$\frac{Q_1 + Q_2}{2} = \frac{-6{,}0 \cdot 10^{-9}\,\text{C} + 3{,}0 \cdot 10^{-9}\,\text{C}}{2} = \mathbf{-1{,}5 \cdot 10^{-9}\,C}.$$

b) Die negative Ladungsmenge auf K_1 hat sich von $-6{,}0$ nC auf $-1{,}5$ nC verringert. Daher ist durch den Verbindungsdraht die Ladungsmenge $Q = -6{,}0\,\text{nC} - (-1{,}5\,\text{nC}) = -4{,}5\,\text{nC}$ geflossen. Weil ein Elektron die Ladung $-1{,}602 \cdot 10^{-19}$ C trägt, sind

$$\frac{-4{,}5 \cdot 10^{-9}\,\text{C}}{-1{,}602 \cdot 10^{-19}\,\text{C}} = \mathbf{2{,}8 \cdot 10^{10}}$$

Elektronen durch den Verbindungsdraht geflossen.

3. a) An einem Metallstab ist ein Metallzeiger oberhalb seines Schwerpunkts drehbar befestigt. Fließen Ladungen auf Stab und Zeiger, so schlägt der Zeiger aus, weil sich gleichartig geladene Körper abstoßen. Die Größe des Ausschlags ist ein Maß für die aufgeflossene Ladungsmenge.

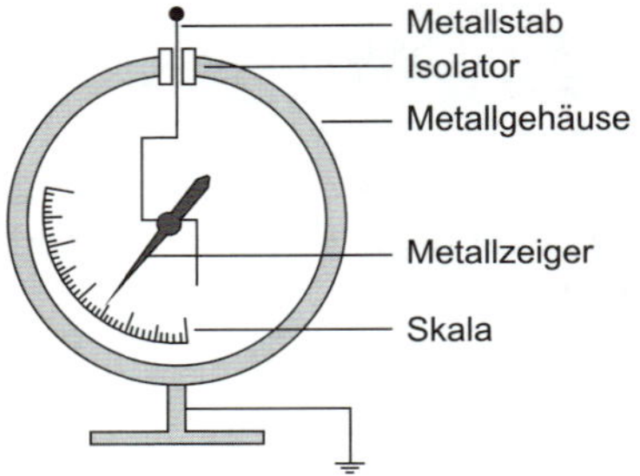

b) Elektroskope sind für die Messung kleinerer Ladungsbeträge zu ungenau und zeigen die Ladungsart nicht an. Außerdem fließt bei Verbindung des Zeigersystems mit dem Körper, dessen Ladung gemessen werden soll, nicht dessen gesamte Ladung auf das Elektroskop über.

4. Die negative Ladung des Stabes drückt, wenn er sich nahe genug bei der Kugel befindet, frei bewegliche Elektronen des Leitersystems Zeiger–Kugel von der Kugel weg in Richtung Zeiger. Dadurch wächst die negative Ladung auf Stab und Zeiger des Elektroskops, der Ausschlag nimmt zu.

5. Berührt man einen hinreichend stark geladenen Körper K mit einer einseitig geerdeten Glimmlampe, ergibt sich die Ladungsart aus dem Umstand, *welche* der beiden Elektroden aufleuchtet (siehe Skizze).

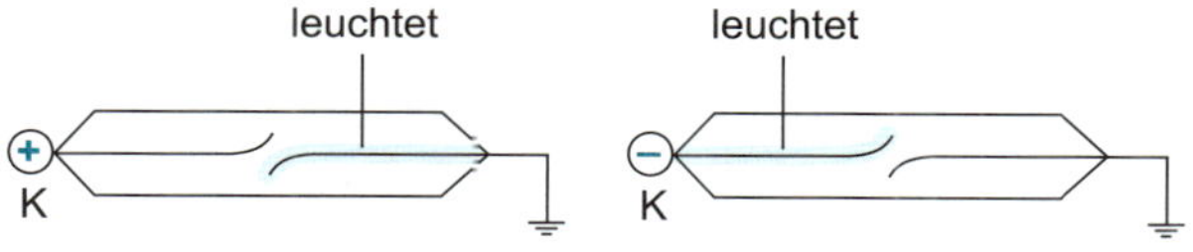

6. Auf der Platte, die der positiv geladenen Kondensatorplatte zugewandt ist, sammelt sich negative, auf der anderen positive Ladung an. Diese Ladung bleibt nach der Trennung auf jeder Platte erhalten.

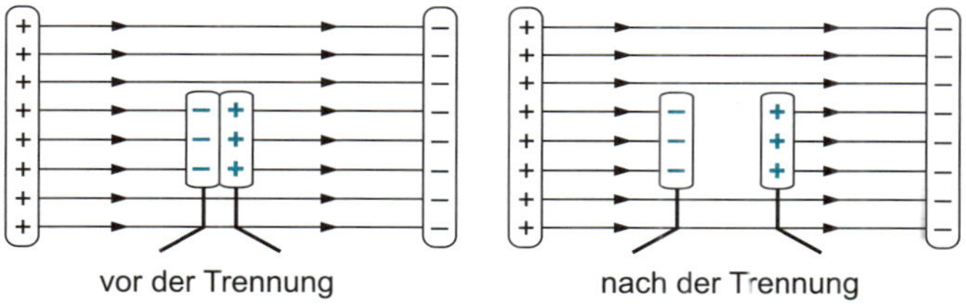

7. Die eigentliche Ursache für die Erzeugung von Ladung durch Reibung ist nicht der Reibungsvorgang selbst, sondern die durch die stoffliche Verschiedenheit bedingten unterschiedlichen Anziehungskräfte des einen Körpers auf die Elektronen des anderen. Zieht z. B. K_1 die Elektronen von K_2 stärker an als umgekehrt, so wandern bei innigem Kontakt insgesamt mehr Elektronen von K_2 zu K_1. K_1 ist nach der Trennung negativ, K_2 positiv geladen. Die Reibung bewirkt nur, dass nacheinander mehr und mehr Stellen der beiden Körper in innige Berührung gebracht und wieder getrennt werden.

8. $$E_e = \frac{\text{Kraft auf das Alphateilchen}}{\text{Ladung des Alphateilchens}} = \frac{F}{2e}$$

Feldstärke des vom Elektron am Ort des Alphateilchens erzeugten Felds

$$= \frac{4{,}6 \cdot 10^{-8}\,\text{N}}{2 \cdot 1{,}6 \cdot 10^{-19}\,\text{C}} = \mathbf{1{,}4 \cdot 10^{11}\,\frac{N}{C}}$$

$$E_\alpha = \frac{\text{Kraft auf das Elektron}}{\text{Ladung des Elektrons}} = \frac{F}{e}$$

Feldstärke des vom Alphateilchen am Ort des Elektrons erzeugten Felds

$$= \frac{4{,}6 \cdot 10^{-8}\,\text{N}}{1{,}6 \cdot 10^{-19}\,\text{C}} = \mathbf{2{,}9 \cdot 10^{11}\,\frac{N}{C}}$$

9. $F_{el} = F_G$ — Schwebebedingung

$q \cdot E = m \cdot g$ — Formeln für elektrische und Gewichtskraft

$\Rightarrow \quad q = \frac{m \cdot g}{E}$ — auf beiden Seiten durch E dividieren

$= \frac{50 \cdot 10^{-6}\,\text{kg} \cdot 9{,}81\,\frac{\text{m}}{\text{s}^2}}{5{,}0 \cdot 10^5\,\frac{\text{N}}{\text{C}}} = \mathbf{9{,}81 \cdot 10^{-10}\,C}$ — Zahlenwerte einsetzen

10. a)

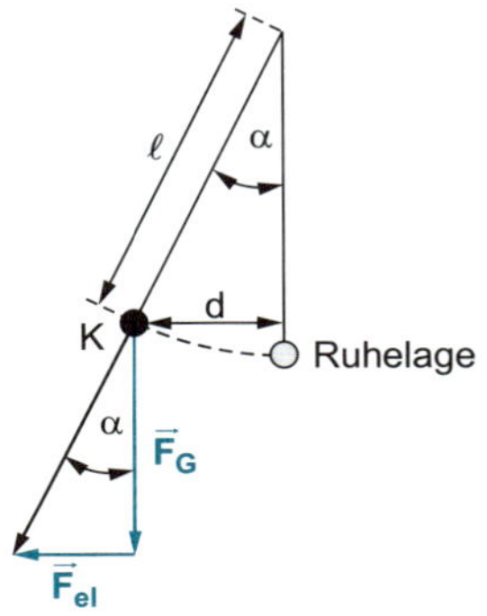

$\vec{F}_G$: Gewichtskraft

$\vec{F}_{el}$: elektrische Kraft

K wird soweit ausgelenkt, bis die Resultierende der beiden Kräfte ausschließlich in Richtung des Fadens zeigt.

b) $\sin\alpha = \frac{d}{\ell} = \frac{7\,\text{mm}}{1\,500\,\text{mm}} = 4{,}67 \cdot 10^{-3}$ — Winkelbeziehung im rechtwinkligen Dreieck

$\Rightarrow \quad \alpha = 0{,}267° = \mathbf{0{,}3°}$

c) $\tan\alpha = \frac{F_{el}}{F_G}$ — Winkelbeziehung im rechtwinkligen Dreieck

$= \frac{q \cdot E}{m \cdot g}$ — Formeln für elektrische und Gewichtskraft

$\Rightarrow \quad E = \frac{m \cdot g \cdot \tan\alpha}{q}$ — auf beiden Seiten mit $\frac{m \cdot g}{q}$ multiplizieren

$= \frac{1{,}25 \cdot 10^{-3}\,\text{kg} \cdot 9{,}81\frac{\text{m}}{\text{s}^2} \cdot \tan 0{,}267°}{5 \cdot 10^{-9}\,\text{C}}$

$= \mathbf{1{,}1 \cdot 10^4\,\frac{N}{C}}$

Zahlenwerte einsetzen. Beachten Sie, dass hier für α das Zwischenergebnis aus Teilaufgabe b verwendet wird. Alternativ können Sie auch $\tan\alpha \approx \sin\alpha = \frac{d}{\ell}$ setzen, weil α sehr klein ist.

11. Bild B scheidet aus, weil die Feldlinien in sich geschlossene Kurven sind, die nicht in Ladungen beginnen und enden (Widerspruch zur 1. Feldlinieneigenschaft).
Bild C scheidet aus, weil die Metallkugeln nach dem Feldlinienbild gleichnamig geladen sind.
Bild D scheidet aus, weil sich die Feldlinien (bei Verlängerung) schneiden (Widerspruch zur 2. Feldlinieneigenschaft).

Bild E scheidet aus, weil die Kugeln nicht den gleichen Ladungsbetrag tragen (in die rechte Ladung münden mehr Feldlinien ein als aus der linken austreten. vgl. 5. Feldlinieneigenschaft).
Bild F scheidet aus, weil einige Feldlinien nicht senkrecht auf den Kugeloberflächen stehen (Widerspruch zur 3. Feldlinieneigenschaft).
Einzig in **Bild A** ist keine der Feldlinieneigenschaften verletzt.

12. a) $\varphi_{01} = \frac{-W_1}{q_1} = \frac{-6{,}00 \cdot 10^{-8}\,J}{2{,}0 \cdot 10^{-10}\,C} = \mathbf{-3{,}0 \cdot 10^2\,V}$

$\varphi_{02} = \frac{-W_2}{q_2} = \frac{2{,}25 \cdot 10^{-7}\,J}{-5{,}0 \cdot 10^{-10}\,C} = \mathbf{-4{,}5 \cdot 10^2\,V}$

Potenzialdefinition. Beachte:
$W_1 \equiv W_{01} = -W_{10}$
$W_2 \equiv W_{02} = -W_{20}$

b) $U_{12} = \varphi_{01} - \varphi_{02}$

$= -3{,}0 \cdot 10^2\,V - (-4{,}5 \cdot 10^2\,V) = \mathbf{1{,}5 \cdot 10^2\,V}$

Spannungsdefinition

c) $W = q_3 \cdot U_{12}$

$= 5{,}0 \cdot 10^{-9}\,C \cdot 1{,}5 \cdot 10^2\,V = \mathbf{7{,}5 \cdot 10^{-7}\,J}$

W-q-U-Regel

13. Bei der Punktladung sind die Äquipotenziallinien konzentrische Kreise (Radius beliebig), beim homogenen Feld des Plattenkondensators zu den Platten parallele Linien (horizontale Position beliebig). Die Grafiken zeigen jeweils eine Beispiellinie.

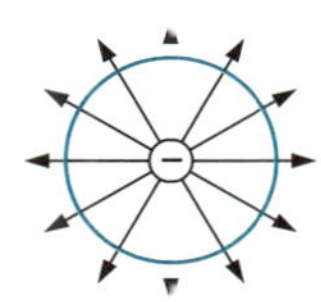

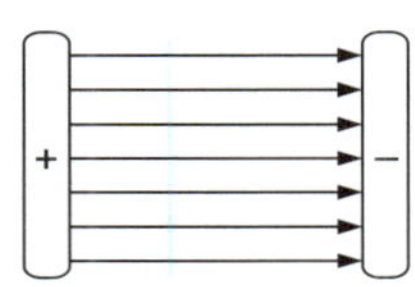

14. Weil die Feldlinien von oben nach unten verlaufen, befindet sich die positiv geladene Kondensatorplatte oben, die negativ geladene unten. Demnach

- verrichtet man beim Transport einer positiven Ladung von unten nach oben gegen die Feldkräfte Arbeit; die Transportarbeit W_1 erhält ein **positives** Vorzeichen. Für ihren Betrag gilt:

$|W_1| = q_1 \cdot U$ — W-q-U-Formel

$= q_1 \cdot E \cdot d$ — U-E-d-Regel

$= 2{,}0 \cdot 10^{-9}\,C \cdot 3\,000\,\frac{N}{C} \cdot 0{,}06\,m$ — Zahlenwerte einsetzen

$= 3{,}6 \cdot 10^{-7}\,Nm = 3{,}6 \cdot 10^{-7}\,J$

Insgesamt gilt: $\mathbf{W_1 = 3{,}6 \cdot 10^{-7}\,J}$

- verrichten die Feldkräfte beim Transport einer negativen Ladung von unten nach oben Arbeit; die Transportarbeit W_2 erhält ein **negatives** Vorzeichen. Für ihren Betrag gilt:

$\lvert W_2 \rvert = q_2 \cdot U$	W-q-U-Formel
$= q_2 \cdot E \cdot d$	U-E-d-Regel
$= 3{,}0 \cdot 10^{-9}\,\text{C} \cdot 3\,000\,\frac{\text{N}}{\text{C}} \cdot 0{,}04\,\text{m}$	Zahlenwerte einsetzen
$= 3{,}6 \cdot 10^{-7}\,\text{Nm} = 3{,}6 \cdot 10^{-7}\,\text{J}$	

Insgesamt gilt: $\mathbf{W_2 = -3{,}6 \cdot 10^{-7}\,J}$

15.

$\lvert W \rvert = q \cdot U$	W-q-U-Formel
$= q \cdot E \cdot s$	U-E-d-Regel
$\Rightarrow \quad E = \frac{\lvert W \rvert}{q \cdot s}$	auf beiden Seiten durch q · s dividieren, dann Seiten tauschen
$= \frac{1{,}8 \cdot 10^{-7}\,\text{J}}{3{,}0 \cdot 10^{-9}\,\text{C} \cdot 3{,}0 \cdot 10^{-2}\,\text{m}} = \mathbf{2{,}0\,\frac{kV}{m}}$	Zahlenwerte einsetzen

16. Mit der U-E-d-Regel finden Sie für den Betrag der Feldstärke:

$$E = \frac{4\,000\,\text{V}}{4\,\text{cm}} = \frac{4\,000\,\text{V}}{0{,}04\,\text{m}} = 100\,000\,\frac{\text{V}}{\text{m}}$$

Bezeichnen φ_L bzw. φ_R jeweils die Potenziale der linken bzw. rechten Platten bezüglich der Äquipotenzialfläche und beachtet man, dass eine positive (negative) Platte bezüglich der Äquipotenzialfläche ein positives (negatives) Potenzial hat, so folgt mithilfe der Potenzialregel

- im Bild A: $\varphi_L = -E \cdot s = -100\,000\,\frac{\text{V}}{\text{m}} \cdot 0{,}02\,\text{m} = \mathbf{-2\,000\,V}$

  $\varphi_R = +E \cdot s = +100\,000\,\frac{\text{V}}{\text{m}} \cdot 0{,}02\,\text{m} = \mathbf{+2\,000\,V}$
- im Bild B: $\varphi_L = -E \cdot s = -100\,000\,\frac{\text{V}}{\text{m}} \cdot 0{,}01\,\text{m} = \mathbf{-1000\,V}$

  $\varphi_R = +E \cdot s = +100\,000\,\frac{\text{V}}{\text{m}} \cdot 0{,}03\,\text{m} = \mathbf{+3\,000\,V}$
- im Bild C: $\varphi_L = +E \cdot s = +100\,000\,\frac{\text{V}}{\text{m}} \cdot 0{,}01\,\text{m} = \mathbf{+1000\,V}$

  $\varphi_R = -E \cdot s = -100\,000\,\frac{\text{V}}{\text{m}} \cdot 0{,}03\,\text{m} = \mathbf{-3\,000\,V}$

17.

$F = e \cdot E$	Formel für Kraft auf Ladung im elektr. Feld: Elektron trägt eine Elementarladung e.
$= e \cdot \frac{U}{d}$	U-E-d-Regel $\Rightarrow \ E = \frac{U}{d}$
$= 1{,}6 \cdot 10^{-19}\,\text{C} \cdot \frac{4{,}5 \cdot 10^{3}\,\text{V}}{3{,}0 \cdot 10^{-3}\,\text{m}} = \mathbf{2{,}4 \cdot 10^{-13}\,N}$	Zahlenwerte einsetzen

18. a) Da das Diagramm eine **Ursprungsgerade** ist, ist U proportional zu d und daher $\mathbf{\frac{U}{d}}$ **= konst.** E ist konstant, weil nach der U-E-d-Regel $\mathbf{E = \frac{U}{d}}$ ist.

b) Ein genau abzulesendes Wertepaar (d|E) ist (0,1 m|30 kV). Eingesetzt in die Beziehung $E = \frac{U}{d}$ erhalten Sie:

$$E = \frac{30\text{ kV}}{0{,}1\text{ m}} = \mathbf{300\ \frac{kV}{m}}$$

19. a) Die **Transportarbeit W** ist bei beiden Kondensatoren **gleich groß**, weil sie wegen $W = q \cdot U$ nicht vom Plattenabstand, sondern nur vom Betrag der transportierten Ladung und von der durchlaufenen Potenzialdifferenz abhängt (W-q-U-Regel).

b) Wegen $E = \frac{U}{d}$ **sinkt die Feldstärke E** bei konstanter Spannung **mit wachsendem d.**

20.

$Q = C \cdot U$	„Ku = Ku"-Regel
$= \varepsilon_0 \cdot \frac{A}{d} \cdot U$	Kapazität Plattenkondensator
$= 8{,}85 \cdot 10^{-12}\ \frac{C}{V \cdot m} \cdot \frac{7{,}0 \cdot 10^{-2}\text{ m} \cdot 4{,}0 \cdot 10^{-2}\text{ m}}{3{,}0 \cdot 10^{-3}\text{ m}} \cdot 3\,800\text{ V}$	Zahlenwerte einsetzen und $A = 7{,}0\text{ cm} \cdot 4{,}0\text{ cm}$ beachten.
$= \mathbf{3{,}1 \cdot 10^{-8}\ C}$	

21.

$C = \varepsilon_0 \cdot \frac{A}{d} \iff d = \frac{\varepsilon_0 \cdot A}{C}$	Kapazitätsformel nach d auflösen
$U = E \cdot d = E \cdot \frac{\varepsilon_0 \cdot A}{C}$	d in E-U-d-Formel einsetzen
$= 3{,}8 \cdot 10^4\ \frac{V}{m} \cdot \frac{8{,}85 \cdot 10^{-12}\ \frac{C}{Vm} \cdot 7{,}0 \cdot 10^{-2}\text{ m} \cdot 4{,}0 \cdot 10^{-2}\text{ m}}{4{,}0 \cdot 10^{-12}\text{ F}}$	Zahlenwerte einsetzen und $A = 7{,}0\text{ cm} \cdot 4{,}0\text{ cm}$ beachten
$= \mathbf{235\ V}$	

22.

$Q = C \cdot U$	„Ku = Ku"-Regel
$= \varepsilon_0 \cdot \frac{A}{d} \cdot U$	Kapazität Plattenkondensator
$= \varepsilon_0 \cdot A \cdot \frac{U}{d}$	Umformen
$= \varepsilon_0 \cdot A \cdot E$	U-E-d-Formel
$\Rightarrow E = \frac{Q}{\varepsilon_0 \cdot A}$	auf beiden Seiten durch $\varepsilon_0 \cdot A$ dividieren
$= \frac{4{,}3 \cdot 10^{-9}\text{ C}}{8{,}85 \cdot 10^{-12}\ \frac{C}{Vm} \cdot 7{,}0 \cdot 10^{-2}\text{ m} \cdot 4{,}0 \cdot 10^{-2}\text{ m}}$	Zahlenwerte einsetzen und $A = 7{,}0\text{ cm} \cdot 4{,}0\text{ cm}$ beachten
$= \mathbf{1{,}7 \cdot 10^5\ \frac{V}{m}}$	

23. a) $C_{neu} = \frac{\varepsilon_0 \cdot A}{d_{neu}}$ — Kapazität Plattenkondensator

$= \frac{\varepsilon_0 \cdot A}{3d_{alt}}$ — Verdreifachung des Plattenabstands: $d_{neu} = 3d_{alt}$

$= \frac{1}{3} \cdot \frac{\varepsilon_0 \cdot A}{d_{alt}}$ — Termumformung

$= \frac{1}{3} C_{alt}$ — Kapazität Plattenkondensator

Nach der Verdreifachung des Plattenabstands besitzt der Kondensator nur noch **ein Drittel der ursprünglichen Kapazität**.

Für die weiteren Teilaufgaben müssen Sie berücksichtigen, dass sich die Spannung nicht ändert, weil der Kondensator mit der Spannungsquelle verbunden bleibt, d. h.: $U_{neu} = U_{alt}$.

b) $Q_{neu} = C_{neu} \cdot U_{neu}$ — „Ku = Ku"-Regel

$= \frac{1}{3} C_{alt} \cdot U_{alt}$ — Teilaufgabe a: $C_{neu} = \frac{1}{3} C_{alt}$ und $U_{neu} = U_{alt}$

$= \frac{1}{3} Q_{alt}$ — „Ku = Ku"-Regel

Nach der Verdreifachung des Plattenabstands besitzt der Kondensator nur noch **ein Drittel der ursprünglichen Ladung**.

c) $E_{neu} = \frac{U_{neu}}{d_{neu}}$ — U-E-d-Formel

$= \frac{U_{alt}}{3d_{alt}}$ — $d_{neu} = 3d_{alt}$ und $U_{neu} = U_{alt}$

$= \frac{1}{3} \cdot \frac{U_{alt}}{d_{alt}}$ — Termumformung

$= \frac{1}{3} E_{alt}$ — U-E-d-Formel

Nach der Verdreifachung des Plattenabstands besitzt der Kondensator nur noch **ein Drittel der ursprünglichen Feldstärke**.

d) $W_{neu} = q \cdot U_{neu} = q \cdot U_{alt} = W_{alt}$ — W-q-U-Formel und $U_{neu} = U_{alt}$

Die Transportarbeit ändert sich **nicht**.

24. a) $C_{neu} = \frac{\varepsilon_0 \cdot A}{d_{neu}}$ — Kapazität Plattenkondensator

$= \frac{\varepsilon_0 \cdot A}{0{,}5 \cdot d_{alt}}$ — Halbierung des Plattenabstands: $d_{neu} = 0{,}5\ d_{alt}$

$= 2 \cdot \frac{\varepsilon_0 \cdot A}{d_{alt}} = 2C_{alt}$ — Termumformung, Kapazität Plattenkondensator

Durch die Halbierung des Plattenabstands **verdoppelt sich die Kapazität**.

Für die weiteren Teilaufgaben müssen Sie berücksichtigen, dass sich die Ladung auf den Kondensatorplatten nicht ändert, weil der Kondensator von der Spannungsquelle abgetrennt ist, d. h.: $Q_{neu} = Q_{alt}$.

b) $U_{neu} = \frac{Q_{neu}}{C_{neu}}$ — „Ku = Ku"-Regel nach U auflösen

$= \frac{Q_{alt}}{2\,C_{alt}} = \frac{1}{2} \cdot \frac{Q_{alt}}{C_{alt}}$ — Teilaufgabe a: $C_{neu} = 2C_{alt}$, $Q_{neu} = Q_{alt}$; Termumformung

$= \frac{1}{2}\,U_{alt}$ — „Ku = Ku"-Regel nach U auflösen

Bei Halbierung des Plattenabstands **halbiert sich** auch **die Spannung** zwischen den Platten.

c) $E_{neu} = \frac{U_{neu}}{d_{neu}}$ — U-E-d-Formel nach E auflösen

$= \frac{0{,}5 \cdot U_{alt}}{0{,}5 \cdot d_{alt}}$ — Teilaufgabe b: $U_{neu} = 0{,}5 \cdot U_{alt}$ Halbierung des Plattenabstands: $d_{neu} = 0{,}5 \cdot d_{alt}$

$= E_{alt}$ — mit 0,5 kürzen

Bei Halbierung des Plattenabstands ändert sich die Feldstärke **nicht**.

d) $W_{neu} = q \cdot U_{neu} = q \cdot \frac{1}{2}\,U_{alt} = \frac{1}{2}\,q \cdot U_{alt} = \frac{1}{2}\,W_{alt}$ — W-q-U-Formel und Teilaufgabe b: $U_{neu} = 0{,}5 \cdot U_{alt}$

Bei Halbierung des Plattenabstands **halbiert sich** auch **die Transportarbeit**.

25. a) $C_{neu} = \frac{\varepsilon_0 \cdot A_{neu}}{d_{neu}}$ — Kapazität Plattenkondensator

$= \varepsilon_0 \cdot \frac{4A_{alt}}{d}$ — Plattenfläche vervierfachen: $A_{neu} = 4\,A_{alt}$

$= 4\varepsilon_0 \cdot \frac{A_{alt}}{d}$ — Termumformung

$= 4C_{alt}$ — Kapazität Plattenkondensator

Bei Vervierfachung der Plattenfläche **vervierfacht sich** auch **die Kapazität**.

Für die weiteren Teilaufgaben müssen Sie berücksichtigen, dass sich die Spannung nicht ändert, weil der Kondensator mit der Spannungsquelle verbunden bleibt, d. h. $U_{neu} = U_{alt}$.

b) $Q_{neu} = C_{neu} \cdot U_{neu} = 4C_{alt} \cdot U_{alt} = 4Q_{alt}$ — „Ku = Ku"-Regel; Teilaufgabe a: $C_{neu} = 4C_{alt}$; $U_{neu} = U_{alt}$

Bei Vervierfachung der Plattenfläche **vervierfacht sich** auch **der Ladungsbetrag** auf jeder Platte.

c) $E_{neu} = \frac{U_{neu}}{d} = \frac{U_{alt}}{d} = E_{alt}$ — U-E-d-Formel nach E auflösen und $U_{neu} = U_{alt}$

Eine Vervierfachung der Plattenfläche ändert die Feldstärke **nicht**.

d) $W_{neu} = q \cdot U_{neu} = q \cdot U_{alt} = W_{alt}$ — W-q-U-Formel und $U_{neu} = U_{alt}$

Die Transportarbeit ändert sich **nicht**.

26. a) $C_{neu} = \frac{\varepsilon_0 \cdot A_{neu}}{d}$ — Kapazität Plattenkondensator

$= \frac{\varepsilon_0 \cdot \frac{1}{3} A_{alt}}{d}$ — Dritteln der Plattenfläche: $A_{neu} = \frac{1}{3} A_{alt}$

$= \frac{1}{3} \cdot \frac{\varepsilon_0 \cdot A_{alt}}{d}$ — Termumformung

$= \frac{1}{3} C_{alt}$ — Kapazitätsformel

Durch die Drittelung der Plattenfläche wird auch die **Kapazität gedrittelt**.

Für die weiteren Teilaufgaben müssen Sie berücksichtigen, dass sich die Ladung auf den Kondensatorplatten nicht ändert, weil der Kondensator von der Spannungsquelle abgetrennt ist, d. h. $Q_{neu} = Q_{alt}$.

b) $U_{neu} = \frac{Q_{neu}}{C_{neu}} = \frac{Q_{alt}}{\frac{1}{3} C_{alt}} = 3 \cdot \frac{Q_{alt}}{C_{alt}} = 3U_{alt}$ — „Ku = Ku"-Regel nach U auflösen und Teilaufgabe a: $C_{neu} = \frac{1}{3} C_{alt}$

Bei Drittelung der Plattenfläche wird die **Spannung** zwischen den Platten **verdreifacht**.

c) $E_{neu} = \frac{U_{neu}}{d} = \frac{3U_{alt}}{d} = 3E_{alt}$ — U-E-d-Formel nach E auflösen und Teilaufgabe b: $U_{neu} = 3U_{alt}$

Bei Drittelung der Plattenfläche **verdreifacht sich die Feldstärke**.

d) $W_{neu} = q \cdot U_{neu} = q \cdot 3U_{alt} = 3q \cdot U_{alt} = 3W_{alt}$ — W-q-U-Formel und Teilaufgabe b: $U_{neu} = 3\,U_{alt}$

Bei Drittelung der Plattenfläche **verdreifacht sich die Transportarbeit**.

27. a) Auf einer doppelt, dreifach, ... so großen Fläche haben doppelt, dreimal, ... so viel Ladungen Platz. Also ist $Q \sim A$ plausibel, mit $Q = C \cdot U$ gilt dann bei $U = \text{konst.}$ auch $C \sim A$.

b) Auf den mit einer Spannungsquelle verbundenen Platten eines Plattenkondensators sitzt jeweils nur eine endliche Anzahl von Ladungen. Der gegenseitigen Abstoßung der gleichnamigen Ladungen auf einer Platte wirken einerseits die „Druck- bzw. Saugkraft" der Spannungsquelle (der Minuspol drückt Elektronen auf die negativ geladene Platte, der Pluspol saugt Elektronen von der positiv geladenen Platte ab) und andererseits die anziehende „Haltekraft“ der ungleichnamigen Ladungen auf der gegenüberliegenden Platte entgegen. Wird nun der Plattenabstand bei angeschlossener Spannungsquelle vergrößert, so nimmt die „Haltekraft“ wegen des größeren Abstands der ungleichnamigen Ladungen voneinander ab, während die „Druck- bzw. Saugkraft“ der Spannungsquelle unverändert bleibt. Daher können nicht mehr so viele Ladungen auf einer Platte gehalten werden. Mit wachsendem d sinkt also das Ladungsfassungsvermögen C des Plattenkondensators: $C \sim \frac{1}{d}$ ist plausibel.

28. Schaltskizze: **Parallelschaltung** zweier Kondensatoren (Bild 1)

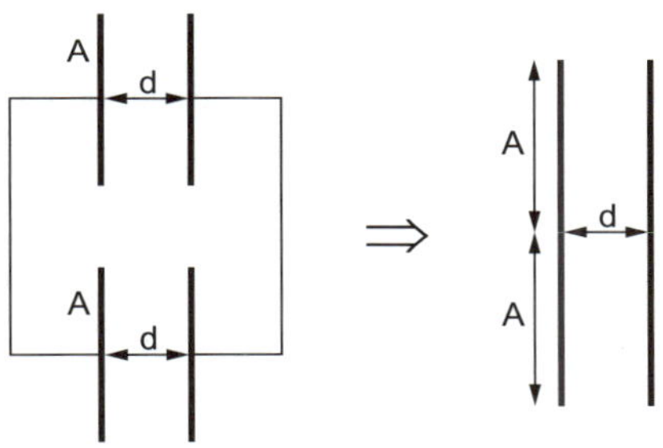

Bild 1 Bild 2

Die leitenden Verbindungen der linken bzw. rechten Platten kann man ohne Veränderung eventueller Ladungsverteilungen auf den Platten dadurch ersetzen, dass man jeweils die obere mit der entsprechenden unteren Platte in innigen Kontakt bringt (Bild 2). So erhält man einen Kondensator, der denselben Plattenabstand, aber die doppelte Plattenfläche und somit wegen $C = \varepsilon_0 \cdot \frac{A}{d}$ die **doppelte Kapazität** besitzt.

29. Schaltskizze: **Reihenschaltung** zweier Kondensatoren (Bild 1)

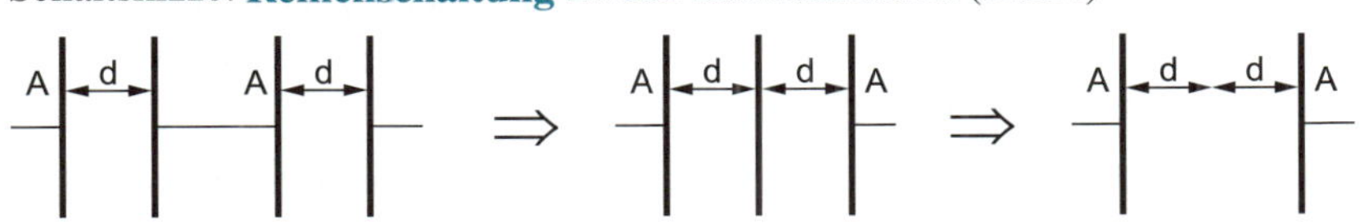

Bild 1 Bild 2 Bild 3

Die leitenden Verbindungen der rechten Platte des linken Kondensators mit der linken Platte des rechten Kondensators kann man dadurch ersetzen, dass man diese Platten in innigen Kontakt miteinander bringt. So erhält man die Anordnung in Bild 2. Hier kann man ohne Veränderung eventueller Ladungsverteilungen auf den äußeren Platten die Mittelplatte entfernen und erhält so den Kondensator in Bild 3. Dieser hat die gleiche Plattenfläche, aber einen doppelt so großen Plattenabstand wie ein Einzelkondensator und daher wegen $C = \varepsilon_0 \cdot \frac{A}{d}$ nur die **halbe Kapazität** eines Einzelkondensators.

30. a) $Q_1 = C_1 \cdot U$ — „Ku = Ku"

$= \varepsilon_0 \cdot \frac{A}{d_1} \cdot U$ — Kapazität des Plattenkond.

$= 8{,}85 \cdot 10^{-12} \frac{C}{Vm} \cdot \frac{400{,}0 \cdot 10^{-4}\,m^2}{3{,}0 \cdot 10^{-2}\,m} \cdot 2\,000\,V = \mathbf{2{,}4 \cdot 10^{-8}\,C}$ — Zahlenwerte einsetzen

b) $W_{el} = \frac{1}{2} Q_1 \cdot U$ — 1. Formel Kondensatorenergie

$= \frac{1}{2} \cdot 2{,}4 \cdot 10^{-8}\,C \cdot 2\,000\,V = \mathbf{2{,}4 \cdot 10^{-5}\,J}$ — Zahlenwerte einsetzen

c) **1. Fall: U = konstant.** Bleibt die Spannung unverändert, verwenden Sie zweckmäßigerweise die zweite Energieformel für die Berechnung des Energieunterschieds im Kondensatorfeld.

$\Delta W_{el} = \frac{1}{2} C_2 \cdot U^2 - \frac{1}{2} C_1 \cdot U^2$ — 2. Formel Kondensatorenergie

$= \frac{1}{2} U^2 \cdot (C_2 - C_1)$ — $\frac{1}{2}U^2$ ausklammern

$= \frac{1}{2} U^2 \cdot \left(\varepsilon_0 \cdot \frac{A}{d_2} - \varepsilon_0 \cdot \frac{A}{d_1}\right)$ — Kapazität des Plattenkond.

$= \frac{1}{2} \varepsilon_0 \cdot U^2 \cdot A \cdot \left(\frac{1}{d_2} - \frac{1}{d_1}\right)$ — $\varepsilon_0 \cdot A$ ausklammern

$= \frac{1}{2} \cdot 8{,}85 \cdot 10^{-12} \frac{C}{Vm} \cdot (2\,000\,V)^2 \cdot 400{,}0 \cdot 10^{-4}\,m^2 \cdot \left(\frac{1}{7 \cdot 10^{-2}\,m} - \frac{1}{3 \cdot 10^{-2}}\right)$ — Zahlenwerte einsetzen

$= \mathbf{-1{,}3 \cdot 10^{-5}\,J}$

Das negative Vorzeichen zeigt an, dass die im Kondensator gespeicherte Energie abnimmt. Vom Feld wird an die Spannungsquelle Energie abgegeben. Die für die Vergrößerung des Plattenabstands (wegen der anziehenden Kraft zwischen den Platten) erforderliche mechanische Arbeit wird ebenfalls an die Spannungsquelle abgegeben. Der Energieinhalt der Spannungsquelle nimmt zu.

2. Fall: Q = konstant. Bleibt die Ladung unverändert, verwenden Sie zweckmäßigerweise die 3. Energieformel für die Berechnung des Energieunterschieds im Kondensatorfeld.

$\Delta W_{el} = \frac{1}{2} \cdot \frac{Q^2}{C_2} - \frac{1}{2} \cdot \frac{Q^2}{C_1}$ — 2. Formel Kondensatorenergie

$= \frac{Q^2}{2} \cdot \left(\frac{1}{\frac{\varepsilon_0 \cdot A}{d_2}} - \frac{1}{\frac{\varepsilon_0 \cdot A}{d_1}}\right)$ — Kapazität des Plattenkond.

$$= \frac{Q^2}{2} \cdot \left(\frac{d_2}{\varepsilon_0 \cdot A} - \frac{d_1}{\varepsilon_0 \cdot A} \right)$$ mit d_2 bzw. d_1 erweitern

$$= \frac{1}{2} \cdot \frac{Q^2}{A \cdot \varepsilon_0} \cdot (d_2 - d_1)$$ $\frac{1}{A \cdot \varepsilon_0}$ ausklammern

$$= \frac{1}{2} \cdot \frac{(2{,}4 \cdot 10^{-8}\,\text{C})^2}{400 \cdot 10^{-4}\,\text{m}^2 \cdot 8{,}85 \cdot 10^{-12}\,\frac{\text{C}}{\text{Vm}}} \cdot (7{,}0 \cdot 10^{-2}\,\text{m} - 4{,}0 \cdot 10^{-2}\,\text{m})$$ Zahlenwerte einsetzen

$$= \mathbf{-2{,}4 \cdot 10^{-5}\,J}$$

Die für die Vergrößerung des Plattenabstands (wegen der anziehenden Kraft zwischen den Platten) erforderliche mechanische Arbeit wird im elektrischen Feld des Plattenzwischenraums gespeichert. Der Energieinhalt der Spannungsquelle ändert sich nicht, sie war ja abgeklemmt.

31. a) $$F_1 = \frac{1}{4\pi \cdot \varepsilon_0} \cdot \frac{Q_R \cdot Q_P}{\overline{RP}^2}$$ Coulombkraft

$$= \frac{4 \cdot 10^{-9}\,\text{C} \cdot 6 \cdot 10^{-9}\,\text{C}}{4\pi \cdot 8{,}85 \cdot 10^{-12}\,\frac{\text{C}}{\text{V} \cdot \text{m}} \cdot (5 \cdot 10^{-2}\,\text{m})^2} = \mathbf{8{,}6 \cdot 10^{-5}\,N}$$ Zahlenwerte einsetzen

$$F_2 = \frac{1}{4\pi \cdot \varepsilon_0} \cdot \frac{Q_S \cdot Q_P}{\overline{SP}^2}$$

$$= \frac{2 \cdot 10^{-9}\,\text{C} \cdot 5 \cdot 10^{-9}\,\text{C}}{4\pi \cdot 8{,}85 \cdot 10^{-12}\,\frac{\text{C}}{\text{V} \cdot \text{m}} \cdot (2{,}5 \cdot 10^{-2}\,\text{m})^2} = \mathbf{1{,}7 \cdot 10^{-4}\,N}$$

Hinweis: Es gilt $\frac{F_1}{F_2} = \frac{Q_R \cdot Q_P}{\overline{RP}^2} \cdot \frac{\overline{SP}^2}{Q_S \cdot Q_P} \underset{\overline{RP}=2\overline{SP}}{\overset{Q_R = 2Q_S}{=}} \frac{2}{2^2} = \frac{1}{2}.$

b) Die Ladungen in den Punkten R und P stoßen sich ab, diejenigen in P und S ziehen sich an.
Mit $F_1 = 8{,}6 \cdot 10^{-5}\,\text{N} \mathrel{\hat{=}} 2{,}15$ cm und $F_2 = 1{,}7 \cdot 10^{-4}\,\text{N} \mathrel{\hat{=}} 4{,}3$ cm erhält man durch Ausmessen des Kraftpfeils der Resultierenden die Länge 5,2 cm und somit:
$\mathbf{F_{ges} = 2{,}1 \cdot 10^{-4}\,N}$

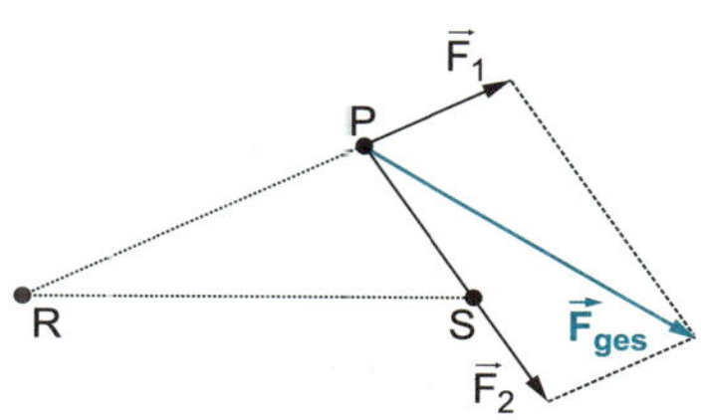

32. a) Wegen $E(r) = \frac{1}{4\pi \cdot \varepsilon_0} \cdot \frac{Q}{r^2}$ gilt für zwei Abstände r_1, r_2 von O:

$$\frac{E(r_1)}{E(r_2)} = \frac{\frac{1}{4\pi \cdot \varepsilon_0} \cdot \frac{Q}{r_1^2}}{\frac{1}{4\pi \cdot \varepsilon_0} \cdot \frac{Q}{r_2^2}} = \frac{\frac{1}{r_1^2}}{\frac{1}{r_2^2}} = \mathbf{\frac{r_2^2}{r_1^2}}$$

b) Es ergeben sich die folgenden Verhältnisgleichungen für die gesuchten Feldstärkebeträge:

$$\frac{E(2\,\text{cm})}{E(1\,\text{cm})} = \left(\frac{1\,\text{cm}}{2\,\text{cm}}\right)^2 = \frac{1}{4}$$

$$\Rightarrow\ E(2\,\text{cm}) = \frac{1}{4} E(1\,\text{cm}) = \frac{1}{4} \cdot 4 \cdot 10^5\,\frac{\text{V}}{\text{m}} = 1{,}0 \cdot 10^5\,\frac{\text{V}}{\text{m}}$$

$$\frac{E(3{,}5\,\text{cm})}{E(1\,\text{cm})} = \left(\frac{1\,\text{cm}}{3{,}5\,\text{cm}}\right)^2 = 0{,}0816$$

$$\Rightarrow\ E(3{,}5\,\text{cm}) = 0{,}0816\ E(1\,\text{cm}) = 0{,}0816 \cdot 4 \cdot 10^5\,\frac{\text{V}}{\text{m}} = 0{,}3 \cdot 10^5\,\frac{\text{V}}{\text{m}}$$

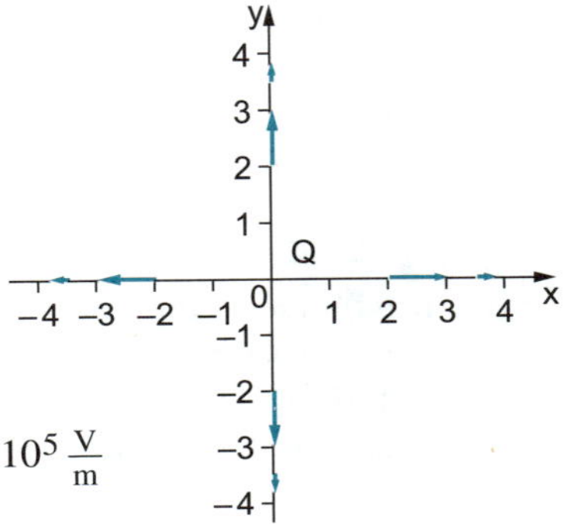

33. a) $\varphi(r) = \frac{1}{4 \cdot \pi \cdot \varepsilon_0} \cdot \frac{Q}{r}$ — Coulombpotenzial

$\Rightarrow\ Q = 4\pi \cdot \varepsilon_0 \cdot r \cdot \varphi(r)$ (*) — auf beiden Seiten mit $4\pi \cdot \varepsilon_0 \cdot r$ multiplizieren

$= 4\pi \cdot 8{,}85 \cdot 10^{-12}\,\frac{\text{C}}{\text{V} \cdot \text{m}} \cdot 0{,}040\,\text{m} \cdot (-250\,\text{V})$ — Zahlenwerte einsetzen

$= \mathbf{-1{,}1 \cdot 10^{-9}\,C}$

b) $\varphi(r_2) = \frac{1}{4\pi \cdot \varepsilon_0} \cdot \frac{Q}{r_2}$ — Coulombpotenzial

$= \frac{1}{4\pi \cdot 8{,}85 \cdot 10^{-12}\,\frac{\text{C}}{\text{V} \cdot \text{m}}} \cdot \frac{-1{,}1 \cdot 10^{-9}\,\text{C}}{0{,}050\,\text{m}} = \mathbf{-200\,V}$ — Zahlenwerte einsetzen

$\varphi(r_2) = \frac{1}{4\pi \cdot \varepsilon_0} \cdot \frac{4\pi \cdot \varepsilon_0 \cdot r \cdot \varphi(r)}{r_2} = \frac{r}{r_2} \cdot \varphi(r)$ — Lösungsalternative: Teilergebnis (*) aus Teilaufgabe a verwenden

$= \frac{4{,}0\,\text{cm}}{5{,}0\,\text{cm}} \cdot (-250\,\text{V}) = \mathbf{-200\,V}$

c) $U = \varphi(4\,\text{cm}) - \varphi(5\,\text{cm})$ — Spannungsdefinition

$= -250\,\text{V} - (-200\,\text{V}) = \mathbf{-50\,V}$ — Zahlenwerte aus Teilaufgabe a und b einsetzen

d) $W = q \cdot U = +2{,}0 \cdot 10^{-12}\,\text{C} \cdot (-50\,\text{V}) = \mathbf{1{,}0 \cdot 10^{-10}\,J}$ — W-q-U-Formel

34. a) Feldstärke E_h im Kondensator mit den horizontalen Platten:

$$E_h = \frac{U}{d_h} = \frac{1\,250\,\text{V}}{0{,}050\,\text{m}} = \mathbf{25\,000\,\frac{V}{m}}$$

Feldstärke E_v im Kondensator mit den vertikalen Platten:

$$E_v = \frac{U}{d_v} = \frac{1\,250\,\text{V}}{0{,}125\,\text{m}} = \mathbf{10\,000\,\frac{V}{m}}$$

b) Die horizontalen und vertikalen Teilfelder sind im homogenen Feld der Plattenkondensatoren durch die in Betrag und Richtung jeweils konstanten Feldstärkevektoren $\vec{E}_h$ und $\vec{E}_v$ festgelegt. Ihre vektorielle Summe ist gleich der Gesamtfeldstärke in P (1. Superpositionsregel).

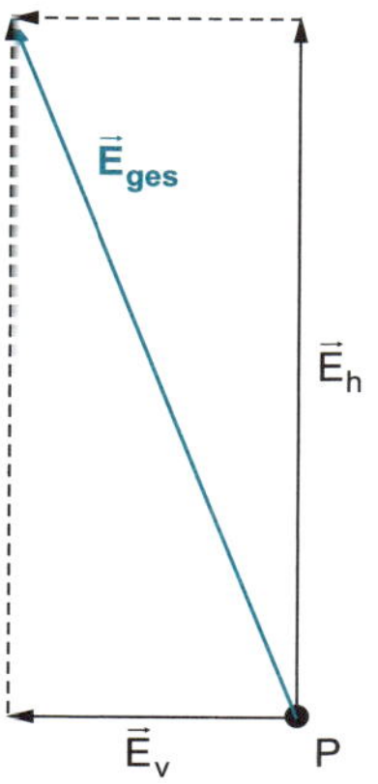

- $E_h = 25\,000\,\frac{V}{m}$ entsprechen in der Zeichnung einer Pfeillänge von 5 cm. Der Pfeil ist von der grünen zur schwarzen Platte, also von unten nach oben gerichtet.
- $E_v = 10\,000\,\frac{V}{m}$ entsprechen in der Zeichnung einer Pfeillänge von 2 cm. Der Pfeil ist von der grünen zur schwarzen Platte, also von rechts nach links gerichtet.

c) Da der Pfeil $\vec{E}_{ges}$ in der Zeichnung eine Länge von 5,4 cm hat, gilt für den Betrag E_{ges} der Gesamtfeldstärke in P:

$$E_{ges} = \frac{5{,}4\text{ cm}}{2{,}0\text{ cm}} \cdot 10\,000\,\frac{V}{m} = 27\,000\,\frac{V}{m} = \mathbf{2{,}7 \cdot 10^4\,\frac{V}{m}}$$

Die Überprüfung mithilfe des Satzes von Pythagoras zeigt eine gute Übereinstimmung mit der geometrischen Lösung:

$$E_{ges} = \sqrt{\left(25\,000\,\frac{V}{m}\right)^2 + \left(10\,000\,\frac{V}{m}\right)^2} = 26\,926\,\frac{V}{m} = \mathbf{2{,}7 \cdot 10^4\,\frac{V}{m}}$$

35. Potenzial des von Q_1 in P erzeugten Feldes:

$$\varphi_1(P) = \frac{Q_1}{4\pi \cdot \varepsilon_0} \cdot \frac{1}{\overline{Q_1P}} \qquad \text{Coulomb-Potenzial}$$

$$= \frac{3{,}5 \cdot 10^{-9}\,C}{4\pi \cdot 8{,}85 \cdot 10^{-12}\,\frac{C}{V \cdot m}} \cdot \frac{1}{2{,}0 \cdot 10^{-2}\,m} = 1{,}6 \cdot 10^3\,V \qquad \text{Zahlenwerte einsetzen}$$

Potenzial des von Q_2 in P erzeugten Feldes:

$$\varphi_2(P) = \frac{Q_2}{4\pi \cdot \varepsilon_0} \cdot \frac{1}{\overline{Q_2P}} \qquad \text{Coulomb-Potenzial}$$

$$= \frac{7 \cdot 10^{-9}\,C}{4\pi \cdot 8{,}85 \cdot 10^{-12}\,\frac{C}{V \cdot m}} \cdot \frac{1}{4{,}0 \cdot 10^{-2}\,m} = 1{,}6 \cdot 10^3\,V \qquad \text{Zahlenwerte einsetzen}$$

Hinweis: Es gilt sogar exakt

$$\frac{\varphi_1}{\varphi_2} = \frac{\frac{Q_1}{4\pi \cdot \varepsilon_0} \cdot \frac{1}{\overline{Q_1P}}}{\frac{Q_2}{4\pi \cdot \varepsilon_0} \cdot \frac{1}{\overline{Q_2P}}} = \frac{Q_1}{Q_2} \cdot \frac{\overline{Q_2P}}{\overline{Q_1P}} \underset{Q_2 = 2Q_1}{\overset{\overline{Q_2P} = 2\overline{Q_1P}}{=}} \frac{1}{2} \cdot 2 = 1 \quad \Rightarrow \quad \varphi_1 = \varphi_2$$

Mit der 2. Superpositionsregel folgt für das Gesamtpotenzial im Punkt P:

$$\varphi_{ges}(P) = \varphi_1(P) + \varphi_2(P) = 1{,}6 \cdot 10^3\,V + 1{,}6 \cdot 10^3\,V = \mathbf{3{,}2 \cdot 10^3\,V}$$

36. Bezeichnen r_A und r_B die Abstände eines zwischen A und B liegenden Punktes von A und B, so gilt für die Einzelfeldstärken E_A bzw. E_B der Ladungen im Punkt P:

$$E_A(P) = \frac{Q_A}{4\pi \cdot \varepsilon_0} \cdot \frac{1}{r_A^2} \text{ bzw. } E_B(P) = \frac{Q_B}{4\pi \cdot \varepsilon_0} \cdot \frac{1}{r_B^2}$$

Da die zugehörigen Feldstärkevektoren in P aufeinander zu gerichtet sind, ist $E_{ges}(P) = 0$, wenn:

$$E_A(P) = E_B(P)$$

$$\Leftrightarrow \quad \frac{Q_A}{4\pi \cdot \varepsilon_0} \cdot \frac{1}{r_A^2} = \frac{Q_B}{4\pi \cdot \varepsilon_0} \cdot \frac{1}{r_B^2}$$ auf beiden Seiten mit $4\pi \cdot \varepsilon_0$ multiplizieren

$$\Leftrightarrow \quad \frac{Q_A}{r_A^2} = \frac{Q_B}{r_B^2}$$ Term umformen

$$\Leftrightarrow \quad \frac{r_B^2}{r_A^2} = \frac{Q_B}{Q_A}$$ auf beiden Seiten mit $\frac{r_B^2}{Q_A}$ multiplizieren

$$\Leftrightarrow \quad \left(\frac{r_B}{r_A}\right)^2 = \frac{Q_B}{Q_A}$$ Potenzgesetz anwenden

$$\Rightarrow \quad \frac{r_B}{r_A} = \sqrt{\frac{Q_B}{Q_A}} = \sqrt{\frac{6\text{ nC}}{24\text{ nC}}} = \frac{1}{2}$$ auf beiden Seiten mit $2r_A$ multiplizieren und Seiten vertauschen

$$\Rightarrow \quad r_A = 2r_B$$

Für den Ladungsabstand $r_A + r_B$ misst man 6 cm, daher besitzt die letzte Gleichung die Lösungen **$r_B = 2$ cm; $r_A = 4$ cm**.

37. Elektrostatisches Erdfeld

a) Da elektrische Feldlinien von positiven zu negativen Ladungen verlaufen, handelt es sich bei der Überschussladung um **negative** Ladung.

b) $$E(r) = \frac{1}{4\pi \cdot \varepsilon_0} \cdot \frac{Q}{r^2}$$ elektrische Feldstärke einer geladenen Kugel

$$\Rightarrow Q = 4\pi \cdot \varepsilon_0 \cdot r^2 \cdot E(r)$$ auf beiden Seiten mit $4\pi \cdot \varepsilon_0 \cdot r^2$ multiplizieren

$$= 4\pi \cdot 8{,}85 \cdot 10^{-12}\,\frac{\text{C}}{\text{Vm}} \cdot (6{,}370 \cdot 10^6\text{ m})^2 \cdot 130\,\frac{\text{V}}{\text{m}}$$ Zahlenwerte einsetzen

$$= 5{,}9 \cdot 10^5\text{ C}$$

Auf der Erdoberfläche befindet sich demnach die Ladung **$-5{,}9 \cdot 10^5$ C**.

38. Gewitterwolke

$$\frac{Q}{A} = \frac{C \cdot U}{A}$$ „Ku = Ku"-Regel

$$= \frac{\varepsilon_0 \cdot \frac{A}{d} \cdot U}{A}$$ Kapazität eines Plattenkondensators

$= \varepsilon_0 \cdot \frac{U}{d}$	mit A kürzen und umformen
$= \varepsilon_0 \cdot E$	U-E-d-Regel
$= 8{,}85 \cdot 10^{-12} \frac{C}{V \cdot m} \cdot 15\,000 \frac{V}{m} = \mathbf{1{,}33 \cdot 10^{-7} \frac{C}{m^2}}$	Zahlenwerte einsetzen

39. Batterie als Energiespeicher

a)

$W_{el} = \frac{1}{2} C \cdot U^2$	2. Formel Kondensatorenergie
$= \frac{1}{2} \cdot 50\,F \cdot (2{,}5\,V)^2 = \mathbf{156\,J}$	Zahlenwerte einsetzen

b) Wegen $W_{el} = \frac{1}{2} C \cdot U^2$ und U = konst. muss C möglichst groß werden. Man erreicht dies wegen $C = \varepsilon_0 \cdot \frac{A}{d}$ für A = konst. dadurch, dass man den Plattenabstand d **möglichst klein** wählt.

c) Man berechnet die erforderliche Plattenfläche:

$C = \varepsilon_0 \cdot \frac{A}{d}$	Kapazität eines Plattenkondensators
$\Rightarrow A = \frac{d \cdot C}{\varepsilon_0} = \frac{0{,}5 . 10^{-3}\,m \cdot 50\,F}{8{,}85 \cdot 10^{-12} \frac{C}{Vm}} = 2{,}8 \cdot 10^9\,m^2$	nach A umstellen, Zahlenwerte einsetzen

Die Fläche müsste 2 800 Quadratkilometer betragen! Einen Plattenkondensator vergleichbarer Kapazität herzustellen, ist also völlig **unrealistisch**.

d) Energiedichte ρ_{EDLC} im EDLC:

$\rho_{EDLC} = \frac{W_{el}}{r^2 \cdot \pi \cdot h}$	Zylindervolumen $V = r^2 \cdot \pi \cdot h$
$= \frac{156\,J}{(9 \cdot 10^{-3}\,m)^2 \cdot \pi \cdot 40 \cdot 10^{-3}\,m} = 1{,}5 \cdot 10^7 \frac{J}{m^3}$	r = 9 mm, h = 40 mm

Energiedichte im Plattenkondensator:

$\rho_{Platt} = \frac{W_{el}}{A \cdot d}$	Volumen $V = A \cdot d$
$= \frac{156\,J}{2{,}8 \cdot 10^9\,m^2 \cdot 0{,}5 \cdot 10^{-3}\,m} = 1{,}1 \cdot 10^{-4} \frac{J}{m^3}$	A aus Teilaufgabe c, d = 0,5 mm

Verhältnis der beiden Energiedichten:

$$\frac{\rho_{EDLC}}{\rho_{Platt}} = \frac{1{,}5 \cdot 10^7 \frac{J}{m^3}}{1{,}1 \cdot 10^{-4} \frac{J}{m^3}} = \mathbf{1{,}4 \cdot 10^{11}}$$

Die Energiedichte im Doppelschichtkondensator übersteigt diejenige im Plattenkondensator um mehr als das **Hundertmilliardenfache**.

40. Geschwindigkeitsmessung

a) $U(x) = E \cdot x$ — U-E-d-Regel

$= 2{,}8 \cdot 10^9\ \frac{V}{m} \cdot \frac{\Delta x}{x} \cdot x$ — Formel für E(x) einsetzen

$= 2{,}8 \cdot 10^9\ \frac{V}{m} \cdot \Delta x$ — mit x kürzen

$= 2{,}8 \cdot 10^9\ \frac{V}{m} \cdot 0{,}0001 \cdot 10^{-3}\ m$ — $\Delta x = 0{,}0001$ mm

$= \mathbf{280\ V}$

b) Wenn der Reifen auf das Plättchen rollt, nimmt der Druck auf das Plättchen und damit die Spannung zwischen A und B zu. Der größte Spannungswert wird erreicht, wenn sich der Reifenschwerpunkt senkrecht über dem Plättchen befindet. Beim Weiterrollen nimmt die Kraft auf das Plättchen ab und die Spannung geht wieder zurück. Wird keine Kraft mehr ausgeübt, vollführt das Plättchen eine stark gedämpfte Schwingung, die für die weiteren Peaks nach unten und oben verantwortlich ist.

c) Aus dem Diagramm liest man den horizontalen Abstand $\Delta t = 0{,}04$ s der beiden Spannungsmaxima ab. In dieser Zeit legt der Reifen legt die Strecke 1,000 m zurück. Das Fahrzeug besitzt daher die Geschwindigkeit

$v = \frac{\Delta s}{\Delta t} = \frac{1{,}000\ m}{0{,}04\ s} = \mathbf{25\ \frac{m}{s}}.$

41. a) Die Nagelköpfe stoßen sich ab.

Begründung: Durch magnetische Influenz werden die Nägel selbst zu Magneten. Ihre magnetische Südpole befinden sich an den Nagelspitzen, ihre Nordpole an den Nagelköpfen. Die Nagelköpfe stoßen sich ab, weil sich gleichnamige Magnetpole abstoßen.

b) Die Nagelköpfe stoßen sich wieder ab.

Begründung: Wie in Teilaufgabe a, nur hat sich jetzt die Polung der Nägel geändert (Nagelspitzen Nordpole, Köpfe Südpole).

42. Die Nagelköpfe ziehen sich an.

Begründung: Durch magnetische Influenz wird der Kopf des Nagels, dessen Spitze am Nordpol (Südpol) des Hufeisenmagneten hängt, zum Nordpol (Südpol). Die ungleichnamig gepolten Nagelköpfe ziehen sich an.

43. Zur Entmagnetisierung der Probe muss die Ordnung der Elementarmagnete, die durch das Bestreichen erzeugt worden ist, wieder aufgehoben werden. Das kann durch starkes **Schlagen** oder durch **Erhitzen** der Probe geschehen.

44. Ein **Hufeisenmagnet** lässt sich durch Biegen aus einem Stabmagneten herstellen. In einiger Entfernung von der Biegung ist das Feld zwischen den geraden Schenkeln annähernd homogen.

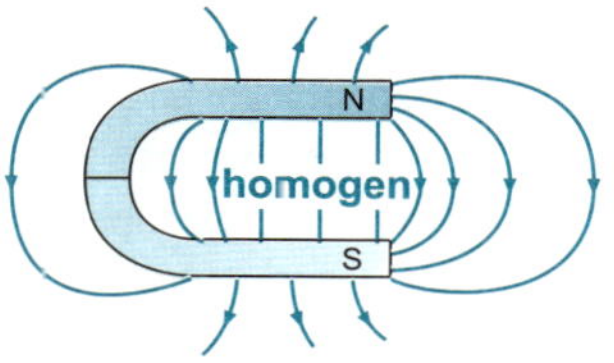

45. Man legt die beiden Metallquader in Form eines T zusammen. Haften sie aneinander, so ist der Längsbalken des T der Magnet. Andernfalls ist der Querbalken des T der Magnet, weil ein Stabmagnet in seiner Mitte praktisch keine magnetische Anziehungskraft auf Ferromagneten ausübt.

46. Die Magnetnadel wird **nicht** abgelenkt, weil die Feldlinien nach der Rechte-Faust-Regel parallel zur Drehachse senkrecht von unten nach oben auf sie treffen.

47. Dem Nordpol der Magnetnadel muss ein Spulensüdpol gegenüber stehen. Daher muss am linken Spulenende ein Nordpol liegen. Nach der Rechte-Hand-Regel für die Spulenpolung ist dies der Fall, wenn

a) A mit dem Plus- und B mit dem Minuspol

b) B mit dem Plus- und A mit dem Minuspol

einer Gleichspannungsquelle verbunden wird.

48. a) Weil Strom- und Feldrichtung parallel sind, wirkt auf den Leiter keine magnetische Kraft. Der Leiter behält seine Lage bei.

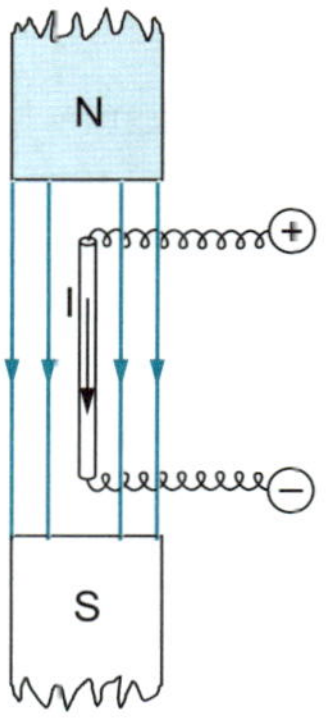

b) $\vec{F}_1$ und $\vec{F}_3$ sind betragsgleich. Sie heben sich in ihrer Wirkung auf den Leiter gegenseitig auf. Der Leiterrahmen wird daher von $\vec{F}_2$ ins Magnetfeld gezogen

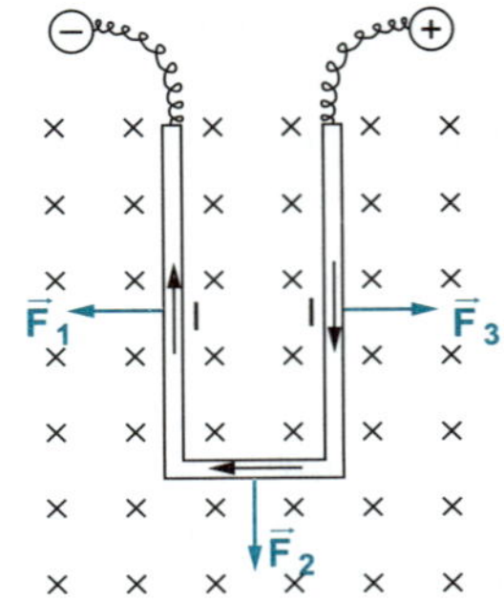

c) $\vec{F}_1$ und $\vec{F}_4$ sind betragsgleich und heben sich in ihrer Wirkung auf den Leiter gegenseitig auf. Das Gleiche gilt für $\vec{F}_2$ und $\vec{F}_3$. Der Leiter ändert seine Lage also nicht.

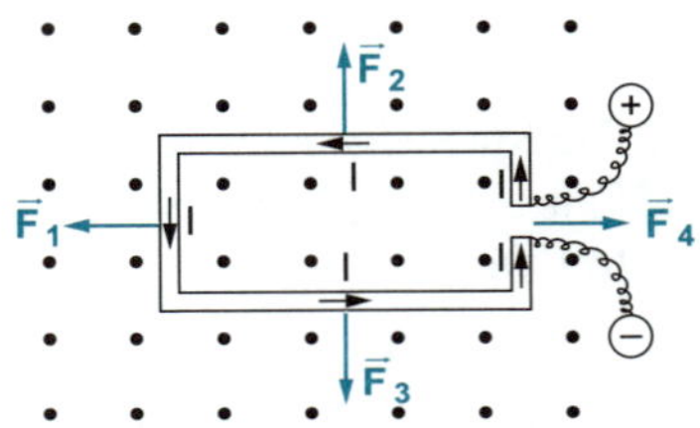

d) Auf die senkrechten Leiterstücke wirkt keine magnetische Kraft, da sie parallel zur Feldrichtung stehen. $\vec{F}_1$ und $\vec{F}_2$ bewirken eine Drehung um die Achse a in der angegebenen Drehrichtung.

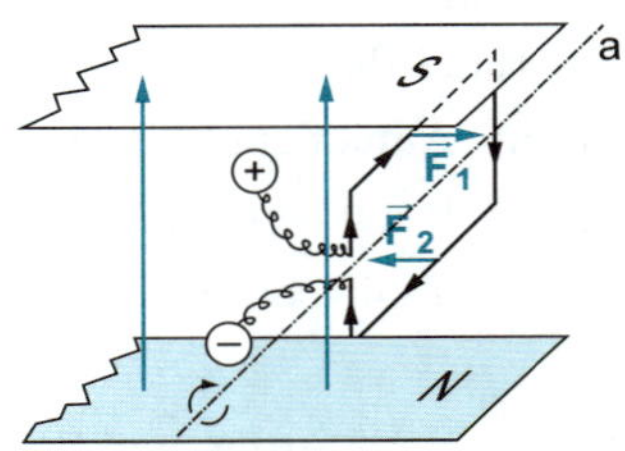

e) Hier liegt die identische Situation wie bei Teilaufgabe c vor, nur ist sie perspektivisch gezeichnet. (Die Darstellung in c ergibt sich, wenn man in Süd-Nord-Richtung blickt.)
Der Leiter behält seine Lage bei.

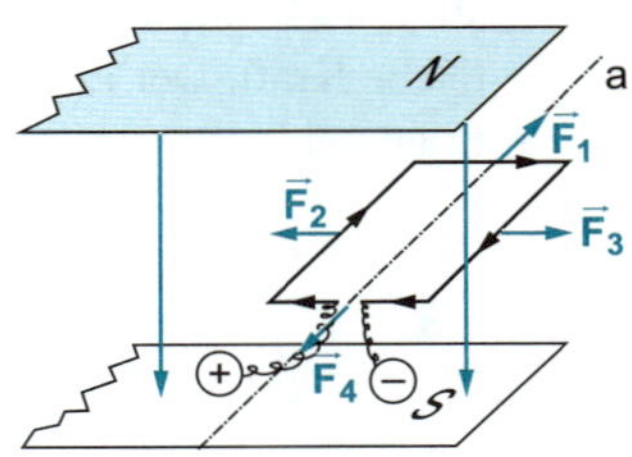

49. Obere Bildhälfte:

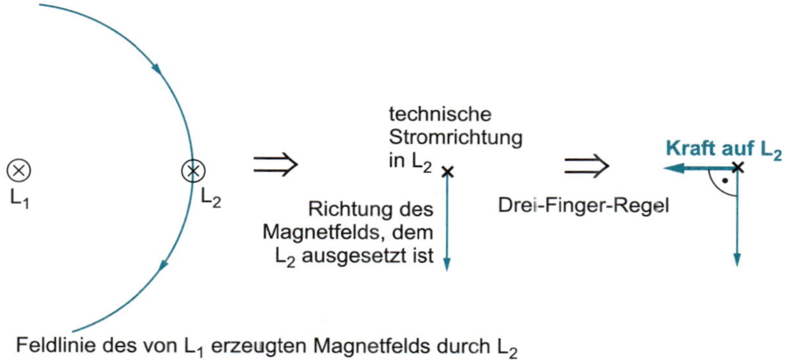

Untere Bildhälfte:

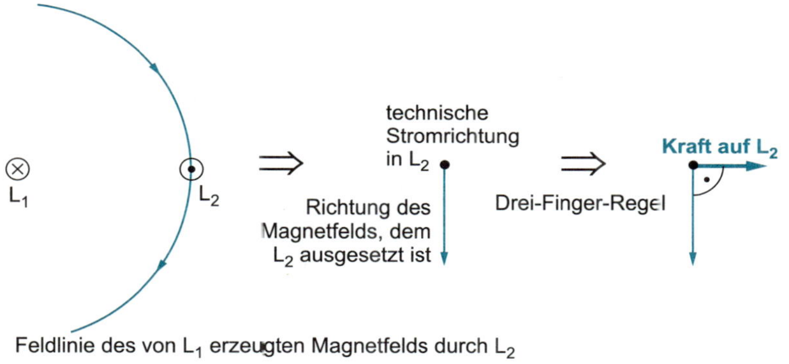

50. $B = \frac{F}{I \cdot \ell}$ — Flussdichtedefinition

$\Rightarrow \quad \ell = \frac{F}{I \cdot B}$ — auf beiden Seiten mit $\frac{\ell}{B}$ multiplizieren

$= \frac{2{,}1 \cdot 10^{-3}\,\text{N}}{1{,}9\,\text{A} \cdot 3{,}2 \cdot 10^{-3}\,\text{T}} = \mathbf{0{,}35\,m}$ — Zahlenwerte einsetzen

51. a) Da der Strom den Querstab von unten nach oben durchfließt (technische Stromrichtung) und die Magnetfeldlinien aus der Zeichenebene heraustreten, erfährt der Querstab nach der Drei-Finger-Regel eine nach **rechtsgerichtete** Kraft. Für deren Betrag gilt:

$F = B \cdot I \cdot \ell$ — Flussdichtedefinition, nach B auflösen

$= 4{,}0 \cdot 10^{-3}\,\text{T} \cdot 14{,}8\,\text{A} \cdot 0{,}038\,\text{m} = \mathbf{2{,}2\,mN}$ — Zahlenwerte einsetzen

b) $F = m \cdot a$ — 3. Newton Axiom

$\Rightarrow a = \frac{F}{m}$ — auf beiden Seiten durch m dividieren

$= \frac{2{,}2 \cdot 10^{-3}\,\text{N}}{0{,}010\,\text{kg}} = \mathbf{0{,}22\,\frac{m}{s^2}}$ — Zahlenwerte einsetzen

c) $v = \sqrt{2a \cdot s}$ — 3. Bewegungsgleichung

$= \sqrt{2 \cdot 0{,}22\,\frac{\text{m}}{\text{s}^2} \cdot 0{,}10\,\text{m}} = \mathbf{0{,}21\,\frac{m}{s}}$ — Zahlenwerte einsetzen

52.

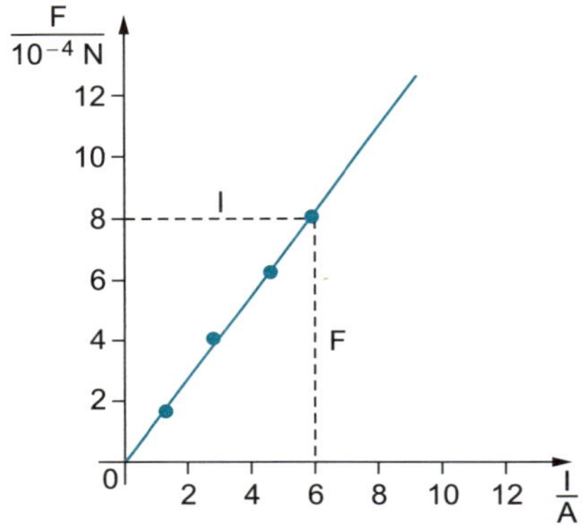

Messwertpaare in ein Stromstärke-Kraft-Diagramm eintragen
Ausgleichsgerade durch die Messpunkte legen

$\frac{F}{I} = \frac{8 \cdot 10^{-4}\,\text{N}}{6\,\text{A}} = 1{,}3 \cdot 10^{-4}\,\frac{\text{N}}{\text{A}}$ — Steigung der Ausgleichsgeraden

$B = \frac{F}{I \cdot \ell} = \frac{F}{I} \cdot \frac{1}{\ell}$ — Flussdichtedefinition

$= 1{,}3 \cdot 10^{-4}\,\frac{\text{N}}{\text{A}} \cdot \frac{1}{0{,}06\,\text{m}} = \mathbf{2{,}2 \cdot 10^{-3}\,T}$ — Zahlenwerte einsetzen

53. $\frac{B_K - B_L}{B_L} = \frac{B_K}{B_L} - 1$ — Ansatz für die relative Änderung der Flussdichten. Die Indizes L und K kennzeichnen die lange bzw. kurze Spule.

$= \frac{\mu_0 \cdot \frac{N \cdot I}{\ell_K}}{\mu_0 \cdot \frac{N \cdot I}{\ell_L}} - 1$ — Spulenformel $B = \mu_0 \cdot \frac{N}{\ell} \cdot I$ einsetzen

$= \frac{\frac{1}{\ell_K}}{\frac{1}{\ell_L}} - 1$ — mit $\mu_0 \cdot I \cdot N$ kürzen

$= \frac{\ell_L}{\ell_K} - 1$ — mit ℓ_L erweitern

$= \frac{80\,\text{cm}}{70\,\text{cm}} - 1 = 0{,}143 = \mathbf{14{,}3\,\%}$ — Zahlenwerte einsetzen

Die relative Änderung ist positiv, d. h., die Flussdichte nimmt um 14,3 % zu.

54. In zwei Spulen mit rechteckigem Querschnitt, die in der gleichen Richtung jeweils vom gleichen Strom der Stärke I_0 durchflossen werden, herrscht im Inneren jeder Spule das gleiche Magnetfeld der Flussdichte $\vec{B}_0$.
Ersetzt man die beiden Spulen durch eine einzige Spule mit doppeltem Querschnitt, durch die ein Strom der Stärke I_0 fließt, ändert sich der Betrag von $\vec{B}_0$ im Inneren nicht: Die Feldliniendichte hat sich nicht geändert (siehe Skizze). Der Betrag der magnetischen Flussdichte ist also **unabhängig** vom Querschnitt der Spule.

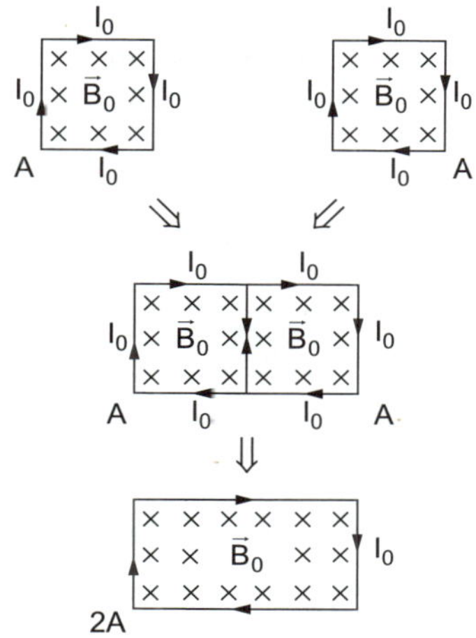

55.

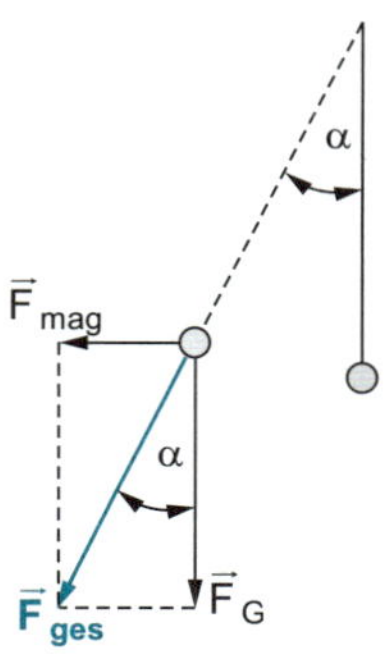

Kräfteparallelogramm: Gewichtskraft und magnetische Kraft addieren sich im Gleichgewichtsfall vektoriell zur Gesamtkraft, die in radiale Richtung zeigt.

$F_{mag} = B \cdot I \cdot \ell$ (Flussdichtedefinition, nach B aufgelöst)

$F_G = m \cdot g$ (Gewichtskraft)

$$\tan\alpha = \frac{F_{mag}}{F_G} = \frac{B \cdot I \cdot \ell}{m \cdot g}$$

Winkelbeziehung im rechtwinkligen Dreieck

$$= \frac{3{,}4 \cdot 10^{-3}\,\mathrm{T} \cdot 8{,}8\,\mathrm{A}\;\;0{,}10\,\mathrm{m}}{6{,}8 \cdot 10^{-3}\,\mathrm{kg} \cdot 9{,}81\,\frac{\mathrm{m}}{\mathrm{s}^2}} = 0{,}045$$

Zahlenwerte einsetzen

$\Rightarrow \quad \alpha = \mathbf{2{,}6°}$

56. a) B ist direkt proportional zur Stromstärke, wenn der Quotient $\frac{B}{I}$ für alle Messwertpaare den gleichen Wert besitzt. Mithilfe des Taschenrechners findet man die Werte in der 3. Zeile zur ersten Messreihe

I in A	1,2	2,1	3,7	4,7	5,9	7,2	8,3
B in µT	2,6	4,4	7,4	9,4	11,8	14,4	16,6
$\frac{B}{I}$ in $\frac{\mu T}{A}$	2,2	2,1	2,0	2,0	2,0	2,0	2,0

Mit Ausnahme der ersten beiden Messwertpaare (bei denen sich wegen der kleinen Werte Ablesefehler stärker auswirken als bei großen Werten) gilt: $\frac{B}{I} = 2{,}0 = \text{konst.}$ Daher ist $\mathbf{B \sim I}$.

B ist indirekt proportional zum Abstand r, wenn das Produkt $B \cdot r$ für alle Messwertpaare den gleichen Wert besitzt. Mithilfe des Taschenrechners findet man die Werte in der 3. Zeile zur zweiten Messreihe:

r in cm	2,0	4,6	5,5	6,7	7,4	8,9	10,0
B in µT	47,0	20,4	17,1	14,0	12,7	10,6	9,4
$B \cdot r$ in $\mu T \cdot cm$	94	93,8	94,1	93,8	94,0	94,3	94,0

Genähert auf zwei gültige Ziffern besitzt das Produkt $B \cdot r$ für alle Messwertpaare den gleichen Wert 94. Es gilt $\mathbf{B \sim \frac{1}{r}}$.

b) Aus $B \sim I$ und $B \sim \frac{1}{r}$ folgt zunächst $B \sim \frac{I}{r}$ und hieraus für eine geeignete Proportionalitätskonstante k:

$B = k \cdot \frac{I}{r}$ (*)

Berechnung von k:

$k = \frac{B}{I} \cdot r$ — (*) auf beiden Seiten mit $\frac{r}{I}$ multiplizieren

$= 2{,}0 \cdot 10^{-6} \frac{\frac{Vs}{m^2}}{A} \cdot 0{,}100\ m$ — 1. Messreihe (erweitert): $r = 0{,}100\ m$; $\frac{B}{I} = 2{,}0 \frac{\mu T}{A}$; $1\ T = 1 \frac{Vs}{m^2}$

$= \mathbf{2{,}0 \cdot 10^{-7} \frac{Vs}{Am}}$

$\frac{\mu_0}{2\pi} = \frac{4\pi \cdot 10^{-7} \frac{Vs}{Am}}{2\pi} = \mathbf{2{,}0 \cdot 10^{-7} \frac{Vs}{Am}}$ — Vergleich mit der Proportionalitätskonstanten in der Drahtformel

Der experimentell bestimmte Wert für die Proportionalitätskonstante stimmt mit dem entsprechenden Wert in der Drahtformel überein.

57. Das Kräftedreieck ist rechtwinklig ($\vec{B}_E$ in S-N-, $\vec{B}_{Sp}$ in W-O- oder O-W-Richtung) und wegen des 45°-Winkels dann auch gleichschenklig. Daher ist $B_{Sp} = B_E = 2{,}1 \cdot 10^{-5}$ T und es folgt:

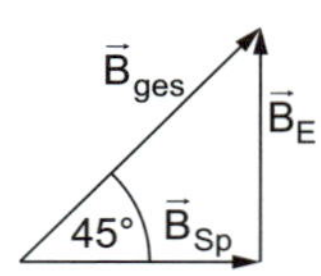

$B_{Sp} = \mu_0 \cdot \frac{N}{\ell} \cdot I$ — Spulenformel

$\Rightarrow \frac{N}{\ell} = \frac{B_{Sp}}{\mu_0 \cdot I}$ — auf beiden Seiten mit $\mu_0 \cdot I$ multiplizieren

$= \frac{2{,}10 \cdot 10^{-5}\ T}{4\pi \cdot 10^{-7} \frac{Vs}{Am} \cdot 0{,}0200 A} = \mathbf{836 \frac{1}{m}}$ — Zahlenwerte einsetzen

58. Da ein Elektron den gleichen Ladungsbetrag wie ein Proton besitzt und beide Teilchen die gleichen Geschwindigkeitsbeträge aufweisen, ist der Betrag der Lorentzkraft auf beide Teilchen gleich. In der Tabelle sind die Lorentzkräfte für die Fälle a bis e zusammengestellt (⊙: Richtung senkrecht aus der Zeichenebene heraus; ⊗: Richtung senkrecht in die Zeichenebene hinein.)

$\alpha = \sphericalangle(\vec{v}, \vec{B})$	**Betrag der Lorentzkraft:** $F = q \cdot v \cdot B \cdot \sin\alpha$	**Kraftrichtung: Drei-Finger-Regel**
a) $\alpha = 90°$	$F = q \cdot v \cdot B$ $= 1{,}6 \cdot 10^{-19}\,C \cdot 5{,}0 \cdot 10^{6}\,\frac{m}{s} \cdot 2{,}5 \cdot 10^{-3}\,T$ $= \mathbf{2{,}0 \cdot 10^{-15}\,N}$	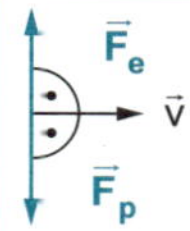
b) $\alpha = 90°$	$F = \mathbf{2{,}0 \cdot 10^{-15}\,N}$ (analog Teilaufgabe a)	$\vec{F}_p$: ⊙; $\vec{F}_e$: ⊗
c) $\alpha = 120°$	$F = q \cdot v \cdot B \cdot \sin 120°$ $\overset{a}{=} 2{,}0 \cdot 10^{-15}\,N \cdot \sin 120°$ $= \mathbf{1{,}7 \cdot 10^{-15}\,N}$	$\vec{F}_p$: ⊗; $\vec{F}_e$: ⊙
d) $\alpha = 60°$	$F = q \cdot v \cdot B \cdot \sin 60°$ $\overset{a}{=} 2{,}0 \cdot 10^{-15}\,N \cdot \sin 60°$ $= \mathbf{1{,}7 \cdot 10^{-15}\,N}$	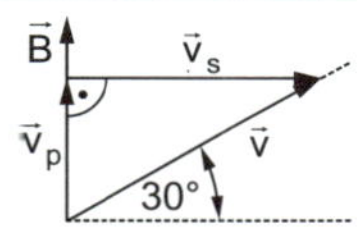 $\vec{F}_p$: ⊙; $\vec{F}_e$: ⊗
e) $\alpha = 0°$	$F = 0\,N$	

59. Drehspulinstrument

Beim Drehspulinstrument hängt zwischen den Polen eines Dauermagneten drehbar gelagert eine Spule, die sich beim Stromdurchgang dreht. Die Drehspule ist mit einer Rückstellfeder und einem Zeiger verbunden, der nicht mehr weiter ausschlägt, wenn die Summe der Drehmomente der magnetischen Kräfte gleich dem Drehmoment der Rückstellfeder ist. Der Zeigerausschlag ist zur Stärke des durchfließenden Stroms proportional.

60. Gleichstrom-Elektromotor

Eine zwischen den Polen eines Dauermagneten drehbar gelagerte, von einem Gleichstrom durchflossene rechteckige Spule erfährt senkrecht zu den Magnetfeldlinien zwei Lorentzkräfte F, welche die Spule drehen. In dem Moment, in dem die Spulenfläche senkrecht von den Feldlinien durchsetzt wird, kehrt ein Kommutator – ein in zwei von einander isolierten Segmenten S_1, S_2 unterteilter Schleifring – die Stromrichtung in der Spule um und bewirkt so zusammen mit ihrem Eigenschwung ein Weiterdrehen in der ursprünglichen Richtung. Dazu sind die Spulenenden so mit den Segmenten S_1, S_2 verbunden, dass die Schleifbürsten immer dann von einem zum anderen Segment wechseln, wenn der Betrag des magnetischen Flusses durch die Spulenfläche maximal ist.

61. Ablenkspulen

Nach der Polungsregel für Zylinderspulen verlaufen die Feldlinien in den Spulen, in denen der Strom

- von oben nach unten fließt, in die positive x-Richtung;
- von unten nach oben fließt, in die negative y-Richtung.

Auf das Elektron (negative Ladung!) wirkt nach der Drei-Finger-Regel der linken Hand im Feld, das in die

- positive x-Richtung zeigt, eine Lorentzkraft in die negative y-Richtung;
- negative y-Richtung zeigt, eine Lorentzkraft in die negative x-Richtung.

Das Elektron erfährt daher insgesamt eine **Kraft längs der Geraden y = x in die Richtung vom ersten zum dritten Quadranten**.

62. Van Allen'scher Strahlungsgürtel

a) Die Ströme geladener Teilchen des Sonnenwindes erzeugen wie ein gerader, stromdurchflossener Leiter selbst ein Magnetfeld, das durch Überlagerung mit dem Erdmagnetfeld nach den Superpositionsregeln für Magnetfelder das deformierte Magnetfeld ergibt.

b) In Polnähe ist die magnetische Flussdichte und damit der Betrag der Lorentzkraft größer als über dem Äquator. Da die Lorentzkraft als Zentripetalkraft fungiert, nimmt der Radius mit zunehmender Lorentzkraft ab:

$$F_{Lorentz} = F_{Zentripetal} \quad \Leftrightarrow \quad q \cdot v \cdot B = m \cdot \frac{v^2}{r} \quad \Rightarrow \quad r = \frac{m \cdot v}{q \cdot B}$$

63. Bei jedem senkrechten Wurf erfährt ein Körper der Masse m nur durch die konstante Schwerkraft der Erde eine konstante Beschleunigung, die parallel zu den Feldlinien des an der Erdoberfläche praktisch homogenen Schwerefeldes der Erde verläuft. Beim **Wurf nach oben** wird der Körper **entgegen** der Richtung seiner Anfangsgeschwindigkeit $\vec{v}_0$ beschleunigt, beim **Wurf nach unten in** Richtung von $\vec{v}_0$.
Analog dazu erfährt das Elektron der Masse m nur unter dem Einfluss einer konstanten elektrischen Kraft eine konstante Beschleunigung parallel zu den Feldlinien des homogenen elektrischen Feldes. Im **Fall I** wirkt diese **entgegen** der Richtung von $\vec{v}_0$, im **Fall II in** Richtung von $\vec{v}_0$. Das heißt:

- Fall I: gebremstes Elektron $\hat{=}$ senkrechter Wurf nach oben.
- Fall II: beschleunigtes Elektron $\hat{=}$ senkrechter Wurf nach unten.

64. a) Weil sich das Elektron in Feldrichtung bewegt, wird es **abgebremst**.

b) $v(t) = \frac{q \cdot E}{m} \cdot t + v_0$ — 1. Bewegungsgesetz

$= \frac{-1{,}6 \cdot 10^{-19}\,\text{As} \cdot 4{,}5 \cdot 10^5\,\frac{\text{V}}{\text{m}}}{9{,}1 \cdot 10^{-31}\,\text{kg}} \cdot 0{,}1 \cdot 10^{-9}\,\text{s}$ — Zahlenwerte einsetzen

$+ 9{,}0 \cdot 10^6\,\frac{\text{m}}{\text{s}} = \mathbf{1{,}1 \cdot 10^6\,\frac{m}{s}}$

c) $x(t) = \frac{q \cdot E}{2m} \cdot t^2 + v_0\ t + x_0$ — 2. Bewegungsgesetz

$= \frac{-1{,}6 \cdot 10^{-19}\,\text{As} \cdot 4{,}5 \cdot 10^5\,\frac{\text{V}}{\text{m}}}{2 \cdot 9{,}1 \cdot 10^{-31}\,\text{kg}} \cdot (0{,}1 \cdot 10^{-9}\,\text{s})^2$ — Zahlenwerte einsetzen ($x_0 = 0$)

$+ 9{,}0 \cdot 10^6\,\frac{\text{m}}{\text{s}} \cdot 0{,}1 \cdot 10^{-9}\,\text{s} = \mathbf{0{,}5\,mm}$

65. a) $a = \frac{q}{m} \cdot E$ — Beschleunigung im E-Feld

$= \frac{-e}{m} \cdot \frac{U}{d}$ — U-E-d-Regel

$= \frac{-1{,}6 \cdot 10^{-19}\,\text{As}}{9{,}1 \cdot 10^{-31}\,\text{kg}} \cdot \frac{2\,000\,\text{V}}{0{,}100\,\text{m}} = \mathbf{-3{,}5 \cdot 10^{15}\,\frac{m}{s^2}}$

b) Am Ort x_0 besitzt das Elektron die Geschwindigkeit $v(x_0)$. Gesucht ist die Strecke $\Delta x = x - x_0$, sodass gilt $v(x) = 0$.

$v^2(x) - v^2(x_0) = 2a \cdot \Delta x$ — 3. Bewegungsgesetz

$\Rightarrow\ -v^2(x_0) = 2a \cdot \Delta x$ — $v(x) = 0$

$\Delta x = \frac{-v^2(x_0)}{2a}$ — auf beiden Seiten durch 2a dividieren und Seiten tauschen

$= \frac{-\left(8{,}4 \cdot 10^6\,\frac{\text{m}}{\text{s}}\right)^2}{2 \cdot \left(-3{,}5 \cdot 10^{15}\,\frac{\text{m}}{\text{s}^2}\right)} = \mathbf{1{,}0\,cm}$ — Zahlenwerte einsetzen

c) Das Elektron ist noch 6,0 cm – 1,0 cm = **5,0 cm** von der negativen Platte entfernt.

d) $s = 10{,}0\,\text{cm} - 5{,}0\,\text{cm} = 5{,}0\,\text{cm}$ — Abstand s des „Haltepunkts" von der positiven Platte nach Teilaufgabe c; d = 10 cm

$\frac{U^*}{s} = E = \frac{U}{d}$ — U-E-d-Regel für s und d

$\Rightarrow\ U^* = \frac{U}{d} \cdot s$ — Zahlenwerte einsetzen

$= \frac{2\,000\,\text{V}}{0{,}10\,\text{m}} \cdot 0{,}050\,\text{m} = \mathbf{1000\,V}$

e) Das Elektron besitzt **1000 eV**, wenn es auf die positive Platte trifft.

f) Ein Körper der Masse m befindet sich im Punkt A in der Höhe h_0 über dem Boden. Von dort aus wird er mit der Anfangsgeschwindigkeit v_0 senkrecht nach oben geworfen und erreicht in B den höchsten Punkt (Geschwindigkeit $0\ \frac{m}{s}$). Anschließend fällt er frei, bis er im Punkt C auf dem Boden aufschlägt.

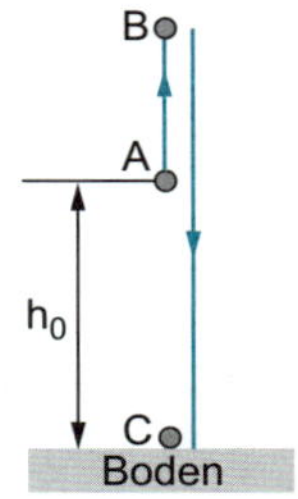

66. Als Ansatz wählen Sie entweder den Energiesatz (1) oder die daraus abgeleitete v(U)-Formel (2).

$$\left.\begin{array}{ll}(1) & \frac{1}{2}m\cdot v^2 = e\cdot U \\ (2) & v=\sqrt{\left|2\cdot\frac{q}{m}\cdot U\right|}\end{array}\right\} \Rightarrow U=\frac{m}{2e}\cdot v^2$$

$|q| = e$, $v_0 = 0$; nach U umstellen

$$U=\frac{9{,}1\cdot 10^{-31}\,\text{kg}}{2\cdot 1{,}6\cdot 10^{-19}\,\text{As}}\cdot\left(3{,}0\cdot 10^7\,\frac{m}{s}\right)^2 = \mathbf{2{,}6\ kV}$$

Zahlenwerte einsetzen

67. Hier geht man am besten direkt vom Energiesatz aus, den man für beide Teilchen ansetzt. Da wegen gleichen Ladungsbetrags und gleicher Spannung die Transportarbeit $e\cdot U$ für Proton und Elektron gleich groß ist, führt Quotientenbildung sofort zum Ziel.

$$\left.\begin{array}{l}\frac{1}{2}m_e\cdot v_e^2 = e\cdot U \\ \frac{1}{2}m_p\cdot v_p^2 = e\cdot U\end{array}\right\} \Rightarrow \frac{m_e\cdot v_e^2}{m_p\cdot v_p^2}=1$$

Energiesatz für Proton und Elektron
Quotientenbildung

$$\Rightarrow \mathbf{\frac{m_e}{m_p}=\frac{v_p^2}{v_e^2}}$$

Gleichung umstellen

68. a) $v=\sqrt{v_1^2+2\cdot\frac{e}{m}\cdot U}$ v(U)-Formel für beschleunigtes e^-

$$=\sqrt{\left(8{,}0\cdot 10^6\,\frac{m}{s}\right)^2+2\cdot\frac{1{,}6\cdot 10^{-19}\,\text{As}}{9{,}1\cdot 10^{-31}\,\text{kg}}\cdot 500\ \text{V}}$$

Zahlenwerte einsetzen

$$=\mathbf{1{,}5\cdot 10^7\ \frac{m}{s}}$$

b) Von P_2 nach P_3 wird das Elektron abgebremst. Weil der Betrag der Spannung zwischen P_2 und P_3 genau so groß ist wie zwischen P_1 und P_2, verliert das Elektron von P_2 nach P_3 genau den Energiebetrag, den es von P_1 nach P_2 gewonnen hat. Trotz unterschiedlicher Wegstrecken d_1, d_2, trifft es daher mit $\mathbf{v_3 = v_1 = 8{,}0\cdot 10^6\ \frac{m}{s}}$ auf P_3. ($d_2 = 2d_1$ führt lediglich dazu, dass zwischen P_2 und P_3 die Feldstärke – und damit die Bremsbeschleunigung – halb so groß ist wie zwischen P_1 und P_2.)

69. Der waagerechte Wurf ist die Überlagerung einer geradlinigen gleichförmigen Bewegung in der Horizontalen und eines freien Falls in der Vertikalen im (näherungsweise homogenen) Schwerefeld der Erde. Im elektrischen Querfeld liegen völlig analoge Voraussetzungen vor: Der konstanten Schwerkraft entspricht hier die längs der y-Richtung wirkende elektrische Feldkraft, die das geladene Teilchen gleichmäßig beschleunigt. In x-Richtung wirkt keine Kraft, das Teilchen bewegt sich geradlinig gleichförmig. Beide Bewegungen überlagern sich zu einer parabelförmigen Bahn.

70. a) $a_y = \frac{q}{m} \cdot E$ — Beschleunigung im E-Feld

$= \frac{e}{m} \cdot \frac{U}{d}$ — $|q| = e$; U-E-d-Regel

$= \frac{1{,}6 \cdot 10^{-19}\,\text{As}}{9{,}1 \cdot 10^{-31}\,\text{kg}} \cdot \frac{150\,\text{V}}{50 \cdot 10^{-3}\,\text{m}} = \mathbf{5{,}3 \cdot 10^{14}\,\frac{m}{s^2}}$ — Zahlenwerte einsetzen

b) $y = \frac{1}{2} a_y \cdot t^2 = \frac{1}{2} a_y \cdot \left(\frac{x}{v_0}\right)^2$ — Bewegungsgesetze (5) und (6) kombinieren

$= \frac{1}{2} \cdot 5{,}3 \cdot 10^{14}\,\frac{m}{s^2} \cdot \left(\frac{x}{9{,}0 \cdot 10^6\,\frac{m}{s}}\right)^2 = 3{,}3\,\frac{1}{m} \cdot x^2$ — Zahlenwerte und Ergebnis von Teilaufgabe a einsetzen

$\mathbf{y(x) = 3{,}3\,\frac{1}{m} \cdot x^2}$ — Bahngleichung

c) $y(\ell) = 3{,}3\,\frac{1}{m} \cdot (65 \cdot 10^{-3}\,\text{m})^2 = \mathbf{1{,}4 \cdot 10^{-2}\,m}$ — $\ell = 65$ mm in y(x) einsetzen

Das Elektron verlässt den Kondensator 14 mm **oberhalb** der x-Achse.

d) $t_F = \frac{\ell}{v_0}$ — Bewegung senkrecht zu $\vec{E}$ mit konst. Geschwindigkeit $v = \frac{x}{t}$

$= \frac{65 \cdot 10^{-3}\,\text{m}}{9{,}0 \cdot 10^6\,\frac{m}{s}} = \mathbf{7{,}2 \cdot 10^{-9}\,s}$ — Zahlenwerte einsetzen

e) $v_y = a_y \cdot t_F$ — Bewegungsgesetz (4)

$= 5{,}3 \cdot 10^{14}\,\frac{m}{s^2} \cdot 7{,}2 \cdot 10^{-9}\,\text{s} = \mathbf{3{,}8 \cdot 10^6\,\frac{m}{s}}$ — Zahlenwerte einsetzen

f) $\tan\alpha = \frac{v_y}{v_0}$ — Winkeldefinition, $v_0 = v_x$

$= \frac{3{,}8 \cdot 10^6\,\frac{m}{s}}{9{,}0 \cdot 10^6\,\frac{m}{s}} = 0{,}422 \quad \Rightarrow \quad \mathbf{\alpha = 23^\circ}$ — Zahlenwerte einsetzen

71. a) Wenn Sie in der angegebenen Gleichung der Bahnkurve

$$y(x) = \frac{q}{2m} \cdot \frac{U_Q}{d \cdot v_0^2} \cdot x^2$$

die Geschwindigkeit gemäß $v_0 = \sqrt{\frac{2q}{m} \cdot U_L}$ ersetzen, erhalten Sie:

$$y(x) = \frac{q}{2m} \cdot \frac{U_Q}{d \cdot \left(\sqrt{\frac{2q}{m} \cdot U_L}\right)^2} \cdot x^2 = \frac{q}{2m} \cdot \frac{U_Q}{d \cdot \frac{2q}{m} \cdot U_L} \cdot x^2 = \frac{U_Q}{4d \cdot U_L} \cdot x^2$$

„Unmittelbar nach Verlassen des Kondensators" bedeutet, dass $x = \ell$ gilt, sodass sich für den Abstand von der x-Achse ergibt:

$$y(\ell) = \mathbf{\frac{U_Q}{4d \cdot U_L} \cdot \ell^2} \qquad (*)$$

b) Im Term (*) tauchen die Teilchendaten q und m nicht auf, d. h.: **Jeder** positive Ladungsträger, der die Anordnung aus Längs- und Querfeld durchlaufen hat, weist hinter dem Querfeldkondensator – unabhängig von der Größe seiner Ladung und Masse – den **gleichen Abstand** zur x-Achse auf.

c) Positive Ladungsträger werden im Querfeldkondensator

- **nach oben** abgelenkt, wenn der negative Pol der Spannungsquelle mit der oberen Platte verbunden ist ($U < 0$ V). Sie treffen dort nicht auf, wenn $|y(\ell)| \leq d_1$.
- **nach unten** abgelenkt, wenn der positive Pol der Spannungsquelle mit der oberen Platte verbunden ist ($U > 0$ V). Sie treffen dort nicht auf, wenn $|y(\ell)| \leq d_2$.

Aus den Bedingungen $|y(\ell)| < d_k$ ($k = 1; 2$) ergeben sich mithilfe von Gleichung (*) die maximal möglichen Spannungsbeträge:

$$\frac{|U_Q|}{4d \cdot U_L} \cdot \ell^2 \leq d_k \Rightarrow |U_Q| \leq \frac{d_k \cdot 4d \cdot U_L}{\ell^2}$$

$$= d_k \cdot \frac{4 \cdot 9{,}0 \cdot 10^{-2}\ \text{m} \cdot 6000\ \text{V}}{(8{,}0 \cdot 10^{-2}\ \text{m})^2} = d_k \cdot 3{,}375 \cdot 10^5\ \frac{\text{V}}{\text{m}}$$

Damit erhält man für $d_1 = 6{,}0$ cm

$$|U_{Q,1}| \leq 6{,}0 \cdot 10^{-2}\ \text{m} \cdot 3{,}375 \cdot 10^5\ \frac{\text{V}}{\text{m}} = 2{,}0 \cdot 10^4\ \text{V}$$

und für $d_2 = 3{,}0$ cm die Hälfte davon, also

$$|U_{Q,2}| \leq 1{,}0 \cdot 10^4\ \text{V}.$$

Die Spannung im Querfeldkondensator muss also im Bereich

-20 kV $< U < +10$ kV

liegen, damit positive Ladungsträger das Querfeld verlassen können.

72. Betrachtet werden zwei Teilchen mit den Ladungsbeträgen q_1, q_2 und den Massen m_1, m_2.

Fall 1: $q_1 > q_2$ und $m_1 = m_2$
Auf Teilchen 1 wirkt im Längsfeld eine größere elektrische Kraft als auf Teilchen 2. Seine Geschwindigkeit ist daher nach Verlassen des Längsfelds größer, sodass es das Querfeld schneller passiert. Die Querkraft wirkt deshalb kürzer auf Teilchen 1 als auf Teilchen 2 ein, dies aber wegen der größeren Ladung stärker: Insgesamt erfahren die Teilchen die gleiche Ablenkung.

Fall 2: $q_1 = q_2$ und $m_1 > m_2$
Auf beide Teilchen wirkt im Längsfeld die gleiche elektrische Kraft. Das massereichere Teilchen 1 erhält daher wegen der größeren Trägheit im Längsfeld einen kleineren Geschwindigkeitsbetrag v_0 und braucht zum Passieren des Querfelds länger als Teilchen 2. Da im Querfeld auf beide Teilchen die gleiche elektrische Kraft wirkt, erfährt das massereichere Teilchen 1 auch dort aufgrund der größeren Trägheit eine kleinere Beschleunigung. Da es sich aber länger im Querfeld aufhält, ist seine Ablenkung hinter dem Querfeld genauso groß wie die Ablenkung des masseärmeren Teilchens 2, das im Querfeld eine größere Beschleunigung in kürzerer Zeit erfährt.

Fazit: Mit der vorliegenden Anordnung eines elektrischen Längs- und eines elektrischen Querfelds lässt sich die spezifische Ladung von Teilchen nicht bestimmen. Eine Identifizierung der Teilchenart ist damit nicht möglich.

73. Die korrekten Antworten ergeben sich aus der Regel $r = \frac{m \cdot v}{q \cdot B}$ für den Bahnradius.

Aussage:	wahr	falsch
Je kleiner v ist, desto größer ist r.	☐	☒
Je größer B ist, desto kleiner ist r.	☒	☐
Je größer der Betrag der Teilchenladung ist, desto größer ist r.	☐	☒
Je kleiner die spezifische Teilchenladung $\frac{q}{m}$ ist, desto größer ist r.	☒	☐

74. Bemerkenswert ist, dass für alle Teilchen mit gleicher spezifischer Ladung $\frac{q}{m}$ die Umlaufdauer T nicht vom Betrag der Teilchengeschwindigkeit $\vec{v}$ abhängt.

Begründung: Für zwei Teilchen mit gleicher spezifischer Ladung $\frac{q}{m}$, aber verschieden großen Geschwindigkeiten gilt: Das Teilchen mit größerem Geschwindigkeitsbetrag durchläuft eine Kreisbahn mit größerem Radius, also einen längeren Weg. Es benötigt wegen der größeren Geschwindigkeit dafür aber die gleiche Zeit wie das Teilchen, das wegen seiner kleineren Geschwindigkeit eine Kreisbahn mit kleinerem Radius, also einen kürzeren Weg zurücklegt.

75. Nach der Regel gilt für den Bahnradius:

$$r = \frac{m \cdot v}{q \cdot B}$$

Hieraus folgt mit den gegebenen Beziehungen und wegen $r_1 = 3$ cm:

$$r_2 = \frac{m_2 \cdot v_2}{q_2 \cdot B} = \frac{m_1 \cdot 2v_1}{q_1 \cdot B} = 2 \cdot \frac{m_1 \cdot v_1}{q_1 \cdot B}$$
$$= \mathbf{2r_1} = 2 \cdot 3\text{ cm} = \mathbf{6\text{ cm}}$$

$$r_3 = \frac{m_3 \cdot v_3}{q_3 \cdot B} = \frac{m_1 \cdot v_1}{2q_1 \cdot B} = \frac{1}{2} \cdot \frac{m_1 \cdot v_1}{q_1 \cdot B}$$
$$= \mathbf{\tfrac{1}{2}r_1} = \tfrac{1}{2} \cdot 3\text{ cm} = \mathbf{1{,}5\text{ cm}}$$

$$r_4 = \frac{m_4 \cdot v_4}{q_4 \cdot B} = \frac{2m_1 \cdot 0{,}75v_1}{q_1 \cdot B} = 1{,}5 \cdot \frac{m_1 \cdot v_1}{q_1 \cdot B}$$
$$= \mathbf{1{,}5r_1} = 1{,}5 \cdot 3\text{ cm} = \mathbf{4{,}5\text{ cm}}$$

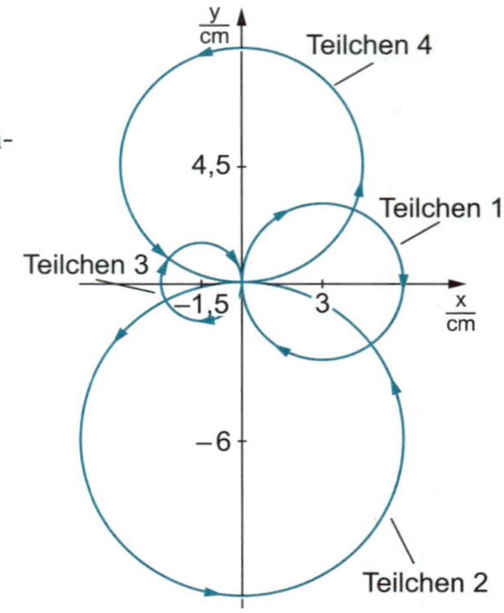

76. a) Die Komponente $\vec{v}_x$ der Eintrittsgeschwindigkeit zeigt senkrecht zur Magnetfeldrichtung. Daher wirkt auf das Elektron eine konstante Lorentzkraft und zwingt es als Zentripetalkraft auf eine Kreisbahn.
Die Komponente $\vec{v}_y$ der Eintrittsgeschwindigkeit zeigt parallel zur Magnetfeldrichtung. Daher bewegt sich das Elektron ohne Krafteinwirkung und damit geradlinig gleichförmig mit der Geschwindigkeit v_y weiter.
Die Zusammensetzung dieser Einzelbewegungen ergibt eine **Schraubenlinie**, deren Achse parallel zur y-Achse verläuft.

b) $F_{Lorentz} = F_{Zentripetal}$ — Kräftebilanz für Kreisbahn

$q \cdot v_x \cdot B = \frac{m \cdot v_x^2}{r}$ — Lorentzkraft infolge der Bewegung in x-Richtung

$r = \frac{m \cdot v_x}{q \cdot B}$ — nach r auflösen

$= \frac{9{,}1 \cdot 10^{-31}\text{ kg} \cdot 3{,}9 \cdot 10^{6}\,\frac{\text{m}}{\text{s}}}{1{,}6 \cdot 10^{-19}\text{ As} \cdot 1{,}5 \cdot 10^{-3}\text{ T}} = \mathbf{1{,}5\text{ cm}}$ — Zahlenwerte einsetzen

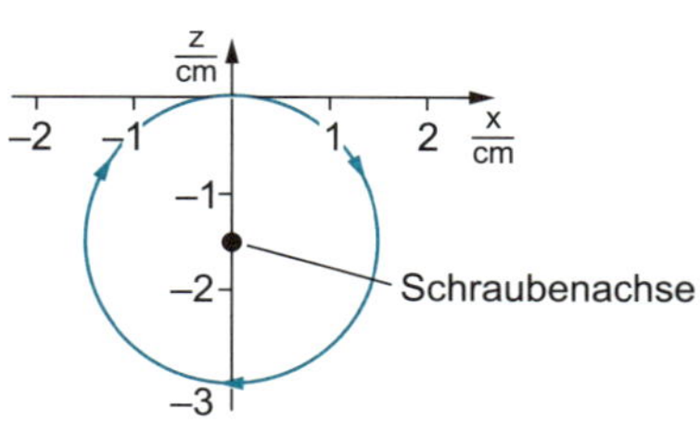

Projektion in x-z-Ebene: Kreis um den Punkt $(0\,|\,-1{,}5\text{ cm})$, Bahndurchlauf im Uhrzeigersinn (negative Ladung; Magnetfeld zeigt in y-Richtung, also in die Zeichenebene hinein.)

c) $T = \frac{2r \cdot \pi}{v_x}$ — Umlaufsdauer T für $v_x = \text{konst.}$

$= \frac{2 \cdot 1{,}5 \cdot 10^{-2}\,\text{m} \cdot \pi}{3{,}9 \cdot 10^6\,\frac{\text{m}}{\text{s}}} = \mathbf{2{,}4 \cdot 10^{-8}\,s}$ — Zahlenwerte einsetzen

Das Elektron berührt 24 ns nach seinem Eintritt ins Magnetfeld zum ersten Mal wieder die y-Achse.

Für den in dieser Zeit in y-Richtung zurückgelegten Weg s_y gilt:

$s_y = v_y \cdot T$ — gleichförmige geradlinige Bewegung mit v_y

$= 3{,}9 \cdot 10^6\,\frac{\text{m}}{\text{s}} \cdot 2{,}4 \cdot 10^{-8}\,\text{s} = \mathbf{9{,}4\,cm}$ — Zahlenwerte einsetzen

77. Linearbeschleuniger

a) Durch diese Längenwahl gelangen die zu beschleunigenden Teilchen jedes Mal so in den Spalt zwischen zwei Röhren, dass sie **stets in Flugrichtung beschleunigt** werden.

b) $\Delta E_{kin} = \frac{1}{2} m \cdot v_e^2 - \frac{1}{2} m \cdot v_0^2$ — Differenz aus kinetischer End- und Anfangsenergie

$= \frac{1}{2} m \cdot (v_e^2 - v_0^2)$

$= \frac{1}{2} \cdot 3{,}34 \cdot 10^{-27}\,\text{kg} \cdot \left(\left(2{,}74 \cdot 10^7\,\frac{\text{m}}{\text{s}}\right)^2 - \left(8{,}00 \cdot 10^6\,\frac{\text{m}}{\text{s}}\right)^2\right)$ — Zahlenwerte einsetzen

$= \mathbf{1{,}15 \cdot 10^{-12}\,J = 7{,}17\,MeV}$

c) Beim Durchfliegen eines Spalts gewinnt das Deuteron maximal die Energie $1{,}71 \cdot 10^5$ eV. Daher gilt für die Anzahl N der Beschleunigungsvorgänge:

$N = \frac{7{,}17 \cdot 10^6\,\text{eV}}{1{,}71 \cdot 10^5\,\text{eV}} = 41{,}93 \approx \mathbf{42}$

d) Für 42 Beschleunigungsvorgänge benötigt man **43** Triftröhren.

Hinweis: Vergleichen Sie hierzu die Grafik in der Aufgabenstellung. Dort ermöglichen 6 Röhren 5 Beschleunigungsvorgänge.

e) Ein Deuteron im n-ten Triftrohr ist (n – 1)-mal beschleunigt worden und hat daher die kinetische Energie $(n-1) \cdot e \cdot U_0$ gewonnen Für seinen Geschwindigkeitsbetrag v_n gilt daher:

$\frac{1}{2}m \cdot v_n^2 - \frac{1}{2}m \cdot v_0^2 = (n-1) \cdot e \cdot U_0$	Energiesatz im elektrischen Längsfeld
$\frac{1}{2}m \cdot v_n^2 = (n-1) \cdot e \cdot U_0 + \frac{1}{2}m \cdot v_0^2$	auf beiden Seiten $\frac{1}{2}m \cdot v_0^2$ addieren und mit $\frac{2}{m}$ multiplizieren
$v_n^2 = \frac{2(n-1) \cdot e \cdot U_0}{m} + v_0^2$	
$v_n = \sqrt{\mathbf{v_0^2 + \frac{2(n-1) \cdot e \cdot U_0}{m}}}$	auf beiden Seiten radizieren

f)

$\ell_{21} = v_{21} \cdot \frac{T}{2}$	Längenbedingung laut Teilaufgabe a
$= \sqrt{v_0^2 + \frac{2 \cdot 20 \cdot e \cdot U_0}{m}} \cdot \frac{1}{2f}$	in den Ergebnisterm aus Teilaufgabe e einsetzen; $T = \frac{1}{f}$
$= \sqrt{\left(8{,}00 \cdot 10^6 \, \frac{m}{s}\right)^2 + \frac{2 \cdot 20 \cdot 1{,}6 \cdot 10^{-19}\,\text{As} \cdot 1{,}71 \cdot 10^5\,\text{V}}{3{,}34 \cdot 10^{-27}\,\text{kg}}} \cdot \frac{1}{2 \cdot 40 \cdot 10^6\,\text{s}^{-1}} = \mathbf{24{,}7\ cm}$	Zahlenwerte einsetzen

78. Wien'sches Geschwindigkeitsfilter

a) Die Lorentzkraft auf das Elektron muss parallel, aber entgegengesetzt zur elektrischen Kraft auf das Elektron gerichtet sein, also nach unten. Dies ist dann erfüllt, wenn die Feldlinien des Magnetfelds **senkrecht** zur Zeichenebene **in die Zeichenebene hinein** verlaufen.

b) Sind die Beträge der elektrischen Kraft $\vec{F}_{el}$ und der Lorentzkraft $\vec{F}_L$ gleich, so ist die Gesamtkraft auf das Elektron null, es kann die Anordnung unabgelenkt passieren:

$F_L = F_{el}$	Kräftebilanz
$e \cdot v \cdot B = e \cdot E$	Formeln einsetzen
$B = \frac{E}{v}$	auf beiden Seiten durch $e \cdot v$ dividieren
$= \frac{U}{v \cdot d}$	U-E-d-Regel
$= \frac{1{,}0 \cdot 10^3\,\text{V}}{2{,}0 \cdot 10^7\,\frac{m}{s} \cdot 4{,}0 \cdot 10^{-2}\,\text{m}} = \mathbf{1{,}25 \cdot 10^{-3}\ T}$	Zahlenwerte einsetzen

c) Ist die Geschwindigkeit eines Elektrons

- **größer** als v, so ist der Betrag der Lorentzkraft größer als der Betrag der elektrischen Kraft. Das Elektron wird daher **nach oben** abgelenkt.
- **kleiner** als v, so ist der Betrag der Lorentzkraft kleiner als der Betrag der elektrischen Kraft. Das Elektron wird daher **nach unten** abgelenkt.

d) Zunächst hängen weder $\vec{F}_{el}$ noch $\vec{F}_L$ von der Masse des Teilchens ab. Weil das Proton eine Ladung gleichen Betrags, aber entgegengesetzten Vorzeichens besitzt, sind beide Kräfte zwar jeweils entgegengesetzt zu den Kräften gerichtet, die auf das Elektron wirken, heben sich aber in beiden Fällen gegenseitig in ihrer Wirkung auf. Hat die magnetische Flussdichte $\vec{B}$ den in Teilaufgabe b berechneten Betrag, können daher sowohl Elektron als auch Proton die Anordnung unabgelenkt passieren.

79. MHD-Generator

a) Auf die geladenen Teilchen wirkt im Magnetfeld die Lorentzkraft. Diese lenkt negativ geladene Teilchen zur unteren, positiv geladene zur oberen Platte ab. Zwischen den beiden Platten baut sich so ein elektrisches Feld auf, dessen Feldkraft auf die geladenen Teilchen parallel, aber entgegengesetzt zur Lorentzkraft gerichtet ist. Wenn die beiden Kräfte betragsgleich sind, werden neu einströmende Teilchen nicht mehr abgelenkt, die Spannung zwischen den beiden Platten hat einen konstanten Wert U erreicht.

b)

$F_{el} = F_L$	Kräftebilanz
$q \cdot E = q \cdot v \cdot B$	Formeln einsetzen
$E = v \cdot B$	auf beiden Seiten durch q dividieren
$\frac{U}{d} = v \cdot B$	U-E-d-Regel
$U = \mathbf{v \cdot B \cdot d}$	auf beiden Seiten mit d multiplizieren

80. Halleffekt

a) Wird ein gerader, stromdurchflossener Leiterstreifen senkrecht zur Stromrichtung von einem Magnetfeld durchsetzt, so tritt zwischen zwei exakt gegenüberliegenden Anschlussstellen eine Spannung auf. Man nennt diese Erscheinung Halleffekt und die auftretende Spannung Hallspannung.

b) Unter dem Einfluss der angelegten Spannung U bewegen sich die Elektronen mit der konstanten Triftgeschwindigkeit $\vec{v}_T$ im Leiterband in der eingezeichneten Richtung. Infolge ihrer Bewegung senkrecht zum Magnetfeld erfahren sie die Lorentzkraft $\vec{F}_L$.

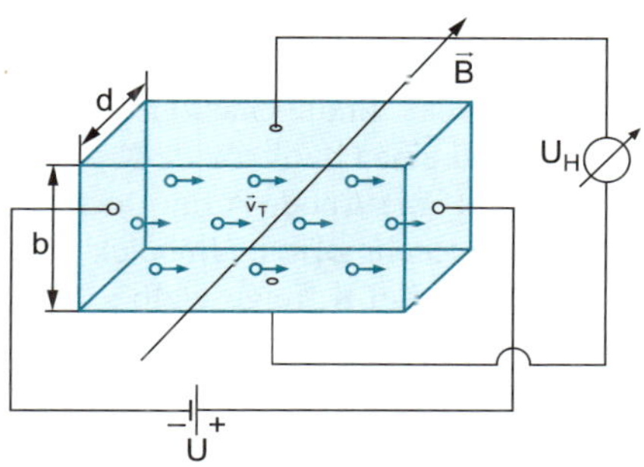

Diese lenkt sie, wenn die Verhältnisse wie in der Skizze liegen, nach unten ab; es entsteht an der unteren Leiterbegrenzung ein Überschuss, an der oberen ein Mangel an Elektronen. Dieses Konzentrationsgefälle von Ladungsträgern erzeugt im Leiter ein elektrisches Feld $\vec{E}_H$, dessen Feldkraft auf die Elektronen parallel, aber entgegengesetzt zu $\vec{F}_L$ wirkt. Hat sich das Konzentrationsgefälle so stark ausgebildet, dass $F_H = F_L$, werden die weiteren durchströmenden Elektronen nicht mehr abgelenkt (vgl. Wien'sches Geschwindigkeitsfilter). Dann gilt:

$F_H = F_L$	Kräftebilanz
$e \cdot E_H = e \cdot v_T \cdot B$	Formeln einsetzen
$E_H = v_T \cdot B$	auf beiden Seiten durch e dividieren
$\frac{U_H}{b} = v_T \cdot B$	U-E-d-Regel
$U_H = \mathbf{v_T \cdot B \cdot b}$	auf beiden Seiten mit b multiplizieren

c) Aus der Beziehung $U_H = v_T \cdot B \cdot b$ lässt sich die z. B. in der Formelsammlung (alternativ: Internet) angegebene Beziehung

$$U_H = \frac{1}{n \cdot e} \cdot \frac{I \cdot B}{d} \qquad (*)$$

herleiten (n: Anzahl der Elektronen pro Volumeneinheit; e: Elementarladung; I: Stärke des Stroms durch den Leiterstreifen; d: Dicke des Leiterstreifens; B: Flussdichte des Magnetfelds, das den Streifen durchsetzt). Bei bekanntem n und d des Leiterstreifens kann der Betrag von B nach Messung der Hallspannung U_H und der Stromstärke aus (*) berechnet werden.

d) Um große Hallspannungen zu erhalten, sollten **n · e** und **d möglichst klein** sein.

81. Spezifische Ladung I: Fadenstrahlrohr

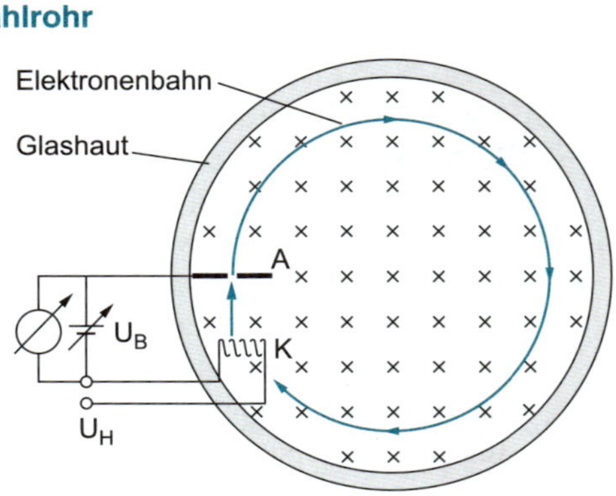

a) In einer sonst gut evakuierten Glasröhre befindet sich Wasserstoffgas geringen Drucks. In die Glasröhre sind eine Glühkathode K und eine Anode A mit Loch eingeschmolzen. Glühelektrisch bei K freigesetzte Elektronen werden durch die Spannung U_B zwischen K und A beschleunigt und

treten hinter A senkrecht zu den Feldlinien in ein homogenes Magnetfeld der Flussdichte $\vec{B}$ ein. Dort regen einige von ihnen durch Stoß Wasserstoffatome an, die bei der Rückkehr in den Grundzustand Licht aussenden. So wird die Kreisbahn der Elektronen sichtbar.
Die Heizspannung beträgt ca. 6 V, die Beschleunigungsspannung lässt sich in einem Bereich von ca. 100 V bis 300 V variieren. Gemessen werden der Betrag der Beschleunigungsspannung U_B mit einem Voltmeter, der Betrag der Flussdichte $\vec{B}$ des Magnetfelds – z. B. mit einer Hallsonde – und der Radius r der Elektronenbahn mit einem Spiegelmaßstab.

b) Die Geschwindigkeit v der Elektronen hängt zum einen über den Energieerhaltungssatz mit der Beschleunigungsspannung U_B zusammen, zum anderen über die Bilanz von Lorentz- und Zentripetalkraft im Magnetfeld mit dem Betrag B Flussdichte und dem Radius r. Durch Elimination von v aus den beiden resultierenden Gleichungen können Sie die spezifische Ladung bestimmen.

$\frac{1}{2}m \cdot v^2 = e \cdot U_B$ — Energiesatz im E-Feld zwischen K und A

$v^2 = 2 \cdot \frac{e}{m} \cdot U_B \quad (*)$ — auf beiden Seiten mit $\frac{2}{m}$ multiplizieren

$\frac{m \cdot v^2}{r} = e \cdot v \cdot B$ — Kräftebilanz im B-Feld: $F_Z = F_L$

$\frac{m \cdot v}{r} = e \cdot B$ — auf beiden Seiten durch v dividieren und mit $\frac{r}{m}$ multiplizieren

$v = \frac{e}{m} \cdot B \cdot r$

$v^2 = \left(\frac{e}{m}\right)^2 \cdot B^2 \cdot r^2 \quad (**)$ — beide Seiten quadrieren

$\left(\frac{e}{m}\right)^2 \cdot B^2 \cdot r^2 = 2 \cdot \frac{e}{m} \cdot U_B$ — (*) und (**) gleichsetzen

$\frac{e}{m} \cdot B^2 \cdot r^2 = 2U_B$ — auf beiden Seiten durch $\frac{e}{m}$ dividieren

$\frac{e}{m} = \mathbf{\frac{2U_B}{B^2 \cdot r^2}}$ — auf beiden Seiten mit $B^2 \cdot r^2$ multiplizieren

82. Massenspektrometer nach Bainbridge

a) Analog zu Aufgabe 81 b stellen Sie zwei unabhängige Bestimmungsgleichungen für die Teilchengeschwindigkeit v auf: einmal aus der Kräftebilanz im Magnetfeld, einmal aus der Kräftebilanz im Wienfilter. Durch Gleichsetzen der Gleichungen lässt sich die spezifische Ladung ermitteln.

$\frac{m \cdot v^2}{r} = q \cdot B_1 \cdot v$ — Kräftebilanz im B-Feld: $F_Z = F_L$

$v = B_1 \cdot \frac{q}{m} \cdot r \quad (*)$ — auf beiden Seiten durch v dividieren und mit $\frac{r}{m}$ multiplizieren

$q \cdot E_0 = q \cdot B_0 \cdot v$		Kräftebilanz im Wienfilter: $F_{el} = F_L$
$v = \frac{E_0}{B_0}$	(**)	auf beiden Seiten durch $q \cdot B_0$ dividieren
$\frac{E_0}{B_0} = B_1 \cdot \frac{q}{m} \cdot r$		(*) und (**) gleichsetzen
$\frac{q}{m} = \frac{E_0}{B_0 \cdot B_1 \cdot r} = \mathbf{\frac{2E_0}{B_0 \cdot B_1 \cdot d}}$		auf beiden Seiten durch $B_1 \cdot r$ dividieren und $r = \frac{d}{2}$ einsetzen

b) Bleiben E_0, B_0, B_1 unverändert, so ist d umso kleiner, je größer $\frac{q}{m}$. Ionen unterschiedlicher spezifischer Ladung treffen an verschiedenen Stellen des Registrierschirms auf. Ist q bekannt, lässt sich die Masse der Ionen durch Messung von d bestimmen.

83. Spezifische Ladung III: Wienfilter und homogenes elektrisches Längsfeld

a) Analog zu den beiden vorigen Aufgaben ermitteln Sie für die Elektronengeschwindigkeit v einen Ausdruck mithilfe des Energieerhaltungssatzes im elektrischen Längsfeld und einen Ausdruck mithilfe der Kräftebilanz im Wienfilter. Die Kombination beider Terme führt zu der gesuchten Formel für die spezifischen Ladung.

$\frac{1}{2} m \cdot v^2 = e \cdot U$		Energiesatz im E-Feld (Längsfeld)
$v^2 = 2 \cdot \frac{e}{m} \cdot U$	(*)	auf beiden Seiten mit $\frac{2}{m}$ multiplizieren
$e \cdot B \cdot v = e \cdot E$		Kräftebilanz im Wienfilter: $F_L = F_{el,\,quer}$
$v = \frac{E}{B} = \frac{U}{B \cdot d}$		auf beiden Seiten e kürzen, durch B dividieren und U-E-d-Regel anwenden
$v^2 = \frac{U^2}{B^2 \cdot d^2}$	(**)	beide Seiten quadrieren
$2 \cdot \frac{e}{m} \cdot U = \frac{U^2}{B^2 \cdot d^2}$		(*) und (**) gleichsetzen
$\frac{e}{m} = \mathbf{\frac{U}{2d^2 \cdot B^2}}$		auf beiden Seiten durch 2U dividieren

b) Bei unveränderlicher, bekannter Flussdichte $\vec{B}$ steigert man die Spannung U bei null beginnend so lange, bis im Punkt P der Elektronenstrahl beobachtet werden kann. Man misst die Spannung U und erhält $\frac{e}{m}$ nach der in Teilaufgabe a hergeleiteten Beziehung (B und d sind bekannt).

84. Klassisches Zyklotron

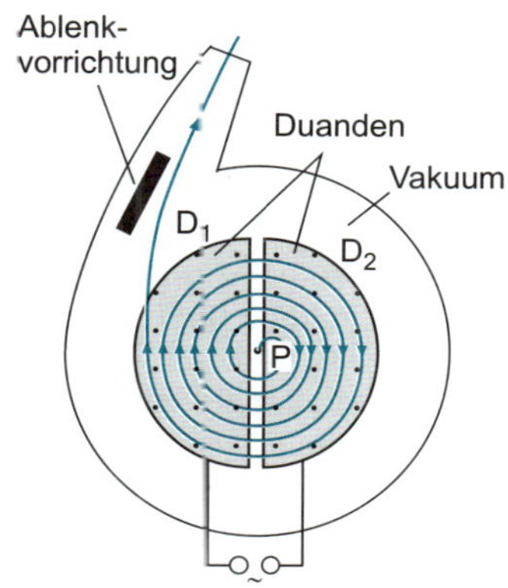

a) Zwei halbkreisförmige, durch einen Schlitz voneinander getrennte und gegeneinander isolierte Metalldosen D_1, D_2, die sogenannten **Duanten**, die an den einander zugewandten Seiten offen sind, werden von einem starken homogenen Magnetfeld senkrecht durchsetzt. Eine an die Duanten angelegte, hochfrequente Wechselspannung erzeugt ein elektrisches Feld nur im Duanten-Zwischenraum, nicht aber im Inneren der Duanten. Geladene Teilchen, die im Punkt P freigesetzt werden, beschreiben unter dem Einfluss des Magnetfelds in jedem Duanten einen Halbkreis und werden jedes Mal, wenn sie den Duanten-Zwischenraum durchqueren, durch das elektrische Feld beschleunigt. Mit zunehmender Teilchengeschwindigkeit werden die Bahnradien größer. Hat ein Teilchen die gewünschte Geschwindigkeit erreicht, so kann es durch die Ablenkvorrichtung aus dem Zyklotron herausgeführt werden.

b) Das Zyklotron kann nur dann mit Wechselspannungen konstanter Frequenz f betrieben werden, wenn die Teilchen unabhängig von ihrer größer werdenden Geschwindigkeit immer die **gleiche Zeit** zum Durchfliegen eines Duanten benötigen; nur so finden sie das elektrische Feld im Spalt zwischen den Duanten immer in der richtigen Polung vor. Nach der Regel für die Kreisbahnparameter berechnet sich die Umlaufdauer T eines geladenen Teilchens im Magnetfeld zu:

$$T = \frac{2m \cdot \pi}{q \cdot B}.$$

Die Umlaufsdauer hängt also nicht von der Geschwindigkeit des Teilchens ab. Die zu wählende Frequenz f der Wechselspannung ist folglich

$$f = \frac{1}{T} = \mathbf{\frac{q \cdot B}{2m \cdot \pi}}.$$

c) Die kinetische Energie des Elektrons beträgt allgemein $E_{kin} = \frac{1}{2} m \cdot v^2$. Die Teilchengeschwindigkeit erhält man aus der Bilanz von Zentripetal- und Lorenzkraft im Magnetfeld.

$$\frac{m \cdot v^2}{r} = e \cdot B \cdot v$$ Kräftebilanz im B-Feld: $F_Z = F_L$

$$v = B \cdot \frac{e}{m} \cdot r \quad (*)$$ auf beiden Seiten durch v dividieren und mit $\frac{r}{m}$ multiplizieren

Daraus folgt für die kinetische Energie des Elektrons:

$$E_{kin} = \frac{1}{2} m \cdot v^2 \overset{(*)}{=} \frac{1}{2} m \cdot B^2 \cdot \frac{e^2}{m^2} \cdot r^2 = \mathbf{\frac{1}{2m} \cdot B^2 \cdot e^2 \cdot r^2}$$

Bemerkenswert an diesem Ergebnis ist, dass die kinetische Energie einer Teilchensorte bei vorgegebenem Magnetfeld **nur vom Bahnradius**, aber **nicht von der Beschleunigungsspannung** zwischen den Duanten abhängt. Durch die Höhe der Beschleunigungsspannung wird lediglich die Zahl der Umläufe bis zum Erreichen des Bahnradius r bestimmt.

d) Bei einem Umlauf wird das Teilchen zweimal durch die Spannung U_B beschleunigt, es erhält daher den Energiezuwachs $E = 2q \cdot U_B$.
Bezeichnet N die Anzahl der Umläufe bis zum Erreichen der kinetischen Energie E_{kin}, so gilt:

$$N = \frac{E_{kin}}{2q \cdot U_B}$$ Definition von N

$$= \frac{\frac{1}{2m} \cdot q^2 \cdot B^2 \cdot r^2}{2q \cdot U_B}$$ Term für E_{kin} aus Teilaufgabe c einsetzen

$$= \mathbf{\frac{1}{4U_B} \cdot \frac{q}{m} \cdot B^2 \cdot r^2}$$ zusammenfassen

85. Albert hätte Blitz 1 früher als Blitz 2 gesehen, weil das Licht von A aus einen kürzeren Weg als von B bis zu ihm zurückgelegt hätte.

86. a) $s = v \cdot t$ geradling-gleichförmige Bewegung

$= 0{,}99 \cdot 3 \cdot 10^8 \ \frac{m}{s} \cdot 2{,}2 \cdot 10^{-6} = \mathbf{0{,}65\ km}$ Zahlenwerte einsetzen

b) Ein Myon, das sich relativ zu Rossi und Hall mit der Geschwindigkeit v bewegt, stellt eine im Vergleich zu einem ruhenden Myon um den Faktor

$$\frac{\Delta t'}{\Delta t} = \sqrt{1 - \frac{v^2}{c^2}}$$

zu langsam gehende Uhr dar. Die „Lebensdauer" eines bewegten Myons ist daher noch nicht abgelaufen, wenn es als ruhendes Myonen schon zerfallen ist. Es kann daher noch die Wegstrecke $s^* - s$ weiter fliegen.

c) Für ein mit der Geschwindigkeit v fliegendes Myon erscheint die während seiner „Lebensdauer" zurückgelegte Flugtrecke längenkontrahiert: Das Myon legt in seinem System nur die Strecke s zurück, für Rossi und Hall durchläuft es aber die längere Strecke s*. Für diese gilt:

$$s = s^* \cdot \sqrt{1 - \frac{v^2}{c^2}} \quad \Leftrightarrow \quad s^* = \frac{s}{\sqrt{1 - \frac{v^2}{c^2}}}$$

87. a) $\ell' = \ell \cdot \sqrt{1-\frac{v^2}{c^2}}$ Formel Längenkontraktion

$\ell'^2 = \ell^2 \cdot \left(1-\frac{v^2}{c^2}\right)$ auf beiden Seiten quadrieren

$\frac{\ell'^2}{\ell^2} = 1-\frac{v^2}{c^2}$ auf beiden Seiten durch ℓ^2 dividieren

$\frac{v^2}{c^2} = 1-\frac{\ell'^2}{\ell^2}$ auf beiden Seiten $\frac{v^2}{c^2}$ addieren und $\frac{\ell'^2}{\ell^2}$ subtrahieren

$v^2 = \left(1-\frac{\ell'^2}{\ell^2}\right) \cdot c^2$ auf beiden Seiten mit c^2 multiplizieren

$v = \sqrt{1-\frac{\ell'^2}{\ell^2}} \cdot c$ auf beiden Seiten radizieren

$= \sqrt{1-\frac{(144\text{ m})^2}{(180\text{ m})^2}} \cdot c = \mathbf{0{,}6\ c}$ Zahlenwerte einsetzen

b) Zeitdauer des Vorbeiflugs für die Raketenbesatzung:

$$\Delta t = \frac{\ell}{v} = \frac{180\text{ m}}{0{,}6 \cdot 3 \cdot 10^8\ \frac{\text{m}}{\text{s}}} = \mathbf{1 \cdot 10^{-6}\ s}$$

c) Zeitdauer des Vorbeiflugs für die Raumschiffbesatzung:

- *Lösungsweg 1: über die verkürzte Raketenlänge*

$$\Delta t' = \frac{\ell'}{v} = \frac{144\text{ m}}{0{,}6 \cdot 3 \cdot 10^8\ \frac{\text{m}}{\text{s}}} = \mathbf{8 \cdot 10^{-7}\ s = 0{,}8\ \mu s}$$

- *Lösungsweg 2: über die Zeitdilatation*

$$\Delta t' = \Delta t \cdot \sqrt{1-\frac{v^2}{c^2}} = 1 \cdot 10^{-6}\text{ s} \cdot \sqrt{1-\frac{(0{,}6\,c)^2}{c^2}} = 1 \cdot 10^{-6}\text{ s} \cdot 0{,}8$$

$$= \mathbf{8 \cdot 10^{-7}\ s = 0{,}8\ \mu s}$$

88. Wegen $v > 0{,}1\,c$ ist ein relativistischer Ansatz erforderlich. In der Bilanz von Lorentz- und Zentripetalkraft müssen Sie daher m_0 durch m ersetzen.

$e \cdot v \cdot B = \frac{m \cdot v^2}{r}$ Kräftebilanz: $F_L = F_Z$

$r = \frac{m \cdot v}{e \cdot B}$ auf beiden Seiten durch $e \cdot v \cdot B$ dividieren und mit r multiplizieren

$= \frac{m_0 \cdot v}{e \cdot B \cdot \sqrt{1-\frac{v^2}{c^2}}}$ relativistische Massenformel

$= \frac{9{,}1 \cdot 10^{-31}\text{ kg} \cdot 2{,}50 \cdot 10^8\ \frac{\text{m}}{\text{s}}}{4{,}55 \cdot 10^{-3}\text{ T} \cdot 1{,}60 \cdot 10^{-19}\text{ As} \cdot \sqrt{1-\frac{\left(\frac{5}{6}c\right)^2}{c^2}}}$ Zahlenwerte einsetzen, $v = \frac{5}{6}c$

$= \mathbf{0{,}57\ m}$

89. Den Impuls können sie unmittelbar aus der Kräftebilanz im Magnetfeld ermitteln, ein relativistischer Ansatz ist hier nicht nötig.

$$\frac{m \cdot v^2}{r} = B \cdot e \cdot v$$ Kräftebilanz

$$\underbrace{m \cdot v}_{p} = B \cdot e \cdot r$$ auf beiden Seiten mit $\frac{r}{v}$ multiplizieren

$$p = 4{,}55 \cdot 10^{-3}\ \text{T} \cdot 1{,}60 \cdot 10^{-19}\ \text{As} \cdot 1{,}00\ \text{m}$$ Zahlenwerte einsetzen

$$= \mathbf{7{,}28 \cdot 10^{-22}\ Ns}$$

90. a)

- $E \neq 0$, $B = 0$: Die Elektronen werden vom Kondensator nach oben abgelenkt und treffen auf die **positive y-Achse**. Je schneller sie sind, desto kürzer wirkt die von der Geschwindigkeit unabhängige elektrische Kraft auf sie ein, desto näher am Ursprung O treffen sie auf.

- $E = 0$, $B \neq 0$: Die Elektronen werden vom Magnetfeld parallel zur Ebene A'B'C'D' so abgelenkt, dass sie auf die **positive x-Achse** treffen. Je größer ihre Geschwindigkeit ist, desto größer ist wegen der Beziehung

$$r = \frac{m \cdot v}{q \cdot B}$$

der Radius der Kreisbahn, desto näher am Ursprung O treffen sie auf.

b) Sind beide Felder eingeschaltet, treffen schnellere Elektronen näher am Parabelscheitel auf den Schirm. Der Koeffizient

$$\frac{m}{e} \cdot \frac{E}{B^2} \cdot \frac{1}{\ell_1 \cdot \left(\frac{\ell_1}{2} + \ell_2\right)}$$

in der Parabelgleichung nimmt mit der Masse m und damit mit wachsender Geschwindigkeit zu. Dort, wo die Elektronen mit hoher Geschwindigkeit auf den Schirm treffen, also in der Nähe des Parabelscheitels, verläuft die von Kaufmann gemessene Kurve daher **oberhalb** der Parabel, die man für eine konstante Elektronenmasse erhält.

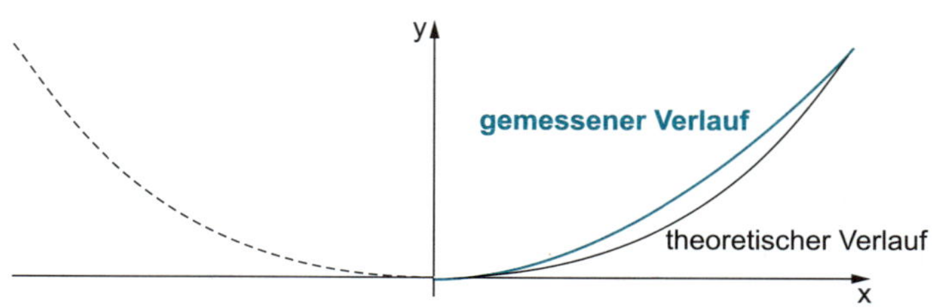

91. a) $e \cdot E = e \cdot B \cdot v \Rightarrow v = \frac{E}{B}$ (*) Kräftebilanz im Wienfilter: $F_{el} = F_L$

$\frac{m \cdot v^2}{r} = e \cdot B \cdot v \Rightarrow v = \frac{e}{m} \cdot B \cdot r$ (**) Kräftebilanz im Magnetfeld: $F_Z = F_L$

$\frac{E}{B} = \frac{e}{m} \cdot B \cdot r \Rightarrow \frac{e}{m} = \frac{E}{B^2 \cdot r}$ (***) Gleichsetzen von (*) und (**), auf beiden Seiten durch $B \cdot r$ dividieren

b) Mit den Teilergebnissen (**) und (***) aus Teilaufgabe a erhalten Sie, indem Sie die Werte der ersten Tabellenspalte einsetzen:

$$v = \frac{E}{B} = \frac{1{,}5 \cdot 10^5 \frac{V}{m}}{2{,}5 \cdot 10^{-3}\,T} = \mathbf{6{,}0 \cdot 10^7 \frac{m}{s}}$$

$$\frac{e}{m} = \frac{E}{B^2 \cdot r} = \frac{1{,}5 \cdot 10^5 \frac{V}{m}}{(2{,}5 \cdot 10^{-3}\,T)^2 \cdot 13{,}9 \cdot 10^{-2}\,m} = \mathbf{1{,}7 \cdot 10^{11} \frac{As}{kg}}$$

Analog erhalten Sie für die restlichen Tabellenwerte:

v in $10^8 \frac{m}{s}$	0,6	0,9	1,2	1,5	1,8	2,1	2,4
$\frac{e}{m}$ in $10^{11} \frac{As}{kg}$	**1,7**	**1,7**	**1,6**	**1,5**	**1,4**	**1,3**	**1,1**

c) Berechnung der spezifischen Ladung mithilfe der relativistischen Massenformel:

$$\frac{e}{m} = \frac{e}{\frac{m_0}{\sqrt{1-\left(\frac{v}{c}\right)^2}}} = \frac{e}{m_0} \cdot \sqrt{1-\left(\frac{v}{c}\right)^2}$$

Setzt man z. B. für $v = 0{,}6 \cdot 10^8 \frac{m}{s}$ ein, so ergibt sich:

$$\frac{e}{m} = \frac{1{,}6 \cdot 10^{-19}\,As}{9{,}1 \cdot 10^{-31}\,kg} \cdot \sqrt{1-\left(\frac{0{,}6 \cdot 10^8 \frac{m}{s}}{3{,}0 \cdot 10^8 \frac{m}{s}}\right)^2} = \mathbf{1{,}7 \cdot 10^{11} \frac{As}{kg}}$$

Analog erhalten Sie für die restlichen Geschwindigkeiten:

v in $10^8 \frac{m}{s}$	0,6	0,9	1,2	1,5	1,8	2,1	2,4
$\frac{e}{m}$ in $10^{11} \frac{As}{kg}$	1,7	1,7	1,6	1,5	1,4	1,3	1,1

Vergleich: Die experimentell bestimmten Werte stimmen mit den nach der relativistischen Massenformel bestimmten Werten überein.

92. a) Solange sich die relativistische Massenzunahme nicht bemerkbar macht, kann ein Zyklotron mit einer Wechselspannung konstanter Frequenz betrieben werden, weil die Umlaufdauer $T = \frac{2m\pi}{B \cdot q}$ nicht von der Teilchengeschwindigkeit abhängt.

Wenn m aber infolge zunehmender Geschwindigkeit wächst, nimmt auch die Umlaufdauer T zu. Bleibt dann f unverändert, erreichen die Teilchen aufgrund der längeren Umlaufdauer das elektrische Feld im Duantenspalt nicht mehr rechtzeitig in der richtigen Polung und fallen so schnell aus dem Takt.

b) Das „Aus-dem-Takt-Fallen" lässt sich verhindern, wenn man entweder den Betrag B der Flussdichte des Magnetfelds oder die Frequenz f der Wechselspannung der sich ändernden Umlaufdauer anpasst.

93. $E = m \cdot c^2 \Leftrightarrow \quad m = \frac{E}{c^2}$ — Regel für relativistische Energie

$= \frac{540 \cdot 10^9\,\text{kWh}}{\left(3{,}0 \cdot 10^8\,\frac{\text{m}}{\text{s}}\right)^2}$ — Zahlenwerte einsetzen

$= \frac{540 \cdot 10^9 \cdot 3{,}6 \cdot 10^6\,\text{J}}{\left(3{,}0 \cdot 10^8\,\frac{\text{m}}{\text{s}}\right)^2} = \mathbf{21{,}6\ kg}$ — $1\,\text{kWh} = 1\,000\,\text{W} \cdot 1\,\text{h} = 1\,000\,\frac{\text{J}}{\text{s}} \cdot 3\,600\,\text{s} = 3\,600\,000\,\text{J}$

Man benötigt also nur knapp 22 kg eines (beliebigen) Stoffes, um den jährlichen Strombedarf in Deutschland (bezogen auf das Jahr 2010) zu decken.

94.

$E_{kin} = E_0$ — Ansatz laut Aufgabenstellung

$E - E_0 = E_0$ — $E_{kin} = E - E_0$

$E = 2E_0$ — auf beiden Seiten E_0 addieren

$m \cdot c^2 = 2m_0 \cdot c^2$ — $E = m \cdot c^2$; $E_0 = m_0 \cdot c^2$

$\frac{m_0}{\sqrt{1 - \frac{v^2}{c^2}}} \cdot c^2 = 2m_0 \cdot c^2$ — Formel für relativistische Masse einsetzen

$\frac{1}{\sqrt{1 - \frac{v^2}{c^2}}} = 2$ — auf beiden Seiten durch $m_0 \cdot c^2$ dividieren

$1 - \frac{v^2}{c^2} = \frac{1}{4}$ — auf beiden Seiten quadrieren und Kehrwert bilden

$v^2 = \frac{3}{4}c^2$ — nach v^2 umstellen

$v = \sqrt{\frac{3}{4}} \cdot c$ — auf beiden Seiten radizieren

$= \sqrt{\frac{3}{4}} \cdot 3{,}0 \cdot 10^8\,\frac{\text{m}}{\text{s}} = \mathbf{2{,}60 \cdot 10^8\,\frac{m}{s}}$ — Zahlenwerte einsetzen

95. Aus den gegebenen Daten können Sie nicht unmittelbar erkennen, ob ein relativistischer Ansatz erforderlich ist. Beginnen Sie daher mit dem weniger aufwendigen klassischen Ansatz.

$\frac{1}{2} m_0 \cdot v^2 = e \cdot U$ Energiesatz $E_{kin} = E_{el}$ im elektrischen Längsfeld (klassischer Ansatz)

$v = \sqrt{2 \cdot \frac{e}{m_0} \cdot U}$ nach v^2 umstellen und Wurzel ziehen

$= \sqrt{2 \cdot \frac{1{,}6 \cdot 10^{-19}\,\text{As}}{9{,}1 \cdot 10^{-31}\,\text{kg}} \cdot 3{,}00 \cdot 10^5\,\text{V}}$ Zahlenwerte einsetzen

$= 3{,}2 \cdot 10^8\,\frac{\text{m}}{\text{s}}$

Ergebnis: $v > c$! Ein klassischer Ansatz ist nicht zulässig. Sie kommen daher um den aufwendigen relativistischen Ansatz nicht herum:

$m \cdot c^2 - m_0 \cdot c^2 = e \cdot U$ Energiesatz $E_{kin} = E_{el}$ im elektrischen Längsfeld (relativistischer Ansatz)

$\frac{m_0}{\sqrt{1 - \frac{v^2}{c^2}}} \cdot c^2 - m_0 \cdot c^2 = e \cdot U$ Formel für relativistische Masse einsetzen

$\left(\frac{1}{\sqrt{1 - \frac{v^2}{c^2}}} - 1 \right) \cdot m_0 \cdot c^2 = e \cdot U$ auf beiden Seiten $m_0 \cdot c^2$ ausklammern

$\frac{1}{\sqrt{1 - \frac{v^2}{c^2}}} = \frac{e \cdot U}{m_0 \cdot c^2} + 1$ auf beiden Seiten durch $m_0 \cdot c^2$ dividieren und 1 addieren

$= \frac{3{,}00 \cdot 10^5\,\text{eV}}{5{,}1 \cdot 10^5\,\text{eV}} + 1$ $e \cdot U = 3 \cdot 10^5$ eV nach Aufgabenstellung, Ruheenergie des Elektrons laut Beispielaufgabe

$= 1{,}5859375$

$\frac{1}{1 - \frac{v^2}{c^2}} = 2{,}515197754$ auf beiden Seiten quadrieren

$1 - \frac{v^2}{c^2} = 0{,}397583052$ auf beiden Seiten Kehrwert bilden

$v^2 = 0{,}602416948\,c^2$ nach v^2 umstellen

$v = 0{,}777 \cdot 3{,}0 \cdot 10^8\,\frac{\text{m}}{\text{s}}$ auf beiden Seiten radizieren und Zahlenwert für c einsetzen

$= \mathbf{2{,}3 \cdot 10^8\,\frac{m}{s}}$

96. Sie müssen die kinetische Energie mit der relativistischen Formel berechnen (wegen $v > 0{,}1\,c$), hierfür benötigen Sie die relativistische Gesamtenergie des Elektrons. Diese bekommen Sie aus der dazu äquivalenten relativistischen Elektronenmasse, die in die Bilanz von Lorentz- und Zentripetalkraft eingeht.

$\frac{m \cdot v^2}{r} = B \cdot e \cdot v$ Kräftebilanz im Magnetfeld: $F_Z = F_L$

$m = \frac{B \cdot e \cdot r}{v} \qquad (*)$ nach m umstellen

$$E = m \cdot c^2$$
Formel relativistische Energie

$$= \frac{B \cdot e \cdot r}{0{,}6\,c} \cdot c^2$$
(*) einsetzen mit v = 0,6 c

$$= \frac{1}{0{,}6} \cdot B \cdot r \cdot c \cdot e$$
mit c kürzen, e nach hinten stellen

$$= \frac{1}{0{,}6} \cdot 1{,}4 \cdot 10^{-3}\,\mathrm{T} \cdot 0{,}914\,\mathrm{m} \cdot 3{,}0 \cdot 10^8\,\frac{\mathrm{m}}{\mathrm{s}} \cdot e$$
Zahlenwerte einsetzen; $1\,\mathrm{T} \cdot \frac{\mathrm{m}^2}{\mathrm{s}} = 1\,\mathrm{V}$

$$= 6{,}4 \cdot 10^5\,\mathrm{eV}$$

$$E_{kin} = E - E_0$$
relativistische kinetische Energie

$$= 6{,}4 \cdot 10^5\,\mathrm{eV} - 5{,}1 \cdot 10^5\,\mathrm{eV}$$
Ruheenergie des Elektrons aus Beispielaufgabe

$$= \mathbf{1{,}3 \cdot 10^5\,eV = 0{,}13\,MeV}$$

97. Large Hadron Collider

Relativistische Masse:

$$E_{kin} = m \cdot c^2 - m_0 \cdot c^2$$
relativistische kinetische Energie

$$m \cdot c^2 = E_{kin} + m_0 \cdot c^2$$
auf beiden Seiten m_0c^2 addieren und Seiten tauschen

$$\frac{m}{m_0} = \frac{E_{kin}}{m_0 \cdot c^2} + 1$$
auf beiden Seiten durch $m_0 \cdot c^2$ dividieren

$$= \frac{7{,}0 \cdot 10^{12}\,\mathrm{eV}}{938{,}28 \cdot 10^6\,\mathrm{eV}} + 1 = 7461 \qquad (*)$$
Zahlenwerte einsetzen; Ruheenergie des Protons: Formelsammlung

$$m = 7461 \cdot m_0$$
auf beiden Seiten mit m_0 multiplizieren, Ruhemasse des Protons: Formelsammlung

$$= 7461 \cdot 1{,}67 \cdot 10^{-27}\,\mathrm{kg} = \mathbf{1{,}25 \cdot 10^{-23}\,kg}$$

Geschwindigkeit des Protons:

$$m = \frac{m_0}{\sqrt{1 - \frac{v^2}{c^2}}}$$
Formel relativistische Masse

$$\frac{m_0}{m} = \sqrt{1 - \frac{v^2}{c^2}}$$
auf beiden Seiten mit dem Wurzelausdruck multiplizieren und durch m dividieren

$$\left(\frac{m_0}{m}\right)^2 = 1 - \frac{v^2}{c^2}$$
beide Seiten quadrieren

$$\frac{v^2}{c^2} = 1 - \left(\frac{m_0}{m}\right)^2$$
nach $\frac{v^2}{c^2}$ umstellen

$$v = \sqrt{1 - \left(\frac{m_0}{m}\right)^2} \cdot c$$
auf beiden Seiten Wurzel ziehen

$$= \sqrt{1 - \left(\frac{1}{7461}\right)^2} \cdot c = \mathbf{0{,}9999\,c}$$
Kehrwert von Zwischenergebnis (*) aus voriger Rechnung einsetzen

98. GPS

a) $\frac{m_S \cdot v^2}{r} = G \cdot \frac{m_S \cdot m_E}{r^2}$ — Kräftebilanz für Satellit im Gravitationsfeld der Erde: $F_Z = F_G$

$v^2 = G \cdot \frac{m_E}{r}$ — auf beiden Seiten mit $\frac{r}{m_S}$ multiplizieren und kürzen

$v = \sqrt{G \cdot \frac{m_E}{r}}$ — auf beiden Seiten radizieren

$= \sqrt{6{,}67 \cdot 10^{-11} \frac{m^3}{kg \cdot s^2} \cdot \frac{5{,}97 \cdot 10^{24}\,kg}{26\,578 \cdot 10^3\,m}}$ — Zahlenwerte einsetzen; G und m_E aus Formelsammlung

$= \mathbf{3{,}87\,\frac{km}{s} = 1{,}39 \cdot 10^4\,\frac{km}{h}}$

b) $\Delta t' = \Delta t \cdot \sqrt{1 - \frac{v^2}{c^2}}$ — Formel Zeitdilatation

$= 1\,s \cdot \sqrt{1 - \frac{\left(3{,}87 \cdot 10^3\,\frac{m}{s}\right)^2}{\left(3{,}0 \cdot 10^8\,\frac{m}{s}\right)^2}} = \mathbf{0{,}999999999\,s}$ — Zahlenwerte einsetzen

99. Wie viel Masse verliert die Sonne?

a) Denkt man sich die Sonne im Mittelpunkt einer Kugel vom Radius r_{ES} (r_{ES} = Abstand Erde–Sonne), strömt die von der Sonne pro Sekunde allseitig abgestrahlte Energie E jeweils durch die Oberfläche dieser Kugel. Auf eine Fläche A auf dieser Kugel entfällt davon der Anteil $\frac{A}{A_{Kugel}} \cdot E = \frac{A}{4r_{ES}^2 \cdot \pi} \cdot E$. Speziell für $A = 1\,m^2$ gilt dann nach Definition:

$S = \frac{1\,m^2}{4r_{ES}^2 \cdot \pi} \cdot E$ — Definition von S

$E = \frac{4r_{ES}^2 \cdot \pi}{1\,m^2} \cdot S = \frac{4 \cdot \left(1{,}496 \cdot 10^{11}\,m\right)^2 \cdot \pi}{1\,m^2} \cdot 1{,}36 \cdot 10^3\,\frac{W}{m^2}$ — nach E umstellen; Zahlenwerte einsetzen; r_{ES} aus Formelsammlung; $1\,\frac{J}{s} = 1\,W$

$= \mathbf{3{,}82 \cdot 10^{26}\,W}$

b) Die Energie, die die Sonne in einem Jahr abstrahlt, beträgt:

$E_{Jahr} = 3{,}82 \cdot 10^{26}\,W \cdot 365{,}25 \cdot 24 \cdot 60 \cdot 60\,s = \mathbf{1{,}21 \cdot 10^{34}\,J}$

c) Jährlicher Masseverlust aufgrund der Äquivalenz von Masse und Energie:

$E_{Jahr} = m_{Jahr} \cdot c^2 \quad \Leftrightarrow \quad m_{Jahr} = \frac{E_{Jahr}}{c^2} = \frac{1{,}21 \cdot 10^{34}\,J}{\left(3{,}00 \cdot 10^8\,\frac{m}{s}\right)^2} = \mathbf{1{,}34 \cdot 10^{17}\,kg}$

d) $\frac{m_{Jahr}}{m_E} = \frac{1{,}34 \cdot 10^{17}\,kg}{5{,}977 \cdot 10^{24}\,kg} = 2{,}24 \cdot 10^{-8} = \mathbf{2{,}24 \cdot 10^{-6}\,\%}$

Die Sonne verliert jährlich ca. zwei Millionstel Prozent der Erdmasse durch Umwandlung dieser Masse in elektromagnetische Strahlung.

100. • In den **Fällen a und d** sind $\vec{v}$ und $\vec{B}$ parallel. Daher wirkt keine Lorentzkraft auf die Leiterelektronen. Zwischen den Leiterenden wird **keine Spannung** induziert.

• Im **Fall b** steht $\vec{v}$ auf den Feldlinien senkrecht, aber parallel zum Leiter. Auf die Leiterelektronen wirkt zwar eine Lorentzkraft aber nicht in Richtung $\overrightarrow{DC}$. Zwischen C und D wird **keine Spannung** induziert.

• Im Fall c steht $\vec{v}$ senkrecht auf den Feldlinien und ist nicht parallel zur Richtung CD. Zwischen C und D wird Spannung induziert. Für die Ladungsverschiebung in Richtung $\overrightarrow{DC}$ ist wegen $\sphericalangle(\vec{v}; \overrightarrow{DC}) = 45°$ aber nur die Geschwindigkeitskomponente $v_2 = v \cdot \sin 45°$ relevant. Daher gilt:

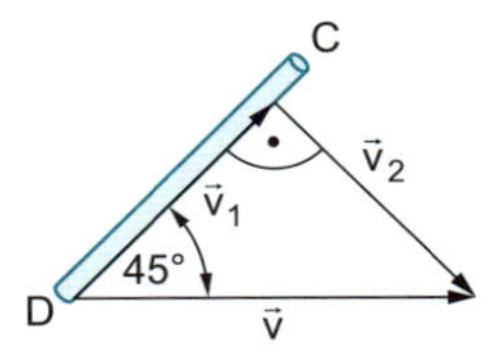

$$U = B \cdot \ell \cdot v \cdot \sin 45°$$
$$= 1{,}0 \cdot 10^{-3}\,\text{T} \cdot 0{,}10\,\text{m} \cdot 1{,}0 \cdot 10^{-2}\,\frac{\text{m}}{\text{s}} \cdot \sin 45°$$
$$= \mathbf{7{,}1 \cdot 10^{-7}\,V}$$

• Ladungsverteilung: C: Elektronenüberschuss; D: Elektronenmangel

101. Die Lösung erfolgt in zwei Schritten: Erst ermittelt man die Geschwindigkeit, bei der $U_{CD} = 5{,}7$ mV ist; anschließend lässt sich über das Weg-Geschwindigkeit-Gesetz der Fallbewegung die Fallstrecke berechnen.

$$U_{CD} = B \cdot \ell \cdot v$$ B-ℓ-v-Regel

$$v = \frac{U_{CD}}{B \cdot \ell}$$ auf beiden Seiten durch $B \cdot \ell$ dividieren

$$= \frac{5{,}70 \cdot 10^{-3}\,\text{V}}{26{,}4 \cdot 10^{-3}\,\text{T} \cdot 12{,}5 \cdot 10^{-2}\,\text{m}} = 1{,}727\,\frac{\text{m}}{\text{s}}$$ Zahlenwerte einsetzen

$$v^2 = 2g \cdot x$$ x-v-Gesetz für den freien Fall

$$x = \frac{v^2}{2g}$$ auf beiden Seiten durch 2g dividieren, Seiten tauschen

$$= \frac{\left(1{,}727\,\frac{\text{m}}{\text{s}}\right)^2}{2 \cdot 9{,}81\,\frac{\text{m}}{\text{s}^2}} = \mathbf{15{,}2\,cm}$$ Zahlenwerte einsetzen

102. Zwischen M und P entsteht **keine Spannung**. Da die Lorentzkraft senkrecht zu $\overrightarrow{MP}$ auf der Zeichenebene steht oder 0 ist (wenn $\overrightarrow{MP} \perp \vec{B}$), werden in Richtung $\overrightarrow{MP}$ keine Elektronen verschoben.

103. *Versuche 1 und 2:* Die Spule 1 ist ortsfest und der Schalter geschlossen. Wenn sich Spule 2 in horizontaler Richtung auf die Spule 1 zu bzw. von ihr weg bewegt, wird in der Spule 2 Spannung induziert, weil die Anzahl der von Spule 1 erzeugten magnetischen Feldlinien, welche die Spule 2 durchsetzen, zu- bzw. abnimmt.

Versuche 3 und 4: Die Spule 2 ist ortsfest und der Schalter geschlossen. Wenn sich die Spule 1 in horizontaler Richtung auf die Spule 2 zu bzw. von ihr weg bewegt, wird in der Spule 2 Spannung induziert, weil die Anzahl der von Spule 1 erzeugten magnetischen Feldlinien, welche die Spule 2 durchsetzen, zu- bzw. abnimmt.

Versuche 5 und 6: Beide Spulen sind ortsfest und bei geschlossenem Schalter wird der Schleifkontakt des Widerstands von Stellung A in Stellung B (bzw. von Stellung B in Stellung A) gebracht. Dann nimmt der zugeschaltete Widerstand zu (ab), der Strom durch die Spule 1 wird kleiner (größer), das von der Spule 1 erzeugte Magnetfeld schwächer (stärker). Daher nimmt die Anzahl der von Spule 1 erzeugten magnetischen Feldlinien, welche die Spule 2 durchsetzen, ab (zu): In der Spule 2 wird Spannung induziert.

Versuch 7: Beide Spulen sind ortsfest und bei unverändertem Widerstand wird der ursprünglich geöffnete Schalter geschlossen. In der Spule 1 baut sich ein Magnetfeld auf. Während sich das Magnetfeld ändert, nimmt die Anzahl der von Spule 1 erzeugten magnetischen Feldlinien, welche die Spule 2 durchsetzen, zu: In der Spule 2 wird Spannung induziert.

Versuch 8: Beide Spulen sind ortsfest und bei unverändertem Widerstand wird der ursprünglich geschlossene Schalter geöffnet. In der Spule 1 bricht das bis dahin bestehende Magnetfeld zusammen. Während sich das Magnetfeld ändert, nimmt die Anzahl der von Spule 1 erzeugten magnetischen Feldlinien, welche die Spule 2 durchsetzen, ab: In der Spule 2 wird Spannung induziert.

Versuch 9: Die Spule 1 ist ortsfest und bei unverändertem Widerstand und geschlossenem Schalter wird die Spule 2 so gedreht, dass ihre Ebene mit der Zeichenebene zusammenfällt. Dann nimmt die Anzahl der von Spule 1 erzeugten magnetischen Feldlinien, welche die Spule 2 durchsetzen, ab: In der Spule 2 wird Spannung induziert.

104. *Zuordnung:*

- Rahmen 1 $\rightarrow$ Graph 1
- Rahmen 2 $\rightarrow$ Graph 3
- Rahmen 3 $\rightarrow$ Graph 4

Begründung:

- Diagramm 2 und 5 scheiden als Flussfunktionsgraphen aus, weil der magnetische Fluss durch den Rahmen nicht abrupt von 0 auf seinen Maximalwert springt, sondern sich linear ändern muss.
- Der Maximalwert des magnetischen Flusses durch die Rahmen 1 und 3 beträgt

  $\Phi_{max} = 1\,\frac{\text{Vs}}{\text{m}^2} \cdot 0{,}01\text{ m} \cdot 0{,}04\text{ m} = 4 \cdot 10^{-4}\text{ Vs}.$

Für diese Rahmen kommen daher nur die Graphen 1 und 4 in Frage:
- Da sich Rahmen 3 nach 2 s vollständig im Magnetfeld befindet, erreicht der Fluss durch Rahmen 3 nach 2 s wie bei Graph 4 den Maximalwert. Daher gehört Graph 4 zu Rahmen 3.
- Da sich Rahmen 1 nach 5 s vollständig im Magnetfeld befindet, erreicht der Fluss durch Rahmen 1 nach 5 s wie bei Graph 1 den Maximalwert. Daher gehört Graph 1 zu Rahmen 1.

- Der Maximalwert des magnetischen Flusses durch den Rahmen 2 beträgt $\Phi_{max} = 1\,\frac{Vs}{m^2} \cdot 0{,}04\ m \cdot 0{,}04\ m = 16 \cdot 10^{-4}\ Vs.$
  Der einzige Graph, bei dem dieser Wert erreicht wird, ist Graph 3.

105. a)

$\Phi = B \cdot A_i$	Definition magnetischer Fluss
$= \mu_0 \cdot \frac{I \cdot N_F}{\ell_F} \cdot A_i$	Spulenformel (S. 44): $B = \mu_0 \cdot \frac{I \cdot N_F}{\ell_F}$
$= \mu_0 \cdot \frac{N_F \cdot A_i}{\ell_F} \cdot I$	umstellen
$= 4\pi \cdot 10^{-7}\,\frac{Vs}{Am} \cdot \frac{400 \cdot 16{,}0 \cdot 10^{-4}\ m^2}{0{,}80\ m} \cdot I$	Zahlenwerte einsetzen

$\Phi(t) = \mathbf{1{,}0 \cdot 10^{-6}\,\frac{Vs}{A} \cdot I(t)}$ (*)

b)

$U_i = -N_i \cdot \dot{\Phi}$	Induktionsgesetz
$= -150 \cdot 1{,}0 \cdot 10^{-6}\,\frac{Vs}{A} \cdot \dot{I}(t)$	$N_i = 150$ und (*) einsetzen, nach der Zeit ableiten
$= -1{,}5 \cdot 10^{-4}\,\frac{Vs}{A} \cdot \dot{I}(t)$ (**)	

$\dot{I}$ ist jeweils die Steigung des Geradenstücks im t-I-Diagramm:
- Die Gerade im Intervall $[0; t_1]$ hat die Steigung $\dot{I} = \frac{0{,}2\ A}{2\ s} = 0{,}1\,\frac{A}{s}$.
  $U_i \overset{(**)}{=} -1{,}5 \cdot 10^{-4}\,\frac{Vs}{A} \cdot 0{,}1\,\frac{A}{s} = -1{,}5 \cdot 10^{-5}\ V$
- Die Gerade im Intervall $[t_1; t_2]$ hat die Steigung $\dot{I} = \frac{-0{,}2\ A}{4\ s} = -0{,}05\,\frac{A}{s}$.
  $U_i \overset{(**)}{=} -1{,}5 \cdot 10^{-4}\,\frac{Vs}{A} \cdot \left(-0{,}05\,\frac{A}{s}\right) = 7{,}5 \cdot 10^{-6}\ V$

Damit erhält man das t-U_i-Diagramm:

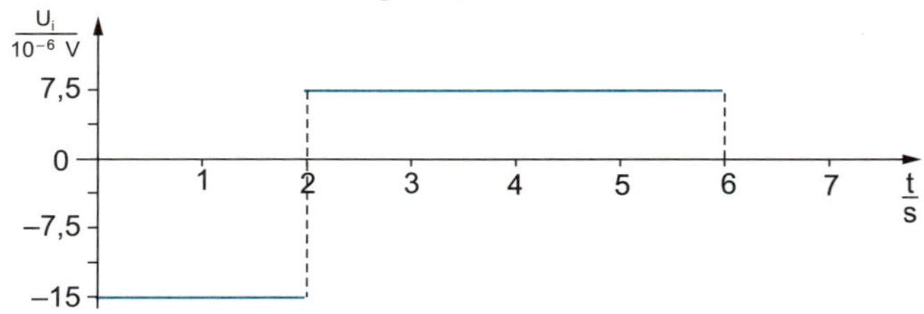

106. a) Spannung wird so lange induziert, bis die Querstange die Stelle x_2 passiert hat. Da die Querstange für die 6 cm lange Strecke zwischen x_1 und x_2 bei der Geschwindigkeit $v = 1{,}5\,\frac{cm}{s}$ 4 s benötigt, wird Spannung also innerhalb der nächsten 4 s nach dem Start induziert.

Begründung:

- *Möglichkeit 1:* Zwischen x_1 und x_2 bewegt sich die Querstange als gerader Leiter mit konstanter Geschwindigkeit in einem homogenen Magnetfeld. Nach der B-ℓ-v-Regel wird Spannung induziert.
- *Möglichkeit 2:* Die Feldlinienzahl und damit der magnetische Fluss durch die Fläche des gestrichelten Leiterkreises nehmen zu, wenn sich die Querstange von x_1 nach x_2 bewegt.

b) Für $0\,s \le t \le 4\,s$ gilt:

$$\Phi(t) = B \cdot A = B \cdot (b \cdot x_1 + b \cdot v \cdot t)$$
$$= 2{,}5 \cdot 10^{-3}\,T \cdot \left(0{,}100\,m \cdot 0{,}040\,m + 0{,}100\,m \cdot 0{,}015\,\frac{m}{s} \cdot t\right)$$
$$= 1{,}0 \cdot 10^{-5}\,Vs + 3{,}75 \cdot 10^{-6}\,V \cdot t$$

Für $4\,s \le t \le 6\,s$ gilt:

$$\Phi(t) = B \cdot b \cdot x_2 = 2{,}5 \cdot 10^{-3}\,T \cdot 0{,}100\,m \cdot 0{,}100\,m = 2{,}5 \cdot 10^{-5}\,Vs$$

Ergebnis:

$$\Phi(t) = \begin{cases} \mathbf{1{,}0 \cdot 10^{-5}\,Vs + 3{,}75 \cdot 10^{-6}\,V \cdot t} & \textbf{für } \mathbf{0\,s \le t \le 4\,s} \\ \mathbf{2{,}5 \cdot 10^{-5}\,Vs} & \textbf{für } \mathbf{4\,s \le t \le 6\,s} \end{cases}$$

Graph:

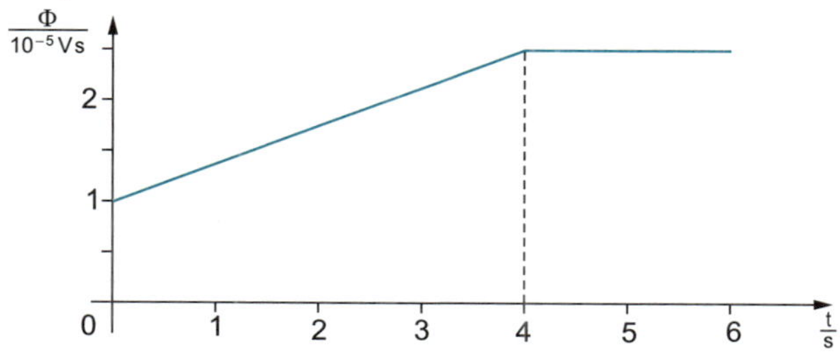

c) Sie können die Spannungsfunktion auf zweierlei Arten finden.

Möglichkeit 1: B-ℓ-v-Regel

Hiernach gilt für den Betrag der induzierten Spannung $U_i(t)$:

- **$0\,s \le t \le 4\,s$:**

  $|U_i(t)| = B \cdot b \cdot v = 2{,}5 \cdot 10^{-3}\,T \cdot 0{,}100\,m \cdot 0{,}015\,\frac{m}{s} = \mathbf{3{,}75 \cdot 10^{-6}\,V}$

- **$4\,s \le t \le 6\,s$:** Wegen $B = 0\,T$ gilt $U_i(t) =$ **0 V**.

Möglichkeit 2: mithilfe des Induktionsgesetzes

$$U_i(t) = -N_i \cdot \dot{\Phi}(t) \overset{N_i=1}{=} -\dot{\Phi}(t) = \begin{cases} \mathbf{-3{,}75 \cdot 10^{-6}\ V} & \textbf{für } \mathbf{0\,s \le t \le 4\,s} \\ \mathbf{0\ V} & \textbf{für } \mathbf{4\,s \le t \le 6\,s} \end{cases}$$

Graph:

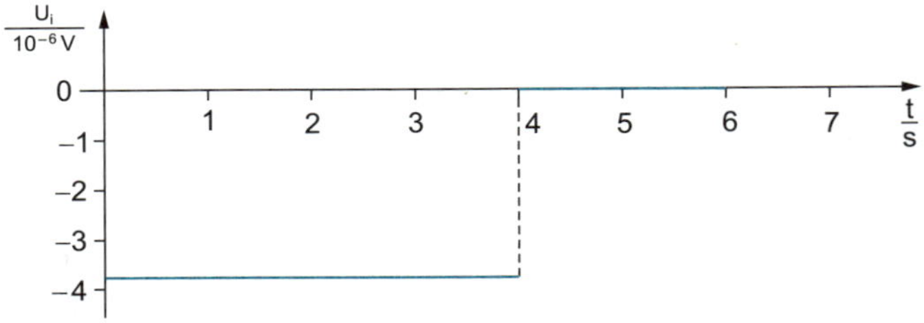

d) Der Betrag der Stromstärke lässt sich aus der Definitionsgleichung des Widerstands berechnen:

$$I_i = \frac{|U_i|}{R} = \begin{cases} \frac{3{,}75 \cdot 10^{-6}\,V}{100\,\Omega} = \mathbf{3{,}75 \cdot 10^{-8}\ A} & \textbf{für } \mathbf{0\,s \le t \le 4\,s} \\ \frac{0\,V}{100\,\Omega} = \mathbf{0\ A} & \textbf{für } \mathbf{4\,s \le t \le 6\,s} \end{cases}$$

Graph:

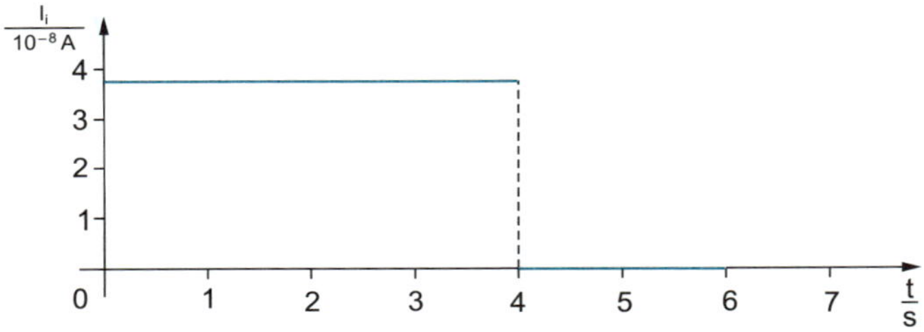

107. Die Feldlinien des vom Draht erzeugten Magnetfelds durchsetzen den Rahmen nach der Rechte-Faust-Regel senkrecht von oben nach unten. Spannung wird induziert, weil die Anzahl der den Rahmen durchsetzenden Feldlinien abnimmt, wenn der Rahmen in Stellung 2 geschoben wird.

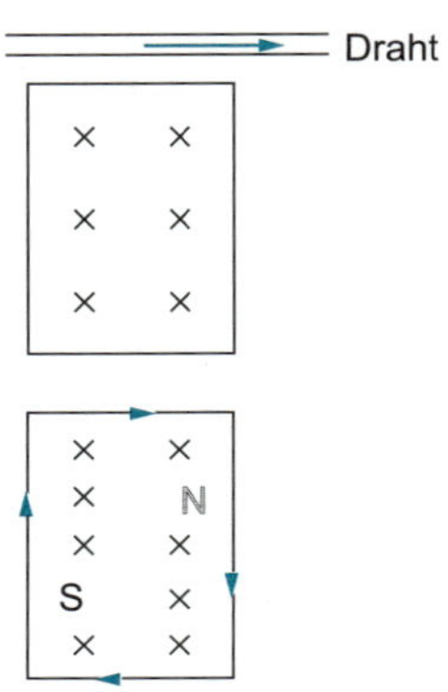

Nach der Lenz'schen Regel wirkt der von der Induktionsspannung erzeugte Induktionsstrom der Abnahme dadurch entgegen, dass er im Rahmen ein Magnetfeld erzeugt, dessen Feldlinien in die gleiche Richtung wie das Feld deuten, das durch den Strom im Draht erzeugt wird.

Nach der Spulenpolungs-Regel liegt demnach der magnetische Nordpol des Induktionsstrommagnetfeldes hinter und der magnetische Südpol über der Zeichenebene. Der Induktionsstrom durchfließt den Rahmen nach der Spulenpolungs-Regel daher **im Uhrzeigersinn** (technische Stromrichtung).

108. a) Spannung wird induziert, weil beim Hineinschieben die Anzahl der den Rahmen durchsetzenden Feldlinien zunimmt. Nach der Regel von Lenz wirkt der von der Induktionsspannung erzeugte Induktionsstrom der Zunahme dadurch entgegen, dass er im Rahmen ein Magnetfeld erzeugt, welches das ursprüngliche Feld abschwächt; dazu müssen die Feldlinien senkrecht zur Zeichenebene aus dieser heraus gerichtet sein. Nach der Spulenpolungs-Regel liegt demnach der magnetische Nordpol des vom Induktionsstrom erzeugten Magnetfeldes vor und der magnetische Südpol hinter der Zeichenebene. Der Induktionsstrom durchfließt den Rahmen nach der Spulenpolungs-Regel daher **gegen den Uhrzeigersinn** (technische Stromrichtung).

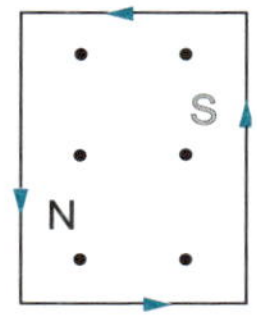

b) Solange sich nur die linke Längsseite des Rahmens im Magnetfeld befindet, bewirkt der in ihr fließende Induktionsstrom nach der Definition der magnetischen Flussdichte eine nach rechts gerichtete Kraft, die beim Hineinschieben überwunden werden muss.

c) Die durch diese Kraft dem System von außen zugeführte mechanische Arbeit wandelt sich in elektrische Arbeit des fließenden Induktionsstroms um.

109. Spule 2 wird nach rechts abgestoßen.

Begründung: Nach der Spulenpolungs-Regel liegt der Nordpol von Spule 1 rechts und ihr Südpol links. Die Feldlinien des in Spule 1 herrschenden Magnetfelds durchsetzen daher die Spule 2 von links nach rechts.

Wird der Schiebewiderstand verkleinert, nimmt die Stromstärke durch Spule 1 und daher auch die Anzahl der Feldlinien, welche die Spule 2 durchsetzen, zu. Die Zunahme der Feldlinien durch die Spule 2 ist die Ursache für den Induktionsstrom in Spule 2.

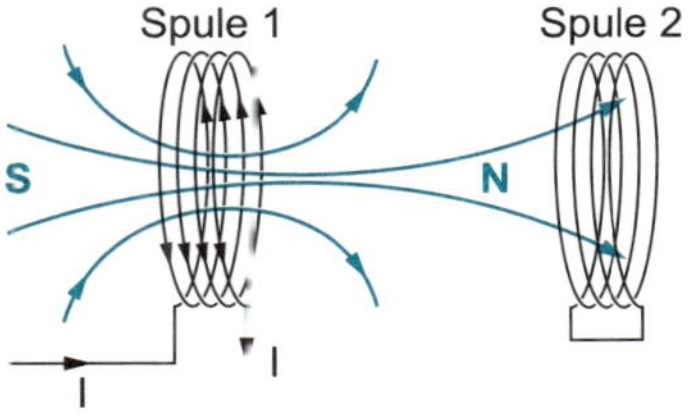

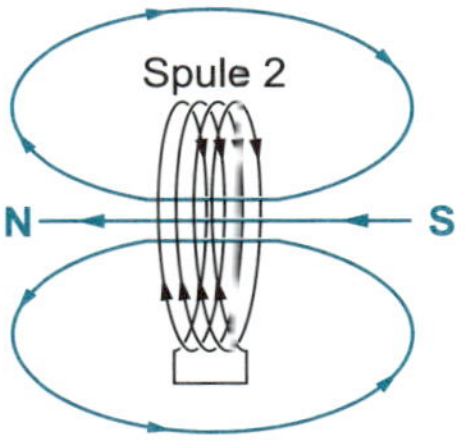

Nach der Lenz'schen Regel wirkt er seiner Ursache dadurch entgegen, dass das von ihm in Spule 2 erzeugte Magnetfeld entgegengesetzt zum Magnetfeld der Spule 1 gerichtet ist. Der Nordpol des Magnetfelds in Spule 2 liegt daher links von Spule 2 und der Südpol rechts davon. Während der Verkleinerung des Schiebewiderstands stehen sich bei Spule 1 und 2 gleichnamige Pole gegenüber: Spule 2 wird nach rechts abgestoßen.

110. a) Aufgrund der Rotation ändert sich periodisch der Flächeninhalt des Leiterrahmens, der von den Feldlinien des Magnetfelds durchsetzt wird, und damit der magnetische Fluss durch den Rahmen. Eine Flussänderung bewirkt nach dem Induktionsgesetz aber stets eine Induktionsspannung.

b) Während der ersten Vierteldrehung nimmt der Fluss durch den Leiterrahmen ab. Nach der Lenz'schen Regel wirkt der Induktionsstrom dem entgegen, indem er ein Magnetfeld aufbaut, das in „gleicher" Richtung wie das äußere Magnetfeld, also in der grün gestrichelt dargestellten Richtung verläuft (Bild oben, Sicht von unten).
Nach der Polungsregel für Spulen ist demnach die Induktionsspannung so gerichtet, dass sie den Induktionsstrom im Uhrzeigersinn durch den Leiterrahmen treibt (Bild unten, Seitenansicht).

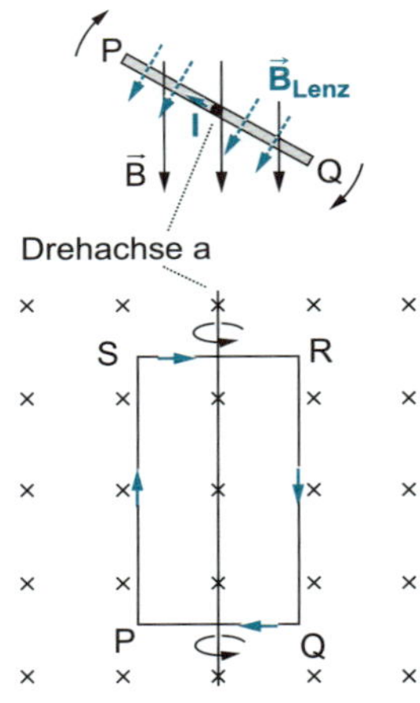

111. a)

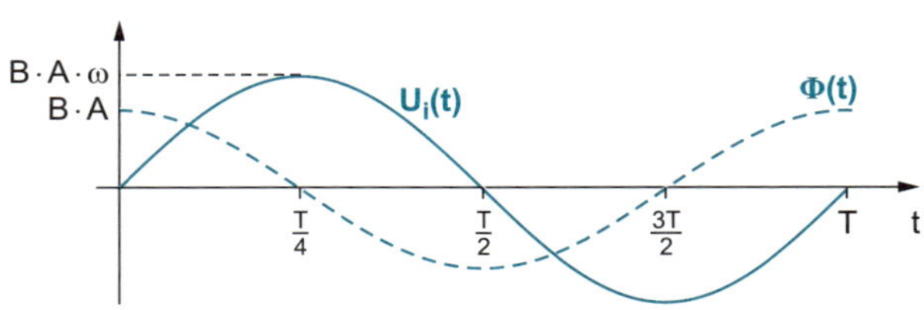

b) In den Leiterstücken PS bzw. QR (siehe Abbildung nächste Seite) rotieren Elektronen mit der Bahngeschwindigkeit $\vec{v}$. Im Magnetfeld wirkt auf sie eine Lorentzkraft, für deren Betrag gilt:

$F_L = B \cdot e \cdot v \cdot \sin\varphi$

Die Elektronen in diesen Leiterstücken erfahren gerade dann eine maximale Lorentzkraft, wenn $\varphi = 90°$, also der Fluss durch die Leiterschleife null ist. Umgekehrt ist bei maximalem Fluss ($\varphi = 0°$ bzw. $\varphi = 180°$) $F_L = 0$.

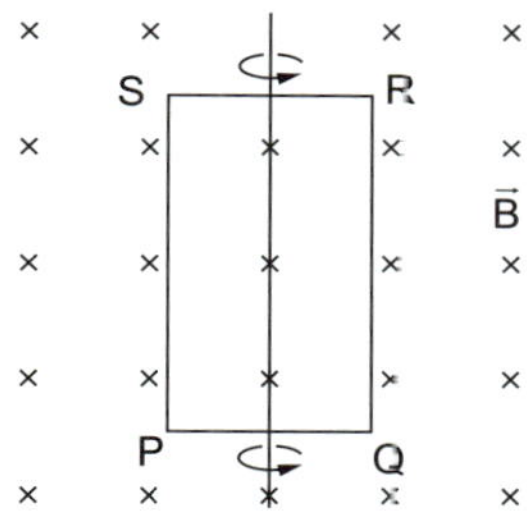

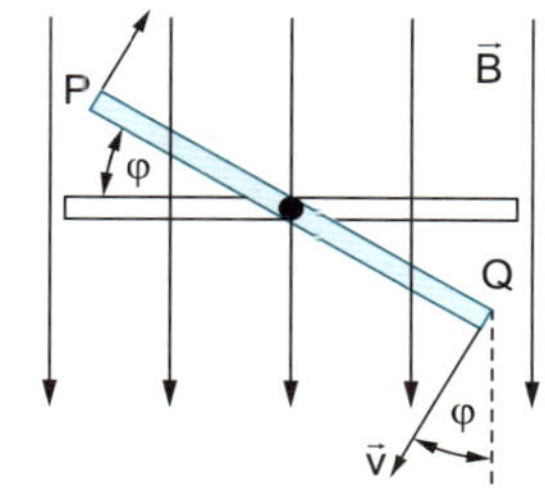

112. a) $U_0 = N \cdot B \cdot A \cdot \omega$

$= B \cdot A \cdot 2\pi \cdot f$

$f = \frac{U_0}{B \cdot A \cdot 2\pi}$

$= \frac{4{,}0 \cdot 10^{-3}\,\text{V}}{2{,}5 \cdot 10^{-3}\,\text{T} \cdot 15{,}0 \cdot 10^{-4}\,\text{m}^2 \cdot 2\pi}$

$= \mathbf{170\ Hz}$

Regel Induktionsspannung:
$U(t) = U_0 \cdot \sin(\omega \cdot t + \varphi_0)$
$N = 1,\ \omega = 2\pi \cdot f$

nach f umstellen

Zahlenwerte einsetzen

b) Bei doppelter Frequenz ist

- der Scheitelwert U_0 wegen $U_0 \sim f$ doppelt so groß,
- die Periodendauer T wegen $T = \frac{1}{f}$ halb so groß

wie bei einfacher Frequenz.

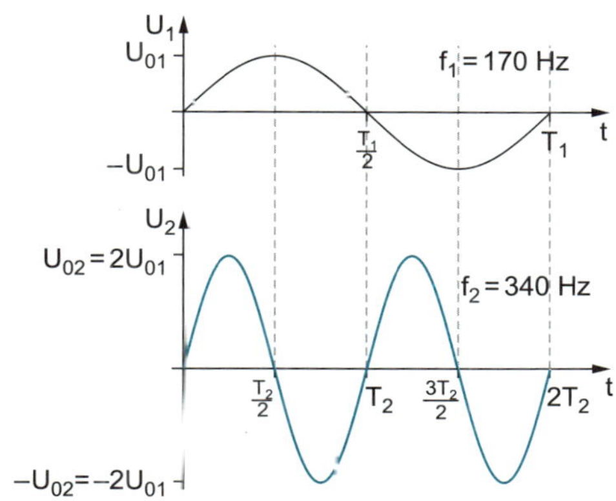

113. a) t-U-Diagramm: $T = \frac{2\pi}{\omega} = \frac{2\pi}{628{,}3}\,\text{s} = 10{,}0\ \text{ms}$

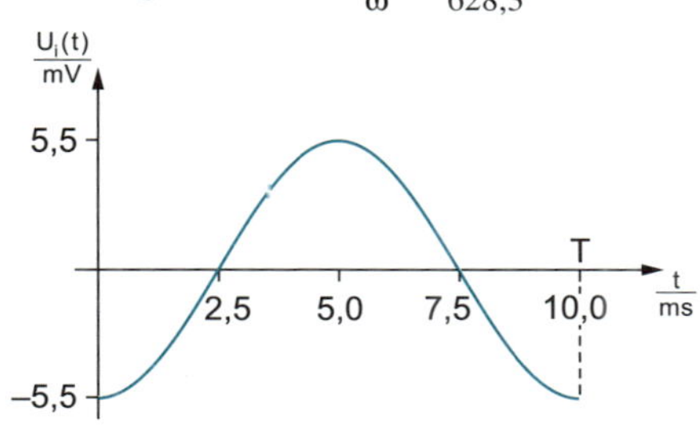

b) Da der magnetische Fluss durch die Spule dann maximal ist, wenn die induzierte Spannung null ist und umgekehrt, erhält man mithilfe des Graphen aus Teilaufgabe a:

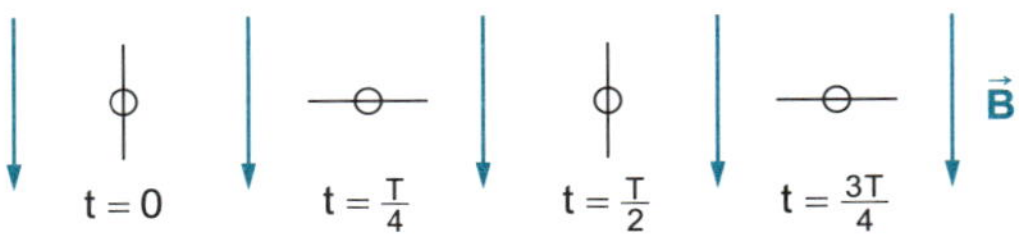

c) $-5{,}5 \cdot 10^{-3}\,\text{V} \cdot \cos\left(628{,}3\,\frac{1}{\text{s}} \cdot t\right) = 3{,}7 \cdot 10^{-3}\,\text{V}$ — Zahlenwerte einsetzen

$\cos\left(628{,}3\,\frac{1}{\text{s}} \cdot t\right) = -0{,}673$ — Taschenrechner auf Bogenmaß einstellen und $\cos^{-1}(-0{,}673)$ berechnen

$628{,}3\,\frac{1}{\text{s}} \cdot t = 2{,}31$

$t = \mathbf{3{,}7 \cdot 10^{-3}\,s}$ — nach t umstellen

$\mathbf{= 3{,}7\,ms}$

114. a) In Schalterstellung B ist die Batterie abgeklemmt. Im Stromkreis ist nur noch die Selbstinduktionsspannung U_S die Ursache für den Strom durch den Widerstand R_0.

$U_S = R_0 \cdot I$ — Maschenregel

$-L \cdot \dot{I} = R_0 \cdot I$ — Regel Selbstinduktion $U_S = -L \cdot \dot{I}$

$\dot{I} = \mathbf{-\frac{R_0}{L} \cdot I}$ — auf beiden Seiten durch –L dividieren

b) Gemäß der Beziehung (*) hat $\dot{I}$ im Moment des Ausschaltens, in dem I noch den größten Wert hat, den betragsmäßig größten, aber nicht unendlich großen Wert $\left|-\frac{R_0}{L} \cdot I\right|$. Mit abnehmenden I wird $|\dot{I}|$ immer kleiner. Da $\dot{I}$ die Steigung der Funktion I(t) ist, fällt demnach der Graph von I bei $t = 0$ am steilsten, aber nicht unendlich steil. Er wird mit zunehmender Zeit immer flacher und kommt dem Minimalwert 0 beliebig nahe.

115. Die t-I-Diagrammen zeigen, dass die **Stromstärke umso rascher abfällt, je größer der ohmsche Widerstand** und **je kleiner die Induktivität der Spule** ist.
Wegen $\dot{I} = -\frac{R_0}{L} \cdot I$ ist der Betrag von $\dot{I}$ umso größer, je größer R_0 ist und je kleiner L ist.

116. Da R_2 wesentlich größer als R_1 ist, „sucht sich der Strom den Weg des geringsten Widerstands" und fließt nach dem Schließen des Schalters fast ausschließlich durch den kleineren Widerstand R_1. Öffnet man den Schalter, muss der Gesamtstrom durch den großen Gesamtwiderstand $R_1 + R_2$ fließen. Weil Stromanstieg und Stromabfall umso rascher erfolgen, je größer der ohmsche Widerstand ist, ist die Stromstärkeänderung $\dot{I}$ und damit die Induktionsspannung (Selbstinduktionsregel) beim Schließen des Schalters kleiner als beim Öffnen.

117. a) $R = \frac{U_0}{I_0}$ — Widerstandsdefinition

$= \frac{12\ \text{V}}{42{,}9 \cdot 10^{-3}\ \text{A}} = \mathbf{2{,}8 \cdot 10^2\ \Omega}$ — Zahlenwerte einsetzen

b) Nach Schließen des Schalters sind im Stromkreis die Batteriespannung U_0 und die Selbstinduktionsspannung U_S wirksam, die als Gesamtspannung $U_0 + U_S$ die Ursache für den Strom durch den Widerstand R_0 sind.

$U_0 + U_S = R_0 \cdot I$ — Maschenregel

$U_0 - L \cdot \dot{I} = R_0 \cdot I$ — Regel Selbstinduktion $U_S = -L \cdot \dot{I}$

$L = \frac{R_0 \cdot I - U_0}{-\dot{I}} = \frac{U_0 - R_0 \cdot I}{\dot{I}}$ — nach L umstellen

$= \frac{12\ \text{V} - 2{,}8 \cdot 10^2\ \frac{\text{V}}{\text{A}} \cdot 31{,}7 \cdot 10^{-3}\ \text{A}}{5 \cdot 10^{-3}\ \frac{\text{A}}{\text{s}}} = \mathbf{6{,}2 \cdot 10^2\ H}$ — Zahlenwerte einsetzen für $t = 3\ \text{s}$

$\dot{I}(3\ \text{s}) = \frac{31{,}7\ \text{mA} - 16{,}7\ \text{mA}}{3\ \text{s}} = \frac{15{,}0\ \text{mA}}{3\ \text{s}} = 5{,}0 \cdot 10^{-3}\ \frac{\text{A}}{\text{s}}$

118. $\overline{U} = -L \cdot \frac{\Delta I}{\Delta t}$ — Definition der mittleren Induktionsspannung

$= -\mu_0 \cdot A \cdot \frac{N^2}{\ell} \cdot \frac{\Delta I}{\Delta t}$ — Induktivität einer Spule

$= -\mu_0 \cdot \left(\frac{d}{2}\right)^2 \cdot \pi \cdot \frac{N^2}{\ell} \cdot \frac{\Delta I}{\Delta t}$ — $A = \left(\frac{d}{2}\right)^2 \cdot \pi$

$N^2 = \frac{\overline{U} \cdot \ell \cdot \Delta t}{-\mu_0 \cdot \left(\frac{d}{2}\right)^2 \cdot \pi \cdot \Delta I}$ — nach N^2 umstellen

$N = \sqrt{\frac{\overline{U} \cdot \ell \cdot \Delta t}{-\mu_0 \cdot \left(\frac{d}{2}\right)^2 \cdot \pi \cdot \Delta I}}$ — auf beiden Seiten radizieren

$= \sqrt{\frac{-2{,}20\ \text{V}\ \ 1{,}000\ \text{m} \cdot 0{,}0200\ \text{s}}{-4\pi \cdot 10^{-7}\ \frac{\text{Vs}}{\text{Am}} \cdot \left(\frac{0{,}200\ \text{m}}{2}\right)^2 \cdot \pi \cdot 3{,}5\ \text{A}}} = \mathbf{564}$ — Zahlenwerte einsetzen $\mu_0 = 4\pi \cdot 10^{-7}\ \frac{\text{Vs}}{\text{Am}}$

119.

Schaltung	Diagramm
I	B
II	G
III	M
IV	E
V	J
VI	D

120. Bei Diagramm A war ursprünglich S_3 offen, bei Diagramm B S_1.

121. Die Stromstärke geht in die Formel für den Energieinhalt W_{mag} des magnetischen Feldes ein. Diesen erhalten Sie über die gegebene Energiedichte.

$$W_{mag} = \rho_{mag} \cdot V \qquad \text{Definition der Energiedichte}$$

$$= \rho_{mag} \cdot A \cdot \ell \qquad V = A \cdot \ell$$

$$= \frac{8{,}2 \cdot 10^{-9}\,\text{J}}{10^{-6}\,\text{m}^3} \cdot 80{,}0 \cdot 10^{-4}\,\text{m}^2 \cdot 0{,}700\,\text{m} \qquad \text{Zahlenwerte einsetzen}$$

$$= 4{,}6 \cdot 10^{-5}\,\text{J}$$

$$W_{mag} = \frac{1}{2} L \cdot I^2 \qquad \text{Feldenergie in der Spule}$$

$$I = \sqrt{\frac{2W_{mag}}{L}} \qquad \text{nach I auflösen}$$

$$= \sqrt{\frac{2W_{mag} \cdot \ell}{\mu_0 \cdot A \cdot N^2}} \qquad \text{Spule: } L = \mu_0 \cdot A \cdot \frac{N^2}{\ell}$$

$$= \sqrt{\frac{2 \cdot 4{,}6 \cdot 10^{-5}\,\text{J} \cdot 0{,}70\,\text{m}}{4\pi \cdot 10^{-7}\,\frac{\text{Vs}}{\text{Am}} \cdot 80{,}0 \cdot 10^{-4}\,\text{m}^2 \cdot 800^2}} = \mathbf{0{,}1\,A} \qquad \text{Zahlenwerte einsetzen}$$

122. $$\rho_{mag} = \frac{1}{2\mu_0} \cdot B^2 \qquad \text{Formel Energiedichte}$$

$$B = \sqrt{2\mu_0 \cdot \rho_{mag}} \qquad \text{nach B auflösen}$$

$$= \sqrt{2 \cdot 4\pi \cdot 10^{-7}\,\frac{\text{Vs}}{\text{Am}} \cdot 10^{31}\,\frac{\text{J}}{\text{m}^3}} = \mathbf{5{,}0 \cdot 10^{12}\,T} \qquad \text{Zahlenwerte einsetzen}$$

Die Größenordnung für die magnetische Flussdichte auf einem Neutronenstern beträgt demnach 10^{12} T bis 10^{13} T.

Hinweis: Auf der Erde liegt die magnetische Flussdichte zwischen 30 µT am Äquator und 60 µT an den Polen.

123. Die prozentuale Änderung Δ ist gleich dem Quotienten aus der Differenz der Energiedichten („nachher – vorher“) und der ursprünglichen Energiedichte.

$$\Delta = \frac{\rho_{\text{nachher}} - \rho_{\text{vorher}}}{\rho_{\text{vorher}}} = \frac{\rho_{\text{nachher}}}{\rho_{\text{vorher}}} - 1 \qquad \text{prozentuale Änderung}$$

$$= \frac{\frac{1}{2\mu_0} \cdot B^2_{\text{nachher}}}{\frac{1}{2\mu_0} \cdot B^2_{\text{vorher}}} - 1 \qquad \text{Energiedichte der Spule}$$

$$= \frac{B^2_{\text{nachher}}}{B^2_{\text{vorher}}} - 1$$

$$= \frac{\left(\frac{\mu_0 \cdot I \cdot N}{\ell_{\text{nachher}}}\right)^2}{\left(\frac{\mu_0 \cdot I \cdot N}{\ell_{\text{vorher}}}\right)^2} - 1 \qquad \text{Flussdichte in der Spule}$$

$$= \frac{\ell^2_{\text{vorher}}}{\ell^2_{\text{nachher}}} - 1$$

$$= \frac{(80{,}0\,\text{cm})^2}{(75{,}0\,\text{cm})^2} - 1 = 0{,}138 = \mathbf{13{,}8\,\%} \qquad \text{Zahlenwerte einsetzen}$$

Die Änderung ist positiv, die Energiedichte nimmt also um 13,8 % zu.

124. Tauchspulenmikrofon

Die fest mit der Tauchspule verbundene Membran wird durch die auftreffenden Schallwellen in Schwingungen versetzt und bewegt sich relativ zum Magnetfeld des Permanentmagneten. Dadurch ändert sich der magnetische Fluss durch die Spule. Nach dem Induktionsgesetz wird Spannung induziert. Diese ist proportional zur Membrangeschwindigkeit.

125. Seismograph

Das Gehäuse wird in direkten Kontakt mit der Erdoberfläche gebracht. Ist die Spule wie in der Skizze starr und der Permanentmagnet über Pendelfedern mit dem Gehäuse verbunden, verändert der Magnet bei einem Beben aufgrund seiner Trägheit seine Lage nicht wesentlich. Die Spule bewegt sich relativ zum Magneten. Dadurch ändert sich der magnetische Fluss durch die Spule und es wird eine Spannung induziert. Diese kann verstärkt und auf ein Registriergerät ausgegeben werden.

126. Tonkopf

Beim Abspielen ruft das veränderliche Magnetfeld des sich bewegenden Bandes oder der Diskette im Luftspalt ein zeitlich veränderliches Magnetfeld hervor, das durch den Eisenkern in die Spule weitergeleitet wird und dort einen zeitlich veränderlichen magnetischen Fluss durch die Spule erzeugt. Die dadurch in der Spule induzierte Spannung stellt das Ausgabesignal dar, das nach Verstärkung mit einem Lautsprecher wieder in Töne umgewandelt werden kann.

127. Drehzahlsensor

Die Stärke des Magnetfelds durch die Spule hängt davon ab, ob das untere Spulenende einem „Zahn" oder einer „Lücke" gegenüber steht. Deshalb wird die Spule bei rotierendem Zahnrad von einem Magnetfeld durchsetzt, das sich zeitlich periodisch ändert. Nach dem Induktionsgesetz wird daher in der Spule eine periodisch sich ändernde Spannung induziert, aus deren Frequenz man die Drehfrequenz des Zahnrads ermitteln kann.

128. Gleichstrom-Elektromotor

a) Der Ausschlag des Amperemeters geht von einem Maximum – unmittelbar nach Schließen des Schalters, wenn der Rotor praktisch noch ruht – mit steigender Drehzahl des Motors kontinuierlich zurück und bleibt konstant, wenn der Motor mit konstanter Drehzahl rotiert.

Begründung: Sobald der Rotor sich dreht, wird in ihm Spannung induziert, die nach der Lenz'schen Regel entgegengesetzt zur Batteriespannung U gerichtet ist. Der Betrag dieser Induktionsspannung U_{ind} nimmt mit steigender Drehzahl zu. Unmittelbar nach Schließen des Schalters ist die Induktionsspannung noch sehr klein, die Stromstärke I durch den Motor wird nur vom ohmschen Widerstand R_{Rot} des Rotors und der Batteriespannung U bestimmt: $I = \frac{U}{R}$.

Mit wachsender Drehzahl nimmt U_{ind} zu. Folglich nehmen der Betrag der Gesamtspannung $U_{ges} = U - U_{ind}$ und die Stromstärke $I = \frac{U_{ges}}{R}$ ab.

b) Beim **Ausschaltmodus 1** kommt der Motor **schneller** zum Stillstand.

Begründung:

- Beim Ausschaltmodus 1 kann durch den Rotor der von der Induktionsspannung erzeugte Induktionsstrom fließen, der nach der Regel von Lenz seiner Ursache – dem Drehen des Rotors – entgegenwirkt.
- Beim Ausschaltmodus 2 ist der Stromkreis durch den Rotor nicht geschlossen. Der Motor wird nicht induktiv, sondern nur durch Reibung gebremst.

c) R und R_{Rot} sind in Reihe geschaltet. Je größer R ist, desto kleiner ist daher die Stärke des durch den Rotor fließenden Induktionsstroms, desto geringer ist die induktive Bremswirkung und desto länger braucht der Motor bis zum Stillstand.

129. a) Die Frequenz ist am kleinsten, wenn die Schwingungsdauer am größten ist:

$$f_{min} = \frac{1}{T_{max}} \qquad \text{Definition der Frequenz}$$

$$= \frac{1}{2\pi \cdot \sqrt{L \cdot C_{max}}} \qquad \text{Thomsongleichung}$$

$$= \frac{1}{2\pi \cdot \sqrt{0{,}600\,H \cdot 5{,}00 \cdot 10^{-6}\,F}} = \mathbf{91{,}9\,Hz} \qquad \text{Zahlenwerte einsetzen}$$

b) Die Frequenz ist am größten, wenn die Schwingungsdauer am kleinsten ist:

$$f_{max} = \frac{1}{T_{min}} \qquad \text{Definition der Frequenz}$$

$$= \frac{1}{2\pi \cdot \sqrt{L \cdot C_{min}}} \qquad \text{Thomsongleichung}$$

$$= \frac{1}{2\pi \cdot \sqrt{0{,}600\,H \cdot 2{,}00 \cdot 10^{-6}\,F}} = 145\,Hz \qquad \text{Zahlenwerte einsetzen}$$

Mit der Anordnung lassen sich also **Frequenzen zwischen 91,9 Hz und 145 Hz** erzeugen.

c) Die prozentuale Änderung ist gleich dem Quotienten aus der Differenz der Frequenzen („neu – alt“) und der ursprünglichen Frequenz.

$$\frac{f_{neu} - f_{alt}}{f_{alt}} = \frac{f_{neu}}{f_{alt}} - 1$$

$$= \frac{T_{alt}}{T_{neu}} - 1 \qquad f = \frac{1}{T}$$

$$= \frac{2\pi \cdot \sqrt{L \cdot C_{alt}}}{2\pi \cdot \sqrt{L \cdot C_{neu}}} - 1 \qquad \text{Thomsongleichung}$$

$$= \frac{\sqrt{C_{alt}}}{\sqrt{C_{neu}}} - 1 \qquad \text{kürzen}$$

$$= \sqrt{\frac{C_{alt}}{1{,}75 \cdot C_{alt}}} - 1 \qquad C_{neu} = 1{,}75\,C_{alt}$$

$$= \sqrt{\frac{1}{1{,}75}} - 1 = -0{,}244 = \mathbf{-24{,}4\,\%} \qquad C_{alt}\ \text{kürzen}$$

Die Frequenz **sinkt** um 24,4 %.

d)

$$T = 2\pi \cdot \sqrt{L \cdot C} \qquad \text{Thomsongleichung}$$

$$T^2 = 4\pi^2 \cdot L \cdot C \qquad \text{auf beiden Seiten quadrieren}$$

$$C = \frac{T^2}{4\pi^2 \cdot L} \qquad \text{nach C umstellen}$$

$$= \frac{(10{,}0 \cdot 10^{-3}\,s)^2}{4\pi^2 \cdot 0{,}600\,H} = \mathbf{4{,}22\,\mu F} \qquad \text{Zahlenwerte einsetzen}$$

130. Aussage:

Aussage	wahr	falsch
a) Je größer die Kapazität eines Schwingkreiskondensators ist, desto kleiner ist die Eigenfrequenz f des Schwingkreises.	☒	☐
b) Verdoppelt man die Induktivität einer Schwingkreisspule, so verdoppelt sich auch die Kreisfrequenz ω.	☐	☒
c) Verdoppelt man ohne sonstige Veränderungen die Wicklungszahl einer Schwingkreisspule, so halbiert sich die Eigenfrequenz f.	☒	☐
d) Verdoppelt man ohne sonstige Veränderungen die Kapazität eines Schwingkreiskondensators so halbiert sich die Eigenfrequenz f.	☐	☒
e) Je kleiner die Kapazität eines Schwingkreiskondensators ist, desto kleiner ist Schwingungsdauer T.	☐	☒
f) Verdoppelt man die Induktivität einer Schwingkreisspule und halbiert zugleich die Kapazität des Schwingkreiskondensators, ändert sich die Eigenfrequenz des Kreises nicht.	☒	☐

131. Da kein Strom durch die Spule fließt, wenn die Spannung am Schwingkreiskondensator maximal ist, scheidet Graph 2 aus. Er weist bei $t = 0$ keine Nullstelle auf, obwohl die Spannung für $t = 0$ ein Maximum besitzt.
Dieser Sachverhalt trifft auch auf Graph 3 zu. Alternativ lässt sich auch in folgender Weise argumentieren: Da die Stromstärke maximal ist, wenn am Kondensator keine Spannung anliegt, scheidet Graph 3 aus, weil dessen Nullstellen mit den Nullstellen der Spannungsfunktion übereinstimmen.

132. a) $\omega = \frac{2\pi}{T}$ — Definition der Kreisfrequenz

$= \frac{2\pi}{2\pi \cdot \sqrt{L \cdot C}}$ — Thomsongleichung

$= \frac{1}{\sqrt{L \cdot C}}$ — mit 2π kürzen

$= \frac{1}{\sqrt{630\,\text{H} \cdot 40 \cdot 10^{-6}\,\text{F}}} = \mathbf{6{,}3\ Hz}$ — Zahlenwerte einsetzen

b) $Q_0 = C \cdot U_0$ — „Ku = Ku“-Regel

$= 40\,\mu\text{F} \cdot 60\,\text{V} = \mathbf{2{,}40 \cdot 10^{-3}\ As}$ — Zahlenwerte einsetzen

c) **Spulenstromstärke:** Weil I(t) zum Zeitpunkt t = 0 s seinen negativen Maximalwert annimmt, gilt:

$I(t) = -\frac{Q_0}{\sqrt{L \cdot C}} \cdot \cos(\omega \cdot t)$ — Regel a zur Zeitabhängigkeit im LC-Kreis

$= -\frac{2{,}40 \cdot 10^{-3}\,\text{As}}{\sqrt{630\,\text{H} \cdot 40 \cdot 10^{-6}\,\text{F}}} \cdot \cos(6{,}3\,\text{Hz} \cdot t)$ — Zahlenwerte unter Beachtung von Teilaufgabe a und b einsetzen

$= \mathbf{-1{,}5 \cdot 10^{-2}\,A \cdot \cos(6{,}3\,Hz \cdot t)}$

Spannungsfunktion: Da $\dot{Q}(t) = I(t)$ und I(t) eine –cos-Funktion ist, ist Q(t) eine –sin-Funktion, d. h. $Q(t) = -Q_0 \cdot \sin(\omega \cdot t + \varphi)$.

$U_C(t) = -\frac{Q_0}{C} \cdot \sin(\omega \cdot t + \varphi)$ — Regel b zur Zeitabhängigkeit im LC-Kreis

$= \mathbf{-60\,V \cdot \sin(6{,}3\,Hz \cdot t)}$ — Zahlenwerte einsetzen

d) $I(0{,}6\,\text{s}) = -1{,}5 \cdot 10^{-2}\,\text{A} \cdot \cos(6{,}3\,\text{Hz} \cdot 0{,}6\,\text{s})$ — Zahlenwerte einsetzen, Taschenrechner auf Bogenmaß einstellen

$= \mathbf{1{,}2 \cdot 10^{-2}\,A}$

$U_C(0{,}6\,\text{s}) = -60\,\text{V} \cdot \sin(6{,}3\,\text{Hz} \cdot 0{,}6\,\text{s})$

$= \mathbf{-36\,V}$

133. Zu einem beliebigen Zeitpunkt t gilt:

$W_{ges} = W_{mag} + W_{el}$

$= \frac{1}{2} L \cdot I^2 + \frac{1}{2} C \cdot U_C^2$ — Formel für elektrische und magnetische Energie

$= \frac{1}{2} L \cdot \left(\frac{Q_0}{\sqrt{L \cdot C}} \cdot \cos(\omega \cdot t + \varphi)\right)^2 + \frac{1}{2} C \cdot \left(\frac{Q_0}{C} \cdot \sin(\omega \cdot t + \varphi)\right)^2$ — Zeitabhängigkeit im LC-Kreis, Regel a und b

$= \frac{1}{2} L \cdot \frac{Q_0^2}{L \cdot C} \cdot \cos^2(\omega t + \varphi) + \frac{1}{2} C \cdot \frac{Q_0^2}{C^2} \cdot \sin^2(\omega t + \varphi)$ — quadrieren

$= \frac{Q_0^2}{2C} \cdot \cos^2(\omega t + \varphi) + \frac{Q_0^2}{2C} \cdot \sin^2(\omega t + \varphi)$ — L bzw. C kürzen

$= \frac{Q_0^2}{2C} \cdot \left(\cos^2(\omega t + \varphi) + \sin^2(\omega t + \varphi)\right)$ — $\frac{Q_0^2}{2C}$ ausklammern

$= \frac{Q_0^2}{2C} \cdot 1 = \textbf{konstant}$ — $\cos^2(\omega t + \varphi) + \sin^2(\omega t + \varphi) = 1$

134. Aussage:

Aussage	wahr	falsch
1. Zu jedem Zeitpunkt sind die im Kreis gespeicherten elektrischen und magnetischen Energien gleich: $W_{el}(t) = W_{mag}(t)$	☐	☒
2. Elektrische und magnetische Energie im Kreis sind jeweils konstant: $W_{el}(t) = \text{konstant und } W_{mag}(t) = \text{konstant}$	☐	☒
3. Zu jedem Zeitpunkt verschwindet die Summe der Zeitableitungen von elektrischer und magnetischer Energie im Kreis: $(W_{el}(t))^{\bullet} + (W_{mag}(t))^{\bullet} = 0$	☒	☐
4. Zu jedem Zeitpunkt verschwindet die Summe aus elektrischer und magnetischer Energie im Kreis: $W_{el}(t) + W_{mag}(t) = 0$	☐	☒
5. Zu jedem Zeitpunkt ist die Differenz aus der im Kreis gespeicherten elektrischen und magnetischen Energie null: $W_{el}(t) - W_{mag}(t) = 0$	☐	☒
6. Die Zeitableitungen von elektrischer und magnetischer Energie im Kreis sind jeweils null: $(W_{el}(t))^{\bullet} = 0 \text{ und } (W_{mag}(t))^{\bullet} = 0$	☐	☒
7. Die Summe aus elektrischer und magnetischer Energie im Kreis ist konstant: $W_{el}(t) + W_{mag}(t) = \text{konstant}$	☒	☐

135. a) Weil zum Zeitpunkt $t = 0\,\text{s}$ die Maximalspannung am Kondensator liegt, ist die Gesamtenergie des Schwingkreises im elektrischen Feld des Kondensators gespeichert.

$$W_{ges} = \tfrac{1}{2} C \cdot U_0^2 \qquad \text{elektrische Feldenergie}$$

$$= \tfrac{1}{2} \cdot 40 \cdot 10^{-6}\,\text{F} \cdot (100\,\text{V})^2 = \mathbf{0{,}20\,J} \qquad \text{Zahlenwerte einsetzen}$$

b) $$W_{el}\left(\tfrac{T}{6}\right) = \tfrac{1}{2} C \cdot U_0^2 \cdot \left(\cos\left(\omega \cdot \tfrac{T}{6}\right)\right)^2 \qquad W_{el}(t) = \tfrac{1}{2} C \cdot (U(t))^2$$

$$= W_{ges} \cdot \left(\cos\left(\tfrac{2\pi}{T} \cdot \tfrac{T}{6}\right)\right)^2 \qquad W_{ges} = \tfrac{1}{2} C \cdot U_0^2;\ \omega = \tfrac{2\pi}{T}$$

$$= W_{ges} \cdot \left(\cos\tfrac{\pi}{3}\right)^2 \qquad \text{kürzen}$$

$$= 0{,}20\,\text{J} \cdot (0{,}5)^2 = \mathbf{0{,}05\,J} \qquad \text{Zahlenwert aus Teilaufgabe a}$$

c) $W_{ges} = W_{mag} + W_{el}$ — Energiesatz

$W_{mag} = W_{ges} - W_{el}$ — Zahlenwerte aus Teilaufgaben a und b

$= 0,20\text{ J} - 0,05\text{ J} = \mathbf{0,15\text{ J}}$

136. Der Skizze entnehmen Sie, dass die beiden Graphen erstmals bei $t = \frac{T}{8}$ den gleichen Wert annehmen.

$t = \frac{T}{8}$

$= \frac{1}{8} \cdot 2\pi \cdot \sqrt{L \cdot C}$ — Thomsongleichung

$= \frac{\pi}{4} \cdot \sqrt{0,8\text{ H} \cdot 5,0 \cdot 10^{-6}\text{ F}} = \mathbf{1,6 \cdot 10^{-3}\text{ s}}$ — kürzen, Zahlenwerte einsetzen

137. a) Die Dämpfung, also die zeitliche Abnahme der Schwingungsenergie, hat ihre Ursache in dem Umstand, dass die unvermeidbaren ohmschen Widerstände im Schwingkreis elektromagnetische Energie in Wärme umwandeln.
Bei hochfrequenten Schwingkreisen beruht die Dämpfung vor allem auf der Abstrahlung elektromagnetischer Energie durch den Schwingkreis.

b) $\frac{W_{ges}(T)}{W_{ges}(0)} = \frac{\frac{1}{2}C \cdot (U(T))^2}{\frac{1}{2}C \cdot (U(0))^2}$ — elektrische Feldenergie

$= \left(\frac{U(T)}{U(0)}\right)^2$ — kürzen, gemeinsame Potenz

$= \left(\frac{78,8\text{ V}}{100\text{ V}}\right)^2 = 0,621$ — Zahlenwerte einsetzen

Die Schwingungsenergie hat also um $1 - 0,621 = 0,379 = \mathbf{37,9\ \%}$ abgenommen.

138. Beim Federpendel hat die Hook'sche Kraft $F_H = D \cdot x$ den gleichen Betrag, aber die entgegengesetzte Richtung wie die beschleunigende Newton'sche Kraft $F_N = m \cdot a$. Berücksichtigt man, dass die Ableitung der Zeit-Weg-Funktion nach der Zeit die Zeit-Geschwindigkeit-Funktion liefert und die Ableitung der Zeit-Geschwindigkeit-Funktion nach der Zeit ist die Zeit-Beschleunigung-Funktion, folgt die gesuchte Differenzialgleichung:

$F_N = -F_H$ — Kräftebilanz

$m \cdot a = -D \cdot x$ — Formeln einsetzen

$m \cdot a + D \cdot x = 0$ — auf beiden Seiten $D \cdot x$ addieren

$m \cdot \ddot{x}(t) + D \cdot x(t) = 0$ — $v = \dot{x};\ a = \dot{v}(t) = (\dot{x}(t))^{\cdot} = \ddot{x}(t)$

139. Beim Schwingkreis sind die Spannungen an der Spule und am Kondensator gleich. Daher gilt:

$U_C(t) = U_L(t)$	Spannungsbilanz
$\frac{Q(t)}{C} = -L \cdot \dot{I}(t)$	„Ku = Ku"-Regel; Selbstinduktionsformel
$L \cdot \dot{I}(t) + \frac{Q(t)}{C} = 0$	auf beiden Seiten $L \cdot \dot{I}(t)$ addieren
$L \cdot \ddot{Q}(t) + \frac{Q(t)}{C} = 0$	$\dot{I}(t) = [\dot{Q}(t)]^{\cdot} = \ddot{Q}(t)$

140.

Elektromagnetische Schwingung: Schwingkreis	**Mechanische Schwingung: Federpendel**
$L \cdot \ddot{Q} + \frac{1}{C} \cdot Q = 0$	$m \cdot \ddot{x} + D \cdot x = 0$
Induktivität L	Masse m
Kondensatorladung Q	Elongation x
elektrische Stromstärke $I = \dot{Q}$	Geschwindigkeit $v = \dot{x}$
zeitliche Änderung der Stromstärke $\dot{I} = \ddot{Q}$	Beschleunigung $a = \dot{v} = \ddot{x}$
Spannungsabfall an der Spule $U_L = -L \cdot \dot{I}$	Newton'sche Kraft $F = m \cdot a$
Spannung am Kondensator $U_C = \frac{Q}{C}$ → Kehrwert der Kapazität $\frac{1}{C}$: elektrische Spannung pro Ladungseinheit	Hooke'sche Kraft $F = D \cdot x$ → Federhärte D: Federspannung pro Längeneinheit
magnetische Energie $E_{mag} = \frac{1}{2} L \cdot I^2$	kinetische Energie $E_{kin} = \frac{1}{2} m \cdot v^2$
elektrische Energie $E_{el} = \frac{1}{2} \cdot \frac{Q^2}{C}$	Spannenergie $E_{spann} = \frac{1}{2} D \cdot x^2$
Thomsongleichung $T = 2\pi \cdot \sqrt{L \cdot C}$	$T = 2\pi \cdot \sqrt{m \cdot \frac{1}{D}}$

141. Wenn beim Federpendel der Pendelkörper durch die Ruhelage schwingt, übt die Feder auf ihn keine Kraft mehr aus. Er bewegt sich nur aufgrund seiner **Trägheit** – bestimmt durch seine **Masse m** – in der ursprünglichen Richtung weiter.
Ist beim Schwingkreis der Kondensator vollständig entladen, so fließt der Strom nur deshalb in der ursprünglichen Richtung weiter, weil die **Selbstinduktion** des zusammenbrechenden Spulenfeldes die hierfür notwendige Spannung erzeugt. Die Stärke der Selbstinduktion und damit die Größe der Induktionsspannung sind durch die **Induktivität L** bestimmt.

142. Die Schwingkreisspule L_S und eine zweite Spule, die Rückkoppelungsspule L_R, befinden sich auf den Schenkeln eines U-Eisenkerns mit überbrückendem Eisenjoch. Sie besitzen so ein gemeinsames Magnetfeld. Die Änderung des magnetischen Flusses in der Schwingkreisspule induziert in der Rückkoppelungsspule eine mit der Frequenz des Schwingkreises oszillierende Spannung. Die Rückkoppelungsspule ist nun so mit der Kathode und dem Gitter einer Triode verbunden, dass die Spannung U_R an L_R stets entgegengesetzt zur Spannung U_S an L_S wirkt. Dann nämlich steuert U_R den Elektronenstrom in der Triode von der Kathode zur Anode so, dass der Schwingkreiskondensator während einer Schwingung zweimal von der äußeren Spannungsquelle in der richtigen Polung auf den ursprünglichen Ladungszustand gebracht wird.

Hinweis: Alternativ zur Triode kann auch ein Transistor verwendet werden. Beide Schaltelemente wirken als Schalter, mithilfe dessen dem Schwingkreis phasenrichtig Energie zugeführt wird.

143. Betrachtet man den Punkt E, in dem die Schwingkreisspule angezapft wird, als neutralen Punkt, so haben die Punkte D und F an den Spulenenden stets entgegengesetzte Polung:

- Bei positivem F ist D und damit das Gitter negativ und sperrt den Elektronenstrom von der Kathode zur Anode. Dem Schwingkreis wird keine Energie zugeführt.
- Bei negativem F ist D und damit das Gitter positiv. Elektronen können von der Kathode zur Anode fließen und den Schwingkreiskondensator wieder auf den ursprünglichen Ladungszustand bringen.

Wie bei der Meißner-Schaltung wird also auch hier dem Schwingkreis periodisch und im richtigen Takt Energie zugeführt.
Der Kondensator C_g hält als unendlich großer Gleichstromwiderstand zerstörerische Gleichströme vom Gitter ab. Er versperrt aber ungewollt auch die Abflussmöglichkeit für Elektronen, die während des Röhrenbetriebs zufällig am Gitter hängen bleiben. Durch die damit verbundene negative Gitteraufladung käme der Strom von der Kathode zur Anode dauerhaft zum Erliegen. Der hochohmige Widerstand R öffnet diesen Elektronen eine Abflussmöglichkeit von G über R nach K.

144. Nach der Thomsongleichung erhöht sich die Frequenz des Schwingkreises, wenn L und C kleiner werden. Um Schwingungen sehr hoher Frequenz zu erzeugen, müssen L und C sehr klein gemacht werden.
Dies lässt sich dadurch erreichen, dass man in der Dreipunktschaltung aus der vorigen Aufgabe die Schwingkreisspule durch einen Drahtbügel ersetzt und den Schwingkreiskondensator ganz entfernt. Dann besteht der Schwing-

kreis aus dem Drahtbügel (L klein) sowie dem Gitterkondensator C_g und dem Kondensator, der in der Röhre vom Gitter und der Anode gebildet wird (siehe Schaltplan rechts). Weil bei in Reihe geschalteten Kondensatoren jeder die gleiche Ladung trägt, kann die Gesamtkapazität nicht größer als die kleinste Kapazität sein. Die Schwingkreiskapazität wird demnach im Wesentlichen nur durch die extrem kleine Kapazität zwischen Gitter und Anode bestimmt.

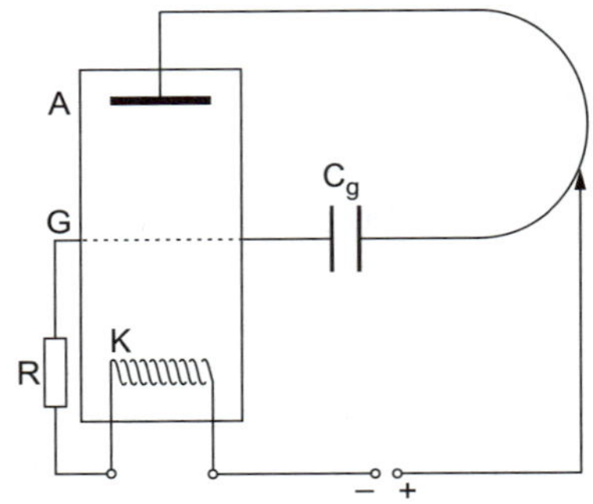

145. a) Man verwendet die gleiche Grundschaltung wie im Fall der Beispielaufgabe (Schwingung mit wenigen Hertz).
Zum Stromnachweis ersetzt man das Drehspulamperemeter durch einen **Lautsprecher**. Seine vom Wechselstrom mit der Schwingkreisfrequenz angeregte Membran erzeugt Schallwellen, die das menschliche Ohr im Frequenzbereich 20 Hz bis 20000 Hz wahrnehmen kann.
Zum Spannungsnachweis ersetzt man das Drehspulvoltmeter durch ein **Oszilloskop**.

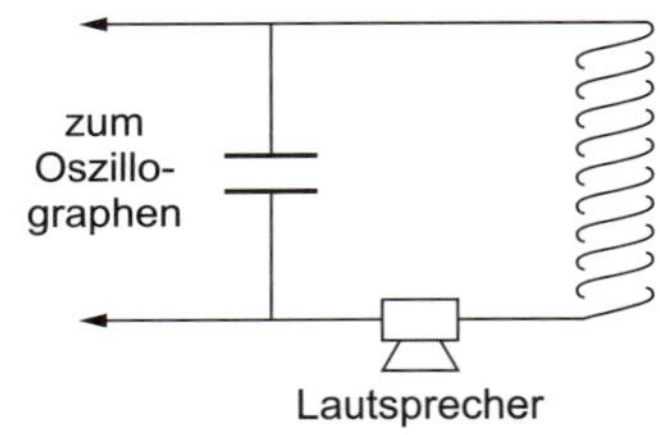

b) Zum Stromnachweis baut man ein Glühlämpchen (oder ein empfindliches Drehspulinstrument mit vorgeschaltetem Gleichrichter) in der Mitte einer Spule ein und koppelt diese induktiv mit der Schwingkreisspule. Folge des hochfrequenten Wechselstroms im Schwingkreis ist ein rasch wechselnder magnetischer Fluss, der in der Nachweisspule einen ausreichend großen Wechselstrom induziert. Dieser wird vom Glühlämpchen oder vom Drehspulinstrument angezeigt.
Zum Spannungsnachweis verbindet man einen Oszillographen mit dem Schwingkreiskondensator.

146. INDUSI

a) Ungedämpfte elektromagnetische 2 000 Hz Schwingungen lassen sich z. B. mit einer Dreipunkt- oder einer Meißner-Schaltung erzeugen, wobei die Induktivität L der Schwingkreisspule und die Kapazität C des Schwingkreiskondensators so zu wählen sind, dass $\frac{1}{2\pi \cdot \sqrt{L \cdot C}} = 2000$ Hz.

b) Das Magnetfeld der Spule im Fahrzeugmagneten durchsetzt die Spule im Gleismagneten. Beide Schwingkreise sind für die Zeit der Vorbeifahrt induktiv gekoppelt. Im Schwingkreis des Gleismagneten wird eine elektromagnetische 2000-Hz-Schwingung erzwungen.

c) Weil die Frequenz der erzwungenen Schwingung im Schwingkreis des Gleismagneten mit dessen Eigenfrequenz übereinstimmt, liegt der Resonanzfall vor. Die Amplituden aller schwingenden Größen sind daher maximal, insbesondere auch die der elektromagnetischen Energie. Da diese Energie nur aus der Energie des Fahrzeugmagneten stammen kann, nimmt die Energie im Fahrzeugmagneten und daher auch die Stromstärke während der Vorbeifahrt deutlich ab.

d) Baut man den Steuerkreis eines Ausschaltrelais in Reihe zur Spule des Fahrzeugschwingkreises ein, so schließt das Relais bei Stromabfall einen Lastkreis, dessen Strom in geeigneter Weise die sofortige Bremsung bewirkt.

e) Bei geöffnetem Schalter sind nur Spule und Kondensator vorhanden, eine Schwingung kommt zustande.
Bei geschlossenem Schalter fließt kein Strom durch den Kondensator, weil der Strom den „Weg des geringeren Widerstands“ am Kondensator vorbei durch den geschlossenen Schalter nimmt. Eine Schwingung kommt nicht zustande und damit auch nicht der in Teilaufgabe c beschriebene Prozess, der zum Stromabfall im Fahrzeugmagneten führt.

f) Wenn das Signal auf „freie Fahrt“ steht, darf keine Stromabfall im Fahrzeugmagneten ausgelöst werden, der Schalter muss geschlossen sein. Steht das Signal auf Halt, muss beim Überfahren ein Stromabfall erzeugt werden, der Schalter muss geöffnet sein.

147. elektrisches Wechselfeld

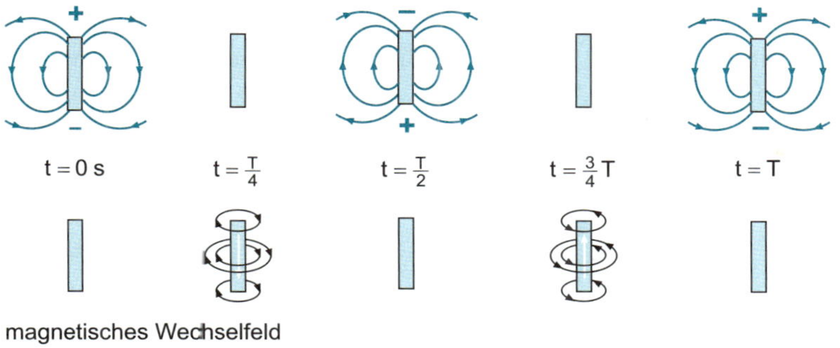

magnetisches Wechselfeld

148. $f_n = (n+1) \cdot \frac{c}{2\ell}$ — allgemeine Regel für Oberschwingungen

$\Rightarrow \quad \ell = \frac{(n+1) \cdot c}{2f_n} = \frac{c}{2f_0}$ — Umstellen nach ℓ; Grundschwingung: $n = 0$

$= \frac{3{,}0 \cdot 10^8 \frac{m}{s}}{2 \cdot 434 \cdot 10^6 \frac{1}{s}} = \mathbf{34{,}6\ cm}$ — Zahlenwerte einsetzen

149. $f_n = (n+1) \cdot \frac{c}{2\ell} =$ — allgemeine Regel für Oberschwingungen

$f_2 = \frac{3c}{2\ell} = \frac{3 \cdot 3{,}0 \cdot 10^8 \frac{m}{s}}{2 \cdot 1{,}20\ m} = \mathbf{375\ MHz}$ — 2. Oberschwingung: $n = 2$; Zahlenwerte einsetzen

150. Für eine optimale Anregung muss die Schwingkreisfrequenz f_S gleich der Dipolfrequenz f_D sein:

$f_S = f_D$

$\frac{1}{2\pi \cdot \sqrt{L \cdot C_{ges}}} = \frac{c}{2\ell}$ — aus Thomson-Gleichung: $f_S = \frac{1}{T_s} = \frac{1}{2\pi \cdot \sqrt{L \cdot C}}$; Regel für Grundschwingung: $f_D = \frac{c}{2\ell}$

$2\pi \cdot \sqrt{L \cdot C} = \frac{2\ell}{c}$ — auf beiden Seiten stürzen

$\pi \cdot \sqrt{L \cdot C} = \frac{\ell}{c}$ — durch 2 dividieren,

$\pi^2 \cdot L \cdot C = \frac{\ell^2}{c^2}$ — quadrieren und

$C = \frac{\ell^2}{\pi^2 \cdot L \cdot c^2}$ — durch $\pi^2 \cdot L$ dividieren

$= \frac{(0{,}25\ m)^2}{\pi^2 \cdot 30 \cdot 10^{-9}\ H \cdot \left(3{,}0 \cdot 10^8 \frac{m}{s}\right)^2}$ — Zahlenwerte einsetzen

$= \mathbf{2{,}3 \cdot 10^{-12}\ F = 2{,}3\ pF}$

151. a) Ein 10,0 cm vom Dipolende entfernter Punkt hat von der Dipolmitte 15,0 cm Abstand.

Stromamplitude:

$I_0(x) = I_{0,\,max} \cdot \cos\left(\frac{\pi \cdot x}{\ell}\right)$ — Regel über Dipolschwingungen

$I_0(15{,}0\ cm) = 40{,}0\ mA \cdot \cos\left(\frac{\pi \cdot 15{,}0\ cm}{50{,}0\ cm}\right)$ — Zahlenwerte einsetzen

$= \mathbf{23{,}5\ mA}$

Spannungsamplitude:

$$U_0(x) = U_{0,\,max} \cdot \sin\left(\frac{\pi \cdot x}{\ell}\right)$$ Regel über Dipolschwingungen

$$U_0(15{,}0\ cm) = 370\ V \cdot \sin\left(\frac{\pi \cdot 15{,}0\ cm}{50{,}0\ cm}\right)$$ Zahlenwerte einsetzen

$$= \mathbf{299\ V}$$

b) $$I_0(x) = I_{0,\,max} \cdot \cos\left(\frac{\pi \cdot x}{\ell}\right)$$ Regel über Dipolschwingungen

$$\cos\left(\frac{\pi \cdot x}{\ell}\right) = \frac{I_0(x)}{I_{0,\,max}}$$ auf beiden Seiten durch $I_{0,\,max}$ dividieren und Seiten tauschen

$$= \frac{20{,}0\ mA}{40{,}0\ mA} = \frac{1}{2}$$ Zahlenwerte einsetzen

$$\frac{\pi \cdot x}{\ell} = \frac{\pi}{3}$$ $\cos\left(\frac{\pi}{3}\right) = \frac{1}{2}$

$$x = \frac{\ell}{3} = \frac{50{,}0\ cm}{3} = \mathbf{16{,}7\ cm}$$ nach x umstellen, Zahlenwerte einsetzen

Das gesuchte Strommaximum findet man in 16,7 cm Abstand von der Dipolmitte.

$$U_0(x) = U_{0,\,max} \cdot \sin\left(\frac{\pi \cdot x}{\ell}\right)$$ Regel über Dipolschwingungen

$$\sin\left(\frac{\pi \cdot x}{\ell}\right) = \frac{U_0(x)}{U_{0,\,max}}$$ auf beiden Seiten durch $U_{0,\,max}$ dividieren und Seiten tauschen

$$= \frac{185\ V}{370\ V} = \frac{1}{2}$$ Zahlenwerte einsetzen

$$\frac{\pi \cdot x}{\ell} = \frac{\pi}{6}$$ $\sin\left(\frac{\pi}{6}\right) = 0{,}5$

$$x = \frac{\ell}{6} = \frac{50{,}0\ cm}{6} = \mathbf{8{,}33\ cm}$$ nach x umstellen, Zahlenwerte einsetzen

Das gesuchte Spannungsmaximum findet man in 8,33 cm Abstand von der Dipolmitte.

152. a) Mögliche Frequenzen sind:

$$f_n = (n+1) \cdot \frac{c}{2\ell}$$ Regel über Oberschwingungen

$$= (n+1) \cdot \frac{3{,}00 \cdot 10^8\ \frac{m}{s}}{2 \cdot 1{,}20\ m}$$ Zahlenwerte einsetzen

$$= \mathbf{(n+1) \cdot 125\ MHz}, \quad \text{mit } n = 0, 1, 2, 3, \ldots$$

Die zugehörigen Wellenlängen lauten:

$\lambda_n = \frac{2\ell}{n+1}$ — Regel über Oberschwingungen

$= \frac{2 \cdot 1{,}20\ \text{m}}{n+1} = \mathbf{\frac{2{,}40\ m}{n+1}}$, mit $n = 0, 1, 2, 3, \ldots$ — Zahlenwerte einsetzen

b) Stromverteilung — Spannungsverteilung

Grundschwingung: $f_0 = 125$ MHz; $\lambda_0 = 2{,}40$ m

1. Oberschwingung: $f_1 = 250$ MHz; $\lambda_1 = 1{,}20$ m

2. Oberschwingung: $f_2 = 375$ MHz; $\lambda_2 = 0{,}80$ m

3. Oberschwingung: $f_3 = 500$ MHz; $\lambda_3 = 0{,}60$ m

153. $f_3 = (3+1) \cdot \frac{c}{2\ell} = \frac{2c}{\ell}$ — Regel für 3. Oberschwingung

$\Rightarrow \quad \ell = \frac{2c}{f_3}$ — Umstellen nach ℓ

$= \frac{2 \cdot 3{,}0 \cdot 10^8\ \frac{\text{m}}{\text{s}}}{680 \cdot 10^6\ \frac{1}{\text{s}}} = \mathbf{88{,}2\ cm}$ — Zahlenwerte einsetzen

154. a) Die Zeitspanne Δt zwischen der maximalen Ausbildung des elektrischen bzw. magnetischen Wechselfelds bis zum völligen Verschwinden ist **ein Viertel der Schwingungsdauer T**:

$\Delta t = \frac{T}{4} = \frac{1}{4f} = \frac{1}{4 \cdot 434 \cdot 10^6\ \frac{1}{\text{s}}} = \mathbf{5{,}76 \cdot 10^{-10}\ s}$

b) Da sich Energie nach der speziellen Relativitätstheorie höchstens mit der Vakuumlichtgeschwindigkeit $c = 3{,}0 \cdot 10^8 \frac{m}{s}$ ausbreiten kann und in elektrischen bzw. magnetischen Feldern Energie gespeichert ist, breiten sich diese Felder selber ebenfalls höchstens mit Lichtgeschwindigkeit aus. Die Feldlinien dürften sich daher höchstens

$$s = c \cdot \Delta t = 3{,}0 \cdot 10^8 \frac{m}{s} \cdot 5{,}76 \cdot 10^{-10}\, s = \mathbf{0{,}17\ m}$$

in den umgebenden Raum erstrecken.

c) Dieser experimentelle Befund lässt sich nur damit erklären, dass sich das elektrische bzw. magnetische Wechselfeld vom Dipol löst und in den Raum wandert.

155. In der Fernzone erzeugen sich elektrische und magnetische Felder gegenseitig, unabhängig von den Ladungen am Dipol. Zum Nachweis des elektrischen Feldes verwendet man einen Empfangsdipol, zum Nachweis des magnetischen Felds eine Induktionsschleife (siehe Skizze rechts); beide Bauteile werden jeweils mit einer Hochfrequenzdiode und einem Strommessgerät kombiniert. Richtet man den Empfangsdipol parallel zum $\vec{E}$-Vektor (bzw. die Induktionsschleife senkrecht zum $\vec{B}$-Vektor), so wird jeweils ein Wechselstrom erzeugt, der nur in den Schwingungsphasen durch den Strommesser fließt, in denen die Diode den Wechselstrom sperrt. Dieser pulsierende Gleichstrom erzeugt wegen der hohen Frequenz am Zeigerinstrument einen konstanten Ausschlag.

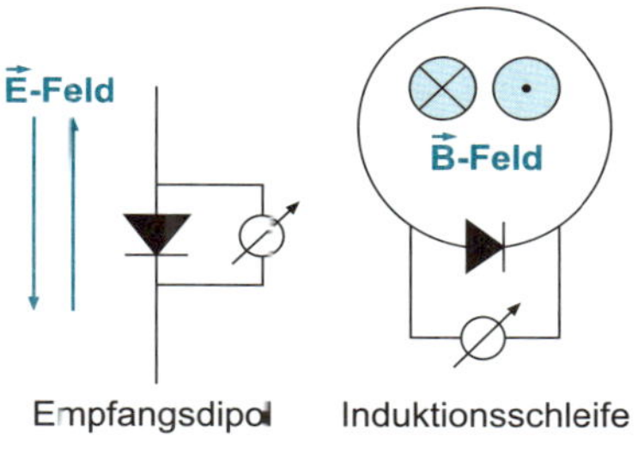

156. Damit es zu einem Empfangsmaximum oder -minimum im Punkt E kommt, müssen die Wellenzüge, die sich dort überlagern, die Bedingung für konstruktive bzw. destruktive Interferenz erfüllen. Beginnen Sie daher mit der Berechnung des Gangunterschieds Δs.
Weil die Dipolstrahlen von S_1 und S_2 nach E als parallel betrachtet werden können, ergibt sich hierfür (vgl. Skizze rechts):

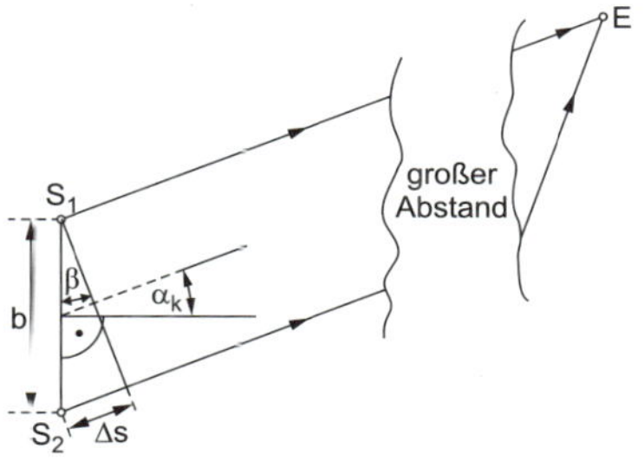

$\Delta s = b \cdot \sin\beta$ — $\sin\beta = \frac{\Delta s}{b}$

$= b \cdot \sin\alpha_k$ — $\beta = \alpha_k$ (Schenkel der Winkel α_k und β stehen paarweise aufeinander)

$= b \cdot \frac{\overline{BE}}{\overline{AE}}$ — $\sin\alpha_k = \frac{\overline{BE}}{\overline{AE}}$

$= b \cdot \frac{d_k}{\sqrt{\ell^2 + d_k^2}}$ — Pythagoras: $\overline{AE} = \sqrt{\ell^2 + d_k^2}$; $\overline{BE} = d_k$

Bedingung für konstruktive Interferenz:

$\Delta s = k \cdot \lambda \;\Rightarrow\; \mathbf{k \cdot \lambda = \frac{b \cdot d_k}{\sqrt{\ell^2 + d_k^2}};\quad k = 0, 1, 2, \ldots}$

Bedingung für destruktive Interferenz:

$\Delta s = (2k+1) \cdot \frac{\lambda}{2} \;\Rightarrow\; \mathbf{(2k+1) \cdot \frac{\lambda}{2} = \frac{b \cdot d_k}{\sqrt{\ell^2 + d_k^2}};\quad k = 0, 1, 2, \ldots}$

157. Mit Δs wird im Weiteren der Betrag des Gangunterschieds der von S_1 und S_2 in einem Punkt P eintreffenden Wellen bezeichnet.

a) Wählt man P beliebig auf der x-Achse außerhalb der Strecke $[S_1; S_2]$, so gilt nach Voraussetzung:

$\Delta s = \left| \overline{PS_1} - \overline{PS_2} \right| = d = \frac{\lambda}{2}$

Der Gangunterschied ist also ein ungeradzahliges Vielfaches der halben Wellenlänge. Überall auf der x-Achse außerhalb der Strecke $[S_1; S_2]$ findet daher **destruktive Interferenz** statt.

b) Wenn P beliebig auf der y-Achse liegt, tritt wegen $\Delta s = \overline{PS_1} - \overline{PS_2} = 0$ **in allen Punkten der y-Achse konstruktive Interferenz** und daher maximale Energieabstrahlung auf.

c) Da die Dipolanordnung bevorzugt in die y-Richtung abstrahlt, kann sie als **Richtfunksendeantenne** verwendet werden.

158. Bei jeder Lage von E treffen genau zwei von S ausgehende Strahlen in E ein: der mit 1 bezeichnete, direkte und der mit 2 bezeichnete, an der Wand reflektierte Strahl. Da Strahl 2 einen längeren Weg als Strahl 1 zurücklegen muss, interferieren in E zwei Wellenzüge mit einem Gangunterschied Δs. Je nachdem, ob $\Delta s = k \cdot \lambda$ oder $\Delta s = (2k+1) \cdot \frac{\lambda}{2}$, $k = 0, \pm 1, \pm 2, \ldots$, registriert E ein Empfangsmaximum oder -minimum.

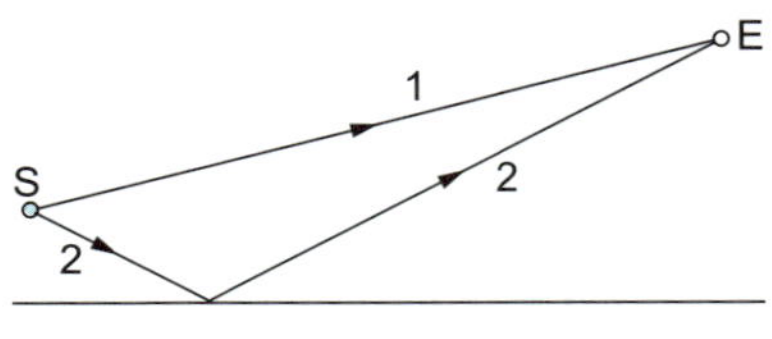

Hinweis: Man bezeichnet diesen Vorgang als **Zweistrahlinterferenz**. Dabei stammen die sich überlagernden Wellenzüge aus derselben Lichtquelle und sind in ein und demselben „Emissionsakt" entstanden (vgl. Kap. 8).

159. a) Liegt eine **Transversalwelle** vor und finden in dieser die **Schwingungen nur in einer einzigen Ebene** statt, so spricht man von einer linear polarisierten Welle.

b) Den Nachweis führt man mithilfe eines Empfangsdipols: Hält man ihn parallel zur Schwingungsrichtung des $\vec{E}$-Vektors, so stellt man maximalen Empfang fest. In jeder dazu senkrechten Stellung des Dipols an diesem Ort verschwindet der Empfang.
Alternativ kann man mittels einer Induktionsschleife nachweisen, dass der $\vec{B}$-Vektor in jedem Raumpunkt nur in einer ganz bestimmten Richtung schwingt. Weil in jedem Raumpunkt die Schwingungsrichtungen von $\vec{E}$- und $\vec{B}$-Vektor senkrecht aufeinander stehen, liegen jeweils feste Schwingungsrichtungen und somit linear polarisierte Wellen vor.

160. a) Schwingt der $\vec{E}$-Vektor parallel zu den Drähten, so werden die frei beweglichen Elektronen in den Drähten zu Schwingungen angeregt, die Drähte werden selber zu Dipolen, die allseitig elektromagnetische Wellen abstrahlen. Diese interferieren mit der einlaufenden Primärwelle hinter G destruktiv.
Steht der $\vec{E}$-Vektor senkrecht auf den Metalldrähten, so werden deren frei beweglichen Elektronen in Querrichtung zum Schwingen angeregt. Da die Dicke des Drahts aber wesentlich kleiner ist als $\frac{\lambda}{2}$ und somit weit von der erforderlichen Resonanzlänge entfernt ist, kommen in den Drähten keine nennenswerten Dipolschwingungen zustande. Es entsteht keine Sekundärwelle, die Primärwelle kann G ungehindert passieren.

b) Der $\vec{E}$-Vektor der auftreffenden Primärwelle lässt sich in eine Komponente $\vec{E}_\perp$ senkrecht und in eine Komponente $\vec{E}_{||}$ parallel zum Metalldraht zerlegen. $\vec{E}_{||}$ wird hinter G ausgelöscht, nur $E_\perp = E \cdot \sin\alpha$ kann G ungestört passieren. Für die elektrische Energiedichte ρ_{el} der Welle gilt $\rho_{el} = \frac{1}{2}\varepsilon_0 \cdot E^2$ (vgl. Kap. 1, S. 22). Für die Dichten vor (Index v) und hinter (Index h) G folgt:

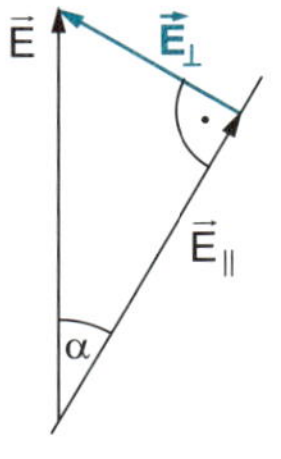

$$\frac{\rho_{el,h}}{\rho_{el,v}} = \frac{\frac{1}{2}\varepsilon_0 \cdot E_\perp^2}{\frac{1}{2}\varepsilon_0 \cdot E^2} = \frac{E_\perp^2}{E^2} \qquad \text{mit } \tfrac{1}{2}\varepsilon_0 \text{ kürzen}$$

$$= \frac{(E \cdot \sin\alpha)^2}{E^2} \qquad E_\perp = E - \sin\alpha$$

$$= (\sin\alpha)^2 \qquad E^2 \text{ kürzen}$$

$$= (\sin 30°)^2 = \left(\tfrac{1}{2}\right)^2 = 0{,}25 \qquad \text{Zahlenwert einsetzen}$$

Nur **25 %** der auf G treffenden elektrischen Energie passieren das Metalldrahtgitter.

161. Mittel- und Kurzwellensender

a) Hier benötigen Sie das Abstrahlungsgesetz, das zu Beginn des Kapitels auf S. 145 genannt ist: $P \sim f^4$. Daraus folgt sofort:

$$\frac{P_{\text{Kurzwelle}}}{P_{\text{Mittelwelle}}} = \frac{f^4_{\text{Kurzwelle}}}{f^4_{\text{Mittelwelle}}} = \frac{(16 \cdot 10^6\ \text{Hz})^4}{(500 \cdot 10^3\ \text{Hz})^4} = \mathbf{1{,}05 \cdot 10^6}$$

Der Kurzwellensender strahlt also die millionenfache Leistung des Mittelwellensenders ab.

b) Die Zahl n der Sender in einem Frequenzbereich ergibt sich, indem man die Differenz aus größter und kleinster Frequenz durch die Frequenzbandbreite 40 kHz dividiert. Man erhält im

- Mittelwellenbereich:
  $(1\,600\ \text{kHz} - 500\ \text{kHz}) : 40\ \text{kHz} = 27{,}5 \quad \Rightarrow \quad \mathbf{n_{MW} = 27}$
- Kurzwellenbereich:
  $(16\ \text{MHz} - 6\ \text{MHz}) : 40\ \text{kHz} = 250 \quad \Rightarrow \quad \mathbf{n_{KW} = 250}$

c) Beginnen Sie mit der Berechnung der Trägerfrequenz:

$$f \cdot \lambda = c$$

$$\Rightarrow \quad f = \frac{c}{\lambda} = \frac{3{,}0 \cdot 10^8\ \frac{\text{m}}{\text{s}}}{500 \cdot 10^{-9}\ \text{m}} = 6{,}0 \cdot 10^{14}\ \text{Hz}$$

Auf dieser Trägerfrequenz haben wegen

$6{,}0 \cdot 10^{14}\ \text{Hz} : 40 \cdot 10^3\ \text{Hz} = \mathbf{1{,}5 \cdot 10^{10}}$

15 Milliarden Telefongespräche Platz.

162. UKW-Empfang

a) Da die Trägerfrequenz f_T in der Mitte des Frequenzbands liegt, gilt:

$$f_T = \frac{92\,980\,000 + 93\,020\,000}{2}\ \text{Hz} = \mathbf{93\,000\,000\ Hz = 93{,}0\ MHz}$$

b) Die Empfangsdipollänge ℓ ist optimal, wenn für diese Dipollänge das Programm am besten empfangen werden kann. Das ist der Fall, wenn ℓ gleich der halben Trägerwellenlänge ist, denn dann wird der Dipol optimal zu Schwingungen angeregt. Die Trägerwellenlänge beträgt

$$f_T \cdot \lambda_T = c$$

$$\Rightarrow \quad \lambda_T = \frac{c}{f_T} = \frac{3{,}00 \cdot 10^8\ \frac{\text{m}}{\text{s}}}{93\,000\,000\ \frac{1}{\text{s}}} = 3{,}226\ \text{m},$$

sodass folgt:

$$\ell_{\text{optimal}} = \frac{\lambda_T}{2} = \frac{3{,}23\ \text{m}}{2} = \mathbf{1{,}61\ m}$$

163. Das monochromatische Licht der Lichtquelle L wird nach Durchtritt durch den Spalt, der die Einhaltung der Kohärenzbedingung gewährleistet, von den Spiegeln reflektiert. So entstehen für einen Beobachter, der vom Schirm in Richtung Spiegel blickt, zwei virtuelle Bilder L'_1 und L'_2 der Lichtquelle L. Diese fungieren als kohärente Lichtquellen und erzeugen auf dem Schirm in dem gemeinsam beleuchteten Gebiet helle und dunkle, zum Spalt parallele Interferenzstreifen.

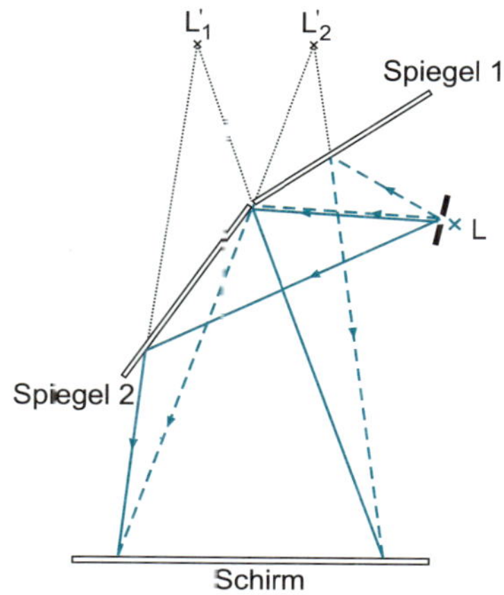

164. Das monochromatische Licht der Lichtquelle L gelangt nach Durchtritt durch den Spalt, der die Einhaltung der Kohärenzbedingung gewährleistet, entweder direkt oder erst nach Reflexion durch den Spiegel zum Schirm. Je nach dem Gangunterschied der beiden Strahlen tritt konstruktive oder destruktive Interferenz auf.

165. a) Verschiebt man S_1 um $\frac{\lambda}{4}$ in Richtung L, so verkürzt sich der Gesamtweg des an S_1 reflektierten Strahlteils um $\frac{\lambda}{2}$. Dort, wo vorher konstruktive Interferenz (helle Kreise) zu beobachten waren, sieht man nun destruktive Interferenz (dunkle Kreise) und umgekehrt.

b) Nach Teilaufgabe a bewirkt eine Verschiebung um $\frac{\lambda}{4}$ in Richtung L genau einen Wechsel hell–dunkel bzw. dunkel–hell. N Wechsel werden folglich bei einer Verschiebung um die N-fache Strecke erzeugt:

$$\mathbf{\Delta = N \cdot \frac{\lambda}{4}}$$

c) Sie müssen lediglich die in Teilaufgabe b gefundene Beziehung nach N umstellen und die gegebenen Zahlenwerte einsetzen (dabei ist die Länge des Urmeters exakt 1 m):

$$\Delta = N \cdot \frac{\lambda}{4}$$

$$\Rightarrow \quad N = \frac{\Delta \cdot 4}{\lambda}$$

$$= \frac{1\,\text{m} \cdot 4}{643{,}847 \cdot 10^{-9}\,\text{m}} = \mathbf{6\,212\,656}$$

Es wurden 6 212 656 Helligkeitswechsel gezählt.

166. Der Rechengang zum Nachweis der Behauptung folgt exakt demjenigen im Beispiel auf S. 156:

$\frac{b \cdot d_k}{\ell} = k \cdot \lambda$	Kleinwinkelnäherung am Doppelspalt
$\Rightarrow \quad d_k = \frac{k \cdot \lambda \cdot \ell}{b}$	nach d_k umstellen
$\Rightarrow \quad d_{k+1} - d_k = \frac{(k+1) \cdot \lambda \cdot \ell}{b} - \frac{k \cdot \lambda \cdot \ell}{b}$	Abstand benachbarter Streifen: $d_{k+1} - d_k$
$= \frac{\lambda \cdot \ell}{b}(k+1-k)$	$\frac{\lambda \cdot \ell}{b}$ ausklammern
$= \mathbf{\frac{\lambda \cdot \ell}{b}}$	$k+1-k=1$

Der Abstand zwischen zwei Interferenzmaxima hat also, unabhängig von der Interferenzordnung k, stets denselben Wert. Die Interferenzmaxima liegen äquidistant.

167. Aussage:

	wahr	falsch
a) Blaue Interferenzstreifen haben bei sonst unveränderten Versuchsbedingungen einen größeren gegenseitigen Abstand als rote.	☐	☒
b) Je größer der Abstand des Schirms vom Doppelspalt ist, desto größer ist bei sonst unveränderten Versuchsbedingungen der gegenseitige Abstand der Interferenzstreifen.	☒	☐
c) Interferenzstreifen höherer Ordnung sind weiter von der optischen Achse entfernt als Interferenzstreifen niedriger Ordnung.	☒	☐
d) Mit zunehmendem Abstand der beiden Beugungsspalte nimmt bei sonst unveränderten Bedingungen auch der Abstand der Interferenzstreifen von der optischen Achse zu.	☐	☒

Begründungen:

a) Für den Abstand Δ zweier benachbarter Interferenzstreifen gilt nach Aufgabe 166: $\Delta = \frac{\lambda \cdot \ell}{b}$. Weil die Wellenlänge von blauem Licht kürzer als die von rotem ist, gilt $\Delta_{blau} < \Delta_{rot}$.

b) Der Abstand Δ zweier benachbarter Interferenzstreifen wächst wegen $\Delta = \frac{\lambda \cdot \ell}{b}$ mit zunehmendem Schirmabstand ℓ an.

c) Der Abstand d_k eines Interferenzstreifens k-ter Ordnung von der optischen Achse nimmt wegen $d_k = \frac{k \cdot \lambda \cdot \ell}{b}$ mit wachsendem k zu.

d) Wegen $d_k = \frac{k \cdot \lambda \cdot \ell}{b}$ nimmt der Abstand der Interferenzstreifen von der optischen Achse mit zunehmendem b ab.

168. Für den Abstand Δ zweier benachbarter Interferenzstreifen gilt

- nach Aufgabe 166: $\Delta = \frac{\lambda \cdot \ell}{b}$
- nach der Skizze: $\Delta = \frac{8{,}9 \cdot 10^{-3}\,\text{m}}{5} = 1{,}78 \cdot 10^{-3}\,\text{m}$

Hieraus folgt durch Gleichsetzen:

$$\frac{\lambda \cdot \ell}{b} = 1{,}78 \cdot 10^{-3}\,\text{m}$$

$$\Rightarrow \quad b = \frac{\lambda \cdot \ell}{1{,}78 \cdot 10^{-3}\,\text{m}} = \frac{589 \cdot 10^{-9}\,\text{m} \cdot 4{,}25\,\text{m}}{1{,}78 \cdot 10^{-3}\,\text{m}} = \mathbf{1{,}4\,mm}$$

Die beiden Spalte sind 1,4 mm voneinander entfernt.

169. $g \cdot \sin\alpha_k = k \cdot \lambda$ — Winkelkriterium für Hauptmaxima

$g = \frac{k \cdot \lambda}{\sin\alpha_k}$ — nach g umstellen

$= \frac{1 \cdot 720 \cdot 10^{-9}\,\text{m}}{\sin 4{,}1°} = \mathbf{1{,}0 \cdot 10^{-5}\,m = 10\,\mu m}$ — Zahlenwerte einsetzen

170. $g \cdot \sin\alpha_k = k \cdot \lambda$ — Winkelkriterium für Hauptmaxima

$k = \frac{g \cdot \sin\alpha_k}{\lambda}$ — nach k umstellen

$\leq \frac{1{,}0 \cdot 10^{-5}\,\text{m} \cdot 0{,}5}{6{,}33 \cdot 10^{-7}\,\text{m}} = 7{,}9$ — $\alpha_k \leq 30° \Rightarrow \sin\alpha_k \leq 0{,}5$; $g = \frac{1 \cdot 10^{-3}\,\text{m}}{100} = 1 \cdot 10^{-5}\,\text{m}$

$\Rightarrow \quad k_{max} = \mathbf{7}$ — Zahlenwerte einsetzen

Die höchste Interferenzordnung, die in den Beugungsbereich bis 30° fällt, ist 7.

171. $g \cdot \sin\alpha_k = k \cdot \lambda \quad \Rightarrow \quad \sin\alpha_k = \frac{k \cdot \lambda}{g}$ — Winkelkriterium für Hauptmaxima

$\sin\alpha_1 = \frac{1 \cdot 5{,}44 \cdot 10^{-7}\,\text{m}}{1{,}00 \cdot 10^{-5}\,\text{m}} = 5{,}44 \cdot 10^{-2} \Rightarrow \alpha_1 = \mathbf{3{,}1°}$ — $k = 1$

$\sin\alpha_3 = 3 \cdot \sin\alpha_1 = 3 \cdot 5{,}44 \cdot 10^{-2} \Rightarrow \alpha_3 = \mathbf{9{,}4°}$ — $k = 3,\ \sin\alpha_k = k \cdot \sin\alpha_1$

172. $g \cdot \sin\alpha_k = k \cdot \lambda$ — Winkelkriterium für Hauptmaxima

$\lambda = \frac{g \cdot \sin\alpha_k}{k}$ — nach λ umstellen

$= \frac{1{,}00 \cdot 10^{-5}\,\text{m} \cdot \sin 7{,}5°}{2} = \mathbf{653\,nm}$ — Zahlenwerte einsetzen

Es handelt sich um **rotes** Licht.

173. a) Gitterkonstante: $g = \frac{1{,}0 \cdot 10^{-2}\,\text{m}}{1\,000} = \mathbf{1{,}0 \cdot 10^{-5}\,m = 10\,\mu m}$

b) Es ist hilfreich, wenn Sie sich die Situation mithilfe einer Skizze veranschaulichen:

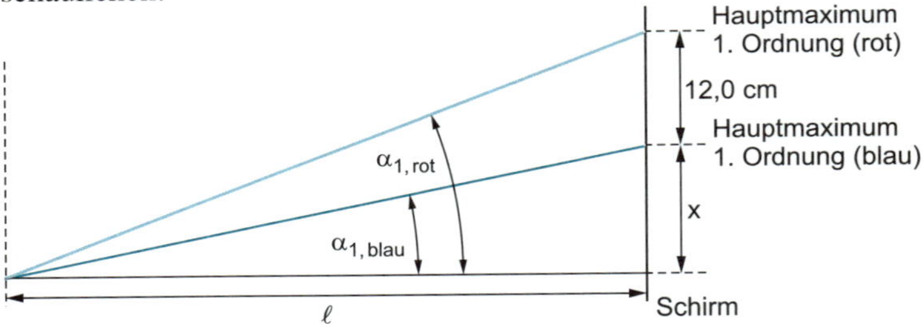

Jetzt nutzen Sie aus, dass die Beugungswinkel in zwei unabhängigen Beziehungen enthalten sind: physikalisch im Winkelkriterium für Hauptmaxima, trigonometrisch in den rechtwinkligen Dreiecken, die jeweils aus Schirm, Schirmabstand und gebeugtem Strahl gebildet werden.
Mit dem Winkelkriterium können Sie sofort die Beugungswinkel berechnen, da Gitterkonstante und Wellenlänge bekannt sind. Für das rote bzw. blaue Hauptmaximum 1. Ordnung gilt:

$$g \cdot \sin\alpha_1 = \lambda \quad \Rightarrow \quad \sin\alpha_1 = \frac{\lambda}{g}$$

$$\Rightarrow \quad \sin\alpha_{1,\,\text{rot}} = \frac{\lambda_{\text{rot}}}{g} = \frac{7{,}20 \cdot 10^{-7}\,\text{m}}{1{,}0 \cdot 10^{-5}\,\text{m}} = 0{,}072 \quad \Rightarrow \quad \alpha_{1,\,\text{rot}} = 4{,}1^\circ$$

$$\sin\alpha_{1,\,\text{blau}} = \frac{\lambda_{\text{blau}}}{g} = \frac{4{,}00 \cdot 10^{-7}\,\text{m}}{1{,}0 \cdot 10^{-5}\,\text{m}} = 0{,}040 \quad \Rightarrow \quad \alpha_{1,\,\text{blau}} = 2{,}3^\circ$$

Im rechtwinkligen Dreieck bildet der gesuchte Schirmabstand ℓ die Ankathete. Die Gegenkathete ist im „blauen“ Dreieck die Unbekannte x, im „roten“ Dreieck die Summe aus x und der gegebenen Spektrenbreite (siehe Skizze). Aus den resultierenden zwei Winkelbeziehungen für Blau und Rot lässt sich x eliminieren und somit ℓ ermitteln:

$$\tan\alpha_{1,\,\text{rot}} = \frac{x + 12{,}0\,\text{cm}}{\ell} \quad \Rightarrow \quad x + 12{,}0\,\text{cm} = \ell \cdot \tan\alpha_{1,\,\text{rot}} \qquad (1)$$

$$\tan\alpha_{1,\,\text{blau}} = \frac{x}{\ell} \quad \Rightarrow \quad x = \ell \cdot \tan\alpha_{1,\,\text{blau}} \qquad (2)$$

Durch Einsetzen von (2) in (1) folgt:

$$\ell \cdot \tan\alpha_{1,\text{blau}} + 12\,\text{cm} = \ell \cdot \tan\alpha_{1,\text{rot}}$$

$$12{,}0\,\text{cm} = \ell \cdot \left(\tan\alpha_{1,\text{rot}} - \tan\alpha_{1,\text{blau}}\right)$$

$$\ell = \frac{12{,}0\,\text{cm}}{\tan\alpha_{1,\text{rot}} - \tan\alpha_{1,\text{blau}}} = \frac{12{,}0\,\text{cm}}{\tan 4{,}1^\circ - \tan 2{,}3^\circ} = \mathbf{3{,}81\,m}$$

c) Das Gitter beugt rotes Licht stärker als blaues. Dass die Spektren 2. und 3. Ordnung sich teilweise überdecken, erfordert $\alpha_{3,\,blau} < \alpha_{2,\,rot}$; wenn 1. und 2. Ordnung getrennt sind, muss $\alpha_{2,\,blau} > \alpha_{1,\,rot}$ gelten.
Die vier Beugungswinkel werden mit dem Winkelkriterium für Hauptmaxima berechnet,

$$g \cdot \sin \alpha_k = k \cdot \lambda \quad \Rightarrow \quad \sin \alpha_k = \frac{k \cdot \lambda}{g},$$

und die genannten Relationen überprüft:

$$\sin \alpha_{1,\,rot} = \frac{\lambda_{rot}}{g} = \frac{7{,}20 \cdot 10^{-7}\,m}{1{,}0 \cdot 10^{-5}\,m} = 7{,}20 \cdot 10^{-2} \quad \Rightarrow \quad \alpha_{1,\,rot} = 4{,}1°$$

$$\sin \alpha_{2,\,blau} = \frac{2\lambda_{blau}}{g} = \frac{2 \cdot 4{,}00 \cdot 10^{-7}\,m}{1{,}0 \cdot 10^{-5}\,m} = 8{,}00 \cdot 10^{-2} \quad \Rightarrow \quad \alpha_{2,\,blau} = 4{,}6° > \alpha_{1,\,rot}$$

$$\sin \alpha_{2,\,rot} = \frac{2\lambda_{rot}}{g} = \frac{2 \cdot 7{,}20 \cdot 10^{-7}\,m}{1{,}0 \cdot 10^{-5}\,m} = 1{,}44 \cdot 10^{-1} \quad \Rightarrow \quad \alpha_{2,\,rot} = 8{,}3°$$

$$\sin \alpha_{3,\,blau} = \frac{3\lambda_{blau}}{g} = \frac{3 \cdot 4{,}00 \cdot 10^{-7}\,m}{1{,}0 \cdot 10^{-5}\,m} = 1{,}20 \cdot 10^{-1} \quad \Rightarrow \quad \alpha_{3,\,blau} = 6{,}9° < \alpha_{2,\,rot}$$

Die Behauptungen sind also korrekt.

d) Damit eine Überlappung ausgeschlossen ist, müsste folgende Bedingung erfüllt sein:

$$\alpha_{3,\,blau} > \alpha_{2,\,rot} \quad \Leftrightarrow \quad \sin \alpha_{3,\,blau} > \sin \alpha_{2,\,rot} \quad \Leftrightarrow \quad \frac{3\lambda_{blau}}{g} > \frac{2\lambda_{rot}}{g} \quad \Leftrightarrow \quad \frac{\lambda_{blau}}{\lambda_{rot}} > \frac{2}{3}$$

Die Gitterkonstante g fällt aus dieser Relation heraus, die Relation selber führt für die gegebenen Wellenlängen zum Widerspruch. Die Überlappung kann also durch eine Änderung des Werts von g **nicht** aufgehoben werden.

e) Bezeichnet d_k für eine bestimmte Wellenlänge den Abstand zwischen 0. und k. Hauptmaximum auf dem Schirm, so gilt für die Breite Δ_k eines kontinuierlichen Spektrums k-ter Ordnung:

$$\Delta_k = d_{k,\,rot} - d_{k,\,blau} = \ell \cdot \tan \alpha_{k,\,rot} - \ell \cdot \tan \alpha_{k,\,blau} \qquad (*)$$

Da kleine Winkel vorausgesetzt sind, lassen sich die Tangenswerte durch die entsprechenden Sinuswerte ersetzen ($\sin \alpha_k \approx \alpha_k \approx \tan \alpha_k$). Diese sind wiederum durch das Winkelkriterium für Hauptmaxima bestimmt:

$$g \cdot \sin \alpha_k = k \cdot \lambda \quad \Rightarrow \quad \sin \alpha_k = \frac{k \cdot \lambda}{g}$$

Eingesetzt in (*) folgt:

$$\Delta_k = \ell \cdot \frac{k \cdot \lambda_{rot}}{g} - \ell \cdot \frac{k \cdot \lambda_{blau}}{g}$$

$$= \frac{\ell \cdot k}{g} \cdot (\lambda_{rot} - \lambda_{blau})$$

f) Für den größten benötigten Winkel $\alpha_{2,\text{rot}}$ gilt nach Teilaufgabe c: $\alpha_{2,\text{rot}} = 8{,}3°$. Daher kann die Kleinwinkelnäherung noch angewendet werden ($\sin 8{,}3° = 0{,}1444$; $\tan 8{,}3° = 0{,}1459$) und man erhält mit der Beziehung aus Teilaufgabe e:

$$\frac{\Delta_2}{\Delta_1} = \frac{\ell \cdot 2 \cdot (\lambda_{\text{rot}} - \lambda_{\text{blau}}) \cdot \frac{1}{g}}{\ell \cdot 1 \cdot (\lambda_{\text{rot}} - \lambda_{\text{blau}}) \cdot \frac{1}{g}} = \mathbf{2}$$

Ein kontinuierliches Spektrum 2. Ordnung ist auf dem Schirm also doppelt so breit wie eines 1. Ordnung.

174. Das elektromagnetische Spektrum können Sie anhand der Übersicht auf S. 164 in der folgenden Weise klassifizieren:

Teilbereich des Spektrums	Wellenlängenbereich
Radiowellen	10 km bis 1 m
Radar	einige cm bis 1 mm
Wärmestrahlung	1 mm bis 770 nm
sichtbares Licht	770 nm bis 390 nm
Ultraviolett	390 nm bis 50 nm
Röntgenstrahlung	300 nm bis 10^{-15} m
Gammastrahlung	10^{-11} m bis 10^{-14} m
Photonen in der kosmischen Strahlung	kleiner als 10^{-13} m

175.

Spektralfarbe	Wellenlängenbereich
Violett	390 nm < λ < 425 nm
Blau	425 nm < λ < 485 nm
Grün	485 nm < λ < 555 nm
Gelb	555 nm < λ < 595 nm
Orange	595 nm < λ < 615 nm
Rot	615 nm < λ < 770 nm

176. a) Alle Körper, die eine höhere Temperatur als die Umgebung haben, senden Infrarotstrahlung als **Wärmestrahlung** aus. Bei festen, glühenden Körpern liegt nur ein sehr geringer Teil der emittierten Strahlung im sichtbaren Bereich, der weitaus größere liegt im Infraroten.

b) Zum Strahlungsnachweis reichen sehr empfindliche Thermometer aus. Ein derartiges Thermometer ist z. B. ein **Thermoelement**. Das sind zwei Metalle unterschiedlichen Materials, die sich an zwei Stellen I und II berühren. Lässt man nur auf eine Kontaktstelle dieser Anordnung Infrarotstrahlung fallen und schirmt die zweite dagegen ab, so entsteht zwischen I und II eine sogenannte Thermospannung, die ein Maß für die Temperaturdifferenz zwischen I und II ist.

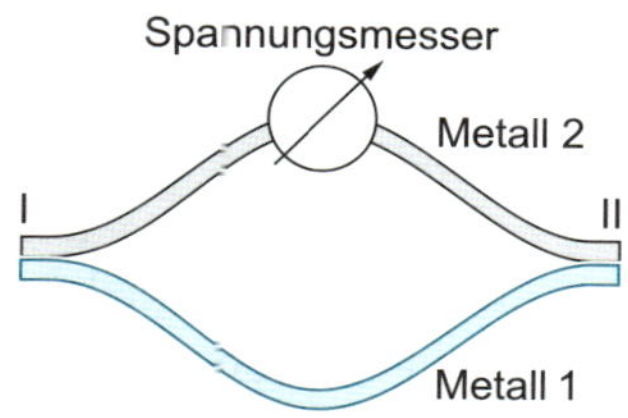

177. Im Schulunterricht werden zwei Quellen für UV-Licht verwendet, die **Quecksilberdampfhochdrucklampe** und die **Kohlebogenlampe**.

Als einfacher Strahlungsempfänger dient ein **Zinksulfidschirm**, der von der auftreffenden UV-Strahlung zur Fluoreszenz angeregt wird. Der Schirm verwandelt dabei die auftreffende kurzwellige UV-Strahlung in längerwelliges sichtbares Licht. Für genaue Messungen verwendet man als Strahlungsdetektor eine **Fotozelle**.

178. Newton'sche Ringe in Reflexion

a) Die beiden Strahlen 1 und 2 interferieren

- konstruktiv, wenn ihr optischer Gangunterschied die Bedingung $\Delta s = k \cdot \lambda;\ \ k \in \mathbb{Z}$
- destruktiv, wenn ihr optischer Gangunterschied die Bedingung $\Delta s = (2k+1) \cdot \frac{\lambda}{2};\ \ k \in \mathbb{Z}$

erfüllt. Den gleichen Gangunterschied weisen aber auch alle anderen Strahlen auf, die im gleichen Abstand wie 1 und 2 zur Achse a verlaufen. Daher beobachtet man in Aufsicht dunkle und helle Kreise mit gemeinsamem Mittelpunkt A.

b) Der Abstand der Ringe ist gegeben durch die Differenz der Radien zu den Ordnungen $k=4$ und $k=1$. Mit der angegebenen Formel folgt:

$$\begin{aligned} r_4 - r_1 &= \sqrt{4 \cdot \lambda \ R} - \sqrt{1 \cdot \lambda \cdot R} \\ &= 2\sqrt{\lambda \cdot R} - \sqrt{\lambda \cdot R} \\ &= \sqrt{\lambda \cdot R} \end{aligned}$$

$$\Rightarrow \quad R = \frac{(r_4 - r_1)^2}{\lambda} = \frac{\left(0{,}84 \cdot 10^{-3}\ \text{m}\right)^2}{589 \cdot 10^{-9}\ \text{m}} = \mathbf{1{,}20\ m}$$

179. Farben dünner Schichten

Farben dünner Schichten entstehen durch **Interferenz von Lichtwellen**, die an der Vorder- und Rückseite der dünnen Schichten reflektiert worden sind. Dünne Schichten wie etwa die Schuppen auf Schmetterlingsflügeln können in Teilbereichen näherungsweise als planparallele Platten angesehen werden.

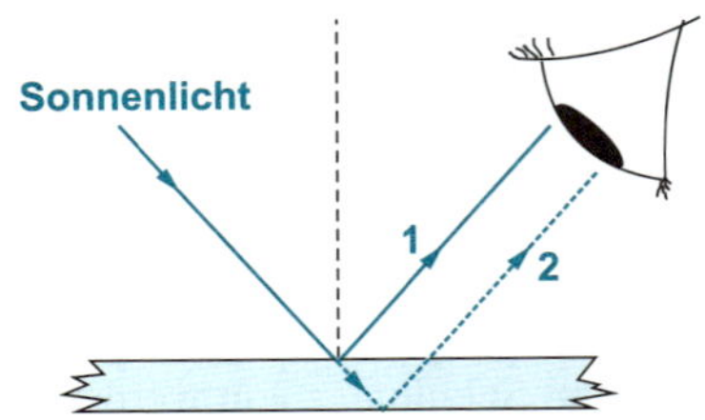

Reflektiert ein solches Plättchen weißes Sonnenlicht in unser Auge (siehe Skizze), so kann es sein, dass für einige der Wellenlängen des kontinuierlichen Sonnenspektrums der optische Gangunterschied der Strahlen 1 und 2 gerade ein ungeradzahliges Vielfaches der halben Wellenlänge ist. Wellen dieser Wellenlängen interferieren in den Strahlen 1 und 2 destruktiv, sodass die zugehörigen Farben nicht ins Auge gelangen. Die Gesamtheit der verbleibenden Farben erscheint uns als Mischfarbe.
Farben an dünnen Schichten sind als Interferenzfarben im weißen Licht also keine Spektralfarben (Regenbogenfarben), sondern **Mischfarben**

180. Interferenzen am Luftkeil

a) Die an der Oberseite von Pl_2 und an der Unterseite von Pl_1 reflektierten Strahlen interferieren oberhalb von Pl_1. Wegen des sehr kleinen Keilwinkels ε kann von brechungs- und reflexionsbedingten Richtungsänderungen abgesehen werden. Daher verlaufen beide Strahlen parallel zueinander und senkrecht zu Pl_2.
Dann, wenn an einer Stelle der Gangunterschied zwischen den beiden Strahlen ein ungeradzahliges Vielfaches der halben Wellenlänge ist, **interferieren** die beiden Strahlen **destruktiv**.

b) Die Haardicke D ist gleich dem Plattenabstand d am Punkt A.
Aus der angegebenen Bedingung für destruktive Interferenz folgt:

$$2d + \frac{\lambda}{2} = (2k+1) \cdot \frac{\lambda}{2}$$

$$2d + \frac{\lambda}{2} = 2k \cdot \frac{\lambda}{2} + \frac{\lambda}{2}$$

$$\Rightarrow \quad d = k \cdot \frac{\lambda}{2}$$

Für den ersten dunklen Streifen bei K ist $k = 0$, für den 67. Streifen bei A gilt daher $k = 68$. Daraus folgt:

$$D = \frac{68 \cdot \lambda}{2} = 34 \cdot \lambda = 34 \cdot 589 \text{ nm} = \mathbf{20\ \mu m}$$

Stichwortverzeichnis

Ihre Meinung ist uns wichtig!

Ihre Anregungen sind uns immer willkommen. Bitte informieren Sie uns mit diesem Schein über Ihre Verbesserungsvorschläge!

Titel-Nr.	Seite	Vorschlag

Bitte hier abtrennen

Lernen • Wissen • Zukunft
STARK

Zutreffendes bitte ankreuzen!

Die Absenderin/der Absender ist:

- ☐ Lehrer/in in den Klassenstufen: ____
- ☐ Fachbetreuer/in
  Fächer: ____
- ☐ Seminarlehrer/in
  Fächer: ____
- ☐ Regierungsfachberater/in
  Fächer: ____
- ☐ Oberstufenbetreuer/in
- ☐ Schulleiter/in
- ☐ Referendar/in, Termin 2. Staatsexamen: ____
- ☐ Leiter/in Lehrerbibliothek
- ☐ Leiter/in Schülerbibliothek
- ☐ Sekretariat
- ☐ Eltern
- ☐ Schüler/in, Klasse: ____
- ☐ Sonstiges: ____

Unterrichtsfächer: (Bei Lehrkräften!)

____

STARK Verlag
Postfach 1852
85318 Freising

22-V1T_GW

Bitte ausfüllen und im frankierten Umschlag an uns einsenden. Für Fensterkuverts geeignet.

Kennen Sie Ihre Kundennummer? Bitte hier eintragen.

Absender (Bitte in Druckbuchstaben!)

Name/Vorname

Straße/Nr.

PLZ/Ort/Ortsteil

Telefon privat

Geburtsjahr

E-Mail

Schule/Schulstempel (Bitte immer angeben!)

Bitte hier abtrennen

(Bitte blättern Sie um)

Geschichte

Geschichte 1 – Industrialisierung und Soziale Frage, Nationalstaatsgedanke und Nationalismus, Kaiserreich, Imperialismus, Erster Weltkrieg, Weimarer Republik, Nationalsozialismus und Zweiter Weltkrieg .... Best.-Nr. 84763

Geschichte 2 – Deutschland nach dem Zweiten Weltkrieg, die bipolare Welt nach 1945, der Umbruch in der DDR und die Wiedervereinigung, die europäische Einigung, Wendepunkte des 20. Jahrhunderts .... Best.-Nr. 84764

Geschichte 1 – Bayern
Gesellschaft im Wandel (15.–19. Jh.) · Demokratie und Diktatur – Probleme der deutschen Geschichte im 20. Jh. ... Best.-Nr. 947818

Geschichte 2 – Bayern
Historische Komponenten europäischer Kultur und Gesellschaft · Konfliktregionen und Akteure internationaler Politik in historischer Perspektive .... Best.-Nr. 947828

Geschichte 1 – Baden-Württemberg, Die demokratische und nationale Bewegung in der Auseinandersetzung mit dem Obrigkeitsstaat · Die Entwicklung der politischen Kultur im Kaiserreich und in der Weimarer Republik ..... Best.-Nr. 84760

Geschichte 2 – Baden-Württemberg
Die politische und gesellschaftliche Entwicklung in der BRD und in der DDR · Die bipolare Welt nach 1945 .... Best.-Nr. 84762

Geschichte 1 – NRW
Nationalstaatsgedanke und Nationalismus · Kaiserreich · Industriealisierung und Imperalismus · Erster Weltkrieg · Weimarer Republik und nationalsozialistische Diktatur .... Best.-Nr. 54761

Geschichte 2 – NRW
Deutschland nach dem Zweiten Weltkrieg · Die bipolare Welt nach 1945 · Der Umbruch in der DDR · Wiedervereinigung · Europäische Einigung · Wendepunkte des 20. Jahrhunderts ... Best.-Nr. 54762

Grundlagen, Arbeitstechniken und Methoden – Geschichte .... Best.-Nr. 94789

Abitur-Wissen Die Antike .... Best.-Nr. 94783

Abitur-Wissen Das Mittelalter .... Best.-Nr. 94788

Abitur-Wissen Französische Revolution .... Best.-Nr. 947812

Abitur-Wissen Die Ära Bismarck: Entstehung und Entwicklung des deutschen Nationalstaats .... Best.-Nr. 94784

Abitur-Wissen
Imperialismus und Erster Weltkrieg .... Best.-Nr. 94785

Abitur-Wissen Die Weimarer Republik .... Best.-Nr. 47815

Abitur-Wissen
Nationalsozialismus und Zweiter Weltkrieg .... Best.-Nr. 94786

Abitur-Wissen
Deutschland von 1945 bis zur Gegenwart .... Best.-Nr. 947811

Abitur-Wissen USA .... Best.-Nr. 947813

Abitur-Wissen Naher Osten .... Best.-Nr. 947814

Kompakt-Wissen Abitur Geschichte Oberstufe ..... Best.-Nr. 947601

Klausuren Geschichte Oberstufe .... Best.-Nr. 107611

Wirtschaft/Recht

Wirtschaft – Wirtschaftliches Handeln im Sektor Unternehmen · Wirtschaftliches Handeln im Sektor Ausland .... Best.-Nr. 84852

Betriebswirtschaft .... Best.-Nr. 94851

Wirtschaft – Bayern .... Best.-Nr. 94852

Abitur-Wissen Volkswirtschaft .... Best.-Nr. 94881

Abitur-Wissen Rechtslehre .... Best.-Nr. 94882

Kompakt-Wissen Abitur Volkswirtschaft .... Best.-Nr. 948501

Kompakt-Wissen Abitur Betriebswirtschaft .... Best.-Nr. 924801

Kompakt-Wissen
Rechnungswesen mit Bilanzanalyse .... Best.-Nr. 924802

Kunst

Abitur-Wissen Malerei · Plastik · Architektur .... Best.-Nr. 949618

Abitur-Wissen Werkerschließung .... Best.-Nr. 949628

Kompakt-Wissen Abitur Kunst .... Best.-Nr. 949601

Ethik

Abitur-Wissen Philosophische Ethik .... Best.-Nr. 94952

Abitur-Wissen Glück und Sinnerfüllung .... Best.-Nr. 94953

Abitur-Wissen Freiheit und Determination .... Best.-Nr. 94954

Abitur-Wissen Recht und Gerechtigkeit .... Best.-Nr. 94955

Abitur-Wissen Religion und Weltanschauungen ... Best.-Nr. 94956

Abitur-Wissen
Wissenschaft · Technik · Verantwortung .... Best.-Nr. 94957

Religion

Katholische Religion 1 .... Best.-Nr. 84991

Katholische Religion 2 .... Best.-Nr. 84992

Abitur-Wissen Jesus Christus .... Best.-Nr. 94978

Abitur-Wissen Die Frage nach dem Menschen ...... Best.-Nr. 94990

Abitur-Wissen Die Bibel .... Best.-Nr. 94992

Abitur-Wissen Christliche Ethik .... Best.-Nr. 94993

Erziehungswissenschaft

Erziehungswissenschaft
Zentralabitur 2011–2013 – NRW .... Best.-Nr. 54941

Erziehungswissenschaft
Zentralabitur ab 2014 – NRW .... Best.-Nr. 54942

Pädagogik/Psychologie

Pädagogik · Psychologie 1 .... Best.-Nr. 102482

Sport

Bewegungslehre · Sportpsychologie .... Best.-Nr. 94981

Trainingslehre .... Best.-Nr. 94982

Natürlich führen wir noch mehr Titel für alle Fächer und Stufen: Alle Informationen unter
www.stark-verlag.de

22-VIT_GW

Bestellungen bitte direkt an:
STARK Verlagsgesellschaft mbH & Co. KG · Postfach 1852 · 85318 Freising
Tel. 0180 3 179000* · Fax 0180 3 179001* · www.stark-verlag.de · info@stark-verlag.de
*9 Cent pro Min. aus dem deutschen Festnetz, Mobilfunk bis 42 Cent pro Min.
Aus dem Mobilfunknetz wählen Sie die Festnetznummer: 08167 9573-0

Lernen · Wissen · Zukunft
STARK